普通高校本科计算机专业特色教材精选·算法与程序设计

Java程序设计
——基于JDK 6和NetBeans实现

宋波 主编

李晋 李妙妍 张悦 编著

刘杰 周传生 主审

清华大学出版社

北京

内 容 简 介

本书系统介绍了Java语言程序设计的基本知识、运行机制及各种常用编程方法和技术，将面向对象的编程思想贯穿其中，注重提高读者运用Java语言和面向对象技术解决问题的能力。全书分为核心基础篇与应用技术篇。在核心基础篇中，阐述了Java语言基础(包括数据类型、运算符与表达式、程序流控制等)、Java面向对象特性、异常处理方法、运行环境类、泛型、集合类、输出/输出以及多线程。在应用技术篇中，探讨了如何用NetBeans IDE开发Java Application、Java Swing应用程序，操作嵌入式Java DB，开发JDBC应用程序以及Java网络编程等。书中的实例程序都基于JDK 6版编写，每一章都附有SCJP试题解析和课后习题，对重点实例还阐述了编程思路并归纳了必要的结论和概念。读者可从清华大学出版社网站免费下载教学用电子教案和程序实例源代码。

本书具有系统性、知识性、实用性等特点，可作为高等学校计算机及相关专业本科生的教材，也适合专业技术人员参考。

图书在版编目(CIP)数据

Java程序设计——基于JDK 6和NetBeans实现/宋波主编；李晋，李妙妍，张悦编著．—北京：清华大学出版社，2011.2(2020.5重印)
(普通高校本科计算机专业特色教材精选·算法与程序设计)
ISBN 978-7-302-24513-1

Ⅰ.①J…　Ⅱ.①宋…　②李…　③李…　④张…　Ⅲ.①Java语言—程序设计—高等学校—教材
Ⅳ.①TP312

中国版本图书馆CIP数据核字(2011)第007567号

责任编辑：焦　虹
责任校对：梁　毅
责任印制：杨　艳

出版发行：清华大学出版社
　　网　　址：http://www.tup.com.cn，http://www.wqbook.com
　　地　　址：北京清华大学学研大厦A座　　**邮　　编**：100084
　　社 总 机：010-62770175　　**邮　　购**：010-62786544
　　投稿与读者服务：010-62776969，c-service@tup.tsinghua.edu.cn
　　质 量 反 馈：010-62772015，zhiliang@tup.tsinghua.edu.cn
印 装 者：涿州市京南印刷厂
经　　销：全国新华书店
开　　本：185mm×260mm　　**印　张**：28.25　　**字　　数**：672千字
版　　次：2011年2月第1版　　**印　　次**：2020年5月第10次印刷
定　　价：44.80元

产品编号：039448-02

前言

PREFACE

程序设计是计算机类专业非常重要的基础课程，它包括程序设计方法与程序设计语言这两个相辅相成的内容。从20世纪80年代以来，程序设计的主流就已经从结构化程序设计转向面向对象程序设计（OOP），“面向对象”已成为软件开发人员必须掌握的一种基本技术。Java语言虽然发展历史比较短，却是人们公认的一种优秀的面向对象编程语言。由于Java语言具有简单性、可移植性、稳定与安全性、多线程等优良特性，使得它成为基于Internet网络应用开发的首选编程语言。学习和掌握Java语言已经成为计算机类专业学生的迫切需求之一。

本书对如何介绍Java语言的内容做了详细的教学设计，在内容的编排上力争体现新的教学思想和方法。书中内容的编写遵循“从简单到复杂”、“从抽象到具体”的原则，将OOP思想通过层层拓展的方式展现给读者。书中通过在各个章节中穿插介绍Java语言的常用类库和方法以及大量完整的例子，说明Java语言编程的基本步骤和基本方法，对重点实例还阐述了编程思路并归纳了必要的结论和概念，以做到深入浅出、由简到繁、循序渐进。程序设计既是一门理论课又是一门实践课。学生除了要在课堂上学习程序设计的原理和方法，掌握编程语言的语法知识和编程技能外，还要进行大量的课外练习和实际操作，才能熟练掌握所学知识。为此，书中每章都附有SCJP(Sun Certified Java Programmer)习题解析和课后习题，并根据知识体系介绍了两个综合案例，安排了两个课程设计作为综合实践的一种形式，以帮助读者在动手实践中获得宝贵的实际经验和应用能力。

本书共有15章，分为核心基础篇与应用技术篇。

在核心基础篇中，系统地介绍了Java语言的基本机制与语法。第1章Java概述，介绍Java技术的起源与发展、Java程序的运行机制、JDK的安装与设置、Java程序结构以及JDK开发工具。第2章Java基础知识，介绍Java语言的基本语法成分，包括标识符、数据类型、表达式、语句、程序流控制等。第3章Java面向对象特性，介绍Java语言中类和对象的概念与定义方式，重点介绍Java对OOP三个主要特性(封装、继承、多态)的支持机制和数组。第4章Java面向对象高级特性，在第3章的基础上进一步介绍Java的高级面向对象特性，包括基本数据类型包装类、static和final关键词、抽象类、接口、内部类和枚举类。第5章Java异常处理，介绍Java的异常处理机制，包括异常的基本概念，以及如何进行异常处理和自定义异常的实现方法。第6章Java执行环境类，介绍在Java编程中的常用类，包括Math、Random、BigDecimal、String和StringBuffer、日期类、正则表达式以及Java国际化。第7章Java泛型编程，介绍Java泛型的概念及在程序设计中的应用。第8章Java集合类，介绍Java的Collection API所提供的集合和映射这两类集合工具类的用法。第9章Java输入/输出，介绍Java的I/O系统，包括Java流式I/O、文件的随机读写、Java的文件管理以及对象序列化。第10章Java多线程，介绍Java中多线程的概念与基本操作方法，以及线程的并发控制、线程同步等技术。

在应用技术篇中，介绍了Java语言在实际应用开发中的常用技术，主要讨论如何在NetBeans IDE下开发Java应用程序。第11章用NetBeans开发Java Application，介绍NetBeans IDE的安装和基本结构，以及如何利用NetBeans IDE开发标准的Java Application。第12章用Swing开发Java Application，介绍基于Swing的GUI框架和常用Swing组件的使用方法，以及在NetBeans IDE中如何使用Swing组件开发具有GUI的Java Application。第13章用NetBeans操作Java DB，介绍在NetBeans IDE下如何启动、创建、连接轻量级嵌入式Java DB，以及如何执行SQL命令访问Java DB。第14章用NetBeans开发JDBC应用，介绍JDBC的基本概念和JDBC API，通过实例介绍用JDBC API实现数据查询、更新、添加、删除的方法，并给出了一个应用Swing技术、JDBC技术和Java DB实现的Java桌面应用程序的综合案例。第15章Java网络编程，介绍有关网络通信的基础知识以及Java对网络通信的支持，重点介绍Java基于URL的Internet资源访问技术，以及基于底层Socket的有连接和无连接的网络通信方法。

本书由宋波担任主编，宋波、李晋、李妙妍、张悦负责全书的编写工作，祈长兴参与了其中两章内容的编写工作。宋波负责总体策划，并最终完成书稿的修订、完善、统稿和定稿工作。

本书从选题到立意，从酝酿到完稿，自始至终得到了学校、院系领导和同行教师的关心与指导。刘杰教授、周传生教授、杜庆东教授、赵永翼教授、李航博士为本书的策划和编写工作提供了有益帮助和支持，并对本书初稿在教学过程中存在的问题提出了宝贵的建议。本书也吸纳和借鉴了中外参考文献中的原理知识和资料，在此一并致谢。
由于作者教学任务繁重且水平有限，加之时间紧迫，对于书中存在的错误和不妥之处，诚挚地欢迎读者批评指正。作者联系邮箱：songbo63@ yahoo.com.cn。

宋　波

目录

CONTENTS

第1篇　核心基础篇

第 2 篇 应用技术篇

第 1 篇

核心基础篇

第1章 Java概述

CHAPTER

Java是美国Sun公司于1995年推出的面向对象的程序设计语言，它具有支持网络编程、健壮和安全、可移植性、支持多线程等许多优良特性，特别适用于Internet应用程序的开发。目前，Java作为软件开发的一项革命性技术，已经从单纯的程序设计语言发展成为支撑Internet计算的一个应用广泛的技术体系，并成为软件开发人员必须掌握的一种程序设计语言。本章是对Java的初步介绍，包括Java发展简史、Java程序的运行机制和运行环境，通过一个Java Application程序的开发过程，对Java的开发环境和开发步骤做了具体的讲解。

1.1 Java发展简史

1991年，美国Sun公司由James Gosling和Patrick Naughton领导的Green研究小组，为了便于在消费电子产品上开发应用程序，试图寻找一种合适的编程语言。消费电子产品种类繁多，包括PDA、机顶盒、手机等，即使同一类消费电子产品所采用的处理芯片和操作系统也不尽相同，存在跨平台的问题。起初Green小组考虑采用C++语言来编写应用程序，但是研究表明，对于消费电子产品而言，C++过于复杂和庞大，安全性也不令人满意。最后，Green小组基于C++开发出了一种新的编程语言——Oak。Oak语言采用了许多C语言的语法，提高了安全性，并且是面向对象的程序设计语言。由于种种原因，Oak在商业上并未获得成功。之后随着Internet的蓬勃发展，Sun公司发现Oak所具有的跨平台、面向对象、安全性等特点，非常符合Internet的需要，于是对Oak的设计做了进一步的改进，使其具有适用于Internet应用及开发的特点，并最终将这种语言取名为Java。

1995年5月23日，Sun公司在SunWorld'95上正式发布Java和使用Java开发的浏览器HotJava，并被美国著名的IT杂志*PC Magazine*评为1995年十大优秀科技产品之一。HotJava使Java第一次以Applet的形式出现在Internet上。Applet既可以实现WWW页面的静态内容的显示,也可以实现动态内容的显示和动画功能,充分表现出Java是一种适用于Internet应用程序开发的程序设计语言。为进一步推动Java技术的发展,Sun公司还决定通过Internet让世界上的软件开发人员免费地下载用于开发和运行Java程序的JDK(Java Development Kits)。

Java与C和C++有着直接的联系。Java的语法是从C继承来的,它的对象模型改编自C++。Java和C、C++的这种联系非常重要,这是因为许多编程人员都非常熟悉C/C++语法,这就使得C/C++编程人员可以很容易地学习Java。反之,Java编程人员也可以轻松地学习C/C++。尽管Java受C++的影响,但它并不是C++的增强版,它与C++既不向上兼容,也不向下兼容。Java并不是取代C++,两者将会并存很长一段时间。读者在今后的学习中会逐渐体会到这一点。

1996年1月,Sun公司发布JDK 1.0。JDK是用于编写、调试Java Application和Applet的Java SDK(Software Development Kit)。1997年2月,Sun公司发布JDK 1.1。与JDK 1.0的编译器有所不同,JDK 1.1增加了即时JIT(just-in-time)编译器,它可以将指令保存在内存中,当下次调用时不再需要重新编译,从而提升了Java程序的执行效率。1998年12月,Sun公司在发布JDK 1.2时,使用了新名称Java 2 Platform,即Java 2平台。修改后的JDK称为Java 2 Platform Software Developing Kit,即J2SDK,并分为标准版J2SE(Standard Edition)、企业版J2EE(Enterprise Edition)和微型版J2ME(Micro Edition)。2002年2月,Sun公司发布JDK 1.4。JDK 1.4由于IBM、Compaq、Fujitsu等公司的参与,使得Java在企业应用领域得到了突飞猛进的发展,涌现出了大量基于Java的开放源码框架(如Struts, Hibernate, Spring)和大量企业应用服务器(如BEA WebLogic,Oracle10g AS,IBM WebSphere),标志着Java进入了一个飞速发展的时期。

2004年10月,Sun公司发布JDK 1.5。在JDK 1.5中增加了泛型、增强的for语句、注释(Annotations)、自动拆箱和装箱等功能。2005年6月,在JavaOne大会上,Sun公司公开Java SE 6并对各种版本更名,J2EE更名为Java EE,J2SE更名为Java SE,J2ME更名为Java ME。

1.2 Java 2 SDK版本

1. Java SE(Java Platform, Standard Edition)

Java SE为开发和部署在桌面、服务器、嵌入式和实时环境中使用的Java Application(Java应用程序)提供支持,它还包含支持Java Web服务开发的类,并为Java EE提供基础。Java SE的实现主要包括J2SDK Standard Edition和Java 2 Runtime Environment(JRE)Standard Edition,Java的主要技术都将在这个版本中体现出来。

2. Java EE(Java Platform Enterprise Edition)

Java EE技术的基础核心是Java SE,它不仅巩固了Java SE的优点,还包括了EJB(Enterprise JavaBeans)、Java Servlet API以及JSP(Java Server Pages)等开发技术,为企业级应用的开发提供可移植、健壮、可伸缩且安全的服务器端Java Application。Java EE提供的Web服务、组件模型、管理和通信API,可以用来实现企业级的面向服务体系结构

(Service-Oriented Architecture,SOA)和 Web 2.0 应用程序。

3. Java ME(Java Platform Micro Edition)

Java ME 为在移动设备和嵌入式设备(如手机、PDA、电视机顶盒和打印机)上运行的应用程序提供一个健壮且灵活的环境。Java ME 包括灵活的用户界面、健壮的安全模型、许多内置的网络协议以及对可以动态下载的联网和离线应用程序的丰富支持。基于 Java ME 规范的应用程序只需编写一次,就可以用于许多设备,而且可以利用每个设备的本机功能。开发 Java ME 程序并不需要特别的开发工具,开发者只需要安装 Java SDK 及下载免费的 Sun Java Wireless Toolkit 就可以开始编写、编译及测试 Java ME 程序。目前流行的主要的 Java IDE(如 Eclipse,NetBeans)都支持 Java ME 的开发。

1.3 Java 程序运行机制

对于多数程序设计语言来说,其程序执行方式要么采用编译执行方式,要么采用解释执行方式。而 Java 的特殊之处在于,程序的运行既要经过编译又要进行解释。那么 Java 为什么采用这种运行机制,它又有怎样的特点,本节将对上述内容做具体讲解。

1.3.1 高级语言运行机制

1. 编译型

编译型程序语言是指使用专门的编译器,针对特定平台(操作系统)将某种高级语言源程序一次性地“翻译”成可被该平台硬件运行的机器码(包括指令和数据),并将其包装成该平台的操作系统所能识别和运行的格式,这一系列的过程称为“编译”。经过“编译”而生成的程序(即可执行文件),可以脱离开发环境在特定的平台上独立执行,如图 1-1 所示。

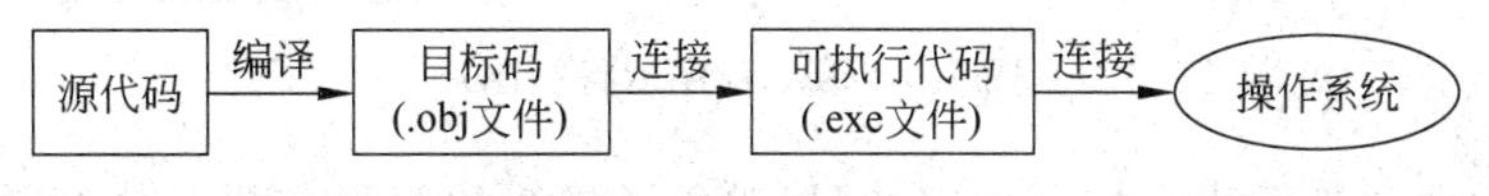

图 1-1 编译型语言的运行机制

编译型程序语言具有执行效率高的特点,这是因为它针对特定平台一次性编译成机器码,并且可以脱离开发环境独立执行。但是,编译型程序语言存在的问题是编译后生成的目标码文件无法再移植到不同的平台上。如果需要进行移植,那么必须修改源程序的代码;或者至少针对不同的平台,采用不同的编译器进行重新编译。现有的多数程序语言,如 FORTRAN、C、C++ 、Pascal、LISP 等都是编译型的。

2. 解释型

解释型程序语言是指使用专门的解释器,将某种程序语言源程序逐条解释成特定平台的机器码指令并立即执行,解释一句执行一句,这类似于会场中的“同声翻译”,而不进行整体性的编译和连接处理。解释型语言相当于把编译型语言相对独立的编译和执行过程整合到一起,而且每一次执行都要重复进行“编译”,因而程序的执行效率相对而言较低,并且不能脱离解释器独立执行,如图 1-2 所示。

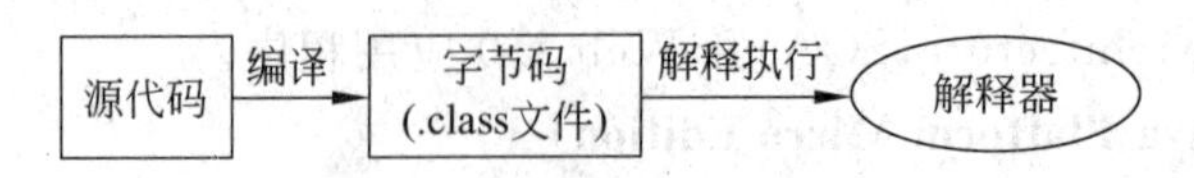

图1-2 解释型语言的运行机制

对于解释型语言而言，只要针对不同平台提供其相对应的解释器，就可以实现源程序级的移植，当然这样做的结果是牺牲了程序的执行效率。一般地，程序的可移植性和执行效率存在着互斥的关系，此消彼长，难以同时达到最优化的目的。

1.3.2 Java程序运行机制与JVM

1. Java程序运行机制

Java根据自身的实际需求将解释型和编译型相结合，采用一种“半编译半解释型”的执行机制，即Java程序的最终执行需要经过编译和解释两个步骤。首先，它使用Java编译器将Java源程序编译成与操作系统无关的字节码(二进制代码)，而不是本机代码；其次，这种字节码必须通过Java解释器来执行。任何一台机器，无论安装什么类型的操作系统，只要配备了Java解释器，就可以执行Java字节码，而不必考虑这种字节码是在哪一种类型的操作系统上生成的，如图1-3所示。

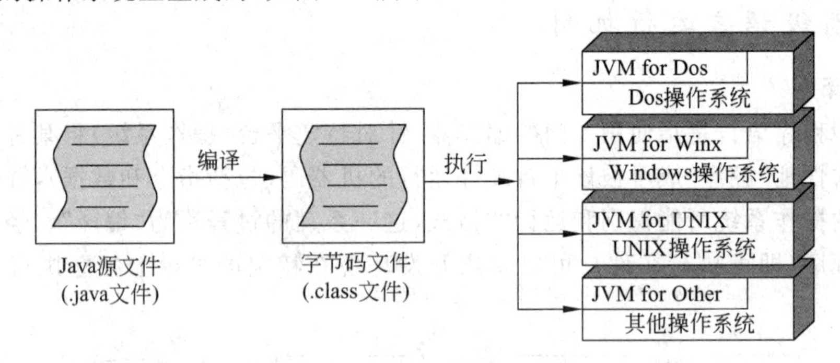

图1-3 Java程序运行机制

Java通过预先把源程序编译成字节码，避免了传统的解释型语言执行效率低的性能瓶颈。但是，Java字节码还不可以在操作系统上直接执行，必须在一个包含Java虚拟机(Java Virtual Machine，JVM)的操作系统上才能执行。

2. Java虚拟机

JVM是一种可执行Java代码的假想计算机，在Java中引入JVM的概念，即在机器和编译程序之间加入了一层抽象的虚拟机器。这台虚拟机器在任何操作系统上都能提供给编译程序一个共同的接口。编译程序只需要面向虚拟机并生成其能够解释的代码，然后由解释器将虚拟机代码转换为特定操作系统的机器码执行即可。在Java中，这种供虚拟机解释的代码叫做字节码，它不面向任何特定的处理器而只面向虚拟机。

JDK针对每一种操作系统平台提供的解释器是不同的，但是JVM的实现却是相同的。Java源程序经过编译后生成的字节码将由JVM解释执行，然后解释器将其翻译成特定机器上的机器码，并在特定的机器上执行。JVM好比想象中能执行Java字节码的操作平台。JVM规范提供了这个平台的严格规范说明，包括指令系统、字节码格式等。

有了 JVM 规范，才能够实现 Java 程序的平台无关性。利用 JVM 把 Java 字节码与具体的软硬件平台隔离，就能保证在任何机器上编译的 Java 字节码文件都能在该机器上执行，即通常所说的“Write once，run everywhere”。

执行 JVM 字节码的工作由解释器来完成。解释的过程包括代码的装入、代码的校验和代码的执行，如图 1-4 所示。

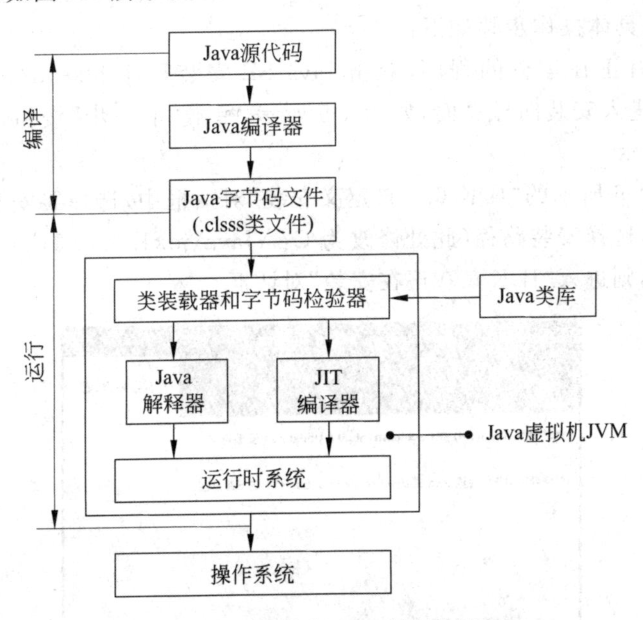

图 1-4　JVM 执行 Java 程序的过程

- 代码的装入：代码装入的工作由类装载器完成。类装载器负责装入执行一个程序所需要的代码，当然也包括程序代码中的类所继承的类以及被调用的类。当类装载器装入一个类时，该类被放入自己的命名空间中。
- 代码的校验：被装入代码由字节码检验器实施检查。其检查过程由 JVM 用类装载器从磁盘或网络上取出字节代码文件，每一个类文件送进一个字节码检验器，以确保该类的格式正确。
- 代码的执行：通过校验后，便开始执行代码，虚拟机的执行单元完成字节码中指定的指令。执行的方式有以下两种：

  ① 解释执行方式：Java 解释器通过每次解释并执行一小段代码来完成 Java 字节码程序的所有操作。

  ② 即时 JIT(Just In Time)编译方式：Java 解释器先将字节码转变成用户机器的本地代码指令，然后再执行该代码指令。

1.4　Java 程序运行环境

在开发 Java 程序之前，必须在计算机上安装并配置 Java 开发环境。本节将介绍安装和配置 JDK 的操作步骤和注意事项。

1.4.1 安装JDK

在Sun公司的官方网站(http://java.sun.com)上可以下载JDK安装包(名称为jdk-6u21-windows-i586-p.exe),本书使用JDK 6.0版本。在安装JDK 6.0之前,请确认系统中没有安装JDK的其他版本,否则,在进行配置时可能会发生冲突。

安装JDK的具体操作步骤如下:

(1) 关闭所有正在运行的程序,双击Java SE安装程序jdk-6u21-windows-i586-p.exe。此时,将会进入安装向导页面,如图1-5所示,单击"下一步"按钮,进入自定义安装界面,如图1-6所示。

(2) 在如图1-6所示的"JDK 6.0自定义安装"对话框中,选择要安装的功能组件,并单击"更改"按钮,选择安装路径(此处修改为C:\Java\jdk1.6.0_21\)。完成设置后,单击"下一步"按钮,则进入"JDK 6.0正在安装"对话框。

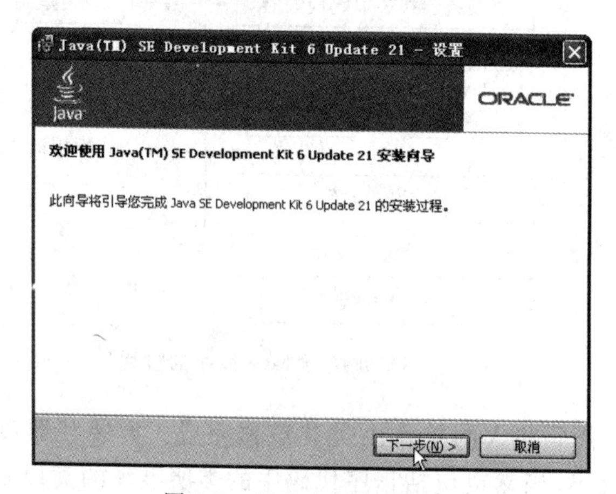

图1-5 JDK安装向导界面

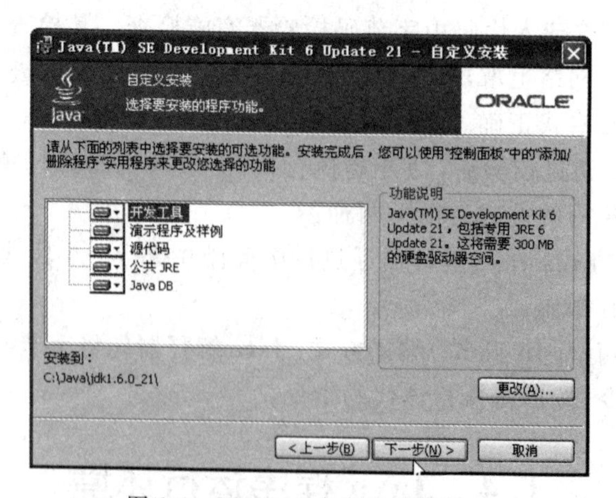

图1-6 JDK 6.0自定义安装界面

(3) 在安装完功能组件后,会出现如图1-7所示的对话框,在此处配置Java运行时环境(JRE)。单击"更改"按钮以更改安装路径(此处修改为C:\Java\jre6\)。完成设置后,单击“下一步”按钮，开始安装 JRE。

(4) JRE 6.0 安装完成后，在出现的如图 1-8 所示“JDK 6.0 已成功安装”的界面中，单击“完成”按钮结束 JDK 软件包的安装。

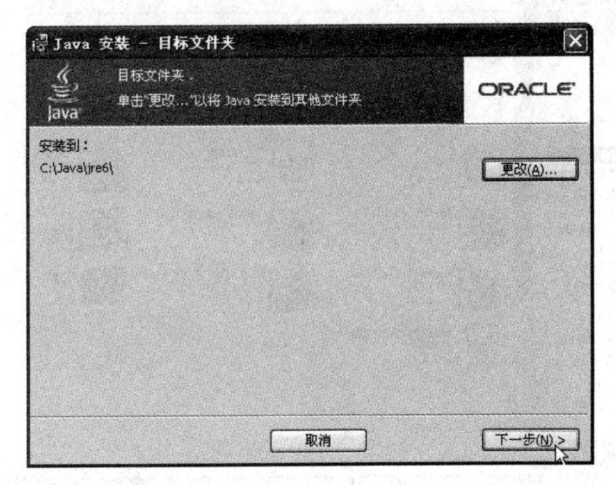

图 1-7　JRE 6.0 自定义安装界面

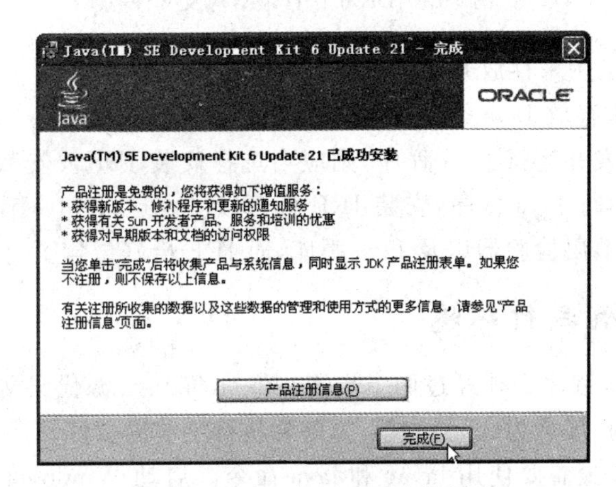

图 1-8　JDK 6.0 已成功安装界面

JDK 6.0 成功安装后，在指定的安装位置将出现 jdk1.6.0_21 目录，如图 1-9 所示。

在 JDK 的安装目录下(C:\Java\jdk1.6.0_21)有 bin、demo、lib、jre 和 sample 等子目录，下面是各个子目录的主要功能。

- 目录 bin：用来存放开发 Java 程序所用到的工具，如编译指令 javac、执行指令 java 等。这些工具的使用方法详见第 1.6 节。
- 目录 db：用来存放使用嵌入式数据库 Derby 开发所用到的资源及一些案例。
- 目录 demo：用来存放带有源代码的 Java 平台编程示例，包括使用 Swing 和其他 Java 基础类及 Java 平台调试器体系结构的示例。
- 目录 include：用来存放编译本地方法的C++ 头文件。
- 目录 jre：用来存放 Java 运行时环境(JRE)。
- 目录 lib：用来存放开发工具包的类库文件。

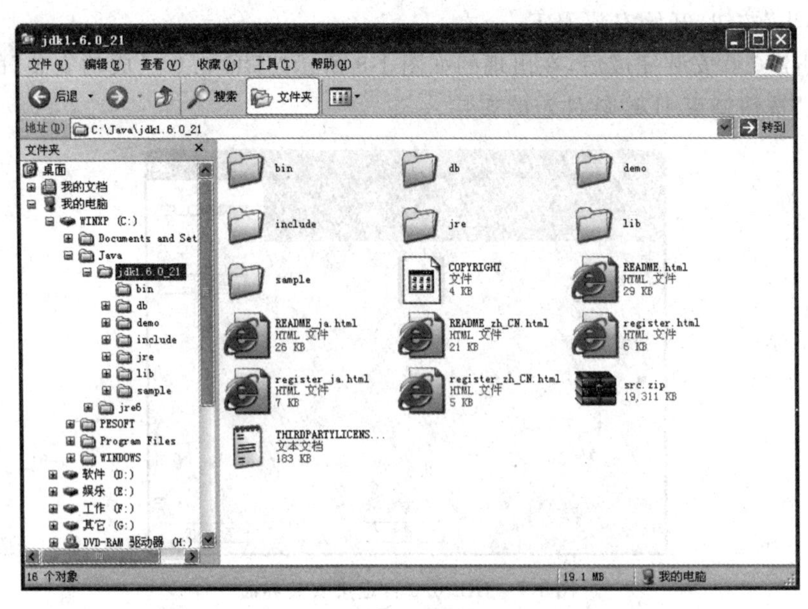

图 1-9　JDK 6.0 目录结构及文件

- 目录 sample：用来存放开发工具包自带的示例程序。
- src.zip：用来存放 Java 类库的源代码文件。

注意，如果要开发并运行 Java 程序，则应当选择安装 JDK。安装 JDK 之后，也就包含了 JRE。如果只运行 Java 程序，安装 JRE 就可以了。运行 Java 程序不仅需要 JVM，还需要类加载器、字节码检验器以及 Java 类库，而 JRE 恰好包含了上述的环境支持。

1.4.2　设置 Java 运行环境

编译和执行 Java 程序必须经过两个步骤：第一，将 Java 源代码文件(扩展名为.java)编译成字节码文件(扩展名为.class)；第二，解释执行字节码文件。

实现以上两个步骤需要使用 javac 和 java 命令。启动 Windows 操作系统的命令行窗口，然后在命令行窗口提示符下输入 javac 命令，则会输出如下提示信息："javac 不是内部或外部命令，也不是可运行的程序或批处理文件"；同理，输入 java 命令也会输出类似的提示信息。这说明虽然安装了 JDK 软件包，但是操作系统并不知道这两个命令所在的路径，也就无法执行命令了。Windows 是根据 PATH 环境变量来查找命令的，PATH 的值就是一系列路径。因此，安装完 JDK 之后，还要设置 Windows 操作系统的环境变量并测试 JDK 的配置是否成功，才能正确编译和执行 Java 程序。

下面是在 Windows 下设置 Java 运行路径环境变量的具体步骤。

(1) 用鼠标右键单击桌面上"我的电脑"图标，在弹出的上下文菜单中选择"属性"命令选项，则显示"系统属性"对话框。选择"高级"选项卡，单击"环境变量"按钮。在弹出的"环境变量"对话框中，单击"系统变量"选项组中的"新建"按钮。在弹出的"新建系统变量"对话框中，输入变量名 JAVA_HOME 和它的变量值 C:\Java\jdk1.6.0_21，单击"确定"按钮，如图 1-10 所示。

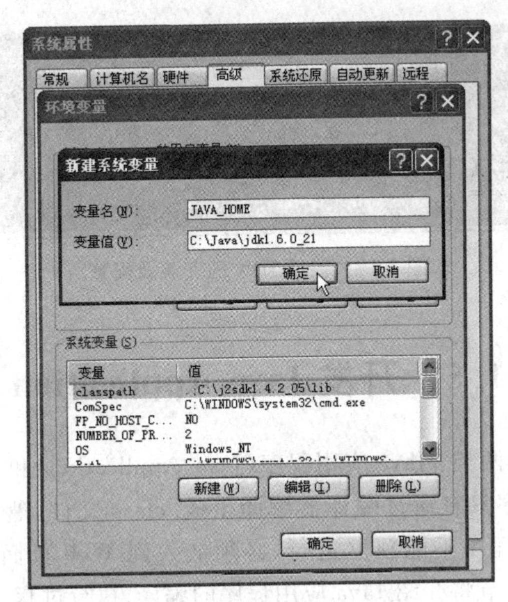

图 1-10　设置 JAVA_HOME

(2) 在图 1-10 所示的"环境变量"对话框中，选择"系统变量"选项组列表框中的 PATH 变量，单击"编辑"按钮，在弹出的"编辑系统变量"对话框中，为 PATH 变量添加变量值%JAVA_HOME%\bin;，单击"确定"按钮，如图 1-11 所示。

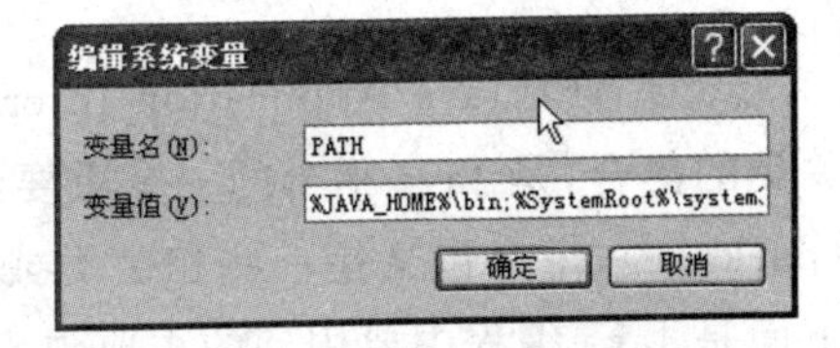

图 1-11　设置环境变量 PATH

系统环境变量 PATH 用来指定一个系统搜索的路径列表，以便自动搜索文件。若该文件在当前目录下没找到，则依次搜索 PATH 中的每一个路径；如果仍没有搜寻到，则会给出提示信息。通过上述操作设置，Java 编译器命令 javac、解释器命令 java 以及其他的工具命令(如 jar、appletviewer、javadoc 等)都将位于其安装路径下的 bin 目录(即%JAVA_HOME%\bin)中。注意，用户变量只对当前用户有效，而系统变量则对所有用户有效，系统变量的优先级高于用户变量。

注意，不要删除"PATH"系统变量中原有的变量值，将"%JAVA_HOME%\bin;"添加到原有的变量值前就可以了。另外，不要漏掉值之间的";"符号，它用于分隔多个不同的变量值。

JDK 的安装和配置完成后，就可以对 JDK 进行测试了，下面是测试的操作步骤。

(1) 选择"开始"→"运行"命令，在弹出的"运行"窗口中输入 cmd 命令，将弹出命令行窗口。

(2) 在命令提示符后面输入 java version 命令，按下 Enter 键。如果系统输出如图 1-12 所示的 JDK 相关版本的信息，则说明配置成功，否则就需要检查以上步骤的配置过程是否正确。

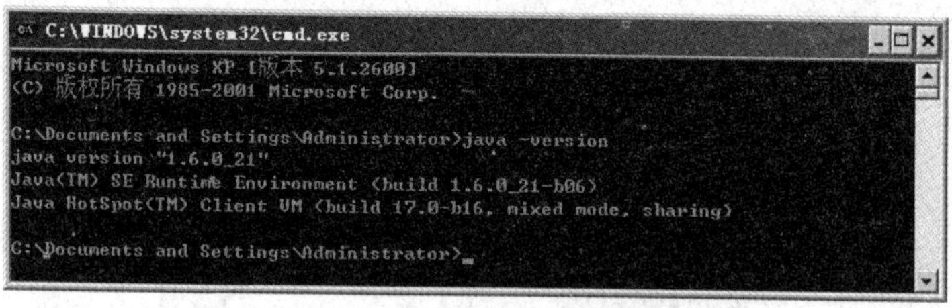

```
C:\WINDOWS\system32\cmd.exe
Microsoft Windows XP [版本 5.1.2600]
(C) 版权所有 1985-2001 Microsoft Corp.

C:\Documents and Settings\Administrator>java -version
java version "1.6.0_21"
Java(TM) SE Runtime Environment (build 1.6.0_21-b06)
Java HotSpot(TM) Client VM (build 17.0-b16, mixed mode, sharing)

C:\Documents and Settings\Administrator>_
```

图 1-12 测试JDK的安装及配置

1.5 开发Java Application

Java程序主要分为两类：Java应用程序(Java Application)和Java小应用程序(Java Applet)。Java应用程序只有通过编译器编译生成.class文件，然后才能由Java解释器解释执行；Java小应用程序不能独立运行，必须嵌入到Web页面中，在实现了JVM的Web浏览器中运行。本节将介绍Java应用程序的编译、执行过程，并对Java应用程序的结构进行简要分析，使读者对Java应用程序有一个初步的认识。

1.5.1 Java API概述

Java API(Java Application Interface)是编程人员使用Java语言进行程序开发的相关类的集合，是Java平台的一个重要组成部分。Java API中的类按照用途被分为多个包(package)，每个包又是一些相关类或接口的集合。其中，java.*包是Java API的核心，下面是Java编程中要用到的主要包。

- java.applet：包括创建applet所需要的类，以及applet与其运行上下文环境进行通信所需要的类。
- java.awt：包括所有创建UI和绘图以及图像处理的类，其部分功能正被java.swing取代。
- java.io：提供有关针对数据流、对象序列和文件系统的输入/输出类。
- java.lang：包含Java编程所需要的基本类。
- java.net：包含实现网络应用所需要的类。
- java.util：提供了丰富的常用工具类，包括自成体系的集合框架、事件模型、日期时间、国际化支持工具等许多有益的工具。
- java.sql：提供了使用Java语言访问数据库的API。

为了便于Java程序员全面地理解、正确地运行Java API的类库，Sun公司在发布Java SE的每个版本的同时，也发布一个Java API的文档，该文档对Java API中每个类的用法进行了详细的说明。

1.5.2 Java Application的编译与运行

本节将通过一个简单的例子，介绍如何编译和运行一个Java Application。

1. 编辑 Java 源代码

【例 1-1】 HelloWorld. java。

```
01  public class HelloWorld {
02    public static void main(String[] args) {
03      System.out.println("Hello World! ");
04    }
05  }
```

编辑 Java 源代码可以使用任何无格式的文本编辑器(如记事本、EditPlus),并将其保存到指定的目录下,如 C:\javaExample\chapter01\1-1\HelloWorld. java 中。

2. Java 程序结构

Java 程序必须以类(class)的形式存在,类是 Java 程序的最小程序单位。Java 程序不允许可执行语句、方法等成分独立存在,所有的程序部分都必须放在类定义中。Java 程序的结构如图 1-13 所示。

- Java 程序中三部分要素必须以包声明、导入类声明、类的定义的顺序出现。如果程序中有包语句,那么只能是除空语句和注释语句之外的第一个语句。
- main 方法作为程序执行的入口点,必须严格按照例 1-1 源代码清单中第 2 行的格式声明。
- 一个 Java 程序只能有一个 public class 的定义,且 Java 程序的名字与包含 main 方法的 public class 的类名相同(扩展名为. java)。

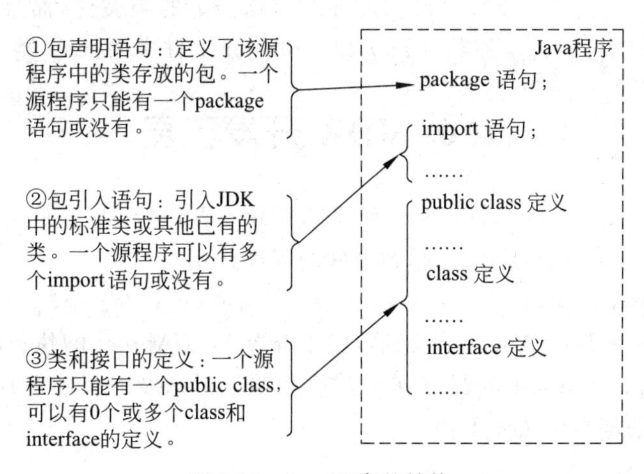

图 1-13　Java 程序的结构

3. 编译与运行 Java Application

用 javac 命令编译 Java 程序。用 javac 编译生成的字节码文件有默认的文件名(以定义的类名为主文件名,以. class 作为扩展名),所以用 javac 编译文件只需要指定存放目标文件的位置即可。如果一个源文件里定义了多个类,则编译生成多个字节码文件。

下面是在 Windows 环境下进行 Java 程序的编译与运行的操作步骤。

(1) 在 Windows 桌面,执行“开始”→“运行”命令,在出现的“运行”窗口中输入 cmd

命令,单击"确定"按钮,则打开"命令提示符"窗口。

(2) 输入命令: cd\javaExample\chapter01\1-1,进入 C:\javaExample\chapter01\1-1\目录。输入命令 javac HelloWorld.java 对程序进行编译,如果没有编译错误,则编译通过,并在当前目录下生成 HelloWorld.class 文件。

(3) 输入命令 java HelloWorld 执行程序,命令行控制台屏幕中输出一行文本信息"HelloWorld!",如图 1-14 所示。

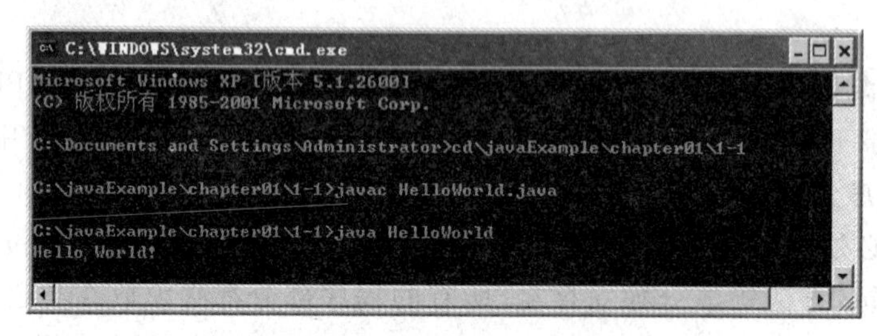

图 1-14 例 1-1 编译运行的步骤与结果

4. CLASSPATH 环境变量

当使用 Java 解释器执行 Java 程序时,对于 JDK 1.4 及以前版本,如果没有设置环境变量 CLASSPATH 的值(.;%JAVA_HOME%\lib\dt.jar; %JAVA_HOME%\lib\tools.jar),那么系统会提示找不到 HelloWorld 类。对于 JDK 1.5 以上版本,即使不设置环境变量 CLASSPATH 的值,也可以在任何路径下正常编译和运行 Java 程序。这是因为对于 JDK 1.5 以上版本,JRE 会自动搜寻当前路径下的类文件,而且使用 Java 的编译和运行工具时,系统可以自动加载 dt.jar 和 tools.jar 文件中的 Java 类。

1.6 JDK 开发工具

JDK 提供了编译、运行、调试 Java 程序的开发工具,熟练地掌握这些工具的用途、语法及使用,对学好 Java 程序设计会起到很好的辅助作用。

1. appletviewer

appletviewer 是 Java Applet 浏览器,用于查看 Java Applet 的执行结果。与 IE 等其他浏览器相比,appletviewer 的优点在于其执行结果可以及时反映程序所做的修改。使用 appletviewer 的基本语法如下:

```
appletviewer [options] url
```

其中,options 是可选参数,不用此参数也可运行 appletviewer 命令;url 指包含 Applet 的网页。例如,要访问当前目录下带有 Applet 的 HelloApplet.html 文件,在命令行窗口输入以下命令即可浏览该 Applet 程序。

```
appletviewer HelloApplet.html
```

2. Java 编译器 javac

Java 编译器命令 javac,是将扩展名为.java 的源文件编译成后缀名为.class 的字节码文件，它的基本语法如下：

```
javac [options] [sourcefiles]
```

其中，options 是可选参数；源文件名是要编译的.java 文件。若要一次编译多个文件，则多个文件之间用“,”隔开。例如，只编译 HelloWorld.java 一个源文件（产生类文件 HelloWorld.class）的命令如下：

```
javac HelloWorld.java
```

同时编译 HelloWorld.java 和 Hello.java 两个文件（产生 HelloWorld.class 和 Hello.class 两个类文件）的命令如下：

```
javac HelloWorld.java,Hello.java
```

3. Java 解释器 java

Java 解释器命令 java 是 Java 字节码文件的解释器，它直接从字节码文件执行 Java 应用程序。它的基本语法为：

```
java [options] class [arguments…]
```

其中，options 是可选参数；class 表示 java 解释器要执行的类文件；arguments 为程序运行的外部参数。

以下命令用来执行扩展名为.jar 的文件中的类文件。

```
java [options]-jar file.jar [arguments…]
```

例如，执行 HelloWorld.jar 中的主类文件命令：

```
java -jar HelloWorld
```

4. Java 文档生成器 javadoc

javadoc 命令是将 Java 源文件转换生成 API 说明文档的一个文档转换工具，生成文档的格式是 HTML 格式，主要用于程序文档的维护和管理。Javadoc 工具所生成的文档内容包括类和接口的描述、类的继承层次、类中的成员变量和方法的使用介绍，以及程序员对程序所作的注释等。它的基本语法如下：

```
javadoc [options] [packageName] sourceFile
```

其中，options 是可选参数。在默认情况下，javadoc 只处理 public 和 protected 修饰符的成员变量和方法，但可以通过选项参数来控制显示 private 类型的信息；包名是指程序存储的路径名，源文件名是指目标文件。

例如，将当前目录 com.ch01 中的 HelloWorld.java 文件转换生成的 HTML 文档，保存在 C:\ch01_doc 文件夹中。其命令如下：

```
javadoc -private-d C:\ch01_doc  com.ch01 HelloWorld.java
```

5. Java 打包工具 jar

jar 命令是 Java 类文件归档命令，它是个多用途的存档及压缩工具，可以将多个文件合并为单个JAR归档文件。jar命令基于zip和zlib压缩格式，在Java程序设计中，jar命令主要用于将Applet或Application打包成单个归档文件。

jar的基本语法为：

```
jar [options] [manifestfiles] fileName [sourceFile]
```

其中，options表示jar命令的参数，jar一定要和参数结合使用；manifestfiles表示JAR压缩包中的Manifest文件，该文件是JAR文件结构的定义文件，可以设置JAR文件的运行主类，也可以设置JAR文件需要引用的类；文件名是要生成的JAR文件名称，源文件表示需要压缩的文件。

例如，下列jar命令：jar cf Hello.jar Hello.class，将Hello.class文件压缩，并保存于Hello.jar文件中。这里c表示创建文件，f表示文件名。

1.7 小　　结

本章简要介绍了Java的发展简史、Java 2 SDK的版本、Java程序的执行机制，详细介绍了JDK的安装与设置过程、Java应用程序的编写、调试过程，简要介绍了JDK提供的开发工具。其中，Java程序的运行机制和Java程序运行环境的设置是本章学习的重点。通过本章的学习，读者对Java语言有了一个初步了解，为后续章节的学习奠定了一定的基础。

SCJP认证习题解析

1. 下列可用作Java集成开发环境开放源代码的软件是哪一个？

A. TextPad　　B. Java EE　　C. JBuilder　　D. NetBeans IDE

【答案】 D

【解析】 NetBeans是目前使用广泛的开源且免费的Java集成开发环境。作为Sun公司官方认定的Java开发工具，NetBeans的开发过程被认为最符合Java开发理念。

2. 以下哪一种类型的代码被JVM解释成本地代码？

A. 源代码　　B. 处理器代码　　C. 字节码

【答案】 C

【解析】 JVM屏蔽了与具体平台无关的信息，使得Java编译程序只需生成在JVM上运行的目标代码，即字节码，就可以在多种平台上不加修改地运行。JVM在执行字节码时，把字节码解释成具体平台上的机器指令执行。

3. 一个Java类包括：

A. 只有数据　　B. 只有方法　　C. 既有数据也有方法

【答案】 C

【解析】 对象不应只是简单地容纳一些数据，它们的行为也应得到良好的定义，而对象在创建时是以所属的类为模板的。因此在OOP语言中，类定义了某种类型所有对象都将具有的数据和方法。

4. 在Java类的定义中,下列哪一个是正确的程序代码?

A. public static void main(String args) {}

B. public static void main(String args []) {}

C. public static void main(String message[]) {}

【答案】 B,C

【解析】 main()方法是Java应用程序执行的入口点,它必须提供该方法才能被执行。方法中的public、static、void等关键词都具有特殊的含义: public表明方法的使用范围;static表明这是一个静态方法,可以通过类名直接调用;void表明不返回任何值;main是方法名;String[]表明方法参数是Java字符串数组类型;args不是关键词,而是一个普通的参数名,也可以取其他符合Java语法规则的名字,例如: message。

5. 下面哪一个文件中包含名为HelloWorld的类的字节码?

A. HelloWorld. java　　B. HelloWorld. class

C. HelloWorld. exe

【答案】 B

【解析】 字节码文件的后缀为. class。后缀为. java的文件为Java源代码,后缀为. exe的文件是可执行的指令文件。

6. 下列代码被保存在名为Two. java的文件中,如果试图编译并运行该文件则会出现以下哪种情况?

A. 编译时错误　B. 运行时错误　C. 运行成功

```
public class One {
  private String str;
  public One (String s) {
    str=s;
  }
  public void getString (String a) {
    System.out.println (str+","+a);
  }
}
public class Two {
  public static void main (String[] args) {
    One one=new One("Hello");
    one.getString ("everyone! ");
  }
}
```

【答案】 A

【解析】 因为一个Java源程序最多只能有一个public类,所以应该把类One中的修饰符public去掉,而只保留类Two的修饰符public,这样就使源文件名与public类的名称保持一致了。

课后习题

1. 试说明Java Application与Java Applet的不同之处。

2. Java程序的最小程序单位是什么?

3. 下载并安装JDK 1.6以及Java API文档,编译并运行例1-1。

4. 下面程序的功能是:计算并打印输出两个整数a和b之间的最大值,请在下划线处填空,使程序能够完整地运行。

```
01  public class Max {
02      public static void main ________ {
03          int max;
04          int a=3;
05          int b=5;
06          if(a>b) {
07              ________;
08          }
09          else {
10              ________;
11          }
12          System.out.println(max);
13      }
14  }
```

【运行结果】

```
5
```

5. 编写一个Java Application,在屏幕上输出“欢迎进入Java奇妙世界!”信息。

6. 试给出一个算法,求输入的3个数中的最大值。再进一步考虑,该算法是否很容易修改为求4个数的最大值或求5个数的最大值。(提示:程序这种适合新的应用需求的能力称为程序的可扩充性。)

7. 一个Java程序是否可由多个类的源程序组成?Java解释执行程序时从哪里开始执行应用程序?

第2章 Java基础知识

CHAPTER

Java的数据类型可分为基本数据(primitive)、数组(array)、类(class)和接口(interface)等类型,任何常量、变量和表达式都必须是上述数据类型中的一种。Java的流程控制语句可分为条件、循环和跳转三种类型。条件语句可以根据变量或表达式的不同状态选择不同的执行路径,它包括if和switch两个语句;循环语句使程序可以重复执行一个或多个语句,它包括while、for和do-while三个语句;跳转语句允许程序以非线性方式来执行,它包括break、continue和return三个语句。本章将讲解以下内容:一是Java的基本数据类型,以及属于这些类型的常量、变量和表达式的用法;二是Java语言的三种流程控制语句。

2.1 注　　释

在用Java语言编写程序时,添加注释(comments)可以增强程序的可读性。注释的作用体现在三个方面:①说明某段代码的作用;②说明某个类的用途;③说明某个方法的功能,以及该方法的参数和返回值的数据类型和意义。Java提供了三种类型的注释:单行注释、多行注释和文档注释。

1. 单行注释

单行注释就是一行,表示从“//”开始到这一行结束的内容都作为注释部分。

2. 多行注释

多行注释表示从“/*”开始到“*/”结束的单行或多行内容都作为注释部分。

【例2-1】 在类HelloWorld的定义中,介绍了多行注释的用法。

```
01  /* 这是一个 Java 语言入门程序,首先定义类 HelloWorld,在类中包含
02     main()方法。程序的作用是通过控制台输出字符串"Hello World!"。
03   */
```

```
04 public class HelloWorld {
05   public static void main(String[] args) {
06     System.out.println("Hello World! ");
07   }
08 }
```

3. 文档注释

文档注释表示从“/**”开始到“ * /”结束的所有内容都作为注释部分。文档注释的作用体现在可以使用 javadoc 工具将注释内容提取出来，并以 HTML 网页的形式形成一个 Java 程序的 API 文档。

【例 2-2】 在类 HelloWorld 的定义中，介绍了文档注释的用法。

```
01 /**
02    类的文档注释
03  * /
04 public class HelloWorld {
05   /**
06     方法的文档注释
07    * /
08   / *
09     方法的多行注释
10    * /
11   // 方法的单行注释
12   public static void main(String[] args) {
13     System.out.println("Hello World! ");
14   }
15 }
```

在命令行窗口中执行命令：javadoc HelloWorld. java，则生成该 Java 程序 API 文档的过程如图 2-1 所示。

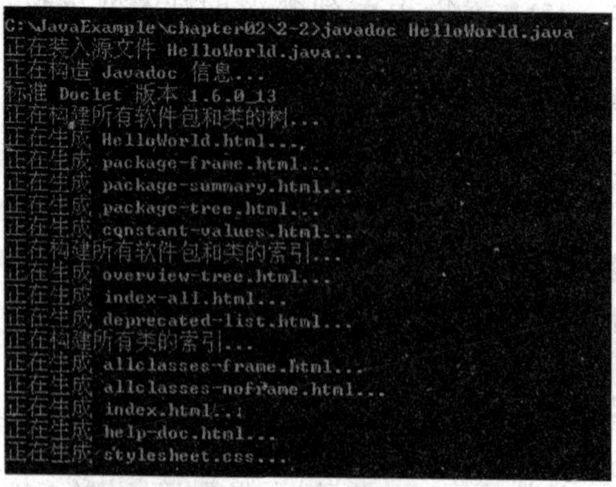

```
C:\JavaExample\chapter02\2-2>javadoc HelloWorld.java
正在装入源文件 HelloWorld.java...
正在构造 Javadoc 信息...
标准 Doclet 版本 1.6.0_13
正在构建所有软件包和类的树...
正在生成 HelloWorld.html...
正在生成 package-frame.html...
正在生成 package-summary.html...
正在生成 package-tree.html...
正在生成 constant-values.html...
正在构建所有软件包和类的索引...
正在生成 overview-tree.html...
正在生成 index-all.html...
正在生成 deprecated-list.html...
正在构建所有类的索引...
正在生成 allclasses-frame.html...
正在生成 allclasses-noframe.html...
正在生成 index.html...
正在生成 help-doc.html...
正在生成 stylesheet.css...
```

图 2-1 Java API 文档的生成过程

执行 javadoc HelloWorld. java 命令后，会在当前目录下生成该 Java 程序的 API 文档，如图 2-2 所示。打开 index. html 文件，可以看到类 HelloWorld 的相关内容说明，index. html 文件的内容如图 2-3 所示。

图 2-2　在当前目录下生成的 API 文档

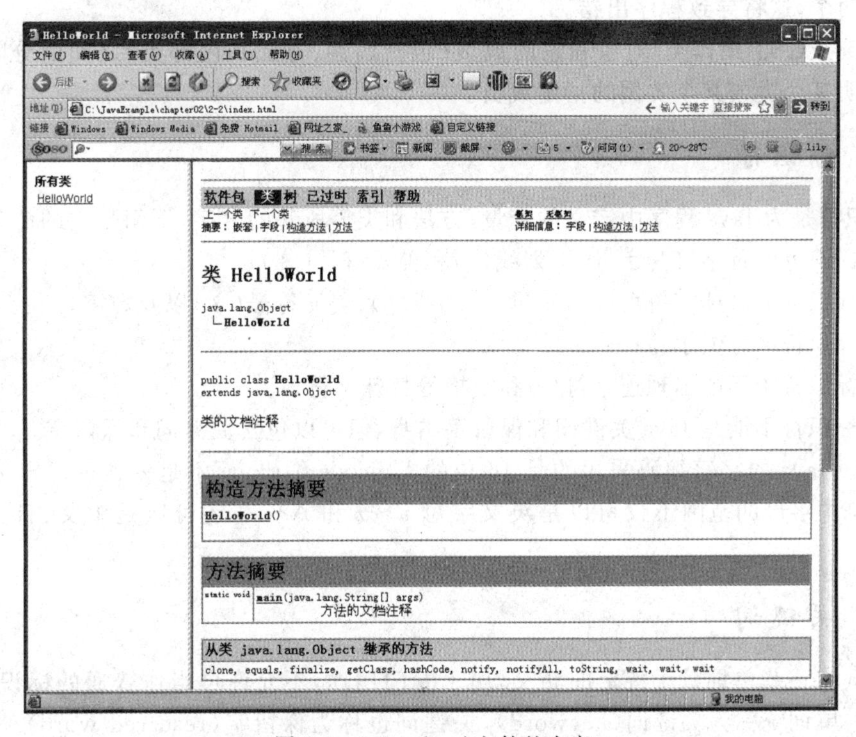

图 2-3　index. html 文件的内容

从 index. html 文件的内容可以看出，只有被文档注释的部分才能被 javadoc 工具提取出来，而单行注释或多行注释的内容则不能被提取出来。

2.2 标识符与关键词

Java使用标识符(identifier)作为变量、对象的名字,并提供了系列关键词来实现特殊的功能。本节将讲解标识符和关键词的意义和用法。

2.2.1 分隔符

Java的分号(;)、花括号({})、方括号([])、圆括号(())、空格、圆点(.)都具有特殊的分隔作用,统称为分隔符。

- 分号(;):作为语句的分隔,每个语句必须使用分号作为结尾。
- 花括号({}):用于定义一个代码块,一个代码块是指"{"和"}"所包含的一段代码,代码块在逻辑上是一个整体。类的定义、方法体必须放在代码块中。
- 方括号([]):用于定义数组元素,方括号通常紧跟数组变量名,而方括号里则指定要访问的数组元素的索引。
- 圆括号(()):是一个功能丰富的分隔符。例如,定义方法时必须使用圆括号包含形参说明,调用方法时也必须使用圆括号传入实参值。
- 空格:用来分隔一条语句的不同部分。注意,不要使用空格把一个变量名分隔成两个,这将导致程序出错。
- 圆点(.):用作类/对象和它的成员(包括属性、方法和内部类)之间的分隔符,表明某个类或某个实例的指定成员。

2.2.2 标识符

标识符是为Java程序中定义的变量、方法和类等所起的名字,下面是它的命名规则。

- 标识符的首字符为字母、下划线(_)和美元符号($);
- 标识符的后续字符可以为字母、下划线(_)、美元符号($)以及数字;
- 标识符区分大小写;
- 标识符中不能出现连字符(-)和空格等特殊字符;
- 标识符不能是Java关键词和保留字本身,但可以包含关键词和保留字。

注意,Java的字符编码采用的是16位的Unicode编码,而不是8位的ASCII码,因而标识符中字母的范围不仅可以是英文字母a~z和A~Z,还可以是中文、日文、希腊文等。

2.2.3 关键词

Java将一些单词赋予特定的涵义,用于专门用途,不允许再当作普通的标识符来使用。这些单词统称为关键词(keyword),关键词也称为保留字(reserved word)。Java中的关键词如表2-1所示。

表 2-1　Java 语言的关键词

abstract	double	int	strictfp
assert	else	interface	super
boolean	enum	long	switch
break	extends	native	synchronized
byte	final	new	this
case	finally	package	throw
catch	float	package	throws
char	for	private	transient
class	goto	protected	try
const	if	public	void
continue	implements	return	volatile
default	import	short	while
do	instanceof	static	

注意，Java 中所有的关键词都是小写，true、false、null 虽然不是关键词，但也被 Java 保留，不能用来定义标识符。

2.2.4　标识符的命名

标识符在命名时，应尽量采用一些有意义的英文单词来组成标识符。最好有规律地使用大小写，这样的标识符才能有意义并且容易记忆，从而增强源代码的可读性。下面从几种不同的情形说明标识符的命名。

- 类名或接口名：通常由名词组成，名称中每个单词的第一个字母大写，其余字母小写。
- 方法名：通常第一个单词由动词组成，并且第一个单词全部小写，后续单词第一个字母大写，其余字母小写。
- 变量名：成员变量通常由名词组成，单词大小写的规则与方法名的规则相同；而方法中的局部变量要全部小写。
- 常量名：完全大写，并且用下划线“_”作为常量名中各个单词的分隔符。

2.3　基本数据类型

Java 属于强类型的语言，变量在使用之前必须定义其类型。Java 把数据类型分为基本数据类型(primitive type)和引用数据类型(reference type)，基本类型的内存空间存储的是数值，而引用类型的内存空间存储的是对象的地址，二者的区别如图 2-4 所示。

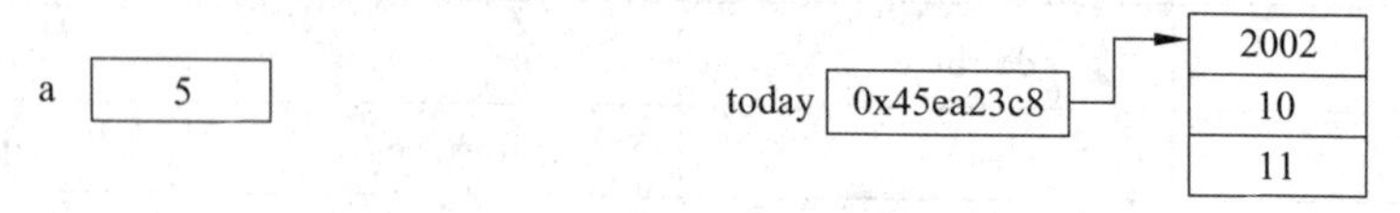

图 2-4 基本数据类型与引用类型的区别

在Java中，内置了8种基本数据类型，分别是byte、short、int、long、float、double、char、boolean。注意，Java中的8种基本数据类型在内存中所占字节数是固定的，不随平台的改变而改变，从而实现了平台无关性。

2.3.1 整数类型

整数类型有4种，分别为byte、short、int、long。整数类型的数据在内存中是以二进制补码的形式存储的，最高位为符号位，这4种数据类型都是有符号整数，区别在于它们在内存中占有字节数的多少。这4种整数类型在内存中占有字节数的多少及表示数的范围如表2-2所示。

表 2-2 整数类型的长度及取值范围

类　型	比特数(bits)	字节数(bytes)	最小值	最大值
byte	8	1	-2^{7}	$2^{7}-1$
short	16	2	-2^{15}	$2^{15}-1$
int	32	4	-2^{31}	$2^{31}-1$
long	64	8	-2^{63}	$2^{63}-1$

2.3.2 浮点数类型

浮点数是用来表示带有小数点的数，浮点数有float和double两种类型。浮点数是有符号的数，它在内存中的表示形式与整数不同。float称为单精度浮点数，double称为双精度浮点数，它们在内存中占有字节数的多少及表示数的范围如表2-3所示。

表 2-3 浮点数类型的长度及取值范围

类　型	比特数(bits)	字节数(bytes)	最小值	最大值
float	32	4	$+/-1.40239846^{-45}$	$+/-3.40282347^{+38}$
double	64	8	$+/-4.94065645841246544^{-324}$	$+/-1.79769313486231570^{+308}$

2.3.3 字符类型

字符类型用来表示单个字符，用关键词char表示。Java中的字符编码不是采用ASCII码，而是采用Unicode码。在Unicode编码方式中，每个字符在内存中分配两个字节，这样Unicode码向下兼容ASCII码，但是字符的表示范围要远远多于ASCII码。字符类型是无符号的两个字节的 Unicode 编码，可以表示的字符编码为 0～65535，共 65536 个字符。Unicode 字符集涵盖了像汉字、日文、朝鲜文、德文、希腊文等多国语言中的符号，是一个国际标准字符集。字符类型在内存中占有字节数的多少及表示数的范围如表 2-4 所示。

表 2-4 字符类型的长度及取值范围

类 型	比特数(bits)	字节数(bytes)	最小值	最大值
char	16	2	0	65535

2.3.4 布尔类型

布尔类型用来表示具有两种状态的逻辑值，例如，“yes”和“no”，“on”和“off”等，像这样的值可以用 boolean 类型表示。布尔类型的取值只能为 true 或者 false，不能为整数类型，并且布尔类型不能与整数类型互换。

2.4 常量与变量

上一节讲解了变量的基本类型，介绍了每一种基本类型变量的内存分配大小及表示数的范围。与基本类型变量相对应的 4 种常量分别为整型常量、浮点型常量、字符型常量以及布尔型常量。本节将讲解这些常量和变量的意义和用法。

2.4.1 整型常量

整型常量是指没有小数点的数值，可以用十进制、八进制或者十六进制表示。下面是一些它的示例。

- 十进制整数：25、36。
- 八进制整数：012、04523；八进制整数要以数字 0 开头，并且后面数字只能是 0～7 范围内。
- 十六进制整数：0x12、0XA2；十六进制整数要以 0x 或 0X 开头，后面数字可以为 0～9 或 a～f、A～F。

【例 2-3】 在类 IntegerLiteral1 的定义中，用三种方法定义了三个整型常量，并将它们在命令行窗口中输出。

```
01  public class IntegerLiteral1 {
02    public static void main(String[] args) {
03      int a=97;        //十进制整数
04      int b=0141;      //八进制整数
05      int c=0x61;      //十六进制整数
06      System.out.println("十进制整数 97:"+a);
07      System.out.println("八进制整数 0141 对应的十进制数为:"+b);
08      System.out.println("十六进制整数 0x61 对应的十进制数为:"+c);
```

```
09    }
10  }
```

【运行结果】

```
十进制整数 97:97
八进制整数 0141 对应的十进制数为:97
十六进制整数 0x61 对应的十进制数为:97
```

【分析讨论】

① 在日常生活中 052 和 52 是相同的两个整数,但在 Java 中这两个整数是不同的。052 表示八进制数,对应的十进制数为 42,而 52 是十进制数的 52。

② 当给整型变量赋值时,整型常量值一定要在该整型变量的表示范围内,否则会出现编译错误。

③ 对于整型变量而言有 byte、short、int、long 四种类型;对于整型常量而言只有两种类型 int 和 long,而没有 byte 和 short 类型。

④ 整型常量的默认类型为 int 类型,例如: 5 为 int 类型。

⑤ 如果使用长整型常量,则要在整型常量后加 l 或 L,例如: 5L 为 long 类型。

【例 2-4】 在类 IntegerLiteral2 的定义中,分别将不同的数值赋值给整型变量。注意观察类在编译过程中产生的出错信息。

```
01  public class IntegerLiteral2 {
02    public static void main(String[] args) {
03      short a=89;     //整型常量 89 在 short 类型表示范围内,编译正确!
04      short b=32768; //整型常量 32768 超出 short 类型表示范围,编译错误!
05      int c=88;       //整型常量 88 默认类型为 int 类型,编译正确!
06      int d=88L;      //整型常量 88L 为 long 类型,编译错误,应改成 long d=88L
07    }
08  }
```

【编译结果】

```
C:\JavaExample\chapter02\2-4\IntegerLiteral2.java:4: 可能损失精度
找到: int
需要: short
                short b=32768;
                          ^
C:\JavaExample\chapter02\2-4\IntegerLitera2.java:6: 可能损失精度
找到: long
需要: int
                int d=88L; ^
2 错误。
```

2.4.2 浮点型常量

带有小数点的数值为浮点型常量,例如: 3.2、5.、.689 都为浮点型常量。浮点型常量按类型可以分为 float 和 double 两种类型。注意,浮点型常量默认为 double 类型。如果要使用 float 类型浮点型常量,则必须在数值后加"F"或"f"。例如:3.2F,即 3.2 由原来默认 double 类型转变为 float 类型。

【例 2-5】 在类 FloatLiteral 的定义中,分别将不同的数赋值给浮点型变量。注意观察类在编译过程中产生的出错信息。

```
01  public class FloatLiteral {
02    public static void main(String[] args) {
03      double a=9.;       // 浮点型常量默认为 double 类型,编译正确!
04      float b=0.5;       // 0.5 为 double 类型,编译错误!
05      float c=0.5F;      // 0.5F 为 float 类型,编译正确!
06    }
07  }
```

【编译结果】

```
C:\JavaExample\chapter02\2-5\FloatLitera.java:4: 可能损失精度
找到: double
需要: float
                float b=0.5; ^
1 错误。
```

【分析讨论】

① 浮点型常量还可以使用科学记数法来表示,如 602.35 可以表示为 6.0235e2 或 6.0235E2。这种表示方法中 e 或 E 的前面一定要有数字,e 或 E 后面的数字一定要为整数。如 E8、2.6e5.2 都是错误的浮点型常量。

② JDK 1.5 以前版本的浮点型常量的科学记数法只能用十进制表示,从 JDK 1.5 之后也可以使用十六进制表示。例如:0.25 可以表示为 0x1P-2。在这种表示方法中 0x 后的数为十六进制数,p 或 P 代表指数 e 或 E,p 或 P 后的数为十进制整数。

2.4.3 字符型常量

字符型常量是用单撇号"'"括起的单个字符,它可以是 0～65535 之间的任何一个无符号整数。例如,char c=97。字符型常量也可以是转义字符。例如,char c='\n'。常用的转义字符及其含义如表 2-5 所示。

表 2-5 转义字符及其含义

转义字符	含　义	Unicode 字符	转义字符	含　义	Unicode 字符
\b	退格	\u0008	\r	回车	\u000d
\t	Tab 键	\u0009	\"	双引号	\u0022
\n	换行	\u000a	\'	单引号	\u0027
\f	换页	\u000c	\\	反斜杠	\u005c

字符型常量可以为八进制数的转义序列，其格式为“\nnn”。其中 nnn 是 1～3 个八进制数字，取值范围为 0～0377。例如：char c= '\141'。字符型常量也可以为 Unicode 转义序列，其格式为“\uxxxx”。其中 xxxx 是 4 个十六进制数字，取值范围为 0～0xFFFF。例如，char c='\u0065'。

【例 2-6】 在类 CharLiteral 的定义中，分别将不同的字符赋值给字符型变量，注意观察类在执行过程中的输出信息。

```
01 public class CharLiteral {
02   public static void main(String args[]) {
03     char a='a';
04     char b=97;
05     char c='\n';
06     char d='\141';
07     char e='\u0061';
08     System.out.print(a);
09     System.out.print(c);
10     System.out.print(b);
11     System.out.print('\t');
12     System.out.print(d);
13     System.out.print(c);
14     System.out.println(e);
15   }
16 }
```

【运行结果】

```
a
a       a
a
```

2.4.4 布尔型常量

布尔型常量只有 true 和 false 两种，整型数据与布尔型常量不能互换。例如：

- boolean b=true;
- System.out.println(b);   //输出结果为 true

2.5 基本数据类型的相互转换

在 Java 中，8 种基本数据类型变量的内存分配、表示形式、取值范围各不相同，这就要求在不同的数据类型变量之间赋值及运算时要进行数据类型的转换，以保证数据类型的一致性。但是，boolean 类型变量的取值只能为 true 或 false，不能是其他的值，所以基本数据类型值之间的转换只能包括 byte、short、int、long、float、double 和 char 类型。基本数据类型的转换分为自动转换和强制转换两种类型。

2.5.1　自动转换

自动转换是把级别低的变量的值赋给级别高的变量时，由系统自动完成数据类型的转换。在 Java 中，byte、short、int、long、float、double 和 char 这 7 种基本数据类型的级别高低如下所示：

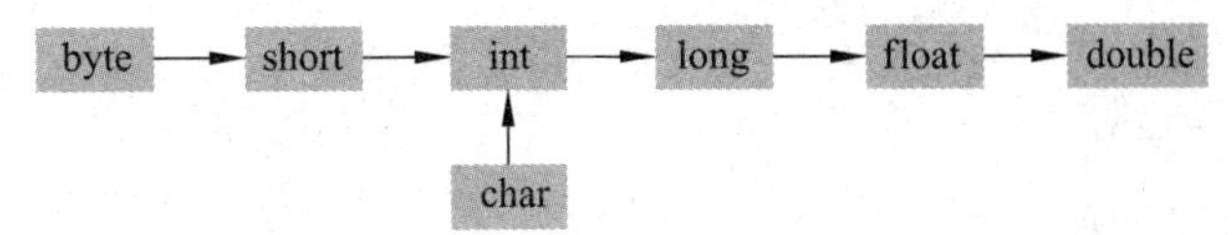

自动转换的例子如下所示：

- byte b=56;
- short s=b;　　//将 byte 类型变量 b 的值自动转换为 short 类型
- int i=s;　　//将 short 类型变量 s 的值自动转换为 int 类型
- long l=i;　　//将 int 类型变量 i 的值自动转换为 long 类型
- float f=l;　　//将 long 类型变量 l 的值自动转换为 float 类型
- double d=f;　　//将 float 类型变量 f 的值自动转换为 double 类型
- char c=97;
- f=c;　　//将 char 类型变量 c 的值自动转换为 float 类型

2.5.2　强制转换

把类型级别高的变量的值赋给类型级别低的变量时，必须进行强制转换。由于把高级别变量的值存储在低级别的变量空间中会使变量的值或精度发生变化，所以这种转换要明确指出，即进行强制转换。这种强制转换的过程与自动转换正好相反。强制转换的语法如下：

```
(type)expression;
```

【例 2-7】 在类 TestCast 的定义中，介绍了如何根据变量的取值范围进行强制类型的转换。

```
01  public class TypeCast {
02    public static void main(String[] args) {
03      int x=(int)25.63;          //x 的值为 25
04      long y=(long)56.78F;       //y 的值为 56
05      byte a=125;                //125 在 byte 类型的取值范围内,不需要强制转换
06      //byte b=128;              //128 超出 byte 类型的取值范围,会出现编译错误
07      byte c=(byte)128;          //强制转换后编译正确,转换后结果为-128
08      byte d=(byte)-129;         //强制转换后编译正确,转换后结果为 127
09      System.out.println("变量 x 的值为:"+x);
10      System.out.println("变量 y 的值为:"+y);
11      System.out.println("变量 a 的值为:"+a);
12      System.out.println("变量 c 的值为:"+c);
```

```
13        System.out.println("变量 d 的值为:"+d);
14      }
15  }
```

【运行结果】

```
变量 x 的值为: 25
变量 y 的值为: 56
变量 a 的值为: 125
变量 c 的值为: -128
变量 d 的值为: 127
```

2.6 运　算　符

在 Java 中,运算符(operator)分为算术运算符、逻辑运算符、位运算符、关系运算符、赋值运算符和三元运算符。本节将讲解这些运算符的意义和用法。

2.6.1 算术运算符

算术运算用于完成整数类型和浮点数类型数据的运算,这些运算包括加法(+)、减法(-)、乘法(*)、除法(/)、取余(%)、自增(++)、自减(--)以及取正(+)和取负(-)运算。不同的基本数据类型在运算前要先转换成相同的数据类型后再进行算术运算,对于低于 int 类型的整型数据至少要先提升为 int 类型后才能进行算术运算。

【例 2-8】 在类 ArithmeticTest1 的定义中,介绍了算术运算符的用法。

```
01 public class ArithmeticTest1{
02   public static void main(String[] args) {
03     byte a=16;
04     byte b=90;
05     int add=a+b;                //两个 byte 类型数据运算前先转换成 int 类型后再相加
06     System.out.println("a+b="+add);
07     int sub=a-b;
08     System.out.println("a-b="+sub);
09     int mul=a*b;
10     System.out.println("a*b="+mul);
11     int div=b/a;                //两个整数相除,商取整
12     System.out.println("b/a="+div);
13     int mod=b%a;                //两个整数取余
14     System.out.println("b%a="+mod);
15     int pos=+a;                 //+a 的类型为 int
16     System.out.println("+a="+pos);
17     int neg=-b;                 //-b 的类型为 int
18     System.out.println("-b="+neg);
19     float divf=35.7f/a;         //两个浮点数相除
```

```
20      System.out.println("35.7f/a="+divf);
21      double modd=35.7%a;      //两个浮点数取余
22      System.out.println("35.7%a="+modd);
23    }
24  }
```

【运行结果】

```
a+b=106
a-b=-74
a*b=1440
b/a=5
b%a=10
+a=16
-b=-90
35.7f/a=2.23125
35.7%a=3.7000000000000003
```

【分析讨论】

① 两个整数相除结果为取整，两个浮点数相除结果为浮点数。

② 不仅两个整数可以进行取余运算，两个浮点数也可以进行取余运算。

③ 低于 int 类型的整数在运算前至少要先转换成 int 类型后再进行运算，即使是两个 byte 类型数据其运算结果也为 int 类型。

【例 2-9】 在类 ArithmeticTest2 的定义中，介绍了自增运算符的用法。

```
01 public class ArithmeticTest2 {
02   public static void main(String[] args) {
03     byte a=12;
04     byte b=a++;              //a++值为 12,a 的值为 13,a++的类型为 byte
05     System.out.println("a="+a+",b="+b);
06     byte c=++a;              //++a 值为 14,a 的值为 14,++a 的类型为 byte
07     System.out.println("a="+a+",c="+c);
08   }
09 }
```

【运行结果】

```
a=13,b=12
a=14,c=14
```

【分析讨论】

① 自增(++)、自减(−−)运算符可以放在变量的前面也可以放在变量的后面，其作用都是使变量加 1 或减 1；但对于自增或自减表达式来说是不同的。例如：当 a=2 时，++a 表达式的值为 3，a++表达式的值为 2，但 a 的值都为 3。

② 自增(++)、自减(−−)运算会将运算结果进行强制转换。例如：byte a=12；byte b=a++；a++的类型会由 int 强制转换成原来的 byte 类型。

2.6.2 比较运算符

比较运算符用来比较两个操作数的大小，包括大于(>)、大于等于(>=)、小于(<)、小于等于(<=)、等于(==)、不等于(!=)六个运算符。比较运算的结果是一个布尔值(true或false)，它的两个操作数既可以是基本数据类型，也可以是引用类型。

当操作数为基本数据类型时，比较的是两个操作数的值。注意，基本数据类型中的布尔类型数据只能进行等于(==)和不等于(!=)运算，而不能进行其他的比较运算。当操作数为引用类型时，比较的是两个引用是否相同，亦即比较两个引用是否指向同一个对象。因此，对于引用类型操作数而言只能进行等于(==)和不等于(!=)运算。

【例2-10】 在类RelationalTest的定义中，介绍了关系运算符的用法。

```
01 import java.util.*;
02 public class RelationalTest {
03   public static void main(String[] args) {
04     int a=12;
05     double b=9.7;
06     System.out.println("a> b:"+(a>b));
07     System.out.println("a< b:"+(a<b));
08     System.out.println("a==b:"+(a==b));
09     System.out.println("a!=b:"+(a!=b));
10     Date d1=new Date(2008,10,10);
11     Date d2=new Date(2008,10,10);
12     System.out.println("d1==d2:"+(d1==d2));
13     System.out.println("d1!=d2:"+(d1!=d2));
14   }
15 }
```

【运行结果】

```
a>b:true
a<b:false
a==b:false
a!=b:true
d1==d2:false
d1!=d2:true
```

2.6.3 逻辑运算符

逻辑运算包括逻辑与(&&、&)、逻辑或(||、|)、逻辑非(!)、逻辑异或(^)，逻辑运算的操作数均为逻辑值(true或false)，其运算结果也为逻辑值。

逻辑运算的操作规则如表2-6所示。

逻辑与有两种运算符：

- 短路与(&&)：如果操作数1能够决定整个表达式的结果，则操作数2不需要

表 2-6 逻辑运算操作规则

操作数1	操作数2	与运算结果	或运算结果	非运算(操作数1)结果	异或运算结果
true	true	true	true	false	false
true	false	false	true	false	true
false	true	false	true	true	true
false	false	false	false	true	false

计算。

- 非短路与(&)：不管操作数1是否能决定整个表达式的值，操作数2都需要计算。

逻辑或也有两种运算符：

- 短路或(‖)：如果操作数1能够决定整个表达式的结果，则操作数2不需要计算。
- 非短路或(|)：不管操作数1是否能够决定整个表达式的值，操作数2都需要计算。

【例 2-11】 在类LogicalTest的定义中，介绍了逻辑运算符的用法。

```
01 public class LogicalTest {
02   public static void main(String[] args) {
03     boolean a=true;
04     boolean b=false;
05     System.out.println("a && b="+(a&&b));
06     System.out.println("a || b="+(a || b));
07     System.out.println("! a="+! a);
08     System.out.println("a^b="+(a^b));
09     int i=3;
10     System.out.println("b && (++i>3)="+(b && (++i>3)));
                                      //b为false,++i>3被短路
11     System.out.println("i="+i);       //i的值还是3
12     System.out.println("b & (++i>3)="+(b & (++i>3)));
                                      //b为false,++i>3要被计算
13     System.out.println("i="+i);       //i的值为4
14     System.out.println("a || (++i>3)="+(a || (++i>3)));
                                      //a为true,++i>3被短路
15     System.out.println("i="+i);       //i的值还是4
16     System.out.println("a | (++i>3)="+(a | (++i>3)));
                                      //a为true,++i>3要被计算
17     System.out.println("i="+i);       //i的值为5
18   }
19 }
```

【运行结果】

```
a && b=false
a || b=true
! a=false
a^b=true
b && (++i>3)=false
i=3
b & (++i>3)=false
i=4
a || (++i>3)=true
i=4
a | (++i>3)=true
i=5
```

2.6.4 位运算符

位运算是指对每一个二进制位进行的操作，它包括位逻辑运算和移位运算。位运算的操作数只能为基本数据类型中的整数类型和字符型。位逻辑运算包括按位与(&)、按位或(|)、按位取反(~)、按位异或(^)。操作数在进行位运算时，是将操作数在内存中的二进制补码按位进行操作。

- 按位与(&)：如果两个操作数的二进制位同时为 1，则按位与(&)的结果为 1；否则按位与(&)的结果为 0。例如：5&2=0。

```
&  00000000  00000000  00000000  00000101  ···········  5
   00000000  00000000  00000000  00000010  ···········  2
-------------------------------------------------------------
   00000000  00000000  00000000  00000000  ···········  0
```

- 按位或(|)：如果两个操作数的二进制位同时为 0，则按位或(|)的结果为 0；否则按位或(|)的结果为 1。例如：5|2=7。

```
|  00000000  00000000  00000000  00000101  ···········  5
   00000000  00000000  00000000  00000010  ···········  2
-------------------------------------------------------------
   00000000  00000000  00000000  00000111  ···········  7
```

- 按位取反(~)：如果操作数的二进制位为 1，则按位取反(~)的结果为 0；否则按位取反(~)的结果为 1。例如：~(−5)=4。

```
~  11111111  11111111  11111111  11111011  ···········  −5
-------------------------------------------------------------
   00000000  00000000  00000000  00000100  ···········  4
```

- 按位异或(^)：如果两个操作数的二进制位相同，则按位异或(^)的结果为 0；否则按位异或(^)的结果为 1。例如，−5^3=−8。

```
^  11111111  11111111  11111111  11111011  ···········  −5
   00000000  00000000  00000000  00000011  ···········  3
-------------------------------------------------------------
   11111111  11111111  11111111  11111000  ···········  −8
```

移位运算是指将整型数据或字符型数据向左或向右移动指定的位数，移位运算包括左移(<<)、右移(>>)和无符号位右移(>>>)。

- 左移(<<)：将整型数据在内存中的二进制补码向左移出指定的位数，向左移出的二进制位丢弃，右侧添 0 补位。例如，5<<3=40。

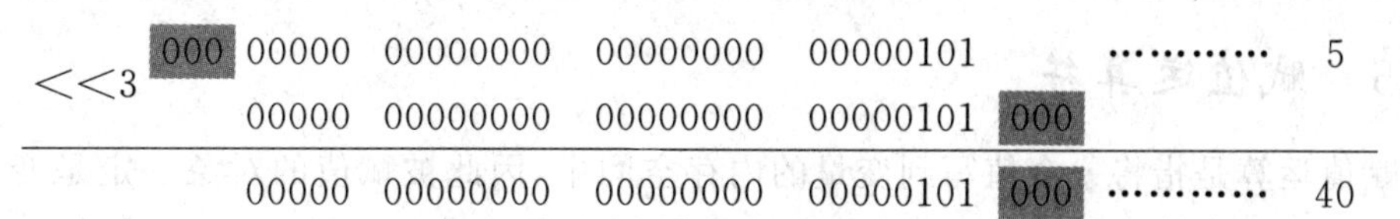

- 右移(>>)：将整型数据在内存中的二进制补码向右移出指定的位数，向右移出的二进制位丢弃，左侧进行符号位扩展。即如果操作数为正数则左侧添 0 补位，否则添 1 补位。例如，−5>>3=−1。

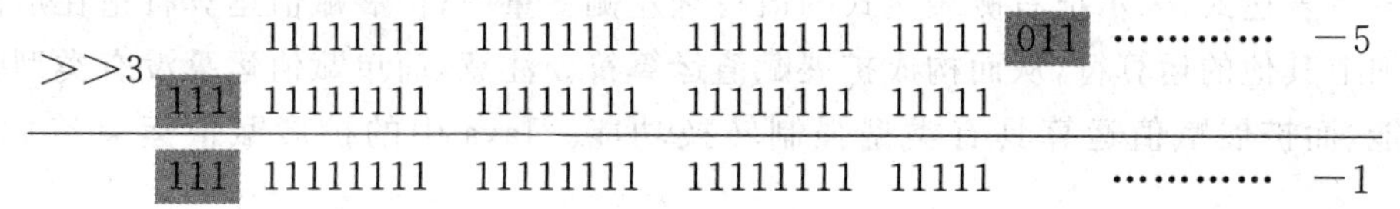

- 无符号位右移(>>>)：将整型数据在内存中的二进制补码向右移出指定的位数，向右移出的二进制位丢弃，左侧添 0 补位。例如，−5>>>25=127。

```
                    11111111 11111111 11111111 11111011 … −5
>>>25
                    1111111
0 00000000 00000000 00000000 1111111                    … 127
```

【例 2-12】　在类 BitsTest 的定义中，介绍了位运算符的用法。

```
01 public class BitsTest {
02   public static void main(String[] args) {
03     byte a=12;
04     byte b=2;
05     int c=a>> b;    //a与b转换成 int 类型后再移位,运算结果为 int 类型
06     System.out.println("12>> 2= "+c);     //移位运算后产生一个新的整型数据
07     System.out.println("a= "+a);          //变量 a 的值不会发生变化
08     c=a>> 32;                             //实际移动位数为 0
09     System.out.println("12>> 32= "+c);
10     c=a>> 33;                             //实际移动位数为 1
11     System.out.println("12>> 33= "+c);
12   }
13 }
```

【运行结果】

```
12>>2=3
a=12
12>>32=12
12>>33=6
```

【分析讨论】

① 在进行移位运算之前，低于 int 类型的整型数据要先转换成 int 类型。

② 移位运算会产生新的数据，而参与移位运算的数据不会发生变化。

③ 移位前先将要移动的位数与 32 或 64 取余运算，余数才是真正要移动的位数。

2.6.5 赋值运算符

赋值运算是指将一个值写到变量的内存空间中，因此被赋值的对象一定是变量而不能是表达式。在给变量赋值时，要注意赋值号两端类型的一致性。与 C 类似，Java 也使用“=”作为赋值运算符。

赋值运算符可以分为简单赋值运算符和扩展赋值运算符。简单赋值运算的语法格式为变量=表达式，表示把右侧表达式的值写到左侧变量中；扩展赋值运算符指在赋值运算符前加上其他的运算符，从而构成扩展赋值运算符。注意，简单赋值运算没有类型强制转换功能，而扩展赋值运算具有类型强制转换功能。Java 中的扩展赋值运算符如表 2-7 所示。

表 2-7 扩展赋值运算符

扩展赋值运算符	表 达 式	功 能
+=	Operand 1+=Operand2	Operand1=Operand1+Operand2
-=	Operand1-=Operand2	Operand1=Operand1-Operand2
*=	Operand1 *=Operand2	Operand1=Operand1 * Operand2
/=	Operand1 /=Operand2	Operand1=Operand1/Operand2
%=	Operand1 %=Operand2	Operand1=Operand1%Operand2
&=	Operand1 &=Operand2	Operand1=Operand1&Operand2
|=	Operand1|=Operand2	Operand1=Operand1|Operand2
^=	Operand1 ^=Operand2	Operand1=Operand1^Operand2
>>=	Operand1>>=Operand2	Operand1=Operand1>>Operand2
<<=	Operand1<<=Operand2	Operand1=Operand1<<Operand2
>>>=	Operand1>>>=Operand2	Operand1=Operand1>>>Operand2

【例 2-13】 在类 AssignmentTest 的定义中，介绍了赋值运算符的用法。

```
01 public class AssignmentTest {
02   public static void main(String[] args) {
03     byte a=34;
04     a+=2;                           //a 的值为 36
05     System.out.println(a+=2+3);  //a 的值为 41
06   }
07 }
```

【运行结果】

```
41
```

2.6.6　三元运算符

三元运算符的语法如下：

```
布尔表达式?表达式 1: 表达式 2
```

三元运算符的运算规则是：首先计算布尔表达式的值，如果布尔表达式的值为 true，则表达式 1 的值作为整个表达式的结果；如果布尔表达式的值为 false，则表达式 2 的值作为整个表达式的结果。

【例 2-14】　在类 ThreeOperatorTest 的定义中，介绍了三元运算符的用法。

```
01 public class ThreeOperatorTest {
02   public static void main(String[] args) {
03     int a=12;
04     int b=89;
05     int max=a>b? a:b;
06     System.out.println("a 的值为: "+a+",b 的值为: "+b);
07     System.out.println("a 与 b 的较大者为: "+max);
08   }
09 }
```

【运行结果】

```
a 的值为: 12,b 的值为: 89
a 与 b 的较大者为: 89
```

2.7　运算符的优先级与结合性

通过学习 Java 的运算符，了解了每种运算符的运算规则。但是在一个表达式中往往有多种运算符，要先进行哪一种运算呢？这就涉及了运算符的优先级问题。优先级高的运算符先执行，优先级低的运算符后执行。对于同一优先级别的运算，则按照其结合性依次计算。Java 中各种运算符的优先级与结合性如表 2-8 所示。

表 2-8　运算符的优先级与结合性

优先级	运　算　符	结合性
1	[] 　.　 ()(方法调用)	从左到右
2	new　 ()(强制类型转换)	从左到右
3	!　 ~　 ++　 --　 +(取正)　 -(取负)	从右到左
4	*　 /　 %	从左到右

续表

优先级	运　算　符	结合性
5	+　-	从左到右
6	<<　>>　>>>	从左到右
7	>　>=　<　<=	从左到右
8	= =　! =	从左到右
9	&	从左到右
10	^	从左到右
11	|	从左到右
12	&&	从左到右
13	||	从左到右
14	?:	从右到左
15	=　+=　-=　*=　/=　%=　^=　|=　&=　<<=　>>=　>>>=	从右到左

2.8 流程控制

Java程序的流程控制分为顺序结构、分支结构和循环结构三种。其中，顺序结构是按照语句的书写顺序逐一执行，分支结构是根据条件选择性地执行某段代码，循环结构是根据循环条件重复执行某段代码。本节将讲解分支结构和循环结构的用法。

2.8.1 分支结构

1. if-else语句

if-else语句的语法如下：

```
if (逻辑表达式)
      语句 1;
else
      语句 2;
```

if-else语句的执行流程是：当if后面的逻辑表达式的值为true时，执行语句1，然后顺序执行if-else后面的语句；否则，执行语句2，然后顺序执行if-else后面的语句。

if-else语句中的else分支也可以省略，省略后的if-else语句的语法如下：

```
if (逻辑表达式)
    语句 1;
```

- if括号中的表达式只能为逻辑表达式。
- 语句1和语句2可以为单条语句，也可以为用{}括起来的复合语句。

- 当 if-else 语句出现嵌套时，if-else 语句的匹配原则是：else 总是与在它上面且离它最近的 if 进行匹配。

【例 2-15】 在类 IfElseTest 的定义中，用嵌套的 if-else 语句判断随机整数的范围。

```
01  public class IfElseTest {
02    public static void main(String[] args) {
03      int i=(int)(Math.random()*100);      //产生一个[0,100)之间的随机整数
04      if(i>=90)
05        System.out.println("这个随机数在[90,100)之间");
06      else if(i>=80)
07        System.out.println("这个随机数在[80,90)之间");
08      else if(i>=70)
09        System.out.println("这个随机数在[70,80)之间");
10      else if(i>=60)
11        System.out.println("这个随机数在[60,70)之间");
12      else
13        System.out.println("这个随机数在[0,59)之间");
14      System.out.println("这个随机数的大小为："+i);
15    }
16  }
```

【运行结果】

```
这个随机数在[30,40)之间
这个随机数的大小为：37
```

2. switch 语句

switch 语句的语法如下：

```
switch (整型表达式){
    case 常量 1: 语句组 1;
                break ;
    case 常量 2: 语句组 2;
                break ;
    ⋮
    case 常量 n: 语句组 n;
                break ;
    default:    语句组;
                break ;
}
```

switch 语句的执行流程是：先计算 switch 语句中整型表达式的值，并将该值与 case 后面的常量进行匹配，如果与哪一个常量相匹配，则从哪个 case 所对应的语句组开始执行，直至遇到 break 结束 switch 语句；如果整型表达式的值不能与任何一个常量相匹配，则执行 default 后面的语句组。

【例 2-16】 在类 SwitchTest 的定义中,用 switch 语句判断随机整数的范围。

```
01 public class SwitchTest {
02   public static void main(String[] args) {
03     int i= (int)(Math.random() * 100);
04     switch(i/10) {
05       case 9: System.out.println("随机数在[90,100)范围内");
06             break;
07       case 8: System.out.println("随机数在[80,90)范围内");
08             break;
09       case 7: System.out.println("随机数在[70,80)范围内");
10             break;
11       case 6: System.out.println("随机数在[60,70)范围内");
12             break;
13       case 5: System.out.println("随机数在[50,60)范围内");
14             break;
15       case 4: System.out.println("随机数在[40,50)范围内");
16             break;
17       case 3: System.out.println("随机数在[30,40)范围内");
18             break;
19       case 2: System.out.println("随机数在[20,30)范围内");
20             break;
21       case 1: System.out.println("随机数在[10,20)范围内");
22             break;
23       case 0:System.out.println("随机数在[0,10)范围内");
24             break;
25     }
26     System.out.println("随机数为: "+i);
27   }
28 }
```

【运行结果】

```
随机数在[40,50)范围内
随机数为: 41
```

【分析讨论】

① switch 后面整型表达式的类型可以为 byte、short、char、int,但不可以为 long、float、double、boolean。

② case 后面的语句可以有 break,也可以没有 break。当 case 后面有 break 时,执行到 break 则从 switch 语句中跳出;否则,将继续执行下一个 case 后面的语句,直至遇到 break 或者 switch 语句执行结束。

③ case 后面只能跟常量表达式。

④ 多个 case 以及 default 之间没有顺序的要求。

⑤ default 为可选项。当有 default 时，如果整型表达式的值不能与 case 后面的任何一个常量相匹配，则执行 default 后面的语句。

2.8.2　循环结构

循环结构可以在满足一定条件的情况下反复执行某段代码，这段被重复执行的代码被称为循环体。在执行循环体时，需要在适当时把循环条件设置为假，从而结束循环。下面是循环语句可以包含的四个部分。

- 初始化语句(init_statements)：可能包含一条或多条语句，用于完成初始化工作，初始化语句在循环开始之前被执行。
- 循环条件(test_expression)：是一个 boolean 表达式，它能够决定是否执行循环体。
- 循环体(body_statements)：是循环的主体，如果循环条件允许，循环体将被重复执行。
- 迭代语句(iteration_statements)：在一次循环体执行结束后，对循环条件求值前执行，通常用于控制循环条件中的变量，使得循环在合适时结束。

1. while 循环语句

while 循环语句的语法如下：

```
[init_statements ]
while (test_expression) {
    statements;
    [iteration_statements]
}
```

while 循环结构在每次执行循环体之前，先对循环条件 test_expression 求值。如果值为 true，则执行循环体部分。iteration_statements 语句总是位于循环体的最后，用于改变循环条件的值，使得循环在合适的时候结束。

【例 2-17】 在类 WhileTest 的定义中，用 while 循环求 1～50 之间的整数和。

```
01  public class WhileTest {
02    public static void main(String[] args) {
03      int sum=0;
04      int i=1;
05      while(i<=50) {
06        sum+=i;
07        i++;
08      }
09      System.out.println("1~50 的整数和为: "+sum);
10    }
11  }
```

【运行结果】

```
1~50 的整数和为: 1275
```

2. do-while 循环语句

do-while 循环语句的语法如下:

```
[init_statements ]
do {
    statements;
    [iteration_statements]
}
while (test_expression);
```

do-while 循环与 while 循环的区别在于: while 循环先判断循环条件,如果条件成立才执行循环体;而 do-while 循环则先执行循环体,然后再判断循环条件,如果循环条件成立则执行下一次循环,否则中止循环。

【例 2-18】 在类 DoWhileTest 的定义中,用 do-while 循环求 1～50 之间的整数和。

```
01 public class DoWhileTest {
02   public static void main(String[] args) {
03     int sum=0;
04     int i=1;
05     do {
06       sum+=i;
07       i++;
08     }while(i<=50);
09     System.out.println("1~50 的整数和为: "+sum);
10   }
11 }
```

3. for 循环语句

for 循环语句的语法如下:

```
for([init_statements]; [test_expression]; [iteration_statements]) {
  statements;
}
```

for 循环在执行时,先执行循环的初始化语句 init_statements,初始化语句只在循环开始前执行一次。每次执行循环体之前,先计算 test_expression 循环条件的值,如果循环条件值为 true,则执行循环体部分,循环体执行结束后执行循环迭代语句。因此,对于 for 循环而言,循环条件总比循环体要多执行一次,因为最后一次执行循环条件值为 false,将不再执行循环体。

- 初始化语句、循环条件、迭代语句这三个部分都可以省略,但三者之间的分号不可以省略。当循环条件省略时,默认值为 true。
- 初始化语句、迭代语句这两个部分可以为多条语句,语句之间用逗号分隔。

- 在初始化部分定义的变量，其范围只能在 for 循环语句内有效。

【例 2-19】 在类 ForTest 的定义中，用 for 循环求 1～50 之间的整数和。

```
01 public class ForTest {
02   public static void main(String[] args) {
03     int sum=0;
04     for(int i=1;i<=50;i++){
05       sum+=i;
06     }
07     System.out.println("1~50 的整数和为: "+sum);
08   }
09 }
```

2.8.3 控制循环结构

Java 没有使用 goto 语句来控制程序的跳转，这种设计思路虽然提高了程序流程控制的可读性，但降低了灵活性。为了弥补这种不足，Java 提供了 continue 和 break 语句来控制循环结构。另外，Java 还提供了 return 语句用于结束整个方法，当然也就等于结束了一次循环。

1. break 语句

当循环体中出现 break 语句时，其功能是从当前所在的循环中跳出来，结束本层循环，但对其外层循环没有影响。break 语句还可以根据条件结束循环。

【例 2-20】 在类 BreakTest 的定义中，用 break 语句实现求 200～300 之间的素数。

```
01 public class BreakTest {
02   public static void main(String[] args) {
03     boolean b;
04     int col=0;
05     System.out.println("200~300 之间的素数为: ");
06     for(int i=201;i<300;i+=2) {
07       b=true;
08       for(int j=2;j<i;j++) {
09         if(i%j==0) {
10           b=false;
11           break;
12         }
13       }
14       if(b) {
15         System.out.print(i);
16         col++;
17         if(col%10==0)
18           System.out.println();
19         else
20           System.out.print("\t");
```

```
21          }
22        }
23        System.out.println();
24      }
25    }
```

【运行结果】

```
200~300之间的素数为:
211    223    227    229    233    239    241    251    257    263
269    271    277    281    283    293
```

【分析讨论】

该例中的break语句出现在内层for循环中,如果被测试的数i能够被2～(i－1)之间的任何一个整数整除,则i不是素数,跳出内层循环。

带标签的break语句不仅能够跳出本层循环,还能够跳出多层循环,而标签label可以指出要跳出的是哪一层循环。带标签的break语句的语法如下:

```
break label;
```

- 标签label是一个标识符,应该符合Java语言中标识符的定义。
- 标签label应该定义在循环语句的前面。
- 在有多层循环的嵌套结构中,可以定义多个标签,但多个标签不能重名。

【例2-21】　在类BreakLabelTest的定义中,介绍了带标签break语句的用法。

```
01  public class BreakLabelTest {
02    public static void main(String[] args) {
03      outer: for(int i=0;i<3;i++) {
04        innner: for(int j=0;j<3;j++) {
05          if(j>1) break outer;
06            System.out.println(j+" and "+i);
07        }
08      }
09    }
10  }
```

【运行结果】

```
0 and 0
1 and 0
```

2. continue语句

在循环体中出现continue语句时,其作用是结束本次循环,进行当前所在层的下一次循环。continue语句的功能是根据条件有选择地执行循环体。

【例2-22】　在类ContinueTest的定义中,用continue语句实现了在10个[0,100)之间的随机整数中,输出小于50的随机整数。

```
01 public class ContinueTest {
02   public static void main(String[] args) {
03     int rad;
04     for(int i=0;i<10;i++) {
05       rad=(int)(Math.random() * 100);  //产生一个[0,100)之间的随机整数
06       if(rad>=50) {
07         continue;
08       }
09       System.out.println(rad);
10     }
11   }
12 }
```

【运行结果】

```
44
36
33
32
7
46
```

与 break 语句一样，continue 后面也可以加标签，构成带标签的 continue 语句。它能结束当前所在层的本次循环，跳到标签 label 所在层进行下一次循环。带标签的 continue 语句的语法如下：

```
continue label;
```

【例 2-23】 在类 ContinueLabelTest 的定义中，用带标签的 continue 语句求 200～300 之间的素数。

```
01 public class ContinueLabelTest {
02   public static void main(String[] args){
03     int num=0;
04     System.out.println("200~300 之间的素数为: ");
05     outer:for(int i=201;i<300;i+=2) {
06       for(int j=2;j<i;j++) {
07         if(i%j==0)
08           continue outer;
09       }
10       System.out.print(i);
11       num++;
12       if(num%10==0)
13         System.out.println();
14       else
15         System.out.print("\t");
```

```
16      }
17      System.out.println();
18    }
19  }
```

2.9 小　　结

本章讲解了 Java 的基本语法，包括注释、标识符与关键词、基本数据类型、常量与变量、运算符及优先级与结合性、流程控制。这些知识是进行 Java 程序设计的前提和基础，也是必须要掌握的知识。

SCJP 认证习题解析

1. 下列方法的定义中哪些是错误的？

A.
```
public int method() {
        return 4;
}
```
B.
```
public double method() {
        return 4;
}
```
C.
```
public void method(){
        return;
}
```
D.
```
public int method(){
        return 3.14;
}
```

【答案】 D

【解析】 本题考查的是基本数据类型及其转换。整型常量 4 为 int 型，int 型可以自动转换为 double 型，所以选项 A、B 是正确的。选项 C 中的方法没有返回值，返回类型为 void，所以选项 C 也是正确的。但是，选项 D 中方法的返回值为 3.14，其值为 double 类型，double 类型不能自动转换为 int 类型，所以选项 D 是错误的。

2. 在下列标识符中，哪些是不合法的？

A. here　　B. _there　　C. this　　D. that

E. 2to1odds

【答案】 C，E

【解析】 关键词 this 不能作为标识符，标识符不能以数字开头，所以选项 C 和 E 是不合法的。

3. 下列关于整型常量的表示方法中哪些是正确的?

A. 22　　B. 0x22　　C. 022　　D. 22H

【答案】 A,B,C

【解析】 整型常量的表示方法有三种,分别为十进制、八进制和十六进制。选项A、B、C的三个整型常量分别采用的是十进制、十六进制、八进制的表示方法,所以选项A、B、C是正确的。

4. 在下列选项中,哪一个是char类型变量的取值范围?

A. $2^7 \sim 2^7-1$　　B. $0 \sim 2^{16}-1$　　C. $0 \sim 2^{16}$　　D. $0 \sim 2^8$

【答案】 B

【解析】 char类型数据在内存中表示为无符号整数,并且占用2个字节,char类型变量的表示范围为0~65535,所以选项B是正确的。

5. 在下列选项中,哪些是Java语言中的关键词?

A. double　　B. Switch　　C. then　　D. instanceof

【答案】 A,D

【解析】 Java语言中所有的关键词都是小写的,选项B是错误的,所以选项A、D是正确的。

6. 当编译运行下列代码时,运行结果是什么?

```
int i=012;
int j=034;
int k=056;
int l=078;
System.out.println(i);
System.out.println(j);
System.out.println(k);
```

A. 输出12,34和56　　B. 输出24,68和112

C. 输出10,28和46　　D. 编译错误

【答案】 D

【解析】 本题考查的重点是八进制整型常量的表示方法。当用八进制表示整型常量时,整型常量要以0开头,其后面数字的范围为0~7。int l=078;语句中,整型常量078的表示方法是错误的。

7. 在下列给字符型变量c赋值的语句中哪一个是正确的?

A. char c='\''　　B. char c="cafe"

C. char c='\u01001'　　D. char c='0x001'

【答案】 A

【解析】 本题考查的是字符型常量的表示方法。选项A采用转义字符表示法来表示字符单引号,是正确的。选项B中"cafe"是字符串而不是字符常量。字符常量可以采用Unicode转义序列,它的一般格式为"\uxxxx",其中xxxx是4个十六进制数字,所以选项C是错误的。字符型常量还可以为八进制转义序列,它的一般格式为"\nnn",其中

nnn是1～3个八进制数字，所以选项D是错误的。

8. 下列代码的输出结果是哪一个？

```
int a=-1;
int b=-1;
a=a>>>31;
b=b>>31;
System.out.println("a="+a+",b="+b);
```

A. a=1,b=1　　B. a=－1,b=－1
C. a=1,b=0　　D. a=1,b=－1

【答案】 D

【解析】 本题考查的是右移运算。在Java中右移运算有两种：带符号位的右移>>和不带符号位的右移>>>。a>>>31是将a的值向右移出31位，左端空出的31位全部补0；b>>31是将b的值向右移出31位，由于b的值为负数，左端空出的31位进行符号位扩展，全部补1。

9. 下列赋值语句中，哪些是不合法的？

A. long l=698.65；　　B. float f=55.8；
C. double d=0x45876；　　D. int i=32768；

【答案】 A,B

【解析】 带小数点的十进制数默认为double类型，因此将一个double类型数据赋值给取值范围窄的long类型或float类型都需要强制类型转换，否则会出现编译错误。所以选项A和B是错误的。

10. 编译运行下列代码时，运行结果是什么？

```
int i=0;
while(i--<0){
    System.out.println("value of i is "+i);
}
System.out.println("the end");
```

A. 编译时错误　　B. 运行时异常
C. value of i is 0　　D. the end

【答案】 D

【解析】 当变量i的值为0时，i－－的值也为0。因此，逻辑表达式i－－<0的值为false，所以while循环语句的循环体一次也没运行。

11. 下列代码的运行结果是什么？

```
class Test {
    public static void main(String[] args){
        int x=5;
        boolean y=true;
        System.out.println(x<y);
```

```
    }
}
```

A. 编译错误　　B. 运行时出现异常
C. true　　D. false

【答案】 A

【解析】 在 Java 中,布尔类型变量的取值只能为 true 或 false,而不能与其他任何类型值进行相互转换。布尔类型值不能进行关系运算,所以选项 A 是正确的。

12. 下列赋值语句中哪一个是错误的?

A. float f=11.1;　　B. double d=5.3E12;
C. double d=3.14159;　　D. double d=3.14D;

【答案】 A

【解析】 在 Java 语言中,带有小数点的数默认情况下为 double 类型。double 类型值赋给 float 类型变量时要进行强制转换,所以选项 A 是错误的。浮点型常量有两种类型: float 和 double。在浮点型常量后什么都不加或者加上 D 或 d,都是 double 类型;在浮点型常量后加 F 或 f,则是 float 类型。

13. 在下面代码中,变量 s 可以为哪种数据类型?

```
switch(s) {
    default:System.out.println("Best Wishes");
}
```

A. byte　　B. long　　C. float　　D. double

【答案】 A

【解析】 本题考查的是 switch 语句。switch 语句是一个多分支结构语句,根据选择因子的取值来决定分支走向。switch 语句中的选择因子的数据类型只能是 byte、char、short、int。所以,只有选项 A 是正确的。

14. 分析下列代码的运行结果是什么?

```
void looper(){
    int x=0;
    one:
    while(x<10){
        two:
        System.out.print(++x);
        if(x>3)
          break two;
    }
}
```

A. 编译错误　　B. 0　　C. 1　　D. 2

【答案】 A

【解析】 本题考查的是标签的使用。标签要紧靠在循环语句的前面,并且配合

continue和break语句使用，而该程序中的标签two没有放到循环结构前，所以此代码存在编译错误。

15. 选出下列代码的所有输出结果。

```
one:
two:
for(int i=0;i<3;i++) {
    three:
    for(int j=10;j<30;j+=10) {
        System.out.println(i+j);
        if(i>0)
            break one;
    }
}
```

A. 10　　B. 20　　C. 11　　D. 21

【答案】 A,B,C

【解析】 当外层for循环中的变量i为0时，由于布尔表达式i>0的值为false，所以内层for循环执行两次，分别输出10和20。当外层for循环中的变量i为1时，进入内层for循环，当第一次执行内层for循环时，输出11，但由于布尔表达式i>0的值此时为true，于是执行break one语句，从内外层循环中跳出来从而结束代码的执行。所以输出的数值为10、20、11。

课后习题

1. 完成下面程序，使得程序的输出结果如下所示。

```
*
*  *
*  *  *
*  *  *  *
*  *  *  *  *
*  *  *  *  *  *
*  *  *  *  *  *  *
*  *  *  *  *  *  *  *
*  *  *  *  *  *  *  *  *
*  *  *  *  *  *  *  *  *  *
```

```
01 public class LoopControl {
02     public static void main(String[] args) {
03         outer: for (int i=0; i<10; i++) {
04             for (int j=0; j<10; j++) {
05                 if (j>i) {
```

```
06                      ________;
07                      ________;
08                  }
09                  System.out.print(" * ");
10              }
11          }
12      }
13  }
```

2. 编写程序,输出英文字母 A～Z 及其对应的 Unicode 编码值。
3. 编写程序,计算 1!＋2!＋3!＋…＋20!的和。
4. 编写程序,随机产生一个(50,100)之间的整数并判断其是否为素数。
5. 编写程序,输出从 1～9 的乘法口诀表。

第3章 Java面向对象特性

CHAPTER

Java是一种面向对象的程序设计语言(Object Oriented Programming Language)。Java中的类是一种自定义数据类型,使用类定义的变量都是引用类型变量,Java程序使用类的构造方法创建实例对象。Java支持封装、继承和多态这三个OOP的主要特性,通过private、protected和public三个访问控制修饰符实现封装,通过extends关键词实现子类对父类的继承,通过将子类对象直接赋值给父类变量使类具有多态性。本章将对以下内容进行具体讲解:一是Java中类和对象的定义;二是Java对OOP三个主要特性的支持机制;三是Java中的对象数组这种数据结构。

3.1 类与对象

类描述了同一类对象都具有的数据和行为,也包含了被创建对象的属性和方法的定义。学习Java编程就是学习怎样编写类,也就是怎样用Java的语法描述一类事物的公共属性和行为。在Java中,对象的属性通过变量描述,也就是类的成员变量;对象的行为通过方法实现,也就是类的成员方法。方法可以操作属性以形成一个算法来实现一个具体的功能,把属性和方法封装成一个整体就形成了一个类。

3.1.1 类与对象的定义

Java程序由一个或若干个类组成,类是Java程序的基本组成单位。编制Java程序的主要工作就是定义类,然后再根据定义的类创建对象。类由成员变量和成员方法两部分组成,成员变量的类型可以是基本数据类型、数组类型、自定义类型,成员方法用于处理类的数据。一个Java类从结构上可分为类的声明和类体两部分,如图3-1所示。

1. 类的声明

类的声明部分用于描述类的名称以及类的其他属性(类的访问权限、与其他类的关系等)。声明类的语法如下:

```
[public] [abstract | final] class <className> [extends superClassName]
                                    [implements interfaceNameList] {…}
```

- “[ ]”：表示可选项，“< >”表示必选项，“|”表示多选一。
- public、abstract或final：指定类的访问权限及其属性，用于说明所定义类的相关特性(后续章节将介绍)。
- class：Java语言的关键词，表明这是一个类的定义。
- className：指定类的名称，类名称必须是合法的Java标识符。
- extends superClassName：指定所定义的类继承于哪一个父类。当使用extends关键词时，父类名称为必选参数。
- implements interfaceNameList：指定该类实现哪些接口。当使用implements关键词时，接口列表为必选参数。

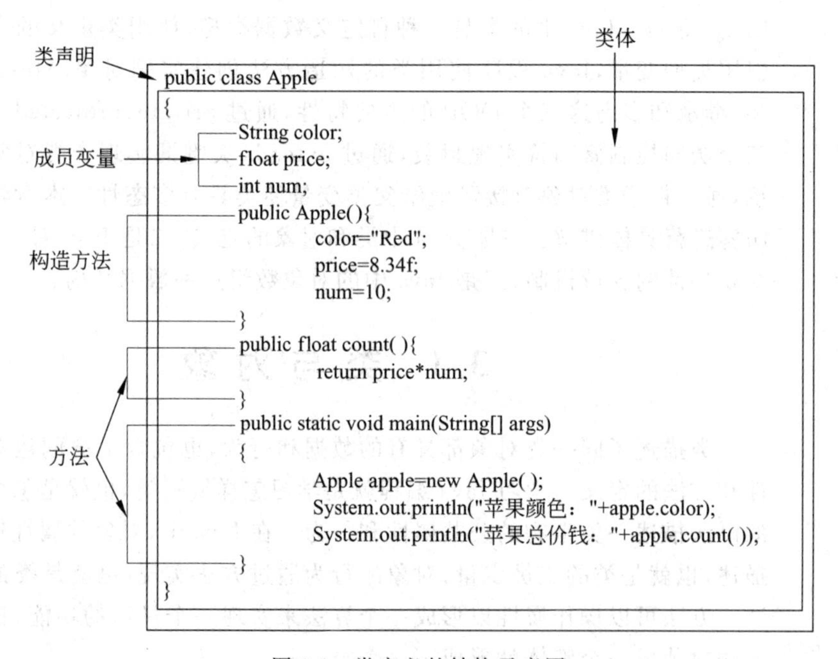

图3-1 类定义的结构示意图

一个类被声明为public，表明该类可以被其他的类访问和引用。如果类声明中没有public，则只有与该类定义在同一个包中的类才可以访问这个类。

2. 类体

类体指的是出现在类声明后面的花括号{}中的内容。类体提供了类的对象在生命周期中需要的所有代码——①构造和初始化新对象的构造方法；②表示类及其对象状态的变量；③实现类及其对象的方法；④进行对象清除的finalize()方法。

3.1.2 成员变量与局部变量

当一个变量的声明出现在类体中，并且不属于任何一个方法时，该变量称为类的成员变量。在方法体中声明的变量以及方法的参数则统称为方法的局部变量。

1. 成员变量

成员变量表示类的状态和属性，声明成员变量的语法如下：

```
[public | protected | private] [static] [final] [transient] [volatile] <type>
<varibleName>;
```

- public、protected或private：指定变量的被访问权限。
- static：指定成员变量为静态变量(也称类变量，class variable)，其特点是可以直接通过类名访问。如果省略该关键词，则表示成员变量为实例变量(instance variable)。
- final：指定成员变量为常量。
- transient：声明成员变量为一个暂时性变量，它告知JVM该变量不属于对象的持久状态，从而不能被持久存储。如果省略该关键词(默认情况下)，则类中所有变量都是对象持久状态的一部分，当对象被保存到外存时，这些变量必须同时被保存。
- volatile：指定成员变量在被多个并发线程共享时，系统将采取更优化的控制方法提高线程并发执行的效率。volatile修饰符是Java的一种高级编程技术，一般程序员很少使用。
- type：指定变量的数据类型。
- varibleName：指定成员变量的名称。

【例3-1】 在类Apple的定义中，声明了三个成员变量，并在main()方法中通过输出它们的值来说明其状态特征。

```
01 public class Apple {
02   public String color;                         //公共变量color
03   public static int num;                       //静态变量num
04   public final boolean MATURE=true;            //常量MATURE并赋值
05   public static void main(String[] args) {
06     System.out.println("苹果数量: "+Apple.num);
07     Apple apple=new Apple();
08     System.out.println("苹果颜色: "+apple.color);
09     System.out.println("苹果是否成熟: "+apple.MATURE);
10   }
11 }
```

【运行结果】

```
苹果数量: 0
苹果颜色: null
苹果是否成熟: true
```

【分析讨论】

num是类变量(静态变量)，在运行时JVM只为类变量分配一次内存，并在加载类的过程中完成其内存分配，所以可以通过类名直接访问(第6句)。而color和MATURE

都是实例变量，必须通过创建对象的名称apple(第7句)实现访问(第8、9句)。

2. 局部变量

局部变量作为方法或语句块的成员，存在于方法的参数列表和方法体的定义中。定义局部变量的语法和定义类的成员变量类似，不同之处在于局部变量不能使用关键词public、protected、private和static对其进行修饰(可以使用final关键词)。声明局部变量的语法如下：

```
[final] <type><varibleName>;
```

- final：可选项，指定该局部变量为常量。
- type：指定局部变量的数据类型，其值可以是任一种Java数据类型。
- variableName：指定该局部变量的名称，变量名必须是合法的Java标识符。

对于类中定义的所有成员变量，如果没有进行手动初始化，那么Java都会自动给它们赋予一个初值，即默认初始值。而对于定义的局部变量，在使用之前必须进行手动初始化，然后才能使用。

【例3-2】 在类Apple的定义中，讲解了使用局部变量应注意的问题。

```
01 public class Apple {
02   String color="Red";          //成员变量color,赋初值"Red"
03   float price;                 //成员变量price,默认初始值0.0f
04   public String getColor() {
05     return color;
06   }
07   public float count(){
08     int num;                   //局部变量num
09     if(num<0)                  //错误语句,因为局部变量num还没有被赋值就使用了
10       return 0;
11     else
12       return price * num;
13   }
14   public static void main(String[] args) {
15     Apple apple=new Apple();
16     System.out.println("苹果总价钱："+apple.count());
17   }
18 }
```

【编译结果】

```
Apple.java:10: 可能尚未初始化变量num
               if(num<0)
                  ^
1错误
```

【分析讨论】

当程序执行第16句时，通过对象apple调用了方法count()，而此时在count()方法

中定义的局部变量num,在使用之前没有进行手动初始化(第9句),所以造成了程序的编译错误。

3. 变量的有效范围

变量的有效范围是指该变量在程序代码中的作用区域,在该区域外不能直接访问变量。有效范围决定了变量的生命周期,变量的生命周期是指从声明一个变量并分配内存空间、使用变量开始,然后释放该变量并清除所占用内存空间的一个过程。进行变量声明的位置,决定了变量的有效范围。根据有效范围的不同,可以将变量分为两种:

- 成员变量:类体中声明的成员变量在整个类中有效。
- 局部变量:在方法内或方法内的复合代码块(方法内部,“{”与“}”之间的代码)声明的变量称为局部变量。在复合代码块内声明的变量,只在当前复合代码块内有效;在复合代码块以外、方法体内声明的变量在整个方法内都有效。

【例3-3】 在类Olympics1的定义中,讲解了成员变量与局部变量的有效范围。

```
01 public class Olympics1 {
02   private int medal_All=800;              //成员变量
03   public void China() {
04     int medal_CN=100;                     //代码块外、方法体内的局部变量
05     if(medal_CN<1000) {                   //代码块
06       int gold=50;                        //代码块的局部变量
07       medal_CN+=30;                       //允许访问本方法的局部变量
08       medal_All-=130;                     //允许访问本类的成员变量
09     }                                     //代码块结束
10   }
11 }
```

【分析讨论】

在第5句定义的复合代码块中,允许访问类的成员变量medal_All和该方法中定义的局部变量medal_CN。

3.1.3 成员方法

类的成员方法由方法声明和方法体两部分组成,声明成员方法的语法如下:

```
[accessLevel] [static] [final | abstract] [native] [synchronized] <return_type>
<name>([<argument_list>]) [throws <exception_list>] {
    [block]
}
```

- accessLevel:确定方法的被访问权限,可选值为public、protected和private。
- static:将成员方法指定为静态方法。
- final:指明该成员方法为最终方法,不能被重写。
- abstract:指明该方法是抽象成员方法。
- native:指明该方法是本地成员方法,即该方法用其他语言实现。

- synchronized：控制多个并发线程对共享数据的访问。
- return_type：确定方法的返回值类型，如果方法没有返回值，则可以使用关键词void标识。方法的返回值的类型可以是任意的Java数据类型。
- name：指定成员方法的名称。
- argument_list：形式参数列表，成员方法可分为带参数和不带参数的两种。对于无参方法来说，即使方法体为空，方法后面的一对圆括号也不能省略；当存在多个参数时，各参数之间使用逗号分隔。方法的参数可以是任意的Java数据类型。
- throws <exception_list>：列出该方法将要抛出的一系列异常。
- block：方法体是方法的实现部分，它包括局部变量的声明和所有合法的Java语句。方法体可以被省略，从而使方法什么都不做，但外面的一对花括号"{"和"}"一定不能省略。

在方法体中可以声明方法中所用到的局部变量，其作用域只在方法内部，当方法返回时，局部变量也不再存在。如果局部变量的名字和所在类的成员变量的名字相同，则类的成员变量被隐藏；如果要将成员变量显式地表现出来，则需在成员变量的面前加上关键词this。

【例3-4】 在类Olympics2的定义中，讲解了在局部变量与类成员变量同名的情况下，用this标识成员变量的方法。

```
01  public class Olympics2 {
02    private int gold=0;
03    private int silver=0;
04    private int copper=0;
05    public void changeModel(int a,int b,int c) {
06      gold=a;
07      int silver=b;          //silver使同名类成员变量隐藏
08      int copper=50;         //copper使同名类成员变量隐藏
09      System.out.println("In changeModel: "+"金牌="+gold+" 银牌="+silver+
                             " 铜牌="+copper);
10      this.copper=c;         //给类成员变量copper赋值
11    }
12    String getModel() {
13      return "金牌="+gold+" 银牌="+silver+" 铜牌="+copper;
14    }
15    public static void main(String args[]) {
16      Olympics2 o2=new Olympics2();
17      System.out.println("Before changeModel: "+o2.getModel());
18      changeModel(100,100,100);
19      System.out.println("After changeModel: "+o2.getModel());
20    }
21  }
```

【运行结果】

```
Before changeModel: 金牌=0 银牌=0 铜牌=0
In changeModel: 金牌=100 银牌=100 铜牌=50
After changeModel: 金牌=100 银牌=0 铜牌=100
```

【分析讨论】

① 在 main()方法中,创建了类 Olympics2 的对象 o2。第 17 句通过 o2 调用了方法 getMedel()。在方法 getMedel()中操作的全部是成员变量,而且第 2～4 句的成员变量进行的是显式初始化,所以得到了第一行的输出结果。

② 成员变量 silver 和 copper,与方法 changeModel()中定义的局部变量同名,如果不加以特殊标识 this,则在方法 changeModel()中操作的是局部变量 silver 和 copper。因此,在第 18 句调用 changeModel()方法时,能得到第二行的输出结果。

③ changeModel()方法更新了成员变量 gold 和 copper 的值,所以第 19 句在调用 getMedel()时得到了第三行的输出结果。

④ 注意,return 语句通常被放在方法的最后,用于退出当前方法并返回一个值,使程序把控制权交给调用它的语句。return 语句中的返回值类型必须与方法声明中的返回值类型相匹配。

3.1.4 对象的创建

在 Java 中,对象是通过类创建的,对象是类的动态实例。一个对象在程序运行期间的生命周期包括创建、使用和销毁三个阶段。Java 的对象创建、使用和销毁拥有一套完善的机制。本节讲述如何创建一个对象。

在 Java 中,定义任何变量都要指定变量的数据类型,故在创建一个对象之前,要先声明该对象。声明对象的语法如下:

```
<className> <objectName>;
```

- className:指定一个已经定义的类。
- objectName:指定对象名称,对象名必须是合法的 Java 标识符。

例如,声明 Apple 类的一个对象 redApple 的语句如下:

```
Apple redApple;
```

在声明对象时,只是在内存中为其分配一个引用空间,并置初值为 null,表示不指向任何存储空间。声明对象以后,需要为对象分配存储空间,这个过程称为对象的实例化。实例化对象使用关键词 new 来实现,它的语法如下:

```
<objectName>=new <SomeClass>([argument_list]);
```

- objectName:指定已经声明的对象名。
- SomeClass:指定需要调用的构造方法名,即类名。
- argument_list:指定构造方法的入口参数。如果无参数,则可省略。

在声明 Apple 类的一个对象 greenApple 后,通过下面的语句可为对象 greenApple

分配存储空间，执行 new 运算符后的构造方法将完成对象的初始化，并返回对象的引用。当对象的创建不成功时，new 运算符返回 null 给变量 redApple。

```
greenApple=new Apple ();
```

在声明对象时，也可以直接实例化该对象，即把上述步骤合二为一：

```
Apple greenApple=new Apple ();
```

【例 3-5】 在 Point 类的定义中，定义了两个成员变量和一个参数列表为两个整数的构造方法。

```
01  public class Point {
02    int x=1;
03    int y=1;
04    public Point(int x,int y){
05      this.x=x;
06      this.y=y;
07    }
08  }
```

如果执行下面的语句，则可以创建 Point 类的对象。

```
Point pt=new Point(2,3);
```

下面是对象的创建与初始化的过程。

- 声明一个 Point 类的对象 pt，并为其分配一个引用空间，初始值为 null。此时的引用未指向任何存储空间，即未分配存储地址。
- 为对象分配存储空间，并将成员变量进行默认初始化，数值型变量的初值为 0，逻辑型为 false，引用型变量的初值为 null。
- 执行显式初始化，即执行在类成员变量声明时带有的简单赋值表达式。
- 执行构造方法，进行对象的初始化。
- 最后，执行语句中的赋值操作，即“＝”操作，将新创建对象存储空间的首地址赋给 pt 的引用空间。

图 3-2 是执行“Point pt＝new Point(2,3);”语句的过程示意图，图中的(a)、(b)、(c)、(d) 和 (e)分别对应上述对象创建过程中五个步骤时的对象状态。

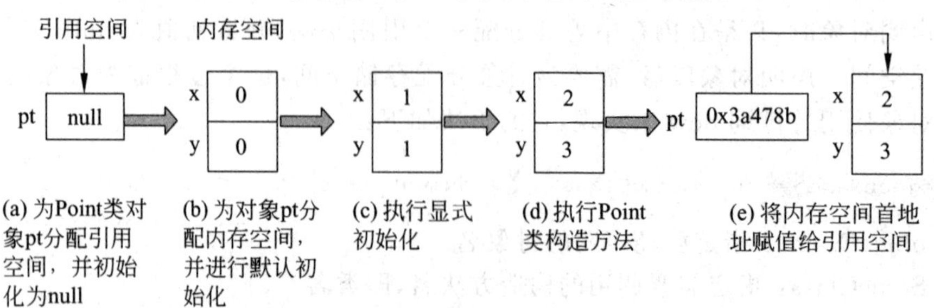

图 3-2 对象创建与实例化的过程

3.1.5　对象的使用

创建对象以后，可以通过运算符“.”实现对成员变量的访问和成员方法的调用。访问对象的成员变量的语法如下：

```
objectReference.variableName;
```

- objectReference：指定调用成员变量的对象名称（即引用）。
- variableName：指定需要调用的成员变量的名称。

一般地，不提倡通过对象对成员变量进行直接访问的这种操作方式。规范的对象变量访问方式是通过对象提供的统一对外接口 setter 和 getter（即成员方法）对变量进行写和读操作，其优点是可以实现变量的正确性、完整性的约束检查。需要对对象变量进行直接访问时，使用 Java 的访问控制机制，可以控制哪些类能直接对变量进行访问。

调用对象的成员方法的语法如下：

```
objectReference.methodName ( [argument_list] );
```

- objectReference：指定调用成员方法的对象名称（即引用）。
- methodName：指定需要调用的成员方法的名称。
- argument_list：指定被调用的成员方法的参数列表。

对象的方法也可以通过设置访问权限来允许或禁止其他对象对它的访问。

【例 3-6】　通过创建 Point 类的对象 pt，访问其成员方法和成员变量。

```
01  public class Point {
02    int x=1;
03    int y=1;
04    public void setXY(int x,int y) {
05        this.x=x;
06        this.y=y;
07    }
08    public int getXY() {
09      return x * y;
10    }
11    public static void main(String[] args) {
12      Point pt=new Point();           //声明并创建 Point 类的对象 pt
13      pt.x=2;                         //访问对象 pt 的成员变量 x,并改变其值
14      System.out.println("x 与 y 的乘积为: "+pt.getXY());
15      pt.setXY(3,2);                  //调用对象 pt 带参数的成员方法 setXY()
16      System.out.println("x 与 y 的乘积为: "+pt.getXY()); //调用成员方法 getXY()
17    }
18  }
```

【运行结果】

```
x与 y的乘积为：2
x与 y的乘积为：6
```

【分析讨论】

在 Point 类的 main()方法中，创建了 Point 类的对象 pt(第 12 句)，通过对象 pt 修改了其成员变量 x 的值(第 13 句)。第 14 句通过对象 pt 调用其成员方法 getXY()输出更新前的执行结果。第 15 句通过访问 setXY()方法，传递参数 3 和 2 给成员变量 x 和 y，即将成员变量更新。最后，再次调用 getXY()输出更新后的执行结果(第 16 句)。

3.1.6 对象的消除

在 Java 中，程序员可以创建所需要的对象(一般不限制数量)，可以不必关心对象的删除，因为 Java 系统提供的垃圾回收(garbage collection)机制可以自动判断对象是否还在使用，并能够自动销毁不再使用的对象，回收对象所占用的资源。

Object 类提供了 finalize()方法，自定义的 Java 类可以覆盖 finalize()方法，并在这个方法中进行释放对象所占资源的操作。当垃圾回收器要释放无用对象的存储空间时，将先调用该对象的 finalize()方法。JVM 的垃圾回收操作的生命周期如图 3-3 所示。

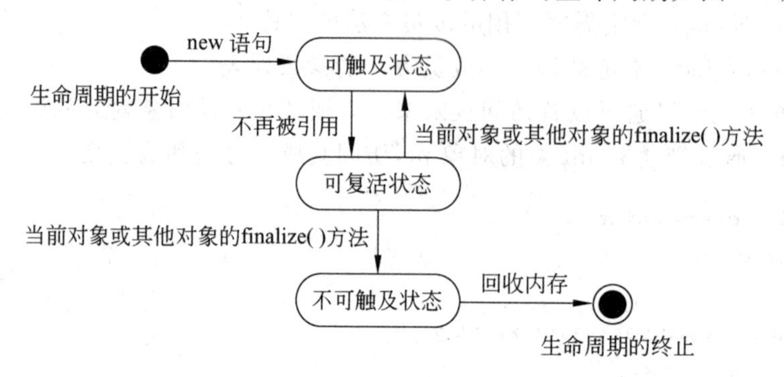

图 3-3 Java 垃圾回收器执行机制的状态转换图

在 JVM 垃圾回收器看来，存储空间中的每个对象都可能处于以下三个状态之一：

- 可触及状态：当一个对象(假定为 Sample 对象)被创建后，只要程序中还有引用变量在引用它，那么它就始终处于可触及状态。
- 可复活状态：当程序不再有任何引用变量引用 Sample 对象时，它就进入可复活状态。在这个状态中，垃圾回收器会释放它占用的存储空间。在释放之前，会调用它及其他处于可复活状态的对象的 finalize()方法。这些 finalize()方法有可能使 Sample 对象重新转到可触及状态。
- 不可触及状态：JVM 执行完所有可复活对象的 finalize()方法之后，假如这些方法都没有使 Sample 对象转到可触及状态，那么 Sample 对象就进入到不可触及状态。只有当对象处于不可触及状态时，垃圾回收器才会真正回收它占用的存储空间。

3.1.7 方法重载

当在同一个类中定义了多个同名而内容不同的成员方法时，我们称这些方法是重载(overloading)方法。重载方法主要通过形式参数列表中参数的个数、参数的类型和参数的顺序的不同加以区分。在编译期间，Java 编译器要检查每个方法所用的参数数目和类型，然后调用正确的方法，即实现了 Java 的编译时多态。Java 规定重载方法必须遵循下列原则：

- 方法的参数列表必须不同，包括参数的类型或个数，以此区分不同方法体。
- 方法的返回值类型、修饰符可以相同，也可不同。
- 在实现方法重载时，方法返回值的类型不能作为区分方法重载的标志。

【例 3-7】 在 Calculate 类的定义中，定义了两个名称为 getArea()的方法(参数个数不同)和两个名称为 draw()的方法(参数类型不同)，用以输出不同图形的面积，实现了方法的重载。

```
01  public class Calculate {
02    final float PI=3.14159f;
03    public float getArea(float r) {              //计算面积的方法
04      return PI * r * r;
05    }
06    public float getArea(float l,float w) {  //重载方法 getArea()
07      return l * w;
08    }
09    public void draw(int num) {                  //画任意形状的图形
10      System.out.println("画"+num+"个任意形状的图形");
11    }
12    public void draw(String shape) {             //画指定形状的图形
13      System.out.println("画一个"+shape);
14    }
15    public static void main(String[] args) {
16      Calculate c=new Calculate();               //创建 Calculate 类的对象
17      float l=20;
18      float w=40;
19      System.out.println("长为"+l+"宽为"+w+"的矩形面积是: "+c.getArea(l,w));
20      float r=6;
21      System.out.println("半径为"+r+"的圆形面积是: "+c.getArea(r));
22      int num=8;
23      c.draw(num);
24      c.draw("矩形");
25    }
26  }
```

【运行结果】

```
长为 20.0 宽为 40.0 的矩形面积是: 800.0
半径为 6.0 的圆形面积是: 113.097244
画 8 个任意形状的图形
画一个矩形
```

【分析讨论】

① 在第 19 句中调用的 getArea()方法，由于传递的实际参数是两个 float 型变量 l 和 w，所以此时 Calculate 类的对象 c 调用的是第 6～8 句定义的 getArea()。

② 在第 21 句中调用的 getArea()方法，由于传递的实际参数是一个 float 型变量 r，所以此时 Calculate 类的对象 c 调用的是第 3～5 句定义的 getArea()。

③ 在第 23 句中调用的 draw()方法，由于传递的实际参数是一个 int 型变量 num，所以此时 Calculate 类的对象 c 调用的是第 9～11 句定义的 draw()。

④ 在第 24 句中调用的 draw()方法，由于传递的是一个 String 类型的参数，所以此时 Calculate 类的对象 c 调用的是第 12～14 句定义的 draw()。

3.1.8 关键词 this

this 是 Java 的关键词，用于表示对象自身。关键词 this 常用于一些容易混淆的场合。例如，当成员方法的形参名与数据所在类的成员变量名相同时，或者当成员方法的局部变量名与类的成员变量名相同时，在方法内可以借助 this 来指明引用的是类的成员变量，而不是形参或局部变量，从而提高程序的可读性。

this 代表了当前对象的一个引用，可将其理解为对象的另一个名字，通过这个名字可以顺利地访问对象，修改对象的数据成员，调用对象的方法。归纳起来，this 的使用场合有如下三种：

- 用来访问当前对象的数据成员，其使用格式是 this.数据成员。
- 用来访问当前对象的成员方法，其使用格式是 this.成员方法(参数)。
- 重载构造方法时，用来引用同类的其他构造方法，其使用格式是 this(参数)。

下面的示例用来说明前两种用法，第三种用法将在下一节讲解。

【例 3-8】 通过关键词 this 区别成员变量 color 和局部变量 color，并通过 this 访问当前对象的成员方法 count()。

```
01 public class Fruit {
02     String color="绿色";
03     double price;
04     int num;
05     public void harvest() {
06       String color="红色";
07       //此时输出的是成员变量 color
08       System.out.println("水果原来是: "+this.color+"的!");
09       System.out.println("水果已经收获!");
```

```
10          System.out.println("水果现在是: "+color+"的!");
                                         //此时输出的是局部变量
11          //使用 this 调用成员方法 count()
12          System.out.println("水果的总价钱是: "+this.count(2.14,50)+"元。");
13        }
14        public double count(double price, int num) {
15          this.price=price;            //将形参 price 赋值给成员变量 price
16          this.num=num;                //将形参 num 赋值给成员变量 num
17          return price * num;
18        }
19        public static void main(String[] args) {
20          Fruit obj=new Fruit();
21          obj.harvest();
22        }
23    }
```

【运行结果】

水果原来是：绿色的！
水果已经收获！
水果现在是：红色的！
水果的总价钱是：107.0 元。

【分析讨论】

① 在方法 count(double price, int num)中，如果不使用 this，则作为类成员变量的 price 和 num 将被隐藏，将不会得到预期的对象初始化结果。

② 在方法 harvest()中，使用 this 调用方法 count()的语句——this. count(2. 14, 50)，这个 this 的使用则是多余的，有兴趣的读者可以去掉 this 试一试。

③ 在一个对象的方法被调用时，Java 会自动给对象的变量和方法都加上 this 引用，指向内存中的对象，所以有些情形下使用 this 关键词可能是多余的。

3.1.9　构造方法

Java 中所有的类都有构造方法，用来进行对象的初始化。构造方法也有名称、参数和方法体以及访问权限的限制。

1. 构造方法的声明

声明构造方法的语法如下：

```
[accessLevel] <className> ( [argument_list] ){
      [block]
}
```

- accessLevel：指定构造方法的被访问权限，可选值为 public、protected 或 private。
- className：指定构造方法的名称，构造方法名必须与所属类的类名相同。
- argument_list：指定构造方法中所需要的参数。

- block：方法体是方法的实现部分，它包括局部变量的声明和所有合法的 Java 语句。当省略方法体时，其外面的一对花括号"{"和"}"却不能省略。

构造方法与普通方法在声明上的区别如下：

- 构造方法的名字必须和类名相同，并且构造方法不能有返回值。
- 用户不能直接调用构造方法，必须通过关键词 new 自动调用它。

【例 3-9】 在类 Apple 的定义中，声明了两个构造方法，并通过这两个方法分别创建了两个 Apple 类的对象。

```
01  public class Apple {
02    private int num;
03    private double price;
04    public Apple() {
05      num=10;
06      price=2.34;
07    }
08    public Apple(int num,double price) {
09      this.num=num;
10      this.price=price;
11    }
12    public void display() {
13      System.out.println("苹果的数量: "+num);
14      System.out.println("苹果的单价: "+price);
15    }
16    public static void main(String args[]){
17      Apple a1=new Apple();
18      Apple a2=new Apple(50,3.15)
19      a1.display();
20      a2.display();
21    }
22  }
```

【运行结果】

```
苹果的数量: 10
苹果的单价: 2.34
苹果的数量: 50
苹果的单价: 3.15
```

【分析讨论】

① 在类 Apple 的定义中，定义了两个构造方法：第 4～7 句定义的构造方法没有形式参数；第 8～11 句定义的构造方法含有两个参数。

② 在 main()方法中，分别通过两个构造方法创建了两个对象。其中，a1 的成员变量的值为 10 与 2.34；a2 的成员变量的值为传递的实际参数 50 与 3.15。然后，通过对象 a1 和 a2 调用 display()方法输出各自成员变量的值，得到上述执行结果。

2. 缺省构造方法

在 Java 中,类可以不定义构造方法,而其他类仍然可以通过调用无参数的构造方法实现该类的实例化。这是因为 Java 为每个类都自动提供一个特殊的构造方法,这个方法不带参数且方法体为空,称为类的缺省构造方法。其形式相当于:

```
public <className>() {}
```

用缺省构造方法初始化对象时,由系统用默认值初始化对象的成员变量。注意,一旦在类中显式定义了构造方法,无论定义了一个或多个,系统将不再提供缺省的无参构造方法。此时,如果在程序中使用缺省构造方法,则将出现编译错误。

3. 构造方法的重载

构造方法也可以重载,重载的目的是使类对象具有不同的初始值,为对象的初始化提供方便。一个类的若干个构造方法之间可以相互调用。当一个构造方法需要调用另一个构造方法时,可以使用关键词 this。同时,这个调用语句应该是整个构造方法的第一个可执行语句。使用关键词调用同类的其他构造方法,可以最大限度地提高已有代码的利用率,提高程序的抽象度和封装性,减少程序维护的工作量。

【例 3-10】 对类 Apple 的构造方法进行重载,并使用关键词 this 来引用同类的其他构造方法。

```
01 class Apple {
02   private String color;
03   private int num;
04   public Apple(String c,int n) {
05     color=c;
06     num=n;
07   }
08   public Apple(String c) {
09     this(c,0);
10   }
11   public Apple() {
12     this("Unknown");
13   }
14   public String getColor() {
15     return color;
16   }
17   public int getNum() {
18     return num;
19   }
20 }
21 public class AppleDemo {
22   public static void main(String args[]) {
23     Apple apple=new Apple();
24     System.out.println("苹果颜色: "+apple.getColor());
```

```
25        System.out.println("苹果数量："+apple.getNum());
26     }
27  }
```

【运行结果】

```
苹果颜色：Unknown
苹果数量：0
```

【分析讨论】

① this 的作用是用来调用同类的其他构造方法。

② 在 main()方法中，第 23 句调用了无参数的构造方法 Apple ()，而它的执行，导致了第 12 句调用了含有一个参数的构造方法 public Apple(String c)，而它的执行，同样导致了第 9 句调用了含有两个参数的构造方法 public Apple(String c, int n)。

3.2 封装与数据隐藏

众所周知，封装是 OOP 的一个重要特性。一般地，封装是将客户端不应看到的信息包裹起来，使内部的执行对外部来看是一种不透明的黑箱，客户端不需要了解内部资源就能够达到目的。为数据提供良好的封装是保证类设计的最基本方法之一。

3.2.1 封装

封装也称为数据隐藏，是指将对象的数据与操作数据的方法相结合，通过方法将对象的数据与实现细节保护起来，只保留一些对外接口，以便与外部发生联系。系统的其他部分只有通过包裹在数据外面的被授权的操作(即方法)来访问对象，因此封装同时也实现了对象的数据隐藏。也就是说，用户无须知道对象内部方法的实现细节，但可以根据对象提供的外部接口(对象名和参数)访问对象。

封装具有下述特征：

- 在类的定义中设置访问对象属性(成员变量)及方法(成员方法)的权限，限制该类对象及其他类的对象的使用范围。
- 提供一个接口来描述其他对象的使用方法。
- 其他对象不能直接修改对象所拥有的属性和方法。

封装反映了事物的相对独立性。封装在编程上的作用是使对象以外的部分不能随意存取对象的内部数据(属性)，从而有效地避免了外部错误对它的“交叉感染”。通过封装和数据隐藏机制，将一个对象相关的变量和方法封装为一个独立的软件体，单独进行实现与维护，并使对象能够在系统内方便地进行传递，另外也保证对象数据的一致性并使程序易于维护。OOP 的封装单位是对象，类概念本身也具有封装的意义，因为对象的特性是由它所属的类说明来描述的。

3.2.2 访问控制

访问控制是通过在类的定义中使用权限修饰符实现的，以达到保护类的变量和方法的目的。Java 支持四种以下不同的访问权限：

- 私有的：用 private 修饰符指定。
- 保护的：用 protected 修饰符指定。
- 公开的：用 public 修饰符指定。
- 默认的，也称为 default 或 package：不使用任何修饰符指定。

访问控制的对象有包、类、接口、类成员和构造方法。除了包的访问控制由 Java 系统决定外，其他的访问控制均通过访问控制符来实现。访问控制符是一组限定类、接口、类成员（成员变量和成员方法）是否可以被其他类访问的修饰符。其中类和接口的访问控制符只有 public 和默认（default）两种。类成员和构造方法的访问控制符可以是 public、private、protected 和默认（default）四种。访问控制符的具体规则如表 3-1 所示。

表 3-1 Java 类成员的四种访问控制权限及其可见性

访问控制符 \ 可否直接访问	同一个类中	同一个包中	不同包中的子类中	任何场合
private	√			
default	√	√		
protected	√	√	√	
public	√	√	√	√

1. private

类中带有 private 修饰符的成员只能在其所在类的内部使用，在其他的类中则不允许直接访问。private 对访问权限的限制最大。一般把那些不想让外界访问的数据和方法声明为私有的，这有利于数据的安全并保证数据的一致性，也符合程序设计中隐藏内部信息处理细节的原则。

对于构造方法也可以限定它为 private。如果一个类的构造方法声明为 private，则其他类不能生成该类的实例对象。

下面的 Parent 类定义了一个 private 成员变量和一个 private 成员方法：

```
class Parent {
    private int privateVar;
    private void privateMethod() {
        System.out.println("I am privateMethod! ");
    }
}
```

在 Parent 类中，其对象或方法可以访问或者修改 privateVar 变量，也可以调用 privateMethod()方法，但在 Parent 类之外的任何位置都不行。例如，以下的 Child 类中就不能通过 Parent 对象访问它的私有变量或者方法。

```
class Child {
    void accessMethod() {
        Parent p=new Parent();
        p.privateVar=100;          //非法
        p.privateMethod();         //非法
    }
}
```

一个类不能访问其他类对象的 private 成员，但是同一个类的两个对象之间能否互相访问 private 成员呢？答案是肯定的，即同一个类的不同对象之间可以访问对方的 private 成员。这是因为访问控制是在类层次(不同类的所有实例)上，而不是在对象级别(同一个类的特定实例)上。下面不妨编写一个程序验证一下。

【例 3-11】 在 Parent 类中，通过成员方法 isEqualTo()，验证了同一类的的对象之间可以访问其私有成员。

```
01 class Parent {
02   private int privateVar;
03   public Parent(int p) {
04     privateVar=p;
05   }
06   boolean isEqualTo(Parent anotherParent) {
07     if(this.privateVar==anotherParent.privateVar)
08       return true;
09     else
10       return false;
11   }
12 }
13 public class PrivateDemo {
14   public static void main(String[] args) {
15     Parent p1=new Parent(20);
16     Parent p2=new Parent(40);
17     System.out.println(p1.isEqualTo(p2));
18   }
19 }
```

【运行结果】

```
false
```

【分析讨论】

① 在Parent 类中，第 6～11 句定义了一个成员方法 isEqualTo(Parent anotherParent)，它比较了 Parent 类当前对象(有 this 指示)的私有变量 privateVar 与该类的另一个对象 anotherParent 的私有变量 privateVar 是否相等。如果相等返回 true，否则返回 false。

② 在测试类 PrivateDemo 中，虽然 p1 和 p2 同为 Parent 类的对象，但它们的私有成员变量 p1. privateVar 和 p2. privateVar 的值却不同，分别为 20 和 40，因此最后的输出结果为 false。

③ 该程序可以通过编译并执行成功，说明了访问控制是应用于类(class)或类型(type)层次，而不是对象层次。

2. default

如果一个类没有显式地设置成员的访问控制级别，则说明它使用的是默认的访问权限，称为 default 或 package。default 权限允许被这个类本身，或者相同包中的类访问其成员，这个访问级别假设在相同包中的类是互相信任的。对于构造方法，如果不加任何访问权限也是 default 权限，则除这个类本身和同一个包中的类以外，其他类均不能生成该类的对象实例。

【例 3-12】 在类 Parent 中，定义了具有 default 访问权限的变量和方法。它属于 p1 包，Child 类也属于 p1 包，所以 p1 包中的其他类也可以访问 Parent 的 default 的成员变量和方法。

```
01  package p1;
02  class Parent {
03    int packageVar;
04    void packageMethod() {
05      System.out.println("I am packageMethod! ");
06    }
07  }
```

下面是 Child 类的定义。

```
01  package p1;
02  class Child {
03    void accessMethod() {
04      Parent a=new Parent();
05      a.packageVar=10;           //合法的
06      a.packageMethod();         //合法的
07    }
08  }
```

3. protected

protected 类型的类成员可被同一个类、同一包中的其他类以及它的子类(可以在相同包中或不同包中)访问。因此，在允许类的子类和相同包中的类访问而禁止其他不相关的类访问时，可以使用 protected 修饰符。protected 将子类和相同包中的类看成是一个“家族”，protected 修饰的成员只让家族成员之间相互了解和访问，而禁止这个“家族”之外的类和对象涉足其中。

假设定义有 Parent、Person 和 Child 三个类，Child 类继承了 Parent 类。但是，Parent 和 Person 类处在包 p1 中，而 Child 类在另一个包 p2 中。下面是 Parent 类的定义。

```
01 package p1;
02 class Parent {
03   protected int protectedVar;
04   protected void protectedMethod() {
05     System.out.println("I am protectedMethod!");
06   }
07 }
```

因为Person类与Parent类属于同一个包,所以Person类可以合法访问Parent对象的protected成员变量和方法。下面是Person类的定义。

```
01 package p1;
02 class Person {
03   void accessMethod() {
04     Parent p=new Parent();
05     p.protectedVar=100;        //合法的
06     p.protectedMethod();       //合法的
07   }
08 }
```

Child类继承了Parent类,但是处在另一个包p2中。Child类的对象虽然可以访问Parent类的protected成员变量和方法,但只能通过Child类的对象或者它的子类对象访问,不能通过Parent类的对象直接对这两个类的protected成员进行访问。因此,Child类的方法accessMethod()试图通过Parent对象p访问其变量protectedVar和方法protectedMethod()是非法的,而通过Child对象c访问该变量和方法则是合法的。下面是类Child的定义。

```
01 package p2;
02 import p1.*;
03 class Child extends Parent {
04   void accessMethod(Parent p, Child c) {
05     p.protectedVar=10;         //非法的
06     c.protectedVar=10;         //合法的
07     p.protectedMethod();       //非法的
08     c.protectedMethod();       //合法的
09   }
10 }
```

【分析讨论】

如果Child与Parent属于同一个包,则上述程序中非法语句就是合法的了。

4. public

public是最为简单的访问控制修饰符。带有public的成员可以被所有的类访问。对于构造方法,如果访问权限为public,则所有的类都可以生成该类的实例对象。一般地,一个成员只有在被外部对象使用后不会产生不良后果时,才被声明为public。类中被设定为 public 的方法是这个类对外的接口，程序的其他部分可以通过调用它们达到与当前类交换信息、传递消息甚至影响当前类的目的，从而避免了程序的其他部分直接去操作这个类的数据。

3.2.3 package 和 import

利用面向对象技术开发软件系统时，程序员需要定义许多类并使之共同工作，有些类可能要在多处反复被使用。为了使这些类易于查找和使用，避免命名冲突和限定类的访问权限，程序员可以将一组相关的类与接口包裹在一起形成一个包(package)。包是接口和类的集合，或者说包是接口和类的容器，它将一组类集中到一起。Java 通过包就可以方便地管理程序中的类了。包的优点主要体现在以下三个方面：

- 编程人员可以很容易地确定包中的类是相关的，并且根据所需要的功能找到相应的类。
- 防止类命名混乱。每个包都创建一个新的命名空间，因此不同包中的相同的类名不会冲突。
- 控制包中的类、接口、成员变量和方法的可见性。在包中，除声明为 private 的成员变量和方法外，类中所有的成员变量和方法可以被同一包中的其他类和方法访问。

1. package 语句

包的创建就是将源程序文件中的接口与类纳入指定的包中，创建包可以通过在类和接口的源文件中使用 package 语句实现。下面是声明 package 语句的语法。

```
package pk1[ .pk2[.pk3…]];
```

其中，符号“.”代表目录分隔符，pk1 为最外层的包，pk2、pk3 依次为更内层的包。

创建一个包就是在当前文件夹下创建一个子文件夹，存放这个包中包含的所有类的 .class 文件。Java 编译器把包对应于文件系统的目录进行管理，因此包可以嵌套使用，即一个包中可以含有类的定义也可以含有子包，其嵌套层数没有限制。

【例 3-13】 利用 package 关键词，将类 Circle 打包到 com 下的 graphics 包中。

```
01 package com.graphics;
02 public class Circle {
03   final float PI=3.14159f;     //定义一个用于表示圆周率的常量 PI
04   public static void main(String[] args) {
05     System.out.println("画一个圆形！");
06   }
07 }
```

类 Circle 属于 com. graphics 包，故该类的全名应该是 com. graphics. Circle。假设 Circle. java 存放在文件夹 C:\javaExample\chapter03\3-14 中，而类 com. graphics. Circle 位于 C:\mypkg 下，正确编译和运行该类的步骤如下：

(1) 将 C:\mypkg 添加到 classpath 变量中，使该路径作为一个包的根路径。既可以通过set命令添加，即set classpath=%classpath%；C:\mypkg；也可以在Windows中通过系统变量的设置窗口进行设置。

（2）在DOS命令窗口中将C:\javaExample\chapter03\3-14作为当前目录，输入编译指令：javac -d C:\mypkg Circle.java，则在C:\mypkg\com\graphics目录下将产生Circle.class类文件。

（3）javac命令中的-d选项是指定编译所产生类文件根路径，如果不指定，则将编译生成的类文件(Circle.class)存放在当前路径下。

（4）在DOS命令窗口输入执行指令：java com.graphics.Circle，则会得到运行结果。

【运行结果】

```
画一个圆形！
```

【分析讨论】

① 第(2)步也可使用另一种方式实现，即直接使用编译指令：javac Circle.java，则编译器会在当前目录下生成Circle.class文件，然后在C:\mypkg中手动创建一个名为com的子目录，再在com子目录下创建一个名为graphics的子目录，并将Circle.class文件复制到该graphics目录下。

② package语句在每个Java源程序中只能有一条，一个类只能属于一个包。

③ package语句必须在程序的第1行，该行前只能有空格及注释。

④ 如果没有package语句，则指定为无包名。此时会把源文件中的类存储在当前目录(即Java源文件存放的目录)下。

2. import语句

将类组织成包的目的是为了更好地利用包中的类。通常，一个类只能引用与它在同一个包中的类。如果要使用其他包中的public类，则可以用以下两种方式实现。

（1）使用长名导入包中的类。这种方法是在想要导入的每个类名前面加上完整的包名。例如，创建例3-13中Cricle类的对象实例的代码如下：

```
com.graphics.Circle circle=new com.graphics.Circle();
```

但这种方式过于烦琐，一般只有两个包中含有同名的类时，为了对两个同名类加以区分才使用长名。更为简洁的方法是使用import语句导入所需要的类，然后在随后的程序中直接使用类名对类进行操作。

（2）使用import语句导入包中的类。import语句的格式如下：

```
import pkg1[ .pkg2 [.pkg3…] ] .<类名| * >
```

其中，pkg1[.pkg2[.pkg3…]]表明包的层次，与package语句相同，它对应于文件目录，类名指明所要导入的类。如果要从一个包中导入多个类，则可以用通配符"*"来代替类名。

例如，导入com.graphics包中的Circle类，可以使用import com.graphics.Circle；语句实现。如果com.graphics包中包含多个类，则可以使用import com.graphics.*；语句导入该包下的全部类。Java编译器默认为所有的Java程序导入了JDK中的java.lang

包中所有的类(import java. lang. * ;),该类定义了一些在编程中经常使用的常用类,如System、String、Object 和 Math 等。可以直接使用这些类而不必显式地导入。使用其他非无名包中的类,则必须先导入后使用。

【例 3-14】 定义三个类 Point、Circle 和 TestPackage,将前两个类定义在一个几何图形包 com. graphics 中,在类 TestPackage 中导入 com. graphics 包下的全部类,以验证关键词 package 和 import 的使用。

定义 Point 类,将其保存在 com. graphics 包中。

```
01  package com.graphics;
02  public class Point {
03    public int x=0;
04    public int y=0;
05    public Point(int x,int y) {
06      this.x=x;
07      this.y=y;
08    }
09  }
```

定义 Circle 类,将其保存在 com. graphics 包中。

```
01  package com.graphics;
02  public class Circle {
03    final float PI=3.14159f;      //定义一个用于表示圆周率的常量 PI
04    public int r=0;               //定义一个用于表示半径的变量 r
05    public Point origin;
06    public Circle(int r,Point origin) {
07      this.r=r;
08      this.origin=origin;
09    }
10    public void move(int x,int y) {
11      origin.x=x;
12      origin.y=y;
13    }
14    public float area() {
15      return PI * r * r;
16    }
17  }
```

定义测试类 TestPackage,即包含 main()方法的类。该类给出了一个点和一个圆的值,计算并输出圆的面积。

```
01  import com.graphics.* ;
02  public class TestPackage {
03    public static void main(String[] args) {
04      Point p=new Point(2,3);
```

```
05        Circle c=new Circle(3,p);
06        System.out.println("The area of the circle is: "+c.area());
07    }
08  }
```

假设例3-14中文件Point.java和Circle.java保存在C:\javaExample\chapter03\3-15目录下，TestPackage.java保存在C:\javaExample\chapter03\3-15\test目录下，包com.graphic位于C:\mypkg目录下。例3-15的编译和运行步骤如下：

- 将C:\mypkg添加到classpath变量中，使该路径作为一个包的根路径。既可以通过set命令添加，即set classpath=%classpath%; C:\mypkg，也可以在Windows中通过系统变量的设置窗口进行添加。
- 在命令行窗口中将C:\javaExample\chapter03\3-15作为当前目录，输入编译指令javac -d C:\mypkg Point.java Circle.java，则在C:\mypkg\com\graphics目录下产生Point.class和Circle.class两个类文件。
- 在命令行窗口中改变当前目录为C:\javaExample\chapter03\3-15\test，输入编译指令javac TestPackage.java，再输入解释指令java TestPackage，那么就可以得到TestPackage.java的执行结果。

【运行结果】

```
The area of the circle is: 28.274311
```

【分析讨论】

非public的类只能在同一个包中被使用，public类可以在任意范围(不同的包中)被导入和使用。

3.3 类的继承与多态

继承是OOP语言的基本特性，也是OOP方法中实现代码重用的一种重要手段。通过继承可以更有效地组织程序结构，明确类之间的关系，并充分利用已有的类来创建新的类，以完成更复杂的设计和开发。多态可以统一多个相关类的对外接口，并在运行时根据不同的情况执行不同的操作，提供类的抽象度和灵活性。

3.3.1 类的继承

1. 继承的概念

类的继承是OOP的一个重要特性。当一个类自动拥有另一个类的所有属性和方法时，则称这两个类之间具有继承关系。被继承的类称为父类(parent class)、超类(super class)或基类(base class)，由继承得到的类称为子类(subclass)。继承是类之间的“IS-A”关系，反映出子类是父类的特例。子类不仅能够继承父类的状态和行为，还可以修改父类的状态或重写父类的行为，并且可以为自身添加新的状态和行为。

在类的声明中，可以使用关键词extends指明其父类，其语法如下：

```
[accessLevel] class <subClassName>extends <superClassName>{
    [类体]
}
```

- accessLevel：指定类的访问权限，可选值为 public、abstract 等。
- subClassName：指定子类的名称，类名必须是合法的 Java 标识符。
- extends superClassName：extends 是 Java 关键词，指定要定义的子类继承哪个父类。

动物具有相同的属性和行为，可以编写一个动物类 Animal（包含所有动物共有的属性和行为），即父类。但是，不同类的动物又具有它自身特有的属性和行为。例如，鸟类具有飞的行为，这时就可以编写一个鸟类 Bird。鸟类也属于动物类，它就自动拥有动物类所共有的属性和行为。因此，可以使 Bird 类继承父类 Animal 类。编写鱼类 Fish 也是同样的道理。如图 3-4 所示，表述了上述动物之间类的继承关系。

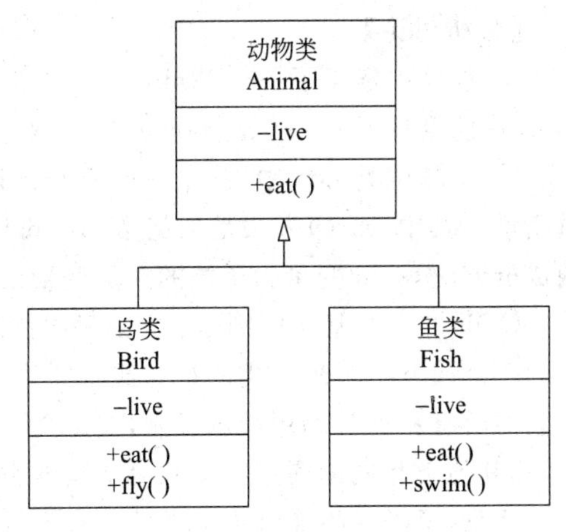

图 3-4　动物类关系继承图

【例 3-15】　类 Bird 在继承了类 Animal 的成员变量和方法的基础上，定义了自己的成员变量 skin，并对方法 move()进行了重写。

```
01  class Animal {
02    boolean live=true;
03    public void eat() {
04      System.out.println("动物需要吃食物");
05    }
06    public void move(){
07      System.out.println("动物会运动");
08    }
09  }
10  class Bird extends Animal {
11    String skin="羽毛";
12    public void move() {
13      System.out.println("鸟会飞翔");
14    }
15  }
16  public class Zoo {
17    public static void main(String[] args) {
18      Bird bird=new Bird();
19      bird.eat();
20      bird.move();
```

```
21        System.out.println("鸟有: "+bird.skin);
22    }
23 }
```

【运行结果】

动物需要吃食物
鸟会飞翔
鸟有：羽毛

【分析讨论】

① 程序中定义了一个 Animal 类的子类 Bird 类，在子类中定义了自己的成员变量 skin，并且重写了成员方法 move()（第 12～14 句）。

② 在测试类 Zoo 中，首先创建了子类 Bird 的对象，然后该对象调用其成员方法和成员变量。其中，eat()方法是从父类 Animal 继承来的，move()方法是子类 Bird 覆盖父类的成员方法，skin 变量为子类的成员变量。

OOP 的一个基本原则是：不必每次都从头开始定义一个新的类，而是将这个新的类作为一个或若干个现有类的扩充或特殊化。如果不使用继承，则每个类都必须显式地定义它的所有特征。利用继承机制，在定义一个新的类时只需定义那些与其他类不同的特征，与其他类相同的通用特征则可从其他类继承下来，而不必逐一显式地定义这些通用特征。注意，子类并不能继承父类的所有变量和方法，父类中用 private 修饰的属性、方法是不能被子类继承的。

2. 单继承

Java 不支持多重继承，而只支持单继承，所以 Java 的 extends 关键词后面的类名只能有一个。单继承的优点是可以避免追溯过程中多个直接父类之间可能产生的冲突，使代码更加安全可靠。在 Java 中，一组类之间的继承关系可以形成一个树状的层次结构。如图 3-5 所示，就是描述自然界中动物之间的继承关系。

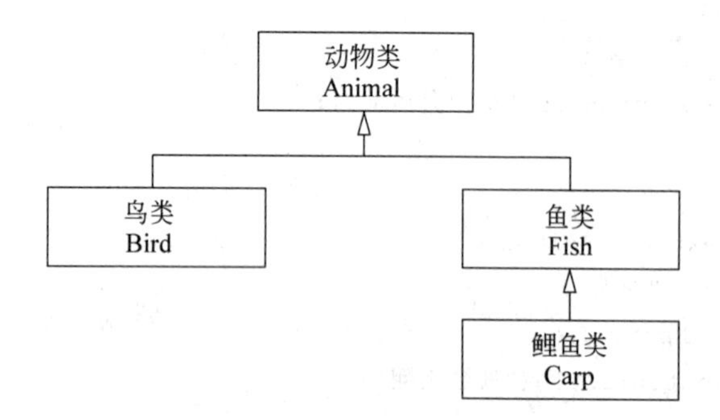

图 3-5 Java 类的继承示例

多重继承在现实世界中普遍存在，Java 虽然不支持多重继承机制，但提供了接口(interface)机制，允许一个类实现多个接口。这样既避免了多重继承的复杂性，又达到了多重继承的效果。

3. super 关键词

super 关键词指向该关键词所在类的父类，用来引用父类中的成员变量和方法。在子类中可以使用 super 调用父类的构造方法，但必须在子类构造方法的第一行使用 super 来调用。使用 super 关键词的语法如下：

```
super([参数列表]);
```

参数列表——指定父类构造方法的入口参数。如果父类定义的构造方法中包括形式参数，则该选项为必选项。

【例 3-16】 在子类 Bird 的构造方法中，通过 super 关键词实现了调用父类 Animal 的构造方法。

```
01  class Animal {
02    boolean live=true;
03    String skin=" ";
04    public Animal(boolean l,String s) {
05      live=l;
06      skin=s;
07    }
08  }
09  class Bird extends Animal {
10    public Bird(boolean l,String s) {
11      super(l,s);  //用 super 关键词调用父类包含两个参数的构造方法
12    }
13  }
14  public class Zoo {
15    public static void main(String[] args) {
16      Bird bird=new Bird(true,"羽毛");
17      System.out.println("鸟有: "+bird.skin);
18    }
19  }
```

【运行结果】

```
鸟有：羽毛
```

【分析讨论】

① Java 的安全模型要求子类的对象在初始化时，必须从父类继承以实现完全的初始化。因此，在执行子类构造方法之前通常要调用父类的一个构造方法。

② 在子类构造方法的第 1 行通过 super 调用父类的某个构造方法，此时如果不使用 super 指定，则将调用默认的父类构造方法（即不带参数的构造方法）；如果在父类中没有无参构造方法，则会产生编译错误。

③ 子类 Bird 的构造方法的第一行（第 11 句），调用了父类包含两个参数的构造方法，并对成员变量进行了初始化，即 live＝true，skin＝“羽毛”。因此，在执行第 17 句时会得

到输出结果“鸟有：羽毛”。

子类可以继承父类中非私有的成员变量和成员方法，但是在实际应用时要注意下列情形：如果子类中的成员变量与父类的成员变量同名，那么父类的成员变量将被隐藏；如果子类中的成员方法与父类的成员方法同名，并且参数个数、类型和顺序也相同，那么子类的成员方法将覆盖父类的成员方法；这时，如果要在子类中访问父类中被子类隐藏的成员变量或方法，就需要使用关键词 super，其语法格式如下：

- super. 成员变量名；
- super. 成员方法名([参数列表])；

【例 3-17】 在子类 Bird 的成员方法 move()中，通过 super 关键词调用了父类 Animal 的成员方法 move()。

```
01 class Animal {
02   boolean live=true;
03   String skin="";
04   public void move() {
05     System.out.println("动物会运动。");
06   }
07 }
08 class Bird extends Animal {
09   String skin="羽毛";       //子类的 skin 变量隐藏了父类的 skin 变量
10   public void move() {      //子类的 move()方法覆盖了父类的 move()方法
11     super.move();           //用 super 关键词调用父类被覆盖的方法 move()
12     System.out.println("例如,鸟会飞翔。");
13   }
14 }
15 public class Zoo {
16   public static void main(String[] args) {
17     Bird bird=new Bird();
18     bird.move();
19     System.out.println("鸟有："+bird.skin);
20   }
21 }
```

【运行结果】

```
动物会运动。
例如：鸟会飞翔。
鸟有：羽毛
```

【分析讨论】

① 子类 Bird 的第 10～13 句重写了父类 Animal 的方法 move()，如果要调用父类被覆盖的方法，则必须使用关键词 super(第 11 句)。

② 第 18 句在调用 move()方法时是通过子类对象 bird，所以此时访问的是子类 Bird 重写后的 move()方法。

③ 如果要在子类 Bird 的方法中改变父类 Animal 的成员变量 skin 的值，则可以使用以下代码：super. skin="羽毛"加以实现，有兴趣的读者可以尝试一下。

3.3.2　方法的重写

类的继承，既可以是子类对父类的扩充，也可以是子类对父类所进行的改造。当类的扩充不能很好地满足功能需求时，就要在子类中对从父类继承的方法进行改造，这称为方法的重写(overriding)。方法的重写必须遵守下面的规则：

- 子类中重写的方法必须和父类中被重写的方法具有相同的方法名称、参数列表和返回值类型。
- 子类中重写的方法的访问权限不能缩小。
- 子类中重写的方法不能抛出新的异常(异常的概念将在后面章节中介绍)。

【例 3-18】 类 Dog 和 Cat 作为 Animal 的子类，均重写了父类的成员方法 cry()，通过在测试类中生成每个子类的对象来验证方法的重写机制。

```
01  class Animal {
02    boolean live=true;
03    public void cry() {
04      System.out.println("动物发出叫声！");
05    }
06  }
07  class Dog extends Animal {
08    public void cry() {     //子类重写了父类的成员方法 cry()
09      System.out.println("狗发出"汪汪"声！");
10    }
11  }
12  class Cat extends Animal {
13    public void cry(){      //子类重写了父类的成员方法 cry()
14      System.out.println("猫发出"喵喵"声！");
15    }
16  }
17  public class Zoo {
18    public static void main(String[] args) {
19      Dog dog=new Dog();
20      System.out.println("执行 dog.cry();语句时的执行结果是：")
21      dog.cry();
22      Cat cat=new Cat();
23      System.out.println("执行 cat.cry();语句时的执行结果是：")
24      cat.cry();
25    }
26  }
```

【运行结果】

```
执行 dog.cry(); 语句时的执行结果是：
```

```
狗发出汪汪声！
执行 cat.cry(); 语句时的执行结果是：
猫发出喵喵声！
```

【分析讨论】

① Dog 类和 Cat 类作为 Animal 类的子类分别在第 8～10 句和第 13～15 句重写了父类的成员方法 cry()，所以在 main()方法中，通过两个子类对象 dog 和 cat 调用 cry()时(第 21 和 24 句)，执行的也分别是各自子类的 cry()方法。

② 从程序中可以看出，重写体现了子类补充或者改变父类方法的能力，通过重写可以使一个方法在不同的子类中表现出来不同的行为。

3.3.3 运行时多态

多态性是 OOP 的三个重要特性之一。多态是指在一个 Java 程序中相同名字的成员变量和方法可以表示不同的实现。Java 中的多态性主要表现在方法重载、方法重写以及变量覆盖这三个方面。

- 方法重载：指在一个类中可以定义多个名字相同而实现不同的成员方法，它是一种静态多态性，或称编译时多态。
- 方法重写(覆盖)：子类可以隐藏与父类中的同名成员方法，它是一种动态多态性，或称运行时多态。
- 变量覆盖：子类可以隐藏与父类中的同名成员变量。

多态性提高了程序的抽象性和简洁性，从静态与动态的角度可以将多态分为编译时多态(静态多态)和运行时多态(动态多态)。

- 编译时多态：指编译器在编译阶段根据实参的不同，静态地判定具体调用的方法，Java 中的方法重载属于编译时多态。
- 运行时多态：指 Java 运行时系统能够根据对象状态的不同，调用其相应的成员方法，即动态绑定。Java 中的方法重写属于运行时多态。

1. 上溯造型

类之间的继承关系使得子类具有父类的非私有变量和方法的访问权限，这意味着父类中定义的方法也可以在它所派生的各级子类中使用，发给父类的任何消息也可以发送给子类，所以子类对象可以作为父类对象来使用。程序中凡是使用父类对象的地方，都可以用子类对象来代替。上溯造型(upcasting)指的是可以通过引用子类的实例来调用父类的方法，从而将一种类型(子类)对象的引用转换成另一种类型(父类)对象的引用。

子类通常包含比父类更多的变量和方法，可以认为子类是父类的超集，所以上溯造型是从一个特殊、具体的类型到一个通用、抽象类型的转换，类型安全是能够有保证的。因此，Java 编译器不需要任何特殊的标注，便允许上溯造型的使用。也可执行下溯造型，即所谓的强制类型转换，将父类类型的引用转换为子类类型。强制类型转换却不一定是安全的，需要进行类型检查，在本节的后半部分将会讲解这个问题。

例如，定义父类 Animal，它派生了三个子类，分别为 Parrot 类、Dog 类和 Cat 类，利用上溯造型可以创建如下三个对象：

```
Animal a1=new Parrot();
Animal a2=new Dog();
Animal a3=new Cat();
```

上述三个对象a1、a2和a3虽然声明的都是父类类型，但指向的是子类对象。

2. 运行时多态

上溯造型使得一个对象既可以是它自身的类型，也可以是它的父类类型。这意味着子类对象可作为父类的对象使用，即父类的对象变量可以指向子类对象。通过一个父类变量发出的方法调用，可能执行的是该方法在父类中的实现，也可能是在某个子类中的实现，这只能在运行时刻根据该变量指向的具体对象类型确定，这就是运行时多态。

运行时多态实现的原理是动态联编技术，也称为晚联编或运行期联编。将一个方法调用和一个方法体连接到一起，称为联编(binding)。在程序运行之前执行的联编操作称为早联编；在运行时刻执行的联编称为晚联编。在晚联编中，联编操作是在程序的运行时刻根据对象的具体类型进行的。也就是说，在晚联编中编译器此时依然不知道对象的类型，但运行时刻的方法调用机制能够自己确定并找到正确的方法体。

【例3-19】 运行时多态的示例。

```
01 import java.util.*;
02 class Animal {                   //定义父类Animal
03   void cry() {   }
04   void move() {   }
05 }
06 class Parrot extends Animal { //定义子类Parrot
07   void cry() {                   //重写父类的成员方法cry()
08     System.out.println("鹦鹉会说话!");
09   }
10   void move() {                  //重写父类的成员方法move()
11     System.out.println("鹦鹉正在飞行!");
12   }
13 }
14 class Dog extends Animal {     //定义子类Dog
15   void cry() {                   //重写父类的成员方法cry()
16     System.out.println("狗发出汪汪声!");
17   }
18   void move() {                  //重写父类的成员方法move()
19     System.out.println("小狗正在奔跑!");
20   }
21 }
22 class Cat extends Animal {     //定义子类Cat
23   void cry() {                   //重写父类的成员方法cry()
24     System.out.println("猫发出喵喵声!");
25   }
26   void move() {                  //重写父类的成员方法move()
```

```
27       System.out.println("小猫正在爬行！");
28     }
29   }
30   public class Zoo {                //定义包含 main()的测试类
31     static void animalsCry(Animal aa[]) {
32       for(int i=0;i<aa.length;i++) {
33         aa[i].cry();
34       }
35     }
36     public static void main(String[] args) {
37       Random rand=new Random();
38       Animal a[]=new Animal[8];
39       for(int i=0;i<a.length;i++) {
40         switch(rand.nextInt(3)) {
41           case 0:a[i]=new Parrot();break;
42           case 1:a[i]=new Dog();break;
43           case 2:a[i]=new Cat();break;
44         }
45       }
46       animalsCry(a);
47     }
48   }
```

【运行结果】

(a) 例 3-19 第一次执行的结果	(b) 例 3-19 另一次执行的结果
猫发出喵喵声！	狗发出汪汪声！
鹦鹉会说话！	狗发出汪汪声！
狗发出汪汪声！	狗发出汪汪声！
猫发出喵喵声！	狗发出汪汪声！
猫发出喵喵声！	狗发出汪汪声！
鹦鹉会说话！	猫发出喵喵声！
猫发出喵喵声！	鹦鹉会说话！
猫发出喵喵声！	鹦鹉会说话！

在 Animal 类中，定义了两个方法 cry()和 move()。Animal 类的三个子类 Parrot、Cat 和 Dog 分别对这两个方法进行了重写。在 main()方法中，通过下列语句声明并创建了一个 Animal 类型对象的数组：

```
Animal a[]=new Animal[8];
```

接下来是一个 for 循环：

```
for(int i=0;i<a.length;i++) {
    switch(rand.nextInt(3)) {
        case 0:a[i]=new Parrot();break;
```

```
            case 1:a[i]=new Dog();break;
            case 2:a[i]=new Cat();break;
        }
    }
```

在 for 循环中，随机创建 Parrot、Cat 或 Dog 类的对象，并把该对象的引用赋给了一个 Animal 类型的数组元素 a[i]。这属于 Java 的上溯造型，编译器认可上溯造型，所以不会报错。上述 for 循环的执行将创建一个 Animal 类型对象的数组 a，但并不能具体确定数组 a 中每个元素 a[i]（0≤i<8）的类型。main()方法的下一个语句调用 animalsCry()方法。animalsCry()方法中只包含一个 for 循环，依次调用 Animal 类型数组 aa 每个元素的 cry()方法：

```
for(int i=0;i<aa.length;i++) {
    aa[i].cry();
}
```

上述循环执行时，会调用与各个 aa[i]元素具体类型相关的 cry()方法，就像例 3-20 的执行结果显示一样。例 3-20 每次执行的结果都可能是不同的。

【分析讨论】

在本例中，之所以要随机创建 Animal 的各个子类对象，是为了加深对多态概念的理解。即对 Animal 类型对象的 cry()方法的调用是在执行时刻通过动态联编进行的。

3.3.4 对象类型的强制转换

对象的强制类型转换也称为向下造型(downcasting)或造型(casting)，是将父类类型的对象变量强制(显式)地转换为子类类型。Java 允许上溯造型的存在，使得父类类型的变量可以指向子类对象，但通过该变量只能访问父类中定义的变量和方法，子类特有的部分将被隐藏，不能进行访问。只有将父类类型的变量强制地转换为具体的子类类型，才能通过该变量访问子类的特有成员。注意，对象强制类型的转换，一般要先测试以确定对象的类型，然后再执行转换。

1. 关键词 instanceof

Java 引入了一个 instanceof 操作符用于测试对象的类型，由该运算符构造的表达式的一般形式如下：

```
aObjectVariable instanceof SomeClass
```

这是一个 boolean 类型的表达式，当 instanceof 左侧的 aObjectVariable 所引用对象的实际类型是其右侧给出类型 SomeClass 或其子类类型时，整个表达式的结果为 true，否则为 false。

【例 3-20】 instanceof 操作符使用示例。

```
01  class Animal {   }
02  class Cat extends Animal {   }
03  class Dog extends Animal {   }
```

```
04 public class TestInstanceof {
05   public void doSomething(Animal a) {
06     if(a instanceof Cat) {
07       //处理 Cat 类型及其子类类型对象
08       System.out.println("This is a Cat");
09     } else if(a instanceof Dog) {
10     //处理 Dog 类型及其子类类型对象
11       System.out.println("This is a Dog");
12     } else {
13       //处理 Animal 类型对象
14       System.out.println("This is an Animal");
15     }
16   }
17   public static void main(String[] args)  {
18     TestInstanceof t=new TestInstanceof();
19     Dog d=new Dog();
20     t.doSomething(d);
21   }
22 }
```

【运行结果】

```
This is a Dog
```

【分析讨论】

① 在类 TestInstanceof 的定义中，doSomething()方法将接收 Animal 类型的参数(第 5 句)，而在实际运行中该方法接收的对象可能是 Cat 或 Dog 类型。可以使用 instanceof 对对象的类型进行逐一测试，即第 6～15 句，分别针对不同的类型进行相应处理。

② 从第 19、20 句可以看出，实际运行时传递的参数是 Dog 类型的对象，因此在访问 doSomething()方法时与第 9 句的分支语句相匹配，并执行相应的处理(第 11 句)，得到上述执行结果。

③ 通俗地讲，使用 instanceof 操作符可以将“冒充”父类类型出现的子类对象“现出原形”，然后再进行有针对性的处理。

2. 强制类型转换

强制类型转换的语法如下：

```
(SomeClass) aObjectVariable
```

- SomeClass：指定试图强制转换成的数据类型，即子类类型。
- aObjectVariable：指定被强制类型转换的对象，即父类类型数据。

当进行对象类型的强制转换时，为了保证转换能够成功进行，可以先使用 instanceof 对对象的类型进行测试，当测试结果为 true 时再进行转换。

【例 3-21】 在类 Casting 的方法 someMethod()中，父类参数必须通过强制类型转换才能调用子类成员方法 getSkin(),直接调用将会产生编译异常。

```
01 class Animal {
02   String skin;
03 }
04 class Bird extends Animal {
05   String skin="羽毛";
06   public String getSkin() {
07     return skin;
08   }
09 }
10 public class Casting {
11   public void someMethod(Animal a) {
12     System.out.println(a.getSkin());  //非法
13     if(a instanceof Bird){
14       Bird b= (Bird)a;              //强制类型转换
15       System.out.println(b.getSkin());//合法
16     }
17   }
18   public static void main(String[] args) {
19     Casting t=new Casting();
20     Bird bird=new Bird();
21     t.someMethod(bird);
22   }
23 }
```

删除上述程序中标明非法的语句,可以得到如下的运行结果:

【运行结果】

```
羽毛
```

【分析讨论】

① 第12句由于使用父类变量 a 调用子类成员方法 getSkin()而导致非法。

② 在执行强制类型转换时,需要注意以下几个方面的问题:首先,无继承关系的引用类型间的转换是非法的,编译时会出错;其次,对象变量转换的目标类型,一定要是当前对象类型的子类,这个规则由编译器实施检查;最后,在运行时刻也要进行对象类型的检查。

③ 在某个进行对象类型转换的程序中,如果省略了 instanceof 类型测试,并且对象的类型并不是其要转换的目标类型,那么程序执行中将抛出异常。

3.3.5 Object 类

在 Java 中,java.lang 包中定义的 Object 类是包括自定义类在内的所有 Java 类的根父类。也就是说,Java 中每个类都是 Object 类的直接或间接子类。由于 Object 类这种特殊地位,这个类中定义了所有对象都需要的状态和行为。例如,对象之间的比较,将对象转换为字符串等。本节将讲解其中两个比较常用的方法。

1. equals()方法

Object 类定义的 public boolean equals (object obj)方法，用于判断某个指定的对象与当前对象(调用 equals 方法的对象)是否等价。这里“等价”的含义是指当前对象的引用是否与参数 obj 指向同一个对象，如果指向同一个对象则返回 true。注意，数据等价的含义是指两个数据的值相等，而引用类型的数据比较的是对象地址。另外，还要注意区分恒等运算符“==”与 equals()方法的关系。

equals()方法只能比较引用类型，而“==”可以比较引用类型及基本类型。

当用 equals()方法比较 String 类、File 类、Date 类及所有包装类(wrapper class，例如 Integer、Long 等)的对象时，比较的是所指对象的内容，而不考虑引用的是否是一个实例。

【例 3-22】 使用 equals()方法和运算符“==”来分别比较 String 类型数据。

```
01  public class TestEquals {
02    public static void main(String args[]) {
03      String s1=new String("Hello");
04      String s2=new String("Hello");
05      if(s1==s2) {
06        System.out.println("s1==s2");
07      }else {
08        System.out.println("s1!=s2");
09      }
10      if(s1.equals(s2)) {
11        System.out.println("s1 is equal to s2");
12      }else {
13        System.out.println("s1 is not equal to s2");
14      }
15      s2=s1;
16      if(s1==s2) {
17        System.out.println("s1==s2");
18      }else {
19        System.out.println("s1!=s2");
20      }
21    }
22  }
```

【运行结果】

```
s1!=s2
s1 is equal to s2
s1==s2
```

【分析讨论】

① 由于第 3、4 句分别声明并创建了两个 String 类型对象 s1 和 s2，且引用类型变量的值是其引用地址而不是对象本身，所以此时 s1 和 s2 虽然内容一致，但引用空间存储的

地址并不相同。

② 第5句“if(s1==s2)”，第一次出现运算符“==”时比较的是s1与s2的引用地址，因此输出结果“s1!=s2”；其后，第15句“s2=s1”是将s1的引用地址赋予s2，因此在第16句第二次使用“==”比较得到的输出结果为“s1==s2”。

③ 第10句利用equals()方法在比较String类型数据时，由于比较的是对象内容，而不考虑引用，因此输出结果“s1 is equal to s2”。

2. toString()方法

public String toString()方法是Object类中定义的另一个重要的方法，用于描述当前对象的信息，表达的内容因具体对象而异。Object类中实现的toString()方法是返回当前对象的类型和内存地址信息，但在一些子类(如String、Date等)中进行了重写。另外，该方法在调试时对确定对象的内部状态很有价值，为此在用户自定义类中都将该方法重写，以返回更适用的信息。

除了显式地调用toString()方法外，在进行String与其他类型数据的连接操作时，Java将会自动调用toString()方法，其中又分为以下两种情况：

- 引用数据类型直接调用其toString()方法转换为String类型。
- 基本数据类型先转换为对应的封装类型，再调用该封装类的toString()方法转换为String类型。

在用System.out.println()方法输出引用类型的数据时，也是先自动调用该对象的toString()方法，然后再将返回的字符串输出。

3.4 数　　组

数组是相同数据类型的元素按顺序组成的一种复合数据类型。虽然组成数组的元素是基本数据类型，但Java将数组作为一种引用类型应用在编程中。在程序中引入数组可以更有效地处理数据，提高程序的可读性和可维护性。Java按数组的维数来分类，可分为一维数组和多维数组。

3.4.1 一维数组

一维数组是最简单的一种数组形式，是一种线性数据序列。要使用一维数组，就要经过定义、创建、初始化、使用等过程。

1. 数组的定义

一维数组的定义包括两个部分：数组的名字和数组元素的类型。在Java中，一维数组的定义有两种形式：

```
dataType[] arrayName;
dataType arrayName[];
```

- dataType：指数据类型，既可以是byte、short、int、long、float、double、char等基本数据类型，也可以是对象类型。

- arrayName：指数组名称，是合法的 Java 标识符。
- 上述两种声明形式完全等价，并且“[]”与“数组类型”或“数组变量名”之间可以有 0 个到多个空格。

数组定义的示例如下：

```
int n[];         //定义了数据类型为 int,数组名为 n 的数组
Point p[];       //定义了数据类型为 Point,数组名为 p 的数组
int[] a, b, c;   //定义了三个数据类型为 int,数组名为 a、b、c 的数组
```

2. 数组的创建

数组的定义只是声明了数组类型的变量，实际上数组在内存空间中并不存在。为了使用数组，必须用 new 操作符在内存中申请连续的空间来存放申请的数组变量。为数组分配内存空间必须指明数组的长度，创建数组就是为数组分配内存空间。创建数组的语法如下：

```
arrayName=dataType[arraySize];
```

- arrayName：指已定义的数组名称。
- dataType：指数组的数据类型。
- arraySize：指数组占用的内存空间，即数组元素的个数。

3. 数组的长度

数组中元素的个数称为数组的长度。Java 为所有数组设置了一个表示数组长度的特性变量 length，它作为数组的一部分存储起来。Java 用该变量在运行时进行数组下标越界的检查，在程序中也可以访问该变量获取当前数组的长度，调用的语法如下：

```
arrayName.length;
```

注意，定义数组时不能指定该数组的长度。因为 Java 中的数组是作为类(即引用类型)来处理的，而引用类型变量的声明并不创建该类的对象，所以在声明一个数组类型变量时，只是在内存中为该数组变量分配引用空间，并没有真正创建一个数组对象，更没有为数组中的每个元素分配存储空间。此时，还不能使用该数组的任何元素，也就不能指定其长度了。

4. 静态初始化

在声明一个数组的同时对该数组中的每个元素直接进行赋值，称为数组的静态初始化。静态初始化可以通过一条语句完成数组的声明、创建与初始化三项功能，这种方式适用于数组中元素个数较少而且其各元素初值可以一一列举的情况。

静态初始化的示例如下：

```
String str[]={"Hello", "my", "Java"};
```

该语句声明并创建了一个长度为 3 的字符串数组，并为每个数组元素赋初值。

注意，静态初始化方式创建数组时不能事先指定数组中元素的个数，系统会根据所给出的初始值的个数自动计算出数组的长度，然后分配所需要的存储空间并赋值。如果在

静态初始化数组时指定长度(例如：int n[3]={2, 3, 4};)编译时就会出错。

5. 动态初始化

在声明(或创建)一个数组类型对象时，只是通过 new 运算符为其分配所需的内存空间，而不对其元素赋值，这种初始化的方式称为动态初始化。其语法如下：

```
new dataType[arraySize];
```

- dataType：指数组的数据类型；
- arraySize：指数组占用的内存空间，即数组元素的个数。

数组动态初始化的例子如下：

```
int n[];
n=new int[3];
n[0]=1;
n[1]=2;
n[2]=3;
```

在上述例子中，各个语句的执行过程如下：

- 执行“int n[];”语句，只是声明了一个数组类型变量 n，为其分配定长的引用空间(值为 null)。
- 接下来执行“n=new int[3];”语句，创建了一个含有 3 个元素的 int 型数组对象，为数组 n 分配 3 个 int 型数组空间，并根据默认的初始化规则将 3 个元素值初始化为 0。
- 接下来的 3 条语句在为各个数组元素显式地赋初值。

上述各个语句的内存状态如图 3-6 所示。

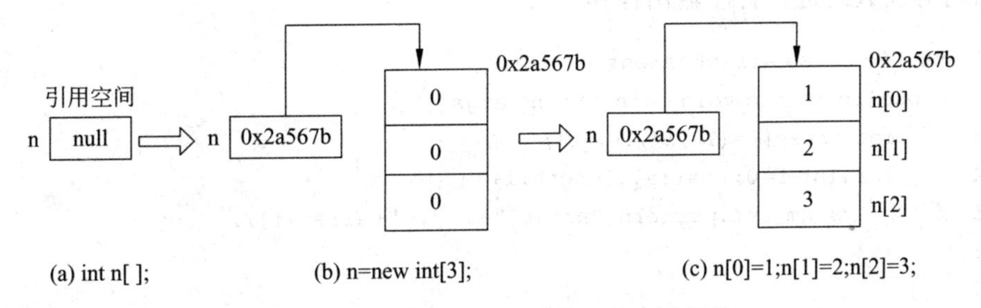

图 3-6　基本数据类型一维数组的内存结构

上面介绍的是基本数据类型(int 型)数组的动态初始化。引用类型的数组的动态初始化要进行两级的分配空间：因为每一个数组元素又是一个引用类型的对象，所以要先为每个数组元素分配空间(定长的引用空间)，接下来再为每个数组元素所引用的对象分配存储空间。

引用类型的数组动态初始化的例子如下：

```
String  s[];
s=new String[3];
s[0]=new String("Hello");
```

```
s[1]=new String("my");
s[2]=new String("Java");
```

执行完毕后数组 s 的内存状态如图 3-7 所示。

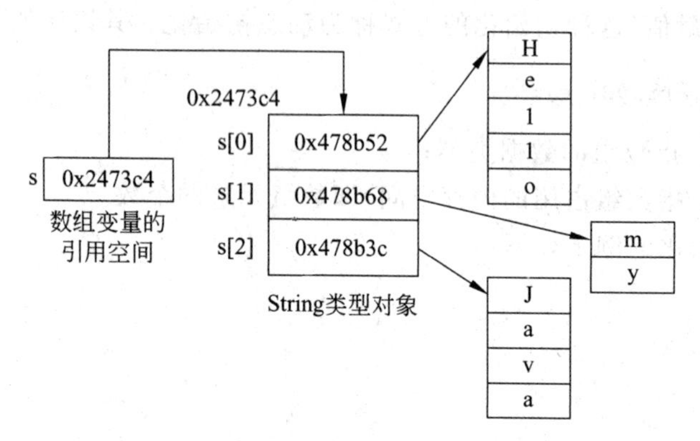

图 3-7　引用类型一维数组的内存状态

6. 数组元素的引用

在声明并初始化一个数组(为某个数组元素分配空间并进行显式或默认的赋初值)后,才可以引用数组中的每个元素。数组元素的引用方式为:

```
arrayName[index];
```

index 为数组元素的下标,可以是整型常量或表达式,如 a[0]、b[i]、c[i+2]。数组元素的下标从 0 开始,长度为 n 的数组合法下标取值范围是 0～n－1。

【例 3-23】 静态初始化的示例:创建一维数组 array[]并静态初始化,然后通过 for 循环语句对该数组进行打印输出操作。

```
01 public class ArrayElement {
02   public static void main(String args[]) {
03     int array[]={12,14,16,18};
04     for(int i=0;i<array.length;i++) {
05       System.out.println("array["+i+"]="+array[i]);
06     }
07   }
08 }
```

【运行结果】

```
array[0]=12
array[1]=14
array[2]=16
array[3]=18
```

【例 3-24】 动态初始化的示例:创建一维数组 anArray[]并定义其长度为 10,通过运算符 new 为其分配内存空间,然后通过 for 循环语句对数组进行动态初始化,并打印输出结果。

```
01  public class ArrayDemo {
02    public static void main(String[] args) {
03      int anArray[];              //声明一个整型数组
04      anArray=new int[10];        //创建数组
05                                  //给数组中每个元素赋值并打印输出
06      for(int i=0;i<anArray.length;i++){
07        anArray[i]=i;
08        System.out.print(anArray[i]+" ");
09      }
10      System.out.println();
11    }
12  }
```

【运行结果】

```
0 1 2 3 4 5 6 7 8 9
```

3.4.2 多维数组

在Java中，多维数组被称为“数组的数组”，即一个n维数组是一个n－1维数组的数组。本节以二维数组为例来讲解多维数组的概念和用法。

1. 多维数组的定义

多维数组的声明格式和一维数组相类似，只是要用多对[]来表示数组的维数，一般n维数组要用n对[]。二维数组定义的例子如下：

```
int a[][];
int[][] a;
```

上述两条语句是等价的，声明了一个二维int型数组a。注意，与一维数组类似，在声明一个二维数组时，不管是其高维还是低维，均不能指定维数(即长度)。

2. 多维数组的实例化

多维数组的实例化可以采用多种方式，并可以构造规则数组和不规则数组。多维数组的实例化可以分为静态和动态两种。静态初始化二维数组的例子如下：

```
int a[][]={{1,2}, {3,4}, {5,6}};
int b[][]={{1,2}, {3,4,5,6}, {7,8,9}};
```

- 可以把二维数组a和b看做一个特殊的一维数组，其中有3(高维的长度)个元素——a[i]，$0 \leqslant i \leqslant 2$。
- 每个元素又是一个int型一维数组，而每个元素对应的一维数组的长度可以相同，也可以不同。
- 二维数组a中的3个一维数组的长度均为2，而二维数组b中的3个一维数组的长度就不相同，分别为2、4、3。

动态初始化二维数组，会直接为每一维分配内存，并创建规则数组，其例子如下：

```
int a[][];
a=new int[3][3];
```

- 第一条语句声明了一个 int 型二维数组 a，第二条语句创建了一个有 3 行 3 列元素的数组。
- 由于 Java 中二维数组是一维数组的数组，所以创建二维数组 a 实际上是分配了 3 个 int 型数组的引用空间，它们分别指向 3 个能容纳 3 个 int 型数值的存储空间，如图 3-8 所示。

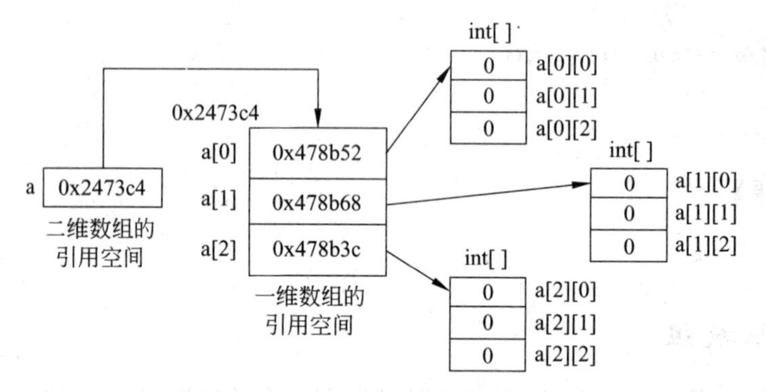

图 3-8　二维 int 型数组的内存结构示例

动态初始化二维数组，并且从最高维起分别为每一维分配空间，这种方式可以构建不规则数组。其例子如下：

```
int a[][]=new int[3][];
a[0]=new int[2];
a[1]=new int[4];
a[2]=new int[3];
```

上述语句声明并创建了一个二维不规则数组。

在多维数组的使用中，必须首先为数组的高维分配引用空间，然后再依次为低维分配空间；反之则不可以，即维数的指定必须依照从高到低的顺序。例如下面的例子：

```
int a[][]=new int[2][];    //合法，只有最低维可以不给值，其他的都要给
int a[][]=new int[][3];    //非法，必须先为高维分配空间
```

另外，和一维数组的情况类似，可以使用“数组名称＋各维下标”的形式引用多维数组中的元素。例如，引用二维 int 型数组 a 的元素可使用 a[i][j]，$0\leqslant i\leqslant a.length-1$，$0\leqslant j\leqslant a[i].length-1$。

【例 3-25】 创建一个二维 int 型数组，并将其元素以矩阵的形式打印输出。

```
01  public class ArrayofArrayDemo1 {
02    public static void main(String args[]) {
03      int[][] aMatrix=new int[3][];
04      //创建每个 int 型一维数组，并赋值
05      for(int i=0;i<aMatrix.length;i++){
```

```
06        aMatrix[i]=new int[4];
07        for(int j=0;j<aMatrix[i].length;j++){
08          aMatrix[i][j]=i+j;
09        }
10      }
11      //将数组以矩阵的形式打印输出
12      for(int i=0;i<aMatrix.length;i++){
13        for(int j=0;j<aMatrix[i].length;j++){
14          System.out.print(aMatrix[i][j]+" ");
15        }
16        System.out.println();
17      }
18    }
19  }
```

【运行结果】

```
0 1 2 3
1 2 3 4
2 3 4 5
```

【分析讨论】

该示例创建了高维维数为 3 的二维数组 aMatrix[][]并将其动态初始化，然后通过 for 循环语句指定该数组的低维维数为 4，变量 i 代表数组的行，变量 j 代表数组的列，通过双层循环对数组进行赋值操作，并进行打印输出。

3.4.3　数组的复制

数组变量之间的赋值是引用赋值，因而不能实现数组数据的赋值，如下面的例子：

```
int a[]=new int[4];
int b[];
b=a;
```

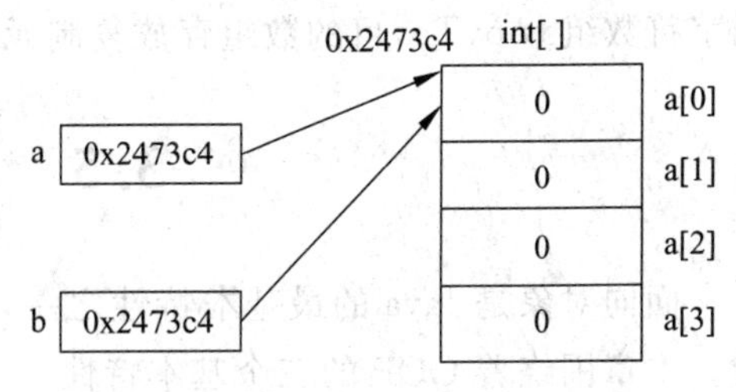

图 3-9　数组变量之间的赋值示例

如图 3-9 所示，为上述代码片段的运行结果示意图。

怎样才能便捷地实现数组元素的复制呢？JDK 的 System 类定义的静态方法 arraycopy()提供了实现数组复制的操作。该方法的定义如下：

```
public static void arraycopy (Object source, int srcIndex, Object dest,
                              int destIndex, int length)
```

其中，source 为源数组，srcIndex 为源数组开始复制的位置，dest 为目的数组，destIndex 为目的数组中开始存放复制数组的位置，length 为复制元素的个数。

【例 3-26】 将一个字符数组的部分数据复制到另一个数组中。

```
01 public class ArrayCopyDemo {
02     public static void main(String[] args) {
03         char[] copyFrom={'d', 'e', 'a', 'm', 'i', 'n', 'a', 't', 'e','d'};
04         char[] copyTo=new char[7];
05         System.arraycopy(copyFrom,2,copyTo,0,copyTo.length);
06         for(int i=0;i<copyTo.length;i++){
07             System.out.print(copyTo[i]);
08         }
09         System.out.println();
10     }
11 }
```

【运行结果】

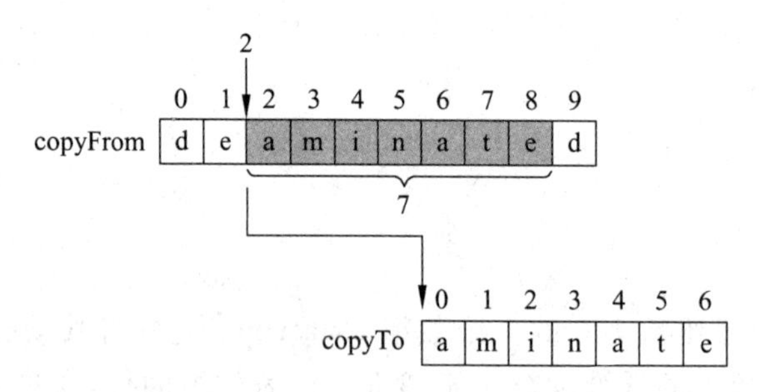

图 3-10　例 3-26 的运行结果示意图

【分析讨论】

本示例的关键语句为第 5 句，由于 arraycopy()为静态方法，可以通过其类名直接调用。从字符数组 copyFrom 的第 2 个元素开始(注意，数组下标从 0 开始)，复制 7 个元素到字符数组 copyTo，目的数组存放复制元素的起始位置为 0。

3.5　小　结

面向对象是 Java 的最基本特性之一，对这个特性的深刻理解是学好 Java 的一个关键。本章围绕着 OOP 的三个基本特性——封装、继承和多态，具体讲解了类的定义和结构、对象的创建和使用、数据的隐藏和封装、类的继承和多态，以及数组的创建和使用等方面的知识。其中，多态是本章的难点。多态可分为编译时多态和运行时多态。其中，前者由方法的重载实现，后者则由上溯造型、方法的重写、动态联编等高级技术实现。多态可以提高程序的可读性、扩展性与维护性。深入理解和掌握多态的概念，对于充分使用 Java 的面向对象特性是至关重要的。

SCJP 认证试题解析

1. 如果试图编译下列名为 Example.java 的源代码，则会产生一个编译错误。

```
01  class SubClass extends BaseClass {
02  }
03  class BaseClass {
04    String str;
05  public BaseClass() {
06        System.out.println("ok");}
07    public BaseClass(String s) {
08        str=s;}}
09  public class Example {
10    public void method() {
11        SubClass s=new SubClass("hello");
12        BaseClass b=new BaseClass("world");
13    }
14  }
```

那么，代码中的哪一行会产生错误？

A. 9　　B. 10　　C. 11　　D. 12

【答案】 C

【解析】 本题考查的是类的继承机制及构造方法。当一个类中未显式地定义构造方法时，缺省的构造方法是以类名为方法名、参数为空、方法体为空的方法。虽然父类中的某一个构造方法有字符串参数 s，但是子类继承父类时并不继承构造方法，所以它只能使用缺省构造方法。故在第 11 句出错。

2. 若在 Java 源文件中给出以下两个类的定义：

```
class Example {
    public Example() { //do something }
    protected Example (int i) { //do something }
    protected void method() { //do something }
}
class Hello extends Example {
    //member method and member variable
}
```

则下列哪些方法可以在类 Hello 中定义？

A. public void Example (){}　　B. public void method () {}

C. protected void method () {}　　D. private void method () {}

【答案】 A,B,C

【解析】 本题考查的是方法重写。注意，方法重写时子类方法的访问权限不能小于父类方法。另外，选项 A 并不是父类的构造方法，它是子类中的新方法。

3. 类的设计要求它的某个成员变量不能被外部类直接访问。应该使用下面的哪些修饰符获得需要的访问控制？

A. public　　B. default　　C. protected　　D. private

【答案】 D

【解析】 本题考查的是四种访问权限的区分。Java 有四种访问类型，分别为 public、protected、default 和 private。其中，public 变量可以被所有的外部类访问，pretected 的变量可以被同一个包及该类的子类访问，default 即没有任何修饰符的变量可以被同一个包中的类访问，private 变量只能在被该类内部被访问。题目中的外部类应该理解为除该类自身的所有其他类，因此只有使用 private 可以达到要求。

4. 怎样才能强制对象的垃圾收集？

A. 垃圾收集不能被强迫立即执行

B. 调用 System. gc()

C. 调用 System. gc()，并传递一个对象的引用给垃圾收集器

D. 调用 Runtime. gc()

E. 将所有对象的引用指向一个新的值，例如 null

【答案】 A

【解析】 本题考查的是对象的清除。在 Java 中垃圾收集是不能被强迫立即执行的。调用 System. gc()或 Runtime. gc()静态方法不能保证垃圾收集器的立即执行，因为也许存在着更高优先级的线程。所以选项 B、D 不正确。选项 C 的错误在于，System. gc()方法是不接受参数的。选项 E 中的方法可以使对象在下次垃圾收集器运行时被收集。

5. 已知代码：

```
class A {
    String name="A";
    String getName() {
        return name;
    }
    String greeting() {
        return "class A";
    }
}
class B extends A {
    String name="B";
    String greeting() {
        return "class B";
    }
}
public class Client {
    public static void main(String[] args) {
        A a=new A();
        A b=new B();
```

```
        System.out.println(a.greeting()+" has name "+a.getName());
        System.out.println(b.greeting()+" has name "+b.getName());
    }
}
```

在下列运行结果的空格中选择填写 A 或 B:

class ________ has name ________

class ________ has name ________

【答案】 class ___A___ has name ___A___

class ___B___ has name ___A___

【解析】 本题考查的是多态的使用。多态性是针对于方法的,数据成员并没有多态性的概念,解释器在调用 getName()方法时首先加载父类定义的数据成员,所以会显示父类数据成员的值。正常情况下,为了保证对象的封装性,数据一般为私有权限,就不会产生此种情况。还有一种变化就是在子类重写 getName()方法,将会使得结果显示为"class B has name B"。

6. 下面的代码:

```
public class Array {
     static String arr[]=new String[10];
    public static void main(String[] args) {
        System.out.println(arr[1]);
    }
}
```

哪项叙述是正确的?

A. 编译时发生错误　　　　B. 编译时正确但运行时错误

C. 输出为 0　　　　D. 输出为 null

【答案】 D

【解析】 本题考查的是数组的创建与初始化。Sting 型数组 arr 是类对象,它在类被加载时完成初始化。由于是引用数据类型 String,所以其初始值为 null。

课后习题

1. 请在下面程序的划线处填上适当的语句,使源文件能够编译成功,并生成类 com. sun. cert. AddressBook。

```
________;  //对类 AddressBook 进行打包操作
________ java.util.*;
public class AddressBook {
    private ArrayList list;
    private static final int size=10;
    public AddressBook() {
        list=new ArrayList(size);
```

```
            for(int i=0;i<size;i++)
                list.add(new Integer(i));
        }
        public void displayList() {
            for(int i=0;i<size;i++)
                System.out.println("Value at: "+i+"="+list.get(i));
        }
        public static void main(String[] args) {
            AddressBook adb=________;  //创建 AddressBook 的对象
            adb.displayList();
        }
    }
```

2. 请在下面程序的划线处填上适当的语句,使程序能够正常运行。

```
class Father {
    private int f1, f2;
      public Father(int x) {
       f1=x;
    }
    public Father(int x, int y) {
        ________; //和上面一个参数的构造方法做同样的操作,包括赋值 f1=x
         f2=y;
    }
     public void display() {
         System.out.println("f1="+f1+"f2="+f2);
    }
  }
  class Son ________{  //继承类 Father
     private int s1;
     public Son(int x, int y) {
        ________;  //调用父类的构造方法,传递参数 x
        s1=y;
    }
    public void display() {
       ________;  //调用父类的 display()方法
       System.out.println("s1="+s1);
    }
}
public class Test {
  public static void main (String args[]) {
    Father f=new Son( 5, 6);
    f.display();
  }
}
```

3. 编写程序，要求利用二维数组创建一个整型 4×4 矩阵，并将其输出显示。

4. 编写一个 Java 程序片段，定义表示雇员的类 Employee。雇员的属性包括雇员号、姓名、性别、部门、职位；方法包括设置雇员号、设置姓名、设置性别、设置部门、设置职位以及获取雇员号、获取姓名、获取性别、获取部门、获取职位。

5. 为习题 4 中的类 Employee 增加一个方法 public String toString()，该方法把 Employee 类的对象的所有属性信息组合成一个字符串以便输出显示，并编写一个 Java Application 程序，要求创建 Employee 类的对象，并验证新增加的功能。

6. 假定根据学生的 3 门学位课程的分数决定其是否可以拿到学位。对于本科生，如果 3 门课程的平均分数超过 60 分即表示通过；而对于研究生，则需要 3 门课程平均分数超过 80 分才能通过。根据上述要求，使用类的继承及相关机制完成以下设计：

- 设计一个基类 Student 描述学生的共同特征。
- 设计一个描述本科生的类 Undergraduate，该类继承并扩展 Student 类。
- 设计一个描述研究生的类 Graduate，该类继承并扩展 Student 类。
- 设计一个测试类 StudentDemo，分别创建本科生和研究生两个类的对象，并输出相关学位信息。

7. 简述构造方法的功能和特点。下面的程序片段是某学生为 Student 类编写的构造方法，请问有几处错误？请改正。

```
void Student (int no, String name) {
    studentNo=no;
    studentName=name;
    return no;
}
```

8. 什么是访问控制符？Java 程序设计语言有哪些访问控制符？其中哪些可以用来修饰类？哪些可以用来修饰变量和方法？

9. 一个复数类 Complex 由两部分组成：实部 realPart 和虚部 imaginaryPart，两个复数可进行加、减、乘、除四则运算。试设计一个带有四则运算的复数类，并编写主程序演示该类的用法。

第4章 Java面向对象高级特性

CHAPTER

本章将讲解Java面向对象的高级特性，包括Java基本数据类型的包装类(wrapper class)、通过static关键词定义的类变量、类方法和初始化程序块、final关键词、抽象类(abstract class)、接口(interface)、内部类(inner class)以及枚举类(enum)等。其中，抽象类与接口是Java面向对象的重要高级特性，也是本章的重点。本章是在上一章基础上的深入及扩展，是Java面向对象程序设计的重要基础。

4.1 基本数据类型包装类

Java程序中的数据有基本类型和对象类型两种，与此相对应有基本类型的变量和引用类型的变量。有时要将基本类型的数据构造成一个对象来使用，有时要将对象中保存的基本类型的数据提取出来，这种基本类型数据与对象类型数据的相互转换，就需要使用基本数据类型的包装类。

在Java程序中，每一种基本数据类型都有其包装类，基本数据类型及其对应的包装类如表4-1所示。

表4-1 基本数据类型及其包装类

基本数据类型	包装类	基本数据类型	包装类
byte	Byte	char	Character
short	Short	boolean	Boolean
int	Integer	float	Float
long	Long	double	Double

1. 构造方法

Java中的包装类包括Byte、Short、Integer、Long、Character、Boolean、Float和Double共8个类，分别对应于基本类型的byte、short、int、long、char、boolean、float和double。包装类的对象只包含一个基本类型的字段，

通过该字段包装基本类型值。

包装类的构造方法如表 4-2 所示。

表 4-2 包装类的构造方法

方 法 名	参数类型	方 法 名	参数类型
public Byte(byte value)	byte	public Character(char value)	char
public Byte(String s)	String	public Boolean(boolean value)	boolean
public Short(short value)	short	public Boolean(String s)	String
public Short(String s)	String	public Float(float value)	float
public Integer(int value)	int	public Float(double value)	double
public Integer(String s)	String	public Float(String s)	String
public Long(long value)	long	public Double(double value)	double
public Long(String s)	String	public Double(String s)	String

【例 4-1】 基本数据类型包装类的构造方法使用示例。

```
01 public class Wrapper {
02   public static void main(String[] args) {
03     byte b=12;
04     short s=456;
05     long l=4568L;
06     char c='a';
07     Byte bw=new Byte(b);
08     System.out.println("Byte 对象封装的值为: "+bw);
09     Short sw=new Short(s);
10     System.out.println("Short 对象封装的值为: "+sw);
11     Integer iw=new Integer("123");
12     System.out.println("Integer 对象封装的值为: "+iw);
13     System.out.println("Long 对象封装的值为: "+new Long(l));
14     Character cw=new Character(c);
15     System.out.println("Character 对象封装的值为: "+cw);
16     Float fw=new Float(5.6);
17     System.out.println("Float 对象封装的值为: "+fw);
18     Boolean bow=new Boolean(true);
19     System.out.println("Boolean 对象封装的值为: "+bow);
20     System.out.println("Double 对象封装的值为: "+new Double("8.9"));
21   }
22 }
```

【运行结果】

```
Byte 对象封装的值为: 12
```

```
Short 对象封装的值为: 456
Integer 对象封装的值为: 123
Long 对象封装的值为: 4568
Character 对象封装的值为: a
Float 对象封装的值为: 5.6
Boolean 对象封装的值为: true
Double 对象封装的值为: 8.9
```

2. 静态工厂方法

除了使用每种包装类的构造方法来创建包装类对象外，还可以使用静态工厂方法valueOf()来创建包装类对象。valueOf()方法是静态的，可以直接通过类来调用。

包装类的静态工厂方法如表 4-3 所示。

表 4-3　包装类的静态工厂方法

方法名	说明
valueOf(基本类型)	将基本类型数据封装成相应类型的包装类对象
valueOf(String s)	将字符串中基本类型数据封装成相应类型的包装类对象，Character 类无此方法
valueOf(String s, int i)	将字符串中整型数据封装成相应类型的包装类对象，字符串中的整型数据是用变量 i 所指定的进制数表示的

【例 4-2】 包装类的静态工厂方法使用示例。

```
01 public class WrapperValueOfTest {
02   public static void main(String[] args) {
03     Byte b=Byte.valueOf("12");
04     System.out.println("Byte 类型对象中封装的值为: "+b);
05     Double d=Double.valueOf(12.45);
06     System.out.println("Double 类型对象中封装的值为: "+d);
07     Integer i=Integer.valueOf("105",8);
08     System.out.println("Integer 类型对象中封装的值为: "+i);
09   }
10 }
```

【运行结果】

```
Byte 类型对象中封装的值为: 12
Double 类型对象中封装的值为: 12.45
Integer 类型对象中封装的值为: 69
```

3. 获取基本类型数据

将包装类对象中的基本类型值提取出来，可以通过使用其对应的 xxxValue()方法实现。下面是包装类中的方法。

- public boolean booleanValue()

- public char charValue()
- public byte byteValue()
- public short shortValue()
- public int intValue()
- public long longValue()
- public float floatValue()
- public double doubleValue()

【例 4-3】 获取包装类对象中基本类型数据的示例。

```
01 public class WrapperValueTest {
02   public static void main(String[] args) {
03     Double d=new Double(129.89);
04     System.out.println("byteValue: "+d.byteValue());
05     System.out.println("shortValue: "+d.shortValue());
06     System.out.println("intValue: "+d.intValue());
07     System.out.println("floatValue: "+d.floatValue());
08     System.out.println("doubleValue: "+d.doubleValue());
09     Boolean b=new Boolean("True");
10     System.out.println("booleanValue: "+b.booleanValue());
11     Character c=new Character('A');
12     System.out.println("charValue: "+c.charValue());
13   }
14 }
```

【运行结果】

```
byteValue:-127
shortValue: 129
intValue: 129
floatValue: 129.89
doubleValue: 129.89
booleanValue: true
charValue: A
```

4. 提取字符串中的基本类型数据

包装类中的静态方法 public static xxx parseXxx(String s)，可以将字符串中的基本类型数据提取出来。

【例 4-4】 提取字符串中基本类型数据的示例。

```
01 public class WrapperParseTest {
02   public static void main(String[] args) {
03     boolean b=Boolean.parseBoolean("TRUE");
04     double d=Double.parseDouble("7.8");
05     byte bb=Byte.parseByte("127");
06     int i=Integer.parseInt("15",8);
```

```
07      System.out.println(b);
08      System.out.println(d);
09      System.out.println(bb);
10      System.out.println(i);
11    }
12  }
```

【运行结果】

```
true
7.8
127
13
```

5. 静态 toString()方法

每种基本数据类型包装类中都有静态的 toString()方法，其定义为 public static String toString(xxx c)，其功能为返回一个表示指定 xxx 类型值的 String 对象。

【例 4-5】 基本数据类型包装类中静态 toString()方法的示例。

```
01 public class StaticToStringTest {
02   public static void main(String[] args) {
03     String s=Integer.toString(25);
04     int i=Integer.parseInt(s);
05     Integer iw=new Integer(i);
06     System.out.println(iw);
07   }
08 }
```

【运行结果】

```
25
```

4.2 处理对象

4.2.1 打印对象和 toString()方法

在使用 System.out.println(i)语句输出变量 i 时，如果 i 为基本类型，则直接输出 i 的值；如果 i 为引用类型，则 i 为空引用时输出 null；否则，将调用 i 所指向对象的 toString()方法。

Java 中所有的类都直接或间接地继承了 Object 类。Object 类中 toString()方法的定义如下：

```
public String toString()
```

该方法返回的字符串组成为类名＋标记符“@”＋此对象哈希码的无符号十六进制数。在用户自定义类中如果重写了 toString()方法，则在输出该类型变量时调用的是重写后的toString()方法，否则调用的是从Object继承的toString()方法。

在Java中，每种基本数据类型包装类中都有重写的public String toString()方法，该方法返回包装类对象中封装的基本类型数据的字符串形式。

【例4-6】 打印对象和toString()方法的示例。

```
01 class Square {
02   double length;
03   double width;
04   Square(double length,double width) {
05     this.length=length;
06     this.width=width;
07   }
08 }
09 class Triangle {
10   double a;
11   double b;
12   double c;
13   Triangle(double a,double b,double c) {
14     this.a=a;
15     this.b=b;
16     this.c=c;
17   }
18   public String toString() {
19     return "Triangle[a="+a+",b="+b+",c="+c+"]";
20   }
21 }
22 public class ToStringTest {
23   public static void main(String[] args) {
24     Square s=new Square(3.4,7.9);
25     System.out.println(s.toString());
26     System.out.println(s);
27     Triangle t=new Triangle(1.3,4.6,9.2);
28     System.out.println(t);
29   }
30 }
```

【运行结果】

```
Square@c17164
Square@c17164
Triangle[a=1.3,b=4.6,c=9.2]
```

【分析讨论】

① s为引用类型时，语句System.out.println(s.toString())与System.out.println(s)是等价的。

② 输出 Square 类的对象时执行从 Object 类继承的 toString()方法，输出 Triangle 类的对象时执行该类中重写之后的 toString()方法。

4.2.2 “= =”与 equals 运算符

“==”与 equals 都能进行比较运算。“==”可以比较两个基本类型数据，也可以比较两个引用类型变量。当对两个引用类型变量进行比较时，比较的不是两个对象是否相同，而是比较两个引用是否相同，即两个引用是否指向同一个对象。如果两个引用指向同一个对象，则比较结果为 true；否则，比较结果为 false。

equals 是 Object 类中的方法，其定义如下：

```
public boolean equals(Object obj)
```

Object 类中的 equals 方法只能比较引用类型变量。在对两个引用进行比较时，如果两个引用指向同一个对象，则比较结果为 true；否则，比较结果为 false。

【例 4-7】 “==”与 equals 方法的使用示例。

```
01  class MyDate {
02    int year;
03    int month;
04    int day;
05    MyDate(int year,int month,int day) {
06      this.year=year;
07      this.month=month;
08      this.day=day;
09    }
10  }
11  public class EqualsTest {
12    public static void main(String[] args) {
13      MyDate md1=new MyDate(2009,2,10);
14      MyDate md2=new MyDate(2009,2,10);
15      if(md1==md2) {
16        System.out.println("md1==md2");
17      }
18      else {
19        System.out.println("md1!=md2");
20      }
21      if(md1.equals(md2)) {
22        System.out.println("md1==md2");
23      }
24      else {
25        System.out.println("md1!=md2");
26      }
27    }
28  }
```

【运行结果】

```
md1!=md2
md1!=md2
```

【分析讨论】

① 在对引用类型变量进行比较时,"=="运算符比较的是两个引用是否相等。

② Object类中的equals()方法不是比较对象内容是否相同,而是比较对象的引用是否相等。

4.3 static修饰符

static修饰符可用来修饰类中的变量和方法,用static修饰的成员变量称为静态变量或类变量,用static修饰的成员方法称为静态方法或类方法。

4.3.1 类变量与实例变量

类的成员变量可以分为类变量和实例变量,实例变量属于对象,而类变量属于类。不同对象的实例变量有不同的存储空间,而该类所有对象共享同一个类变量空间。

当Java程序执行时字节码文件被加载到内存中,类变量会分配相应的存储空间,而实例变量只有在创建了该类对象后才会分配存储空间。一个对象对类变量的修改会影响到其他对象。类变量依赖于类,可以通过类来访问类变量。

【例4-8】 类中静态、非静态成员变量的使用示例。

```
01 class Student {
02   static int count;       //类变量
03   int sno;                //实例变量
04   Student(int sno) {
05     this.sno=sno;
06     count++;
07   }
08 }
09 public class StaticVarTest {
10   public static void main(String[] args) {
11     System.out.println("类变量为: "+Student.count);
12     Student s1=new Student(10010);
13     Student s2=new Student(10011);
14     Student s3=new Student(10012);
15     System.out.println("实例变量为: ");
16     System.out.println("s1.sno="+s1.sno);
17     System.out.println("s2.sno="+s2.sno);
18     System.out.println("s3.sno="+s3.sno);
19     System.out.println("类变量为: "+Student.count);
20     System.out.println("s1.count="+s1.count);
```

```
21      System.out.println("s2.count="+s2.count);
22      System.out.println("s3.count="+s3.count);
23    }
24  }
```

【运行结果】

```
类变量为：0
实例变量为：
s1.sno=10010
s2.sno=10011
s3.sno=10012
类变量为：3
s1.count=3
s2.count=3
s3.count=3
```

【分析讨论】

① static 成员变量可以通过类和对象来访问，推荐通过类来访问 static 成员变量。

② 方法中的局部变量不能用 static 修饰。

4.3.2　类方法与实例方法

在类中用关键词 static 修饰的方法称为类方法，而没有 static 修饰的方法称为实例方法，类方法依赖于类而不依赖于对象。类方法不能访问实例变量，只能访问类变量，而实例方法可以访问类变量和实例变量。

【例 4-9】　类中静态方法的使用示例。

```
01 public class StaticMethodTest {
02   int i=9;
03   public static void main(String[] args) {
04     System.out.println(i);
05   }
06 }
```

【编译结果】

```
C:\JavaExample\chapter04\4-9\StaticMethodTest.java:4: 无法从静态上下文中引用非
静态变量 i
                System.out.println(i);
                                   ^
1 错误。
```

4.3.3　静态初始化程序

static 关键词除了修饰类中成员变量和成员方法外，还可以修饰类中的代码块，这样的代码块称为静态代码块。静态代码块在类加载时执行并且只执行一次，它可以完成类变量的初始化。

在类中除了静态代码块之外，还可以有非静态代码块。非静态代码块在类中定义，并且代码块前无 static 修饰，它用于实例变量的初始化。对象中实例变量的初始化可以分为四步：

- 用 new 运算符给实例变量分配空间时的默认初始化。
- 类定义中的显式初始化。
- 非静态代码块的初始化。
- 执行构造方法进行初始化。

【例 4-10】 静态与非静态初始化代码块的使用示例。

```
01 public class StaticBlockTest {
02   int i=2;
03   static int is;
04   //静态初始化代码块
05   static {
06     System.out.println("in static block! ");
07     is=5;
08     System.out.println("static variable is="+is);
09   }
10   //非静态初始化代码块
11   {
12     System.out.println("in non-static block! ");
13     i=8;
14   }
15   StaticBlockTest() {
16     i=10;
17   }
18   public static void main(String[] args) {
19     System.out.println("in main()");
20     StaticBlockTest sbt1=new StaticBlockTest();
21     System.out.println(sbt1.i);
22   }
23 }
```

【运行结果】

```
in static block!
static variable is=5
in main()
in non-static block!
10
```

【分析讨论】

① 程序运行时首先加载 StaticBlockTest 类，然后为静态变量分配空间、默认初始化、

执行静态代码块，最后执行 main()方法。

② 静态代码块与非静态代码块是在类中定义的，而不是在方法中定义的。

③ 静态代码块与非静态代码块在类中定义的顺序可以是任意的。

4.4 final 修饰符

final 修饰符表示“最终”的含义，可以用来修饰类、成员变量、成员方法及方法中的局部变量。

1. final 修饰类

如果用 final 来修饰类，则这样的类为“最终”类。最终类不能被继承，它也就不能有子类。JDK 类库中的一些类被定义成 final 类，例如：String、Math、Boolean、Integer 等，这样可以防止用户通过继承这些类而对类中的方法进行重写，从而保证了这些系统类是不能被随便修改的。

2. final 修饰成员变量

类中的一般成员变量即使没有明确赋初值也会有默认值，但是用 final 修饰的成员变量则要求一定要明确地赋初始值，否则会出现编译错误。对于 final 类型的实例变量，其明确赋初始值的位置有三处：一是定义时的显式初始化；二是非静态代码块；三是构造方法。

【例 4-11】 final 类型实例变量初始化的示例。

```
01 public class FinalNonStaticTest {
02   final int i=5;
03   final double d;
04   final boolean b;
05   {
06     d=3.6;
07   }
08   FinalNonStaticTest() {
09     b=true;
10   }
11   public static void main(String[] args) {
12     FinalNonStaticTest fnst=new FinalNonStaticTest();
13     System.out.println(fnst.i);
14     System.out.println(fnst.d);
15     System.out.println(fnst.b);
16   }
17 }
```

【运行结果】

```
5
3.6
true
```

【分析讨论】

final类型实例变量i、d、b分别通过显式初始化、非静态代码块、构造方法完成初始化。

final修饰的类变量也必须明确赋初始值，由于类变量不依赖于对象，所以final修饰的类变量初始化位置有两处：一是定义时的显式初始化；二是静态代码块。

【例4-12】 final类型类变量初始化的示例。

```
01 public class FinalStaticTest {
02   static final int i=7;
03   static final double d;
04   static {
05     d=7.8;
06   }
07   public static void main(String[] args) {
08     System.out.println(FinalStaticTest.i);
09     System.out.println(FinalStaticTest.d);
10   }
11 }
```

【运行结果】

```
7
7.8
```

【分析讨论】

final类型类变量i、d分别通过显式初始化、静态代码块完成初始化。

用final修饰的成员变量其值不能改变。如果final修饰的变量为基本类型，则该变量不能被重新赋值；如果final修饰的变量为引用类型变量，则该变量不能再指向其他对象，但所指向对象的成员变量值可以改变。

【例4-13】 final类型成员变量不能被重新赋值的示例。

```
01 class MyDate {
02   int year;
03   int month;
04   int day;
05 }
06 public class FinalTest {
07   final int i;
08   final MyDate md;
09   FinalTest() {
10     i=4;
11     md=new MyDate();
12   }
13   public static void main(String[] args) {
14     FinalTest ft=new FinalTest();
15     System.out.println(ft.i);
```

```
16        System.out.println("md: "+ft.md.year+","+ft.md.month+","+ft.md.day);
17        //ft.i=8;  编译错误!
18        ft.md.year=2009;
19        ft.md.month=2;
20        ft.md.day=20;
21        System.out.println("md: "+ft.md.year+","+ft.md.month+","+ft.md.day);
22        //ft.md=new MyDate();  md指向新的对象,编译错误!
23     }
24  }
```

【运行结果】

```
4
md: 0,0,0
md: 2009,2,20
```

【分析讨论】

① 用final修饰的基本类型变量i,通过构造方法完成初始化后其值不能改变。

② 用final修饰的引用类型变量md,通过构造方法完成初始化后所指向对象不能改变,但对象中成员变量的值可以改变。

final修饰符还可以用来修饰方法,这样的方法不能在子类中重写。用final修饰的局部变量必须先赋值后使用,并且不能重新赋值。

4.5 抽 象 类

在日常生活中,常把具有相同性质的事物定义为一个类。以交通工具类为例,属于该类的对象可以是自行车、汽车、火车、飞机等。因为使用交通工具时面对的是具体的对象,这些对象具有交通工具所共有的性质;所以,就可以把对具体对象的抽象定义成父类,在父类中描述这类事物的相同性质,而把具体事物定义成它的子类。有了这样的继承关系后,在使用时只会产生子类的对象,而不会存在父类的对象,这样的父类就可以定义为抽象类。

4.5.1 抽象类的定义

在定义类时,前面再加上一个关键词abstract,这样的类就被定义成抽象类。抽象类定义的语法如下:

```
[<modifiers>] abstract class <class_name>{}
```

- modifiers:修饰符,访问限制修饰符可以为public,或者什么都不写,如果抽象类定义成public,则要求文件名与类的名字完全相同。
- abstract class:抽象类。
- class_name:类名,符合Java标识符定义规则即可。

抽象类不能实例化,即不能产生抽象类的对象。在抽象类中可以定义抽象方法,抽象方法也是用关键词abstract来标识。抽象方法的语法如下：

```
abstract <returnType>methodName([param_list]);
```

在抽象方法中只包含方法的声明部分，而不包含方法的实现部分。

【例4-14】 抽象类及抽象方法定义示例。

```
01 abstract class Student {
02   abstract void isPassed() {};
03 }
04 public class AbstractClassTest {
05   public static void main(String[] args) {
06     Student s;
07     s=new Student();
08   }
09 }
```

【编译结果】

```
C:\JavaExample\chapter04\4-14\AbstractClassTest.java:2: 抽象方法不能有主体
        abstract void isPassed() {};
                                  ^
C:\JavaExample\chapter04\4-14\AbstractClassTest.java:7: Student 是抽象的；无法对
其进行实例化
        s=new Student();
          ^
2 错误。
```

抽象类中可以有抽象方法，也可以有非抽象方法。如果一个类中所有的方法都是非抽象方法，则这样的类也可以定义成抽象类。一个类中如果有一个方法是抽象方法，则该类必须声明为抽象类，否则会出现编译错误。当一个类继承抽象类时，一定要实现抽象类中的所有抽象方法，否则该类为抽象类。

【例4-15】 抽象类的继承示例。

```
01 //抽象类 AbstractClass1 中有两个抽象方法
02 abstract class AbstractClass1 {
03   abstract void amethod1();
04   abstract void amethod2();
05 }
06 //继承了抽象类 AbstractClass1,但没实现其抽象方法,因此要定义成抽象类
07 abstract class AbstractClass2 extends AbstractClass1 {
08 }
09 //实现了抽象类 AbstractClass1 的两个抽象方法
10 class Class3 extends AbstractClass1 {
11   void amethod1() {
12     System.out.println("重写之后的 amethod1 方法。");
```

```
13     }
14     void amethod2() {
15       System.out.println("重写之后的 amethod2 方法。");
16     }
17   }
18   public class AbstractClassExtendsTest {
19     public static void main(String[] args) {
20       AbstractClass1 c3=new Class3();
21       c3.amethod1();
22       c3.amethod2();
23     }
24   }
```

【运行结果】

```
重写之后的 amethod1 方法。
重写之后的 amethod2 方法。
```

【分析讨论】

① 类 AbstractClass2 继承了抽象类 AbstractClass1，但没实现其抽象方法，所以类 AbstractClass2 要定义成抽象类。

② 抽象类中抽象方法的访问限制修饰符不能定义为 private。

③ 抽象类中也可以定义构造方法，但不能用 new 运算符产生抽象类的实例。

④ 关键词 abstract 与 final 不能同时用来修饰类与方法。

4.5.2 抽象类的作用

在抽象类中定义的抽象方法只包含方法的声明，而不包含方法的实现。如果把抽象类作为父类，则所有子类都具有的功能就应该在抽象类中进行定义，而子类如何实现这个功能，则由子类如何实现父类中的抽象方法来决定。因为抽象类(父类)的引用可以指向具体的子类对象，所以会执行不同的子类重写后的方法，从而形成了多态。

【例 4-16】 通过抽象类实现多态的示例。

```
01   abstract class Shape {
02     abstract double getArea();
03     abstract String getShapeInfo();
04   }
05   class Triangle extends Shape {
06     double a;
07     double b;
08     double c;
09     Triangle(double a,double b,double c) {
10       this.a=a;
11       this.b=b;
12       this.c=c;
```

```
13    }
14    double getArea() {
15      double p=(a+b+c)/2;
16      return Math.sqrt(p*(p-a)*(p-b)*(p-c));
17    }
18    String getShapeInfo() {
19      return "Triangle: ";
20    }
21  }
22  class Rectangle extends Shape {
23    double a;
24    double b;
25    Rectangle(double a,double b) {
26      this.a=a;
27      this.b=b;
28    }
29    double getArea() {
30      return a*b;
31    }
32    String getShapeInfo() {
33      return "Rectangle: ";
34    }
35  }
36  public class AbstractOverridingTest {
37    public void printArea(Shape s) {
38      System.out.println(s.getShapeInfo()+s.getArea());
39    }
40    public static void main(String[] args) {
41      AbstractOverridingTest aot=new AbstractOverridingTest();
42      Shape s=new Triangle(3,4,5);
43      aot.printArea(s);
44      s=new Rectangle(5,6);
45      aot.printArea(s);
46    }
47  }
```

【运行结果】

```
Triangle: 6.0
Rectangle: 30.0
```

【分析讨论】

① 类Triangle和Rectangle分别继承了抽象类Shape并实现了其抽象方法。在main()方法中,Shape类型引用可以分别指向其子类对象Triangle和Rectangle。

② 在类AbstractOverridingTest中,printArea(Shape s)方法的参数可以指向

Triangle 和 Rectangle 对象，则调用的方法 getShapeInfo()和 getArea()应为 Triangle 或 Rectangle 类中重写之后的方法。

在上面的程序中，如果增加一个 Square(正方形)类，只需要将 Square 类继承抽象类 Shape 并实现两个抽象方法，而 AbstractOverridingTest 类中的 public void printArea (Shape s)方法并不需要改变，从而增强了程序的可维护性。

【例 4-17】 通过抽象类实现程序扩展的示例。

```
01 abstract class Shape {
02   abstract double getArea();
03   abstract String getShapeInfo();
04 }
05 class Triangle extends Shape {
06   double a;
07   double b;
08   double c;
09   Triangle(double a,double b,double c) {
10     this.a=a;
11     this.b=b;
12     this.c=c;
13   }
14   double getArea() {
15     double p= (a+b+c)/2;
16     return Math.sqrt(p * (p-a) * (p-b) * (p-c));
17   }
18   String getShapeInfo() {
19     return "Triangle: ";
20   }
21 }
22 class Rectangle extends Shape {
23   double a;
24   double b;
25   Rectangle(double a,double b) {
26     this.a=a;
27     this.b=b;
28   }
29   double getArea() {
30     return a * b;
31   }
32   String getShapeInfo() {
33     return "Rectangle: ";
34   }
35 }
36 class Square extends Shape {
37   double a;
```

```
38      Square(double a) {
39        this.a=a;
40      }
41      double getArea() {
42        return a*a;
43      }
44      String getShapeInfo() {
45        return "Square: ";
46      }
47    }
48    public class AbstractOverridingTest {
49      public void printArea(Shape s) {
50        System.out.println(s.getShapeInfo()+s.getArea());
51      }
52      public static void main(String[] args) {
53        AbstractOverridingTest aot=new AbstractOverridingTest();
54        Shape s=new Triangle(3,4,5);
55        aot.printArea(s);
56        s=new Rectangle(5,6);
57        aot.printArea(s);
58        s=new Square(8);
59        aot.printArea(s);
60      }
61    }
```

【运行结果】

```
Triangle: 6.0
Rectangle: 30.0
Square: 64.0
```

【分析讨论】

程序中定义了新的子类 Square 并实现抽象父类中的两个抽象方法，类 AbstractOverridingTest 中 printArea(Shape s)方法的参数可以指向其子类的对象 Square，并且调用子类重写之后的方法。

4.6 接 口

在 Java 中，类的继承是单继承，一个类只能有一个直接父类。为了实现多重继承，就必须通过接口来实现。接口实现了多重继承，又很好地解决了C++ 多重继承在语义上的复杂性。在 Java 中，一个类可以同时实现多个接口来实现多重继承。

4.6.1 接口的定义

接口与类属于同一个层次，接口中也有变量和方法，但接口中的变量和方法有特定的要求。接口的定义如下：

```
<modifier> [abstract] interface <interface_name> [extends super_interfaces] {
    [<attribute_declarations>]
    [<abstract method_declarations>]
}
```

- modifier：修饰符，修饰符可以为 public 或者是默认的。如果接口定义成 public，则要求文件名与 public 接口名必须相同。
- abstract：是可选项，可写可不写。
- interface_name：接口名，符合 Java 标识符定义规则即可。
- extends super_interfaces：接口与接口之间可以继承，并且一个接口可以同时继承多个接口，多个接口之间用逗号来分隔。

【例 4-18】 接口定义的示例。

```
01 interface Flyer {}
02 interface Sailer {}
03 public interface InterfaceExtendTest extends Flyer, Sailer {}
```

【分析讨论】

类之间只能单继承，但一个接口可以同时继承多个接口。

同类的定义一样，在接口中也可以定义成员变量和成员方法。接口中定义的成员变量默认都具有 public、static、final 属性，并且这些常量在定义时必须要赋值，赋值后其值不能改变。接口中所定义的成员方法默认都具有 public、abstract 属性。

【例 4-19】 接口内成员定义及访问的示例。

```
01 interface Inter1 {
02   int i=8;
03   double d=2.3;
04   void m1();
05 }
06 public class InterfaceDefiTest {
07   public static void main(String[] args) {
08     System.out.println(Inter1.i);
09     System.out.println(Inter1.d);
10     Inter1.d=Inter1.i+3;
11   }
12 }
```

【编译结果】

```
C:\JavaExample\chapter04\4-19\InterfaceDefiTest.java:10: 无法为最终变量 d 指定值
                 Inter1.d=Inter1.i+3;
                         ^
1 错误。
```

【分析讨论】

① 接口中定义的变量为常量，所以不能为常量重新赋值。

② 接口本身是抽象的，所以接口不能用final来修饰。

③ 接口中的所有方法都是抽象的，抽象方法不能用static来修饰。

4.6.2 接口的实现

接口与接口之间可以有继承关系，而类与接口之间是implements关系，即类实现了接口。接口实现的定义如下：

```
<modifier>class <name>[extends <superclass>] [implements <interface1>[,
<interface2>] * ] {
    <declarations> *
}
```

- 接口列表中可以有多个接口，多个接口之间用逗号分隔。
- 一个类实现接口时，要将接口中的所有抽象方法都实现；否则这个类必须定义为抽象类。
- 由于接口中抽象方法的访问限制属性默认为public，在类中实现抽象方法时其访问限制属性不能缩小，所以在类中实现后的非抽象方法其访问限制属性只能是public。

【例4-20】 接口实现的示例。

```
01  interface Interface1 {
02    void amethod1();
03    void amethod2();
04  }
05  abstract class C1 implements Interface1 {
06    public void amethod1() {
07    }
08  }
09  class C2 implements Interface1 {
10    public void amethod1() {
11      System.out.println("实现抽象方法 1");
12    }
13    public void amethod2() {
14      System.out.println("实现抽象方法 2");
15    }
16  }
17  public class InterfaceImpleTest {
18    public static void main(String[] args) {
19      Interface1 cim=new C2();
20      cim.amethod1();
21      cim.amethod2();
```

```
22     }
23  }
```

【运行结果】

```
实现抽象方法 1
实现抽象方法 2
```

【分析讨论】

① 类 C1 只实现接口 Interface1 中一个抽象方法，所以类 C1 要定义成抽象类。

② 接口中方法的默认访问控制属性为 public，所以这些抽象方法重写后其访问控制属性只能为 public。

4.6.3　多重继承

在C++ 中，一个类可以同时继承多个父类。为了避免语义上的复杂性，Java 中类是单继承，而多重继承可以通过实现多个接口来完成。由于接口中的所有方法都是抽象方法，当类实现多个接口时，多个接口中的同名抽象方法在类中只有一个实现，从而避免了多重继承后语义上的复杂性。当类实现多个接口时，该类的对象可以被多个接口类型的变量来引用。

【例 4-21】 通过接口实现多重继承的示例。

```
01 interface I1 {
02   void aa();
03 }
04 interface I2 {
05   void aa();
06   void bb();
07 }
08 abstract class A {
09   abstract void cc();
10 }
11 class C extends A implements I1, I2 {
12   public void aa() {
13     System.out.println("aa");
14   }
15   public void bb() {
16     System.out.println("bb");
17   }
18   void cc() {
19     System.out.println("cc");
20   }
21 }
22 public class MultiInterfactTest {
23   public static void main(String[] args) {
```

```
24        I1 ic1=new C();
25        ic1.aa();
26        I2 ic2=new C();
27        ic2.aa();
28        ic2.bb();
29        A a=new C();
30        a.cc();
31    }
32  }
```

【运行结果】

```
aa
aa
bb
cc
```

【分析讨论】

① 当类同时继承父类并实现接口时，关键字 extends 在 implements 之前。

② 当类实现多个接口时，多个接口类型变量都可以引用该类对象。

4.6.4 接口与抽象类

在接口与抽象类中都可以有抽象方法，但二者在语法上不同，不同点如下：

- 抽象类使用 abstract class 来定义，而接口用 interface 来定义。
- 抽象类中可以有抽象方法，也可以没有抽象方法，但接口中的方法只能是抽象方法。
- 抽象类中的抽象方法前必须用 abstract 来修饰，而且访问限制修饰符可以是 public、protected 和默认的这三种中的任意一种；而接口中的方法其默认属性为 abstract 和 public。
- 抽象类中的成员变量定义与非抽象类中的成员变量定义相同，而接口中的成员变量其默认属性为 public、static、final。
- 类只能继承一个抽象类，但可以同时实现多个接口。

接口与抽象类在本质上是不同的。当类继承抽象类时，子类与抽象类之间有继承关系；而类实现接口时，类与接口之间没有继承关系，接口更注重的是具有什么样的功能或可以充当什么样的角色。通过接口也可以实现多态。

【例 4-22】 通过接口实现多态的示例。

```
01  interface Flyer {
02    void fly();
03  }
04  class Bird implements Flyer {
05    public void fly() {
06      System.out.println("鸟在空中飞翔！");
```

```
07     }
08   }
09   class Airplane implements Flyer {
10     public void fly() {
11       System.out.println("飞机在空中飞行！");
12     }
13   }
14   public class InterfacePolymorTest {
15     public static void main(String[] args) {
16       Flyer fy=new Bird();
17       fy.fly();
18       fy=new Airplane();
19       fy.fly();
20     }
21   }
```

【运行结果】

```
鸟在空中飞翔！
飞机在空中飞行！
```

通过接口类型的变量来引用具体对象时，只能访问接口中定义的方法，而访问具体对象中定义的方法时，则需要将接口类型引用强制转换成具体对象类型的引用。在转换之前可以使用 instanceof 进行测试，instanceof 的语法如下：

```
<引用>  instanceof  <类或接口类型>
```

上述表达式的运算结果为 boolean 值。当引用所指向的对象是类或接口类型及子类型时，返回值为 true；否则，返回值为 false。

【例 4-23】 instanceof 运算符示例。

```
01   interface Flyer {
02     void fly();
03   }
04   class Bird implements Flyer {
05     public void fly() {
06       System.out.println("鸟在空中飞翔！");
07     }
08     public void sing() {
09       System.out.println("鸟在歌唱！");
10     }
11   }
12   class Airplane implements Flyer {
13     public void fly() {
14       System.out.println("飞机在空中飞行！");
15     }
16     public void land() {
```

```
17        System.out.println("飞机在着落!");
18      }
19  }
20  public class InstanceofTest {
21    public static void main(String[] args) {
22      Flyer fy=new Bird();
23      testType(fy);
24      fy=new Airplane();
25      testType(fy);
26    }
27    public static void testType(Flyer fy) {
28      if(fy instanceof Flyer) {
29        System.out.println("引用所指向的对象可以看作是 Flyer 类型");
30        fy.fly();
31      }
32      if(fy instanceof Bird) {
33        System.out.println("引用所指向的对象是 Bird 类型");
34        ((Bird)fy).sing();
35      }
36      if(fy instanceof Airplane) {
37        System.out.println("引用所指向的对象是 Airplane 类型");
38        ((Airplane)fy).land();
39      }
40    }
41  }
```

【运行结果】

```
引用所指向的对象可以看作是 Flyer 类型
鸟在空中飞翔!
引用所指向的对象是 Bird 类型
鸟在歌唱!
引用所指向的对象可以看作是 Flyer 类型
飞机在空中飞行!
引用所指向的对象是 Airplane 类型
飞机在着落!
```

【分析讨论】

使用运算符 instanceof 可以测试引用所指向对象的实际类型。

4.7 内 部 类

一个类被嵌套定义于另一个类中,称为内部类,也称为嵌套类,包含内部类的类为外部类。与外部类一样,内部类也可以有成员变量和成员方法,通过创建内部类对象也可以访问其成员变量和调用其成员方法。

4.7.1　内部类的定义

【例 4-24】　内部类定义的示例。

```
01  //定义外部类
02  class Outter {
03    int oi;
04    //定义内部类
05    private class Inner {
06      int ii;
07      Inner(int i) {
08        ii=i;
09      }
10      void outIi() {
11        System.out.println("内部类对象的成员变量的值为: "+ii);
12      }
13    }
14  }
```

【分析讨论】

在类 Outter 中定义了类 Inner,类 Outter 为外部类而类 Inner 为内部类。在内部类 Inner 中定义了成员变量、成员方法及构造方法。

4.7.2　内部类的使用

【例 4-25】　内部类使用示例。

```
01  //定义外部类
02  class Outter {
03    int oi;
04    //定义内部类
05    private class Inner {
06      int ii;
07      Inner(int i) {
08        ii=i;
09      }
10      void outIi() {
11        System.out.println("内部类对象成员变量的值为: "+ii);
12      }
13    }
14    //在外部类方法中创建内部类对象,并调用内部类对象的成员方法
15    void outOi() {
16      Inner in=new Inner(5);
17      in.outIi();
```

```
18    }
19  }
20  public class InnerClassDeTest {
21    public static void main(String[] args) {
22      Outter ot=new Outter();
23      ot.outOi();
24    }
25  }
```

【运行结果】

```
内部类对象成员变量的值为：5
```

【分析讨论】

在外部类 Outter 中定义了内部类 Inner，程序运行时先创建外部类对象，当外部类对象的实例方法 outOit()运行时会创建内部类对象并调用其成员方法。

4.7.3 内部类的特性

内部类被嵌套定义在另一个类中，这样内部类定义的位置可以有两处：作为外部类的一个成员来定义，或者将内部类定义于外部类的方法中。

1. 非静态内部类

外部类的成员可以是变量和方法，也可以是一个类，作为外部类成员的内部类与其他成员一样，其访问控制修饰符可以为 public、protected、default 或 private。非静态内部类与外部类中的其他非静态成员一样是依赖于外部类对象的，要先创建外部类对象之后才能创建内部类对象。内部类对象既可以在外部类的成员方法中创建（如上例），也可以在外部类之外创建。在外部类之外创建内部类对象的语法如下：

```
<外部类类名>.<内部类类名>引用变量=<外部类对象引用>.new<内部类构造方法>;
<外部类类名>.<内部类类名>引用变量=new <外部类构造方法>.new<内部类构造方法>;
```

【例 4-26】 在外部类之外创建非静态内部类对象的示例。

```
01  class Outter {
02    int oi;
03    class Inner {
04      int ii;
05      Inner(int i) {
06        ii=i;
07      }
08      void outIi() {
09        System.out.println("内部类对象成员变量的值为："+ii);
10      }
11    }
12  }
13  //在外部类之外创建非静态内部类对象
```

```
14 public class InnerClassObjTest {
15   public static void main(String[] args) {
16     //先创建外部类对象
17     Outter ot=new Outter();
18     //通过外部类对象再创建内部类对象
19     Outter.Inner oti1=ot.new Inner(8);
20     //调用内部类对象的方法
21     oti1.outIi();
22     //第二种方法创建非静态内部类对象
23     Outter.Inner oti2=new Outter().new Inner(10);
24     oti2.outIi();
25   }
26 }
```

【运行结果】

```
内部类对象成员变量的值为: 8
内部类对象成员变量的值为: 10
```

【分析讨论】

① 非静态内部类对象是依赖于外部类对象的，先创建外部类对象后才能创建非静态内部类对象。

② 上述代码编译后，外部类字节码文件为 Outter. class，内部类字节码文件为 Outter $ Inner. class。

非静态内部类作为外部类的一个成员，它可以访问外部类中的所有成员，即使外部类的成员定义成 private 也可以访问。反之，在外部类中也可以访问内部类的所有成员，但访问之前要先创建内部类对象。

【例 4-27】 非静态内部类与外部类成员访问的示例。

```
01 class Outter {
02   private int oi=4;
03   private class Inner {
04     private int ii;
05     //static double di;  不能声明静态成员，否则编译错误
06     Inner(int i) {
07       ii=i;
08     }
09     //访问外部类中的私有成员变量
10     private void outIo() {
11       System.out.println("外部类中私有成员变量的值为: "+oi);
12     }
13     private void outIi() {
14       System.out.println("内部类中私有成员变量的值为: "+ii);
15     }
16   }
```

```
17    //在外部类方法中创建非静态内部类对象并访问其私有方法
18    void outO() {
19      Inner in=new Inner(7);
20      in.outIo();
21      in.outIi();
22    }
23  }
24  public class OutterInnerClassTest {
25    public static void main(String[] args) {
26      Outter ou=new Outter();
27      ou.outO();
28    }
29  }
```

【运行结果】

```
外部类中私有成员变量的值为: 4
内部类中私有成员变量的值为: 7
```

【分析讨论】

① 非静态内部类可以访问外部类中 private 成员，外部类通过非静态内部类对象可以访问非静态内部类的 private 成员。

② 非静态内部类中不能定义静态属性、静态方法、静态初始化块。

在定义内部类时，内部类类名不能与外部类的类名相同，但内部类中成员的名字可以与外部类中成员的名字相同。当内部类成员方法中的局部变量、内部类成员变量、外部类成员变量的名字相同时，有效的变量是局部变量。内部类成员变量的访问方式是 this.内部类成员变量名，外部类成员变量的访问方式是外部类类名.this.外部类成员变量名。

【例 4-28】 非静态内部类与外部类同名变量的访问示例。

```
01  class Outter {
02    int i;
03    class Inner {
04      int i;
05      Inner(int i) {
06        this.i=i;
07      }
08      void outI() {
09        int i=8;
10        System.out.println("内部类中方法的局部变量的值为: i="+i);
11        System.out.println("内部类中成员变量的值为: this.i="+this.i);
12        System.out.println("外部类中成员变量的值为: Outter.this.i="+
                    Outter.this.i);
13      }
```

```
14     }
15     Outter(int i) {
16       this.i=i;
17     }
18   }
19   public class OutterInnerVarNameTest {
20     public static void main(String[] args) {
21       Outter ou=new Outter(2);
22       Outter.Inner in=ou.new Inner(4);
23       in.outI();
24     }
25   }
```

【运行结果】

```
内部类中方法的局部变量的值为：i=8
内部类中成员变量的值为：this.i=4
外部类中成员变量的值为：Outter.this.i=2
```

【分析讨论】

第 12 行代码中，Outter.this 保存了非静态内部类对象所依赖的外部类对象的引用。

2. 静态内部类

作为外部类成员的内部类定义时加上关键词 static 就成为静态内部类。静态内部类作为外部类的一个静态成员，它是依赖于外部类而不是外部类的某个对象，所以在创建静态内部类对象时不用先创建外部类对象。同时，在静态内部类里不能访问外部类的非静态成员。

【例 4-29】 静态内部类定义及使用示例。

```
01   class Outter {
02     static int i=3;
03     double d=5.6;
04     static class Inner {          //静态内部类
05       double id=8.9;
06       static double sid=7.2;
07       void out() {
08         System.out.println("外部类中的静态成员变量的值为："+i);
09         //在静态内部类中不能访问外部类中的非静态成员
10         //System.out.println("外部类中的非静态成员变量的值为："+d);
11       }
12     }
13   }
14   public class StaticInnerClassTest {
15     public static void main(String[] args) {
16       //不产生外部类对象，直接创建静态内部类对象
17       Outter.Inner oi=new Outter.Inner();
```

```
18      oi.out();
19      System.out.println("内部类中的静态成员变量的值为: "+Outter.Inner.sid);
20    }
21  }
```

【运行结果】

```
外部类中的静态成员变量的值为: 3
内部类中的静态成员变量的值为: 7.2
```

【分析讨论】

① 静态内部类依赖于外部类,所以静态内部类对象可以直接创建而不依赖于外类类对象,并且它只能访问外部类中静态成员。

② 在静态内部类中可以定义静态成员。

③ 上面代码编译后外部类字节码文件为 Outter. class,内部类字节码文件为 Outter $ Inner. class。

4.8 枚 举 类

从 JDK 1.5 开始,Java 引进了关键词 enum 用来定义一个枚举类型。在 JDK 1.5 之前,对枚举类型的描述是采用整型的静态常量方式,但这种方式中的枚举值从本质上说是整型,所以在给枚举型变量赋值时可以是任何整数而并不局限于指定的枚举值,并且枚举型变量赋值的合法性检查不能在编译时进行。JDK 1.5 提供的枚举类型很好地解决了上述问题。

4.8.1 枚举类的定义

枚举类定义的语法如下:

```
<访问限制修饰符>enum <枚举类型名称>{枚举选项列表}
```

【例 4-30】 枚举类定义示例。

```
01  public enum TrafficSignalsEnum {
02    RED,
03    YELLOW,
04    GREEN;
05  }
```

【分析讨论】

枚举类型本质上就是类,上述枚举类型编译后将生成 TrafficSignalsEnum. class 字节码文件。

定义了枚举类型以后,枚举类型变量的取值只能是枚举类型中定义的值,这样取值的合法性问题就可以在编译阶段进行检查了。

【例 4-31】　枚举类型变量赋值的示例。

```
01  enum TrafficSignalsEnum {
02    RED,
03    YELLOW,
04    GREEN
05  }
06  public class TrafficSignalsEnumTest {
07    public static void main(String[] args) {
08      TrafficSignalsEnum ts1=TrafficSignalsEnum.RED;
09      //枚举类型变量取值为非枚举类型定义的值时会出现编译错误
10      //TrafficSignalsEnum ts2=TrafficSignalsEnum.BLUE;
11      switch(ts1) {
12        case RED:
13          System.out.println("现在是红灯");break;
14        case YELLOW:
15          System.out.println("现在是黄灯");break;
16        case GREEN:
17          System.out.println("现在是绿灯");break;
18        //出现编译错误
19        //case BLUE:
20        //System.out.println("现在是蓝灯");break;
21      }
22    }
23  }
```

【运行结果】

```
现在是红灯!
```

【分析讨论】

① 枚举类型变量的取值只能为相应枚举类中定义的值。

② 在 switch 语句中，case 后面的枚举值不能写成枚举类型.枚举值，而要直接写出其枚举值。

③ 枚举类型很好地解决了用静态整型常量表示枚举值的弊端，并且能够对枚举值的合法性在编译时进行检查。

当使用关键词 enum 定义枚举类型时，定义的枚举类型继承自 java.lang.Enum 类，而不是 java.lang.Object 类，通过枚举类型对象可以调用其继承的方法。

【例 4-32】　枚举类型常用方法示例。

```
01  enum TrafficSignalsEnum {
02    RED,
03    YELLOW,
04    GREEN
05  }
```

```
06  public class EnumMethodsTest {
07    public static void main(String[] args) {
08      TrafficSignalsEnum tse=TrafficSignalsEnum.YELLOW;
09      System.out.println(tse.toString());
10      TrafficSignalsEnum[] ts=TrafficSignalsEnum.values();
11      for(int i=0;i<ts.length;i++)
12        System.out.print(ts[i]+"    ");
13    }
14  }
```

【运行结果】

```
YELLOW
RED    YELLOW    GREEN
```

【分析讨论】

① Enum类中方法public String toString()可以返回枚举常量的名称。

② 枚举类中静态方法values()的功能是返回包含全部枚举值的一维数组。

可以在枚举类型中定义成员变量、成员方法以及构造方法，而在每个枚举类中的枚举值就是枚举类型的一个实例。

【例4-33】 枚举类型中枚举值定义示例。

```
01  enum TrafficSignalsEnum {
02    //枚举类 TrafficSignalsEnum 的三个实例对象;
03    RED("现在是红灯!"),
04    YELLOW("现在是黄灯!"),
05    GREEN("现在是绿灯");
06    //枚举类中定义的成员变量;
07    private String signals;
08    //枚举类中定义的构造方法,其默认访问控制权限为 private
09    TrafficSignalsEnum(String signals) {
10      this.signals=signals;
11    }
12    //枚举类中定义的成员方法
13    String getSignals() {
14      return signals;
15    }
16  }
17  public class EnumTest {
18    public static void main(String[] args) {
19      String s=TrafficSignalsEnum.RED.getSignals();
20      System.out.println(s);
21      //不能通过实例化普通对象的方法来实例化枚举实例
22      //TrafficSignalsEnum tse=new TrafficSignalsEnum("现在是蓝灯!");
23    }
24  }
```

【运行结果】

现在是红灯！

【分析讨论】

① 枚举类中构造方法的访问控制属性为 private，所以枚举值只能在定义枚举类时进行声明。

② 枚举类中的枚举值(即枚举类型的实例)具有 public、static、final 属性。

4.8.2 实现接口的枚举类

在定义类时可以实现接口，同样在定义枚举类时也可以实现接口。

【例 4-34】 实现接口的枚举类定义示例。

```
01  interface SignalsTimer {
02    public void nextSignals();
03  }
04  enum TrafficSignalsEnum implements SignalsTimer {
05    RED("现在是红灯！"),
06    YELLOW("现在是黄灯！"),
07    GREEN("现在是绿灯");
08    private String signals;
09    TrafficSignalsEnum(String signals) {
10       this.signals=signals;
11    }
12    public String getSignals() {
13      return signals;
14    }
15    public void nextSignals() {
16       System.out.println("2 分钟后，信号灯将发生变化！");
17    }
18  }
19  public class EnumInterfaceTest {
20    public static void main(String[] args) {
21      String s=TrafficSignalsEnum.RED.getSignals();
22      System.out.println(s);
23      TrafficSignalsEnum.RED.nextSignals();
24      System.out.println(TrafficSignalsEnum.YELLOW.getSignals());
25      TrafficSignalsEnum.YELLOW.nextSignals();
26    }
27  }
```

【运行结果】

现在是红灯！
2 分钟后，信号灯将发生变化！

```
现在是黄灯！
2分钟后，信号灯将发生变化！
```

【分析讨论】

上面的枚举类在实现接口时，每个枚举值对象拥有相同的接口实现方法。

4.8.3 包含抽象方法的枚举类

在定义枚举类时，枚举类中可以包含抽象方法，而这些抽象方法要在枚举实例中进行实现。

【例4-35】 包含抽象方法的枚举类定义示例。

```
01 enum TrafficSignalsEnum {
02   RED("现在是红灯！") {
03     public void nextSignals() {
04       System.out.println("2分钟后，信号灯将发生变化！");
05     }
06   },
07   YELLOW("现在是黄灯！") {
08     public void nextSignals() {
09       System.out.println("1分钟后，信号灯将发生变化！");
10     }
11   },
12   GREEN("现在是绿灯") {
13     public void nextSignals() {
14       System.out.println("3分钟后，信号灯将发生变化！");
15     }
16   };
17   private String signals;
18   TrafficSignalsEnum(String signals) {
19     this.signals=signals;
20   }
21   String getSignals() {
22     return signals;
23   }
24   //枚举类中定义的抽象方法
25   public abstract void nextSignals();
26 }
27 public class EnumInterfaceTest {
28   public static void main(String[] args) {
29     String s=TrafficSignalsEnum.RED.getSignals();
30     System.out.println(s);
31     TrafficSignalsEnum.RED.nextSignals();
32     System.out.println(TrafficSignalsEnum.YELLOW.getSignals());
33     TrafficSignalsEnum.YELLOW.nextSignals();
```

```
34      System.out.println(TrafficSignalsEnum.GREEN.getSignals());
35      TrafficSignalsEnum.GREEN.nextSignals();
36    }
37  }
```

4.9　小　　结

在 Java 中,基本数据类型的包装类可以实现基本类型的数据与对象类型数据的相互转换;当使用输出语句输出对象时,实际调用的是该对象的 toString()方法;当两个引用类型变量比较是否相等时,可以使用"==",也可以使用 equals()方法;Object 类中定义的 equals()方法与"=="比较的是两个引用是否指向同一个对象,而通过重写 Object 类的 equals()方法可以实现对象中内容的比较;static 修饰符可以修饰类中的变量、方法及初始化程序块;final 修饰符可以修饰类、成员变量和方法及方法中的局部变量;抽象类和接口可以实现面向对象思想中的多态机制;内部类定义在其他类的内部,把内部类隐藏在外部类之内,不允许同一个包中的其他类访问该内部类,从而对内部类提供了更好的封装;Java 中的枚举类提供了对枚举类型更好的描述和支持。本章讲解了 Java 面向对象的高级特性,理解与掌握这些特性对于深入学习 Java 具有重要意义。

SCJP 认证习题解析

1. 当编译运行下列代码时,运行结果是什么?

```
class Base {
   protected int i=99;
}
public class Ab {
  private int i=1;
  public static void main(String argv[]) {
    Ab a=new Ab();
    a.hallow();
  }
  abstract void hallow() {
    System.out.println("Claines "+i);
  }
}
```

A. 编译错误

B. 编译正确,运行时输出: Claines 99

C. 编译正确,运行时输出: Claines 1

D. 编译正确,但运行时无输出

【答案】 A

【解析】 本题考查的是抽象类及抽象方法。如果一个方法前面加上关键词 abstract 修饰，则这样的方法为抽象方法，抽象方法只有方法的声明部分而没有方法体，上述代码会出现编译错误。如果一个类中含有抽象方法，则该类要定义成抽象类，并且抽象类不能实例化。所以，选项 A 是正确的。

2. 当编译运行下列代码时，运行结果是什么？

```
public class Example {
  int arr[]=new int[10];
  public static void main(String a[]) {
    System.out.println(arr[1]);
  }
}
```

A. 编译错误　　B. 编译正确，但运行时出现异常
C. 输出 0　　D. 输出 null

【答案】 A

【解析】 由于数组 arr[]是非静态成员变量，所以它是依赖于对象的。main()方法是静态方法，可以不依赖于对象而直接运行。当 main()方法运行时，由于没有创建 Example 类型对象，所以不能访问对象中的非静态成员。因此，选项 A 是正确的。

3. 下列代码的输出结果是什么？

```
public class Example {
  public static void main(String args[]) {
  static int x[]=new int[15];
      System.out.println(x[5]);
  }
}
```

A. 编译错误　　B. 编译正确，但运行时出现异常
C. 输出 0　　D. 输出 null

【答案】 A

【解析】 static 关键词在修饰变量时只能用来修饰成员变量，而不能修饰方法中的局部变量。所以，选项 A 是正确的。

4. 当编译运行下列代码时，运行结果是什么？

```
class Clidders {
  public final void flipper() {
    System.out.println("Clidder");
  }
}
public class Example extends Clidders {
  public void flipper() {
    System.out.println("Flip a Clidlet");
    super.flipper();
```

```
    }
    public static void main(String[] args) {
      new Example().flipper();
    }
  }
```

A. 输出 Flip a Clidlet　　B. 输出 Flip a Clidder

C. 输出 Clidder　　D. 编译错误

【答案】 D

【解析】 final 修饰的方法在子类中不能被重写，所以选项 D 是正确的。

5. 下列代码的运行结果是什么?

```
class A {
  private int counter=0;
  public static int getInstanceCount() {
    return counter;
  }
  public A() {
    counter++;
  }
}
public class Example {
  public static void main(String args[]) {
    A a1=new A();
    A a2=new A();
    System.out.println(A.getInstanceCount());
  }
}
```

A. 输出 1　　B. 输出 2

C. 运行时出现异常　　D. 编译错误

【答案】 D

【解析】 静态方法是依赖于类而不是依赖于对象的，在静态方法中不能访问非静态的成员，所以选项 D 是正确的。

6. 下列代码的输出结果是什么?

```
class One {
  static int a=3;
}
final class Second extends One {
  void method() {
    System.out.println(a);
  }
}
```

A. 类One编译正确,但类Second编译错误
B. 编译正确,并输出3
C. 两个类都出现编译错误
D. 输出3
E. 两个类编译正确,但在运行时出现异常

【答案】 E

【解析】 本题考查的是静态成员变量的访问。静态成员变量不依赖于对象,只要该类被加载就可以访问类中的静态成员变量,所以上述代码编译正确,但是在运行时由于缺少main()方法而出现异常。所以选项E是正确的。

7. 下列选项中能够正确编译的是哪些?

```
abstract class Shape {
  private int x;
  private int y;
  public abstract void draw();
  public void setAnchor(int x,int y) {
    this.x=x;
    this.y=y;
  }
}
```

A.
```
class Circle implements Shape {
        private int radius;
}
```
B.
```
abstract class Circle extends Shape {
        private int radius;
}
```
C.
```
class Circle extend Shape {
        private int radius;
        public void draw();
}
```
D.
```
abstract class Circle implements Shape {
        private int radius;
        public void draw();
}
```
E.
```
class Circle extends Shape {
        private int radius;
        public void draw(){}
}
```

【答案】 B,E

【解析】 本题考查的是抽象类的继承。当类继承抽象类时使用关键词 extends，而类实现接口时使用关键词 implements。类继承抽象类时要实现抽象类中所有抽象方法，否则该类要定义成抽象类。所以，选项 B、E 是正确的。

8. 当编译运行下列代码时，运行结果是什么？

```
final class Use {
  private int a=1;
  int b=2;
}
class Example extends Use {
  public void method() {
    System.out.println(a+b);
  }
}
```

A. final 关键词不能用来修饰类

B. 方法 println()只能用来输出字符串，而不能输出整数

C. 由于成员变量 a 是私有的，所以不能在类 Example 中进行访问

D. 类 Example 不能继承类 Use

【答案】 C,D

【解析】 关键词 final 可以用来修饰类，用 final 修饰的类不能再被继承，所以选项 A 是错误的。方法 println()通过方法重载可以输出各种不同类型的数据，所以选项 B 是错误的。选项 C、D 是正确的。

9. 下列哪个选项可以插入到代码中 XXX 位置？

```
class OuterClass {
  private String s="i am outer class member variable";
  class InnerClass {
    private String s1="i am inner class member variable";
    public void innerMethod() {
      System.out.println(s);
      System.out.println(s1);
    }
  }
  public static void outerMethod() {
    //XXX legal code here
    inner.innerMethod();
  }
}
```

A. OuterClass. InnerClass inner＝new OuterClass(). new InnerClass()；

B. InnerClass inner＝new InnerClass()；

C. new InnerClass()；

D. 以上选项都不对

【答案】 A

【解析】 本题考查的是内部类对象的创建。非静态内部类可以看作是外部类中的一个非静态成员，要想创建非静态内部类对象首先要创建外部类对象。所以，选项A是正确的。

10. 下列哪个选项可以插入到代码中的注释位置？

```
class Use {
  static int oak=99;
}
public class Example extends Use {
  public static void main(String argv[]) {
    Example d=new Example();
    d.amethod();
  }
  public void amethod() {
    //here
  }
}
```

A. super.oak=1;　　　　B. oak=33;

C. Use.oak=22;　　　　D. oak=89.7;

【答案】 A,B,C

【解析】 本题考查的是类中静态成员变量的访问。类中静态成员变量依赖于类，所以可以通过类名来直接访问类中静态成员变量，也可以通过对象来访问类中静态成员变量。所以，选项A、B、C是正确的。选项D将double类型值赋给int类型变量时将出现编译错误。

11. 当编译运行下列代码时，运行结果是什么？

```
public class Example {
  private final int id;
  public Example(int id) {
    this.id=id;
  }
  public void updateId(int newId) {
    id=newId;
  }
  public static void main(String args[]) {
    Example fa=new Example(42);
    fa.updateId(69);
    System.out.println(fa.id);
  }
}
```

A. 编译时错误　　B. 运行时异常　　C. 42　　D. 69

【答案】 A

【解析】 本题考查的是关键词final修饰的成员变量。关键词final修饰的成员变量必须明确赋初始值并且在赋值后其值不能改变。所以,选项A是正确的。

12. 下列代码的运行结果是什么?

```
public class Example {
  static {
    System.out.print("Hi here ");
  }
  public void print() {
    System.out.print("Hello ");
  }
  public static void main(String args[]) {
    Example st1=new Example();
    st1.print();
    Example st2=new Example();
    st2.print();
  }
}
```

A. Hello Hello　　B. Hi here Hello Hello

C. Hi here Hello Hi here Hello　　D. Hi here Hi here Hello Hello

【答案】 B

【解析】 本题考查的是静态代码块的执行。类中由static修饰并用一对大括号括起的代码称为静态代码块,静态代码块在类被加载时执行并且只执行一次。所以,选项B是正确的。

13. 下列代码的运行结果是什么?

```
class Vehicle {
  String str;
  public Vehicle() {}
  public Vehicle(String s) {
    str=s;
  }
}
class Car extends Vehicle {
  public static void main(String args[]) {
    final Vehicle v=new Vehicle("hello");
    v=new Vehicle("how are you");
    v.str="how is going";
    System.out.println(v.str);
  }
}
```

A. 编译错误　　B. 输出hello

C. 输出 how are you　　　　D. 输出 how is gong

【答案】 A

【解析】 本题考查的是 final 修饰的局部变量。如果 final 修饰的局部变量是引用类型，则表示局部变量的引用不能修改，即该引用不能再指向其他对象，但是所指向对象的成员变量可以改变。所以，选项 A 是正确的。

14. 下列代码的运行结果是什么？

```
class MyExample {
  public void myExample() {
    System.out.print("class MyExample. ");
  }
  public static void myStat() {
    System.out.print("class MyExample. ");
  }
}
public class Example extends MyExample {
  public void myExample() {
    System.out.print("class Example. ");
  }
  public static void myStat() {
    System.out.print("class Example. ");
  }
  public static void main(String args[]) {
    MyExample mt=new Example();
    mt.myExample();
    mt.myStat();
  }
}
```

A. 输出 class MyExample. class MyExample.

B. 输出 class Example. class MyExample.

C. 输出 class Example. class Example.

D. 输出 class MyExample. class Example.

【答案】 B

【解析】 本题考查的是方法的多态性。如果类中的方法是非静态成员方法，则该方法具有多态性。如果类中的方法是静态成员方法，则由引用类型来决定调用的是父类中的方法还是子类中重写之后的方法。所以，选项 B 是正确的。

15. 当编译运行下列代码时，运行结果是什么？

```
public class Example {
  public static void test() {
    this.print();
  }
```

```
  public static void print() {
    System.out.println("test");
  }
  public static void main(String args[]) {
    test();
  }
}
```

A. 输出 test

B. 没有任何输出

C. 编译错误

D. 不能在静态方法中访问非静态变量 this，所以运行时出现异常

【答案】 C

【解析】 关键词 this 表示当前对象的引用，它是一个非静态变量。在静态方法中访问非静态变量 this 会出现编译错误。所以，选项 C 是正确的。

16. 分析下列代码的运行结果是什么？

```
class Bird {
  {
    System.out.print("b1 ");
  }
  public Bird() {
    System.out.print("b2 ");
  }
}
class Raptor extends Bird {
  static {
    System.out.print("r1 ");
  }
  public Raptor() {
    System.out.print("r2 ");
  }
  {
    System.out.print("r3 ");
  }
  static {
    System.out.print("r4 ");
  }
}
class Hawk extends Raptor {
  public static void main(String[] args) {
    System.out.print("pre ");
    new Hawk();
    System.out.println("hawk ");
```

```
    }
  }
```

A. r1 r4 pre b1 b2 r3 r2 hawk　　B. pre b1 b2 r1 r4 r3 r2 hawk

C. pre hawk　　D. r1 r4 pre b2 r2 hawk

【答案】 A

【解析】 本题考查的是静态代码块及对象的初始化过程。在 main(String[] args)方法运行前，类 Bird、Raptor 及 Hawk 加载到内存，所以三个类中的静态代码块被先后运行。由于只有类 Raptor 有静态代码块，所以先后输出 r1 r4。运行 main(String[] args)方法先输出 pre，然后创建 Hawk 类对象，最后输出 hawk。对象初始化的过程为：默认初始化，显示初始化，执行非静态代码块，执行构造方法。所以，选项 A 是正确的。

17. 下列关于静态内部类的说法中哪些是正确的？

A. 静态内部类对象的创建必须要通过外部类实例引用

B. 静态内部类不能访问外部类中的非静态成员

C. 静态内部类中的成员变量与成员方法必须是静态的

D. 如果外部类命名为 MyOuter，静态内部类命名为 MyInner，则可以通过语句 new MyOuter. MyInner()来实例化静态内部类对象

E. 静态内部类必须要继承外部类

【答案】 B,D

【解析】 本题考查的是静态内部类。静态内部类是外部类的一个静态成员，在创建静态内部类对象时不用先创建外部类对象，选项 A 是错误的。在静态内部类里不能访问外部类的非静态成员，选项 B 是正确的。在静态内部类中可以定义静态成员，但并不是说静态内部类中的所有成员一定是静态的，选项 C 是错误的。直接通过外部类来创建静态内部类对象，选项 D 是正确的。静态内部类作为外部的一个成员而不是继承的关系，选项 E 是错误的。所以，选项 B、D 是正确的。

18. 下列选项中哪个是正确的？

```
public interface Top {
  public void twiddle(String s);
}
```

A. public abstract class Sub implements Top {
```
        public abstract void twiddle(String s) {}
    }
```
B. public abstract class Sub implements Top {}

C. public class Sub extends Top {
```
        public void twiddle(Integer i) {}
    }
```
D. public class Sub implements Top {
```
        public void twiddle(Integer i) {}
```

```
    }
E. public class Sub implements Top {
        public void twiddle(String s) {}
        public void twiddle(Integer i) {}
    }
```

【答案】 B,E

【解析】 本题考查的是接口的实现。在 Java 中,类实现接口时使用的关键词是 implements,而不是 extends,选项 C 是错误的。当类实现接口时,要实现接口中的所有抽象方法,否则该类要定义成抽象类。实现接口中的抽象方法时,方法的名称、方法的参数和方法的返回值要完全相同,选项 D 是错误的。抽象方法不能有方法体,选项 A 是错误的。所以,选项 B、E 是正确的。

19. 下列哪个选项可以在外部类 MyOuter 外部正确创建内部类对象?

```
public class MyOuter {
  public static class MyInner {
    public static void foot() {}
  }
}
```

A. MyOuter. MyInner m=new MyOuter. MyInner();

B. MyOuter. MyInner mi=new MyInner();

C. MyOuter m=new MyOuter();

D. MyOuter. MyInner mi=m. new MyOuter. MyInner();

E. MyInner mi=new MyOuter. MyInner();

【答案】 A

【解析】 本题考查的是静态内部类对象的创建。在外部类以外的其他类中,可以直接通过外部类的名称来引用静态内部类。所以,选项 A 是正确的。

20. 下列哪些关键词可以用来修饰内部类?

```
public class Example {
    public static void main(String argv[]) {}
    /* modifier at XX */ class MyInner {}
}
```

A. public B. private C. static D. friend

【答案】 A,B,C

【解析】 本题考查的是可用于内部类的修饰符。上面代码中的内部类是作为外部类的成员,可以修饰类中成员的修饰符都可以用来修饰成员内部类。所以选项 A、B、C 是正确的。

21. 下列哪些非抽象类实现了接口 A?

```
interface A {
  void method1(int i);
```

```
    void method2(int j);
}
```

A. class B implements A {
```
        void method1() {}
        void method2() {}
    }
```
B. class B {
```
        void method1(int i) {}
        void method2(int j) {}
    }
```
C. class B implements A {
```
        void method1(int i) {}
        void method2(int j) {}
    }
```
D. class B extends A {
```
        void method1(int i) {}
        void method2(int j) {}
    }
```
E. class B implements A {
```
        public void method1(int i) {}
        public void method2(int j) {}
    }
```

【答案】 E

【解析】 本题考查的是接口的实现。当一个类实现接口时,要实现接口中所有的抽象方法,否则该类要定义成抽象类。接口中定义的抽象方法默认访问限制属性为 public,当类实现接口中的抽象方法时其访问限制属性只能为 public。当类实现接口时应使用关键词 implements,而不是 extends。所以,选项 E 是正确的。

22. 下列哪个选项可以插入到注释行位置?

```
class Use {
  public enum Direction {NORTH, SOUTH, EAST, WEST}
}
class Sprite {
  public static void main(String[] args) {
    //insert code here
  }
}
```

A. Direction d=NORTH;

B. Use.Direction d=NORTH;

C. Direction d=Direction. NORTH;

D. Use. Direction d=Use. Direction. NORTH;

【答案】 D

【解析】 本题考查的是枚举类。枚举类可以作为类单独来定义，也可以将枚举类作为另一个类中的成员来定义。在外部类外来访问内部枚举中的静态枚举值时应使用：外部类名.枚举类名.枚举值，所以选项 D 是正确的。

23. 下列选项中哪个是正确的?

```
enum A { A }
class E2 {
  enum B { B }
  void c() {
    enum D { D }
  }
}
```

A. 代码编译正确　　　　　　B. 代码第一行出现编译错误

C. 代码第三行出现编译错误　　D. 代码第五行出现编译错误

【答案】 D

【解析】 本题考查的是枚举类。枚举类可以作为类单独来定义，也可以将枚举类作为另一个类中的成员来定义，但是不能在方法中定义枚举类。所以选项 D 是正确的。

24. 下列选项中哪个是正确的?

```
abstract class Shape {
  int x;
  int y;
  public void setAnchor(int x, int y) {
    this.x=x;
    this.y=y;
  }
}
class Circle extends Shape {
  void draw() {
  }
}
```

A.

```
public class Example {
  public static void main(String[] args) {
    Shape s=new Shape();
    s.setAnchor(10,10);
    s.draw();
  }
}
```

B.

```
public class Example {
  public static void main(String[] args) {
    Circle c=new Shape();
    c.setAnchor(10,10);
    c.draw();
  }
}
```

C.

```
public class Example {
  public static void main(String[] args) {
    Shape s=new Circle();
    s.setAnchor(10,10);
    ((Circle)s).draw();
  }
}
```

【答案】 C

【解析】 本题考查的是抽象类。抽象类不能通过 new 运算符来实例化，如果一个类中含有抽象方法，则该类一定要定义成抽象类，但抽象类中可以没有抽象方法。所以选项 C 是正确的。

25. 当编译并运行下列代码时哪个选项是正确的？

```
enum Rating {
  AVERAGE,GOOD,EXCELLENT;
  abstract String performance();
}
class Example {
  public static void main(String[] args) {
    System.out.println(Rating.AVERAGE);
  }
}
```

A. 枚举类中不能定义抽象方法

B. 在类 Example 中不能访问枚举类 Rating 中的枚举值

C. 出现编译错误

D. 如果枚举类 Rating 定义成抽象的才会编译成功

【答案】 C

【解析】 本题考查的是枚举类。在枚举类中可以定义抽象方法，但抽象方法一定要在枚举值对象中实现。如果在枚举值中没有实现这些抽象方法则会出现编译错误，选项 A 是错误的，选项 C 是正确的。枚举值可以通过枚举类来访问，选项 B 是错误的。枚举类中的枚举值是枚举类的实例，枚举类不能定义成抽象的，选项 D 是错误的。所以选项 C

是正确的。

26. 编译并运行下列代码时的运行结果是什么？

```
enum IceCream {
  VANILIA("white"),
  STAWBERRY("pink"),
  WALNUT("brown"),
  CHOCOLATE("dark brown");
  String color;
  IceCream(String color) {
    this.color=color;
  }
}
class Example {
  public static void main(String[] args) {
    System.out.println(IceCream.VANILIA);
    System.out.println(IceCream.CHOCOLATE);
  }
}
```

A. 编译错误

B. 没有错误，程序输出：

```
VANILIA
CHOCOLATE
```

C. 没有错误，程序输出：

```
white
dark brown
```

【答案】 B

【解析】 本题考查的是枚举类。枚举常量在输出时会调用java.lang.Enum类中的toString()方法，toString()方法会输出枚举常量值，所以选项B是正确的。

27. 下列代码中哪一行会产生编译错误？

```
interface Foo {
  int I=0;
}
class Example implements Foo {
  public static void main(String[] args) {
    Example s=new Example();
    int j=0;
    j=s.I;
    j=Example.I;
    j=Foo.I;
    s.I=2;
```

```
    }
  }
```

A. 9　　　B. 10　　　C. 11　　　D. 没有错误

【答案】 C

【解析】 本题考查的是接口。接口中定义的成员变量默认的属性为public、static、final,对于成员变量I的访问可以通过类也可以通过对象,但成员变量I为final属性,I值不能被修改,第11行出现编译错误。所以选项C是正确的。

课后习题

1. 指出下面程序中出现编译错误的行数及其原因。

```
01 public class Outer {
02   private class Inner {
03     static String name=new String("Inner");
04     public void method(){
05         System.out.println(name);
06     }
07   }
08   public static void main(String[] args) {
09     Inner a=new Outer().new Inner();
10     a.method();
11   }
12 }
```

2. 请完成下面程序,使得程序可以输出枚举常量值:RED、GREEN和BLUE。

```
01 public class Ball {
02   public ________ T {
03     ________
04   }
05   public static void main(String[] args) {
06     Ball.T[] t=Ball.T.values();
07     for(int i=0;i<t.length;i++) {
08       System.out.println(t[i]);
09     }
10   }
11 }
```

3. 请完成下面程序,使得程序可以输出"hi"。

```
01 public class Car {
02   ________{
03     Engine() {
04       ________
```

```
05        }
06      }
07      public static void main(String[] args) {
08        new Car().go();
09      }
10      void go() {
11        new Engine();
12      }
13      void drive() {
14        System.out.println("hi");
15      }
16    }
```

4. 应用抽象类及继承编写程序。输出本科生及研究生的成绩等级。要求：首先设计抽象类 Student，它包含学生的一些基本信息：姓名、学生类型、三门课程的成绩和成绩等级等；其次，设计 Student 类的两个子类——本科生类 Undergraduate 和研究生类 Postgraduate，二者在计算成绩等级时有所区别，具体计算标准如表 4-4 所示；最后，创建测试类进行测试。

表 4-4 学生成绩等级

本科生标准	研究生标准
平均分 85～100：优秀	平均分 90～100：优秀
平均分 75～85：良好	平均分 80～90：良好
平均分 65～75：中等	平均分 70～80：中等
平均分 60～65：及格	平均分 60～70：及格
平均分 60 以下：不及格	平均分 60 以下：不及格

5. 应用枚举类编写程序。根据第 4 题的要求输出本科生及研究生的成绩等级，要求：将学生成绩等级定义成枚举类，其他功能不变，完成类的定义并进行测试。

6. 应用抽象类和接口编写程序。根据第 4 题的要求输出本科生及研究生的成绩等级，要求：首先设计一个接口，接口中包含用于计算学生成绩等级的抽象方法，设计两个类分别实现这个接口，这两个类分别表示本科生及研究生的成绩等级标准；其次，设计抽象类 Student 及其两个子类——本科生类 Undergraduate 和研究生类 Postgraduate，这两个子类分别设置各自的成绩等级计算标准；最后创建测试类进行测试。

第5章 Java异常处理

CHAPTER

异常(Exception)是Java程序在执行期间发生的错误,是一类特殊的执行错误对象,对应着Java特定的执行错误处理机制。Java在参考C++的一些异常处理方法和思想的基础上,提供了一套异常处理机制(Exception Handling)。Java通过引入异常和异常类,能够及时有效地处理Java程序中的执行错误。作为面向对象的语言,异常与其他语言要素一样,也是异常类的对象,是面向对象规范的一部分。本章将具体讲解Java的异常处理机制以及在程序设计中的应用。

5.1 概　　述

在Java程序执行期间,若遇到错误的程序代码,Java就用异常处理机制来处理,并输出警告信息,提示修改错误。如果是重大的错误,则运行系统内置的错误警告程序来处理。若是一般性的错误,则由程序员自定义运行警告程序。

【例5-1】 在Test类的定义中,声明了一个字符串数组,并通过一个for循环将该数组输出。

```
01  public class Test {
02    public static void main(String[] args) {
03      String friends[]={"Lisa", "Mary", "Bily"};
04      for(int i=0;i<4;i++) {
05        System.out.println(friends[i]);
06      }
07      System.out.println("Normal ended.");
08    }
09  }
```

【运行结果】

```
Lisa
Mary
```

```
Bily
Exception in thread "main" java.lang.ArrayIndexOutOfBoundsException: 3 at Test.
main (Test.java: 5)
```

【分析讨论】

① Test.java 能够通过编译,但在执行期间出现了异常,导致了程序的非正常终止。程序在执行 for 循环语句块时,前三次依次输出 String 类型的数组 friends 包含的三个元素,即得到执行结果的前三行。

② 在第 4 次循环时,由于试图输出下标为 3 的数组元素,而数组 friends 的长度为 3(数组下标为 0～2),从而导致数组下标越界。产生异常的是第 5 句,异常的类型是 java.lang.ArrayIndexOutOfBoundsException,并且系统自动显示了有关异常的信息,指明异常的种类和出错的位置。

实际上,Java 提供了功能强大的异常处理机制,使程序员可以采取措施增强程序的健壮性。在 Java 中,所有的异常都是用类标识的。当程序发生异常时,会生成某个异常类的对象。Java.lang.Throwable 类是所有异常类的父类,它有两个直接子类: Error 类和 Exception 类。Error 类型的异常与 Java 虚拟机本身发生的错误有关,用户程序不需要进行处理;程序产生的错误由 Exception 的子类表示,用户程序必须进行处理。

在 Java 中,Throwable 类是所有异常类的父类,只有 Throwable 类及其子类的对象才能由异常处理机制进行处理。Throwable 类提供的主要方法包括检索异常信息,以及输出显示异常发生位置的堆栈追踪轨迹。Java 异常类的继承层次如图 5-1 所示。

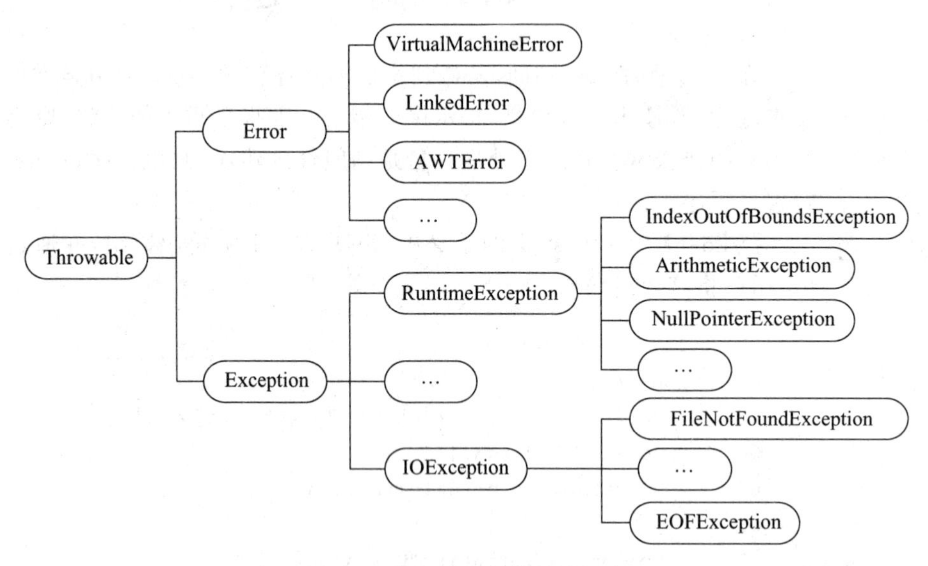

图 5-1 Java 异常类的继承层次

Exception 类的每一个子类代表一种异常,这些异常表示程序执行期间各种常见的错误类型。它们是系统事先定义好的并包含在 Java 类库中,称为系统定义的执行异常。下面对一些常见的系统定义的执行异常进行简要说明。

- RuntimeException: 执行时异常,也称为不检查异常,是指因为设计或实现方式不当导致的问题。例如,数组下标越界、算术运算、空指针异常等。

- IOException：输入/输出异常,即进行输入/输出操作时可能产生的异常。
- ArithmeticException：算术异常。整数的除 0 操作将导致该异常的发生。
- NullPointerException：空指针异常。当对象没有实例化时,就试图通过该对象访问其数据或方法。
- ArrayStoreException：数组存储空间不足异常。
- ArrayIndexOutOfBoundException：数组下标越界异常。
- ClassNotFoundException：没有找到要加载使用的类引起的异常。
- NoSuchMethodException：没有找到要调用的方法引起的异常。
- FileNotFoundException：没有找到指定的文件或目录引起的异常。

5.2 异常的处理

Java 的异常处理是指在程序中用 try-catch-finally 组合语句捕获可能产生的异常并进行处理,使得程序的执行不被中断。为了保障 Java 程序的安全性,如果在程序中调用的方法可能会产生异常,那么调用该方法的程序必须使用异常处理机制。

5.2.1 捕获并处理异常

在 Java 程序执行过程中,如果出现异常,则会自动生成一个异常对象,该对象包含了异常的相关信息,并被自动提交给 Java 运行时系统,这个过程称为抛出异常;当 Java 运行时系统接收到异常对象时,将查询能处理这一异常的代码并把当前异常对象交给其处理,这个过程称为捕获异常;如果 Java 运行时系统查询不到可以捕获异常的代码,则终止 Java 程序的执行,并自动显示有关异常的信息,指明异常的种类和出错的程序语句位置。

在 Java 程序设计时,为了避免因程序引起的异常而终止程序的执行,通常将监视异常的程序代码放置在 try 语句块中。当程序代码产生异常时,这个 try 语句块就启动 Java 异常处理机制抛出一个异常对象,然后这个异常对象将被紧接在 try 语句块之后的 catch 语句块捕获。当异常对象被抛出后,程序的执行流程将按非线性的方式执行。如果此时在程序中没有匹配的 catch 语句块,那么程序将被终止而返回到操作系统状态。为了避免发生这种情况,Java 提供了 finally 语句块来解决这个问题。即无论异常对象是否被抛出,finally 语句块都将执行。

try-catch-finally 组合语句的语法如下：

```
try {
    //一条或多条可能抛出异常的 Java 语句
}catch(ExceptionType1 e) {
    //当 ExceptionType1 类型的异常抛出后将要执行的代码
}catch(ExceptionType2 e) {
    //当 ExceptionType2 类型的异常抛出后将要执行的代码
}
```

```
……
[finally {
    //无论是否发生异常,都要被执行的语句块
}]
```

try-catch-finally 语句把可能产生异常的语句放入 try{ }语句块中,然后在该语句块后跟一个或多个 catch 语句块,每个 catch 块处理一种可能抛出的特定类型的异常。在程序运行期间,如果 try{ }语句块产生的异常与某个 catch 语句处理的异常类型相匹配,则执行该 catch 语句块。finally 语句块用于为异常处理提供一个统一的出口,使得控制流在转到程序的其他部分之前,能够对程序的状态进行统一的管理。注意,无论在 try{}语句块中是否发生了异常事件,finally 语句块中的语句都将被执行。

用 catch 语句进行异常处理时,可以定义一个 catch 块捕获一种类型的异常,也可以定义处理多种类型异常的通用 catch 块。因为在 Java 中允许对象变量上溯造型,父类类型的变量可以指向子类对象,所以如果 catch 语句块要捕获的异常类还有子类的话,则该异常处理块就可以处理该异常类以及其所有子类表示的异常事件。这样一个 catch 语句块就是一个能够处理多种异常的通用异常处理块。

例如,在下面的代码段中,catch 语句块将处理 Exception 类及其所有子类的异常,即能够处理所有类型的异常。

```
try {
    …
}catch(Exception e) {
    System.out.println("Exception caugth: "+e.getMessage());
}
```

【例 5-2】 用 try-catch 语句对例 5-1 中的 RuntimeException 进行处理,使程序能够正常运行。

```
01 public class Test2 {
02   public static void main(String[] args) {
03     String friends[]={"Lisa", "Mary", "Bily"};
04     try {
05       for(int i=0;i<4;i++){
06         System.out.println(friends[i]);
07       }
08     }catch(ArrayIndexOutOfBoundsException e) {
09       System.out.println("Index error");
10     }
11     System.out.println("\nNormal ended.");
12   }
13 }
```

【运行结果】

```
Lisa
```

```
Mary
Bily
Index error
Normal ended
```

【分析讨论】

① 在执行 try 语句块中的 for 循环语句(第 5～7 句)时，前 3 次依次输出 String 类型的数组 friends 包含的三个元素。

② 在执行第 4～7 句的 try 语句块中的程序代码时，由于在进行第 4 次 for 循环时数组的下标越界，而且抛出的异常类型与第 8～10 句的 catch 语句的异常类型相匹配，所以该 catch 语句将捕获这个异常对象，并输出信息“Index error”。

那么，既然执行错误经常发生，是不是所有的 Java 程序都要采取这种异常处理措施呢？答案是否定的，Java 程序异常处理的原则是：

- 对于 Error 和 RuntimeException，可以在程序中捕获和处理，但不是必需的。
- 对于 IOException 及其他异常类，必须在程序中进行捕获和处理。

5.2.2　多异常的处理

在 Java 程序设计中，有时一个 try 语句块可能会抛出多个异常，这样就需要在 try 语句块后面定义多个 catch 语句块，每个 catch 语句块捕获对应的一个异常，这就是所谓的多异常处理。要解决多异常处理问题，就需要使用嵌套的 try-catch 或 try-catch-finally 语句块形式，当内层的 try 语句块抛出一个异常对象后，首先由内层的 catch 语句进行检查，如果与被抛出的异常对象相匹配，则由该 catch 语句进行处理，否则就由外层的 try 语句块的 catch 语句块进行处理。

【例 5-3】 多异常处理的示例：程序由两层 try-catch 语句嵌套，分别依次处理 ArrayIndexOutOfBoundsException 和 ArithmeticExceptionl 两种异常。

```
01  public class TestNestedCatchException {
02    public static void main(String args[]) {
03      int num[]=new int[2];
04      int a=5,b=0,y;
05      try {
06        try {
07          for(int i=0;i<3;i++) {
08            num[i]=i;
09            System.out.println(" num["+i+"]="+i);
10          }
11        }catch(ArrayIndexOutOfBoundsException e) {
12          System.out.println("异常 1: 数组下标越界引起的异常");
13          e.printStackTrace();
14        }
15        y=a/b;
16      }catch(ArithmeticException e) {
```

```
17          System.out.println("异常 2: 除数为 0 引起的异常");
18          e.printStackTrace();
19        }finally {
20          System.out.println("程序执行期间发生了两种类型的异常!!");
21        }
22      }
23    }
```

【运行结果】

```
num[0]=0
num[1]=1
异常 1: 数组下标越界引起的异常
java.lang.ArrayIndexOutOfBoundsException: 2
        at TestNestedCatchException.main(TestNestedCatchException.java: 8)
异常 2: 除数为 0 引起的异常
java.lang.ArithmeticException: /by zero
        at TestNestedCatchException.main(TestNestedCatchException.java: 16)
程序执行期间发生了两种类型的异常!!
```

【分析讨论】

① 在第6～11句的内层try语句块中的程序代码，由于在进行第3次for循环时数组下标越界，而且抛出的异常类型与第11～14句的内层catch语句括号中的异常类相匹配，所以将由内层的catch语句块负责捕获这个异常对象，并输出相关信息。

② 外层的try语句块中的第15句将产生一个除数为零的异常对象，而且该异常对象类型与第16～19句的外层catch语句的异常类相匹配，所以将由外层的catch语句块负责捕获这个异常对象，并输出显示相关信息。

③ 最后，由finally语句块内的程序代码输出显示相关信息。

5.3 自定义异常类

上一节讲解了如何使用Java的异常处理机制捕获系统已经定义好的异常类对象，这些异常发生时会由Java系统自动地抛出。同时，Java还允许用户在程序中自定义异常类，并且用throw语句抛出，这就为Java程序设计带来更大的灵活性。

5.3.1 必要性与原则

Java允许用户在需要时自定义异常类型，用于描述JDK中未提供的异常类型，只是这些异常类型必须继承Throwable类或其子类。Throwable类有Error和Exception两种类型的子类。Error是指系统内部发生的错误，由Java运行时系统执行处理，一般与程序员无关，而自定义异常类必须继承Exception类。自定义异常类并未被加入到JRE的控制逻辑之中，所以永远不会被自动抛出，只能由人工定义并抛出。

下面给出一些原则，提示用户何时需要自定义异常类。满足下列任何一种或多种情形就应该考虑自己定义异常类：

- Java 异常类体系中不包含的异常类型。
- 用户需要将自己所提供类的异常与其他人提供类的异常进行区分。
- 类中将多次抛出这种类型的异常。
- 如果使用其他程序包定义的异常类，将影响程序包的独立性与自包含性。

5.3.2　throw 关键词

throw 关键词用于在方法体中抛出一个异常类对象，而 throws 关键词是在方法声明中用来指明该方法可能抛出的所有异常。通过 throw 抛出异常后，如果想由上一级代码来捕获并处理异常，则要在抛出异常的方法中使用 throws 关键词在方法的声明中指明要抛出的异常；如果要在当前的方法中捕获并处理 throw 抛出的异常，则必须使用 try-catch-finally 语句。

throw 语句的一般格式如下：

```
throw someThrowableObject;
```

- someThrowableObject 必须是 Throwable 类或其子类的对象。
- 执行 throw 语句后，程序流程立即停止，系统将转向调用者程序，检查是否有 catch 子句能匹配的 Throwable 对象实例。如果找到相匹配的对象实例，则系统转向该子句；如果没有找到，则转向上一层的调用程序。这样逐层向上，直到最外层的异常处理程序终止程序并打印出调用栈的情况。

例如，当输入的年龄为负数时，JVM 当然不会认为这是一个错误的值，但实际上年龄不能为负数，可以通过异常的方式来处理这种情况。在下面的例题中，People 类中定义的 check()方法，首先将传递过来的 String 型参数转换为 int 型，然后判断该整数是否为负数，若为负数则抛出异常；最后，在该类的 main()方法中捕获并处理异常。

【例 5-4】　throw 关键词的使用示例：通过 throw 人工抛出用户自定义异常“年龄不能为负数”。

```
01  public class People {
02    public static int check(String strage) throws Exception {
03      int age=Integer.parseInt(strage);        //转化字符串为 int 型
04      if(age<0)                         //如果 age 小于 0,则抛出一个 Exception 异常对象
05        throw new Exception("年龄不能为负数!");
06      return age;
07    }
08    public static void main(String args[]) {
09      try {
10        int myage=check("-101");              //调用 check()方法
11        System.out.println(myage);
12      }catch(Exception e) {                   //捕获 Exception 异常
13        System.out.println("数据逻辑错误!");
14        System.out.println("原因: "+e.getMessage());
```

```
15        }
16    }
17  }
```

【运行结果】

```
数据逻辑错误!
原因:年龄不能为负数!
```

【分析讨论】

① 程序在执行期间,通过第10句访问People类的成员方法check(),并传递字符串参数“-101”。

② 在check()方法中,将字符串参数转换为int型整数传递给变量age,并通过分支语句判断是否产生自定义异常。由于符合判断条件,check()方法将“年龄不能为负数”的用户自定义异常,通过关键词throws抛给了调用者main()方法进行处理。

③ 注意,check()方法可能会抛出以下两种类型的异常:①数字格式的字符串转换为int型时产生的NumberFormatException异常;②当年龄小于0时产生的自定义Exception异常。

④ 在main()方法中,在执行try语句块中的check()方法时产生异常,所以第11句的信息“myage”不能被输出,而且,抛出的异常对象类型与第12～15句的catch语句的异常类型相匹配,所以将由该catch语句块捕获这个异常对象,并输出相关信息。

5.3.3 自定义异常类的使用

一般地,在Java程序中使用自定义异常类,可遵循以下几个步骤:第一,创建自定义异常类;第二,在方法中通过throw抛出异常对象;第三,若在当前抛出异常的方法中处理异常,可以使用try-catch-finally语句捕获并处理异常;若在方法的声明处通过throws指明要抛出给方法调用者的异常,则在可能产生异常的方法调用代码中捕获并处理异常。注意,如果自定义的异常类继承自RuntimeException异常类,则在步骤三中可以不通过throws指明要抛出的异常。

1. 定义异常类

自定义异常类一般通过继承Exception类或其子类的形式来实现。以定义银行账户类Bank为例,若用户的取钱数目大于其银行存款余额,则作为异常处理。

```
//自定义异常类 InsufficientFundsException
class InsufficientFundsException extends Exception {
  private Bank excepBank;                       //银行的用户对象
    private double excepAmount;                 //取款数目
    public InsufficientFundsException(Bank ba, double dAmount) {
      excepBank=ba;
      excepAmount=dAmount;
  }
  public String excepMessage() {
```

```
    String str="账户存款余额："+excepBank.balance+"\n 取款数目是："+excepAmount;
      return str;
    }
}
```

2. 抛出自定义异常

如果一个方法不能处理它自身引发的异常，那么异常处理工作就需要由调用者来完成。在这种情形下，应该在方法定义中使用关键词 throws 来指明该方法可能引发的所有异常，让调用者来处理这个异常。使用关键词 throws 的语法格式如下：

```
<modifer><returnType>methodName ([<argument_list>]) throws <exception_list>{}
```

- modifer：指定类的访问权限及其属性，用于说明所定义类的相关特性，如 public、protected 或 private，以及 final 或 abstract。
- returnType：指定成员方法的返回值类型。
- methodName：指定成员方法的名称。
- argument_list：指定成员方法的形式参数列表。
- throws：关键词，指定将方法中产生的异常声明抛出。
- exception_list：指定方法声明抛出的异常类型，且可以包含多个异常类型，用逗号隔开。

定义自定义异常类之后，程序中的方法就可以将该异常抛出。在银行账户类 Bank 的定义中，取钱方法 withdrawal()可能会产生异常 InsufficientFundsException，其条件是存款余额少于取款数目。

```
public void withdrawal (double dAmount) throws InsufficientFundsException {
    if(balance<dAmount) {
        throw new InsufficientFundsException(this, dAmount);
    }
        balance=balance-dAmount;
}
```

3. 自定义异常的处理

Java 程序在调用声明抛出自定义异常的方法时，要进行异常处理。具体可以采用上面介绍的两种方式：利用 try-catch-finally 语句捕获并处理；声明抛出该类型的异常。在银行用户取款的例子中，处理异常安排在调用 withdrawal()时，因此 withdrawal()方法要声明抛出异常，由上级方法调用。

```
public static void main(String args[]) {
  Bank bank=new Bank(500);
    try {
    bank.withdrawal(1000);
    System.out.println("本次取款成功!");
  }catch(InsufficientFundsException e) {
    System.out.println("对不起,本次取款失败!");
```

```
    System.out.println(e.excepMessage());
  }
}
```

【例5-5】 用户自定义异常类的示例：针对银行账户取款过程，自定义异常类型InsufficientFundsException表明账户余额不足，并在Bank类中定义若干操作账户的方法，最后在类ExceptionDemo中测试取款操作是否成功。

```
01 class InsufficientFundsException extends Exception {
02   private Bank excepBank;                         //银行的用户对象
03   private double excepAmount;                     //取款数目
04   public InsufficientFundsException(Bank ba, double dAmount) {
05     excepBank=ba;
06     excepAmount=dAmount;
07   }
08   public String excepMessage() {
09     String str="账户存款余额："+excepBank.balance+"\n取款数目是："+excepAmount;
10   return str;
11   }
12 }
13 class Bank {
14   double balance;                                 //账户余额
15   public Bank(double balance) {
16     this.balance=balance;
17   }
18   public void deposite(double dAmount) {          //用户存款的方法
19     if(dAmount>0.0)
20     balance+=dAmount;
21   }
22   //用户取款的方法
23   public void withdrawal (double dAmount) throws InsufficientFundsException {
24     if(balance<dAmount) {
25       throw new InsufficientFundsException(this, dAmount);
26     }
27     balance=balance-dAmount;
28   }
29   public void showBalance() {                     //查询账户余额的方法
30     System.out.println("账户余额为："+balance);
31   }
32 }
33 public class ExceptionDemo {
34   public static void main(String args[]){
35     Bank bank=new Bank(500);
36     try {
37        bank.withdrawal(1000);
```

```
38          System.out.println("本次取款成功!");
39       }catch(InsufficientFundsException e){
40         System.out.println("对不起,本次取款失败!");
41       System.out.println(e.excepMessage());
42       }
43     }
44   }
```

【运行结果】

```
对不起,本次取款失败!
账户存款余额: 500.0
取款数目是: 1000.0
```

【分析讨论】

① 通过第 1～12 句将类 InsufficientFundsException 定义为异常类,表示账户取款时出现的余额不足的错误。

② 在 Bank 类中,定义了若干操作方法用于账户的存款、取款及余额查询,并在声明取款方法 withdrawal()时通过关键词 throws 抛出用户自定义异常。如果取款数额大于账户余额,则使用关键词 throw 人工抛出自定义异常对象。

③ 在程序执行期间,创建了一个 Bank 类对象 bank,并通过参数传递指定该对象账户余额为 500。在执行 try 语句块中的 withdrawal()方法时产生异常,所以第 38 句的信息“本次取款成功!”不能被输出。

④ 由于符合判断条件(第 24 句),withdrawal()方法将用户自定义异常 InsufficientFundsException 通过关键词 throws 抛给了调用者 main()方法进行处理,而且抛出的异常对象类型与第 39～42 句的 catch 语句的异常类型相匹配,所以将由该 catch 语句块负责捕获这个异常对象,并输出相关信息。

⑤ 注意,使用 throws 时,如果被抛出的异常在调用程序中未被处理,则该异常将被沿着方法的调用关系继续上抛,直到被处理。如果一个异常返回到 main()方法,并且在 main()方法中还未被处理,则该异常将把程序非正常终止。

5.4 Java 的异常跟踪栈

在 Java 程序执行时,经常会发生一系列方法调用,即所谓的“调用栈”。程序员可根据程序设计的需要,在调用栈的任意一点处理异常。既可以在产生异常的方法中处理问题,也可以在调用序列的某一位置处理异常。在异常沿调用链上传时,它维护一个称为“栈跟踪”的数据结构。栈跟踪记录了未处理异常的各个方法,以及发生问题的代码行。当异常传给方法调用者时,它在栈跟踪中添加一行,指示该方法的故障点。因此程序员在调试代码时,栈跟踪将是一个极具价值的调试工具。

在以下的示例中,定义了一个异常类 MyException,该类是 javalangException 类的子类,包含了两个构造方法。TestingMyException 类包含了两个方法 method1()和

method2(),在这两个方法中分别声明并抛出了MyException类型的异常。在MyExceptionDemo类的main()方法中,调用了TestingMyException类的method1()和method2(),并用try-catch语句实现了异常处理。在捕获了method1()和method2()抛出的异常之后,将在对应的catch语句块中输出异常信息,同时输出异常发生位置的堆栈追踪轨迹。

【例5-6】 使用Java异常跟踪栈的示例。

```
01  class MyException extends Exception {
02    MyException() {}
03    MyException(String msg) {
04      super(msg);
05    }
06  }
07  class TestingMyException {
08    void method1() throws MyException {
09      System.out.println("Throwing MyException from method1()");
10      throw new MyException();
11    }
12    void method2() throws MyException {
13      System.out.println("Throwing MyException from method2()");
14      throw new MyException("Originated in method2()");
15    }
16  }
17  public class MyExceptionDemo {
18    public static void main(String[] args) {
19      TestingMyException t=new TestingMyException();
20      try {
21        t.method1();
22      }catch(MyException e) {
23        e.printStackTrace();
24      }
25      try {
26        t.method2();
27      }catch(MyException e) {
28        e.printStackTrace();
29      }
30    }
31  }
```

【运行结果】

```
Throwing MyException from method1()
MyException
        at TestingMyException.method1(MyExceptionDemo.java:10)
```

```
        at MyExceptionDemo.main(MyExceptionDemo.java: 21)
Throwing MyException from method2()
MyException: Originated in method2()
        at TestingMyException.method2(MyExceptionDemo.java: 14)
        at MyExceptionDemo.main(MyExceptionDemo.java: 26)
```

与其他类型的对象一样，异常对象也可以访问自身的属性或方法以获取信息，从Throwable 类继承来的下述方法可用于 Java 异常跟踪栈：

- public String getMessage()：用来得到有关异常事件的信息。
- public void printStackTrace()：用来跟踪异常事件发生时执行堆栈的内容。

5.5 小　结

异常处理是保证 Java 程序正常、安全运行的重要机制，是 Java 的重要特色之一，它大大增强了 Java 程序的错误检测和处理能力，也提高了 Java 程序的可靠性。异常处理技术可以预先分析 Java 程序可能出现的不同状况，避免因某些不必要的错误而终止程序的正常运行。在理解 Java 异常概念的基础上，掌握异常处理的基本方法以及针对特定应用自行定义异常类的方法，对于开发强大、可靠的 Java 程序非常重要，也是一种良好的编程习惯。

SCJP 认证试题解析

1. 下列叙述哪些是正确的？

   A. java. lang. Eception extends java. lang. Throwable

   B. 如果异常语句块有返回值，同时发生异常事件时，将不再执行 finally 语句块

   C. Classes extend from RuntimeException 无须放置在异常语句块中执行

   D. 以上均不正确

【答案】 A，C

【解析】 对于 B，无论发生什么事件，finally 语句块中的内容都会被执行。

2. 设有程序段如下：

```
     class test {
A     public static void main(String args[]) {
        int x;
        try {
B          x=10/0;
        }
C     System.out.println("x="+x);
D     finally {
          System.out.println("In finally");
        }
```

```
        }
    }
```

上面 A、B、C、D 标识的各语句，哪一个将产生编译错误？

【答案】 C

【解析】 在 try 语句块与 finally 语句块之间不能有任何程序代码。

3. 给定下列代码：

```
public void test() {
    try {
        oneMethod();
        System.out.println("condition 1");
    } catch (ArrayIndexOutOfBoundsException e) {
        System.out.println("condition 2");
    } catch(Exception e) {
        System.out.println("condition 3");
    } finally {
        System.out.println("finally");
    }
}
```

如果方法 oneMethod()运行正常，则下列哪一行语句将被输出显示？

A. condition 1　　B. condition 2

C. condition 3　　D. finally

【答案】 A, D

【解析】 如果 try 语句块中的语句在执行时发生异常，则执行从该处中断而进入 catch 语句块。根据异常的类型，最前面的优先进行匹配，只要该异常是 catch 语句块中指定的异常子类就匹配成功进而执行相应的 catch 中的内容，而 finally 块中的内容无论是否发生异常都将被执行。

4. 给定一个未完成的方法，代码如下：

```
01
02  {success=connect();
03    if (success==-1) {
04      throw new TimedOutException();
05    }
06  }
```

已知 TimedOutException 不属于 RuntimeException，那么在第一行的位置上填写哪段代码能够完成该方法的声明？

A. public void method()

B. public void method() throws Exception

C. public void method() throws TimedOutException

D. public void method() throw TimedOutException

E. public throw TimedOutException void method()

【答案】 B, C

【解析】 如果程序在执行过程中抛出异常,而这个异常又不是 RuntimeException 或者 Error,那么程序必须捕获这个异常进行处理,或者声明抛弃(throws)该异常。捕获异常可以使用 try-catch 语句,而将方法中的异常抛出则是在方法的声明后面加上 throws XxxException,抛弃多个异常时在各异常之间使用逗号分隔。题目中的程序在执行时抛出的不是一个 RuntimeException,必须捕获或者抛弃异常,而程序又没有捕获,应该在方法声明中声明抛弃该异常,所以选项 C 正确。由于 Exception 是所有异常的父类,当然也可以代表 RuntimeException 了,所以选项 B 也正确。

5. 已知方法 example()如下定义:

```
public void example() {
  try {
    unsafe();
    System.out.println("Test1");
  }catch(SafeException e) {
    System.out.println("Test 2");
  }finally{
    System.out.println("Test 3");
  }
    System.out.println("Test 4");
}
```

在方法 unsafe()运行正常的情况下将显示什么?

A. Test 1　　B. Test 2　　C. Test 3　　D. Test 4

【答案】 A, C, D

【解析】 在正常情况下,将输出 Test1、Test3、Test4;在产生可捕获异常时将输出 Test2、Test3、Test4;在产生不可捕获异常时,将输出 Test3,然后终止程序。注意,finally 后面的语句总是被执行。

6. 给定下面的代码:

```
import java.io.*;
public class Ppvg{
  public static void main (String args[]) {
    Ppvg p=new Ppvg();
    p.fliton();
  }
  public int fliton() {
    try {
      FileInputStream din=new FileInputStream("Ppvg.java ");
      din.read();
    } catch (IOException ioe) {
      System.out.println("flytwick");
```

```
      return 99;
    } finally {
      System.out.println("fliton");
    }
    return -1;
  }
}
```

假如文件Ppvg.java是可读的，当你编译和运行上面的程序时，下面哪个选项是正确的？

A. 程序运行时输出结果是“flytwick”

B. 程序运行时输出结果是“fliton”

C. 程序运行时输出结果是“fliton”和“flytwick”

D. 编译时会发生错误，因为方法fliton尝试返回两个值

【答案】 B

【解析】 本道题考核的是对异常捕获语句中的finally是否掌握，在try-catch-finally中即使catch中有返回，finally还是要被执行的。

7. 给定下面的代码片段：

```
try {
    int t=3+4;
    String s="hello";
    s.toUpCase();
    } catch (Exception e) {…}
```

请问，“int t=3+4;”是否应该被try语句块括住？

A. 是　　B. 否

C. 都可以　　D. 看变量t是成员变量还是局部变量而定

【答案】 B

【解析】 try的主要作用是捕获程序异常，进行必要的程序恢复或异常预处理。如果括住太多的代码，会使其他代码无法执行，不利于程序恢复。

8. 下列哪个操作需要建立try-catch块或者重新抛出异常？

A. 打开并读取一个文件

B. 访问一个int型数组中的每个元素

C. 访问一个引用类型数组中的每个元素

D. 调用一个方法，该方法定义时使用了throws子句

【答案】 A,D

【解析】 所有的I/O操作都需要使用try-catch语句块进行异常处理，而数组元素的类型对错误处理没有任何影响。一般地，通过定义throws子句在方法中的使用，可能会抛出一个异常，这个异常类型会被使用它的代码捕获或者再次抛出。

课后习题

1. 请在下面 Java 程序的划线处填上适当的语句,使程序能够正常运行。

```
public class MyClass {
    public static void main(String args[ ]) {
        try{myMethod();
        }
        catch(MyException e){
        System.out.println(e);
        }
    }
    public ________ void myMethod()________{                //方法中声明抛出异常
        throw (________);
    }
}
class MyException extends ________{                         //用户自定义异常类
    public String toString() {
        return("用户自定义的异常");
    }
}
```

2. 编写一个 Java 程序,实现如下功能:首先,输出"这是一个异常处理的例子"的信息;然后,在程序中产生一个被 0 除而产生的 ArithmeticException 类型的异常,并用 catch 语句捕获这个异常;最后,通过 ArithmeticException 类的对象 e 的方法 getMessage() 给出异常的具体类型并显示相关信息。

3. 编写一个 Java 程序,实现如下功能:从键盘读入 10 个字符保存到一个字符数组中,并在命令行控制台上输出该数组,要求处理数组下标越界类型的异常(ArrayIndexOutOfBoundsException)与输入/输出异常(IOException)。

4. 编写 Java Aplication,求解从命令行以参数形式读入两个数之积,若缺少操作数或运算符,则抛出自定义异常 OnlyOneException 或 NoOperationException 并退出程序。

第6章 Java执行环境类

CHAPTER

在Java编程过程中，经常会遇到许多重复性的操作，诸如正弦余弦函数计算、随机数计算、日期的计算、字符串的查找与分割等，这些操作实现起来比较复杂，应该被封装成一些独立的模块，以达到代码重用的目的。Java作为一种成熟的、快捷的、已经被实践证明了的OOP语言，在常用操作上提供了数量相当多的方法实现，并把它们封装成了面向对象的类，这些类称为Java执行环境类。本章将讲解Java执行环境类的用法，具体包括以下内容：一是Java编程中的常用类，包括Math、BigDecimal、Random、String和StringBuffer；二是日期类，包括Date、Calendar以及表示时区的TimeZone；三是正则表达式，包括它的语法、Pattern类和Matcher类；四是Java国际化的相关知识。

6.1 Java常用类

Java执行环境提供的常用类主要包括：①用于数学计算的Math类；②用于产生伪随机数的Random类；③用于精确表示和计算浮点型数据的BigDecimal类；④用于表示和处理字符串的String类和StringBuffer类。

6.1.1 Math类

Math类是java.lang包中的一个数学工具类，提供了一些常用的数学计算，例如三角函数计算、对数计算、指数计算、绝对值计算、四舍五入计算等。在Math类中定义的两个静态常量如下：

- E：定义形式为public static final double E。E为自然对数的底数，其值为2.718281828459045。
- PI：定义形式为public static final double PI。PI为圆的周长与直径之比，其值为3.141592653589793。

Math类还定义了许多用于数学计算的静态方法，下面给出一些常用的方法。

- public static xxx abs(xxx a)：返回参数 a 的绝对值，参数 a 的数据类型可以为 int、long、float 和 double。
- public static double atan2(double y, double x)：将矩形坐标(x, y)转换成极坐标，返回极坐标所得角。
- public static double ceil(double a)：返回大于或等于 a 的最小整数的 double 值。
- public static double floor(double a)：返回小于或等于 a 的最大整数的 double 值。
- public static double sin(double a)：返回角的正弦值。
- public static double cos(double a)：返回角的三角余弦值。
- public static double tan(double a)：返回角的正切值。
- public static double exp(double a)：返回以 e 为底数，a 为指数的幂值。
- public static double log(double a)：返回 double 值的自然对数。
- public static double log10(double a)：返回以 10 为底数的对数值。
- public static xxx max(xxx a, xxx b)：返回两个 xxx 类型参数 a 和 b 中较大值，参数 a 和 b 的数据类型可以为 int、long、float 和 double。
- public static xxx min(xxx a, xxx b)：返回两个 xxx 类型参数 a 和 b 中较小值，参数 a 和 b 的数据类型可以为 int、long、float 和 double。
- public static double random()：返回[0.0,1.0)之间的伪随机值。
- public static double rint(double a)：返回最接近 a 的整数的 double 值。
- public static long round(double a)：返回 a 四舍五入后的 long 值。
- public static int round(float a)：返回 a 四舍五入后的 int 值。
- public static double sqrt(double a)：返回 double 值的正的平方根。
- public static double toRadians(double angdeg)：将用度数表示的角转换为用弧度表示的角。
- public static double toDegrees(double angrad)：将用弧度表示的角转换为用度数表示的角。

【例 6-1】 Math 类中方法使用示例。

```
01 public class MathTest {
02   public static void main(String[] args) {
03     float f=-7.89f;
04     System.out.println(f+"的绝对值为："+Math.abs(f));
05     double d=-7.5;
06     System.out.println("大于或等于"+d+"的最小整数的浮点型值为："+Math.ceil(d));
07     System.out.println(f+"与"+d+"二者之间的最大值为："+Math.max(f,d));
08     System.out.println("与"+d+"最接近的整数的浮点型值为："+Math.rint(d));
09     System.out.println(d+"四舍五入后的值为："+Math.round(d));
10     System.out.println("30 度角所对应的弧度为："+Math.toRadians(30));
11     System.out.println("30 度角的正弦值为："+Math.sin(Math.toRadians(30)));
```

```
12      }
13  }
```

【运行结果】

```
-7.89 的绝对值为: 7.89
大于或等于-7.5 的最小整数的浮点型值为: -7.0
-7.89 与-7.5 二者之间的最大值为: -7.5
与-7.5 最接近的整数的浮点型值为: -8.0
-7.5 四舍五入后的值为: -7
30 度角所对应的弧度为: 0.5235987755982988
30 度角的正弦值为: 0.49999999999999994
```

【分析讨论】

① Math 类是个 final 类，不能从它再派生子类。Math 类中的方法都是 static 类型的，可以通过类名直接调用该类的方法。

② Math 类中的静态方法 sin(double a)、cos(double a)、tan(double a)的参数为用弧度表示的角度，方法 asin(double a)、acos(double a)、atan(double a)的返回值为用弧度表示的角度。

③ Math 类中的静态方法 signum()返回参数的符号，参数为正值时返回 1.0(或 1.0f)，参数为负值时返回－1.0(或－1.0f)，参数为 0 时返回 0.0(或 0.0f)。

6.1.2　Random 类

Random 类是 java.util 包中的一个工具类，其作用是产生伪随机数。Random 类中常用的方法如表 6-1 所示。

表 6-1　Random 类中的常用方法

方法名	说明
public Random()	使用当前系统时间(毫秒数)创建一个新随机数生成器
public Random(long seed)	使用参数 seed 指定的种子创建一个新随机数生成器
public boolean nextBoolean()	返回下一个类型为 boolean 随机数
public double nextDouble()	返回下一个类型为 double 随机数，随机数范围为[0.0, 1.0)
public float nextFloat()	返回下一个类型为 float 随机数，随机数范围为[0.0f, 1.0f)
public int nextInt()	返回下一个类型为 int 随机数
public long nextLong()	返回下一个类型为 long 随机数
public int nextInt(int n)	返回下一个类型为 int 随机数，随机数范围为[0,n)
public void setSeed(long seed)	使用参数 seed 设置此随机数生成器的种子

【例 6-2】 Random 类中方法使用示例。

```
01  import java.util.*;
```

```
02 public class RandomTest {
03   public static void main(String[] args) {
04     Random r=new Random();
05     System.out.println("产生的 boolean 类型随机数为: "+r.nextBoolean());
06     System.out.println("产生的 int 类型随机数为: "+r.nextInt());
07     System.out.println("产生的 long 类型随机数为: "+r.nextLong());
08     System.out.println("产生的 double 类型随机数为: "+r.nextDouble());
09     System.out.println("产生的 float 类型随机数为: "+r.nextFloat());
10     int[] number=new int[6];
11     for(int i=0,j;i<1000;i++) {
12       j=r.nextInt(6);
13       number[j]++;
14     }
15     System.out.println("在随机产生的[0,5]之间的 1000 个随机整数中: ");
16     for(int i=0;i<6;i++) {
17       System.out.println(i+"的个数为: "+number[i]);
18     }
19     Random r1=new Random(100);
20     Random r2=new Random(100);
21     for(int i=0;i<10;i++){
22       System.out.print(r1.nextInt(20)+"\t");
23     }
24     System.out.println();
25     for(int i=0;i<10;i++){
26       System.out.print(r2.nextInt(20)+"\t");
27     }
28   }
29 }
```

【运行结果】

```
产生的 boolean 类型随机数为: false
产生的 int 类型随机数为: -2006419968
产生的 long 类型随机数为: 3714201182754862033
产生的 double 类型随机数为: 0.9239772005897479
产生的 float 类型随机数为: 0.92526835
在随机产生的[0,5]之间的 1000 个随机整数中:
0 的个数为: 156
1 的个数为: 171
2 的个数为: 159
3 的个数为: 169
4 的个数为: 169
5 的个数为: 176
15	10	14	8	11	6	16	8	3	13
15	10	14	8	11	6	16	8	3	13
```

【分析讨论】

① 如果没有指定一个种子值来初始化 Random 对象，则使用系统当前时间作为 Random 对象的种子值。

② 第 11～14 句，循环产生 1000 个[0,5]随机整数并分别统计其个数。

③ 第 19～27 句，使用相同的种子值初始化两个不同的 Random 对象，则不同的伪随机数生成器生成的伪随机数序列内容是相同的。

6.1.3　BigDecimal 类

在 Java 中，浮点型数据(float 和 double)在内存中不能实现精确表示，当需要任意精度的浮点型数据时，需要使用 java. math 包中的 BigDecimal 类。下面是 BigDecimal 类中常用的方法。

- public BigDecimal(xxx val)：将参数 val 转换为 BigDecimal，参数 val 的数据类型可以为 String、double、int、long。
- public BigDecimal abs()：返回一个 BigDecimal，其值为它的绝对值。
- public BigDecimal add(BigDecimal augend)：返回一个 BigDecimal，其值为此 BigDecimal 与参数 augend 之和。
- public BigDecimal divide(BigDecimal divisor)：返回一个 BigDecimal，其值为此 BigDecimal 与参数 divisor 相除。
- public xxx xxxValue()：将此 BigDecimal 转换为 double、float、int 或 long 类型的值。
- public BigDecimal multiply(BigDecimal multiplicand)：返回一个 BigDecimal，其值为此 BigDecimal 与参数 multiplicand 相乘。
- public BigDecimal pow(int n)：返回一个 BigDecimal，其值为此 BigDecimal 的 n 次幂。
- public BigDecimal subtract(BigDecimal subtrahend)：返回一个 BigDecimal，其值为此 BigDecimal 与参数 subtrahend 相减。
- public static BigDecimal valueOf(double val)：使用 Double. toString(double)方法提供的 double 规范的字符串表示形式将 double 转换为 BigDecimal。

【例 6-3】　BigDecimal 类中方法使用示例。

```
01  import java.math.*;
02  public class BigDecimalTest {
03    public static void main(String[] args) {
04      //使用 double 类型参数创建 BigDecimal 不能准确表示 double 值
05      BigDecimal bd1=new BigDecimal(10.04);
06      System.out.println(bd1.toString());
07      //使用 String 类型参数创建 BigDecimal 能准确表示 double 值
08      BigDecimal bd2=new BigDecimal("10.04");
09      System.out.println(bd2.toString());
10      //使用静态方法 valueOf 创建 BigDecimal 可以准确表示 double 参数值
```

```
11        System.out.println(BigDecimal.valueOf(10.04));
12        BigDecimal bd3=new BigDecimal("0.02");
13        System.out.println("10.04+0.02="+bd2.add(bd3));
14        System.out.println("10.04-0.02="+bd2.subtract(bd3));
15        System.out.println("10.04*0.02="+bd2.multiply(bd3));
16        System.out.println("10.04/0.02="+bd2.divide(bd3));
17        System.out.println("10.04*10.04="+bd2.pow(2));
18        BigDecimal bd4=new BigDecimal("1000");
19        BigDecimal bd5=new BigDecimal("8.96");
20        System.out.print("保留小数点后 7 位并四舍五入后的结果为: ");
21        System.out.print("1000/8.96=");
22        System.out.println(bd4.divide(bd5,7,BigDecimal.ROUND_HALF_UP));
23    }
24  }
```

【运行结果】

```
10.0399999999999991473487170878797769546508789062５
10.04
10.04
10.04+0.02=10.06
10.04-0.02=10.02
10.04*0.02=0.2008
10.04/0.02=502
10.04*10.04=100.8016
保留小数点后 7 位并四舍五入后的结果为: 1000/8.96=111.6071429
```

【分析讨论】

① 通过 new BigDecimal(double val)方式创建的 BigDecimal 对象不能准确表示浮点型数据。为了准确表示浮点型数据应该使用 new BigDecimal(String val)和 BigDecimal.valueOf(double val)两种方式来创建 BigDecimal 对象。

② 使用 BigDecimal 类可以精确表示任意长度和精度的数据,而 BigDecimal 数据在进行加、减和乘运算时也可以精确表示其运算结果。

③ BigDecimal 数据在进行除法运算时,如果除不尽,则会发生 ArithemeticException,这时可以指定运算结果中的精度与舍入方式。BigDecimal 类中的舍入方式 BigDecimal. ROUND_HALF_UP 为:向“最接近的”数字舍入,即四舍五入。

6.1.4 String 类

字符串就是用双撇号("")括起来的字符序列。Java 通过 java. lang 包中的类 String 和 StringBuffer 来创建字符串对象,并提供了一系列方法来实现对字符串对象的操作。String 类的对象一经创建后其内容不可改变,所以称为字符串常量。在程序中对字符串常量的比较、查询等操作应该使用 String 类。

1. 构造方法

String 类中的常用构造方法如下所示。

- public String()：创建一个空的 String 对象。
- public String(char[] value)：使用一个已存在的字符数组创建 String 对象。
- public String(char[] value, int offset, int count)：使用一个已存在的字符子数组创建 String 对象。
- public String(String original)：使用一个已存在的 String 对象复制一个 String 对象。
- public String(byte[] bytes)：使用一个已存在的字节数组创建 String 对象。
- public String(byte[] bytes, int offset, int length)：使用一个已存在的字节子数组创建 String 对象。

【例 6-4】 使用不同的构造方法创建 String 类的对象。

```
01  import java.io.UnsupportedEncodingException;
02  public class StringConstructorTest {
03    public static void main(String[] args) {
04      String s1=new String("hello world!");
05      System.out.println(s1);
06      char[] c={'很','高','兴','学','习','J','a','v','a','语','言','!'};
07      String s2=new String(c);
08      String s3=new String(c,5,4);
09      System.out.println(s2);
10      System.out.println(s3);
11      byte[] b={74, 97, 118, 97};
12      try {
13        System.out.println(new String(b,"GBK"));
14      }
15      catch(UnsupportedEncodingException e) {
16        e.printStackTrace();
17      }
18    }
19  }
```

【运行结果】

```
hello world!
很高兴学习 Java 语言!
Java
Java
```

2. String 类的主要方法

String 类提供了许多操作字符串常量的方法，下面给出了一些常用的方法。

- public int length()：返回此字符串的长度。

- public String concat(String str)：将本字符串与指定字符串连接，并将新生成的字符串返回。如果参数字符串的长度为0，则返回此String对象。
- public char charAt(int index)：返回指定索引处的字符。
- public int compareTo(String anotherString)：按照字典顺序比较两个字符串的大小。如果返回值为0，则表示两个字符串相同；如果返回值为一个负整数，则表示被操作字符串排在参数字符串前面；如果返回值为一个正整数，则表示被操作字符串排在参数字符串后面。
- public boolean equals(Object anObject)：比较此字符串与指定的对象，当且仅当该参数不为null，并且是表示与此对象相同的字符序列的String对象时，结果才为true。
- public int indexOf(int ch)：返回指定字符在此字符串中第一次出现处的索引，如果此字符串中没有这样的字符，则返回－1。
- public int lastIndexOf(int ch)：返回最后一次出现的指定字符在此字符串中的索引，如果此字符串中没有这样的字符，则返回－1。
- public boolean startsWith(String prefix)：测试此字符串是否以指定前缀开始。
- public boolean endsWith(String suffix)：测试此字符串是否以指定后缀结束。
- public Stirng substring(int beginIndex, int endIndex)：返回一个新字符串，它是此字符串的一个子字符串，该子字符串从指定的beginIndex处开始，一直到索引endIndex－1处的字符。
- public String trim()：返回一个新字符串，该字符串忽略原字符串的前导空白和尾部空白。
- public String replace(char oldChar, char newChar)：返回一个新的字符串，它是通过用newChar替换此字符串中出现的所有oldChar而生成的。如果oldChar在此String对象表示的字符序列中没有出现，则返回此String对象的引用。

6.1.5 StringBuffer类

由于StringBuffer类创建的对象在创建之后允许做更改和变化，所以称为字符串变量。在程序中，如果经常需要对字符串变量做添加、插入、修改之类的操作，则应选择使用StringBuffer类。

1. 构造方法

下面是StringBuffer类构造方法。

- public StringBuffer()：构造一个其中不带字符的字符串缓冲区，其初始容量为16个字符。
- public StringBuffer(int capacity)：构造一个不带字符，但具有指定初始容量的字符串缓冲区。
- public StringBuffer(String str)：构造一个字符串缓冲区，并将其内容初始化为指定的字符串内容。该字符串缓冲区的初始容量为16加上字符串参数的长度。

2. StringBuffer 类的主要方法

StringBuffer 类提供了许多操作字符串变量的方法，下面给出了一些常用的方法。

- public String toString()：创建一个新的 String 对象以包含当前由此对象表示的字符串序列，并返回此 String 对象引用。
- public StringBuffer append(String str)：将指定的字符串追加到此字符序列的尾部，并返回该 StringBuffer 对象引用。
- public StringBuffer append(StringBuffer sb)：将指定 StringBuffer 对象中的字符串追加到此字符序列的尾部，并返回该 StringBuffer 对象引用。
- public StringBuffer insert(int offset, String str)：按顺序将 String 参数中的字符插入到此序列中的指定位置，并返回该 StringBuffer 对象引用。
- public StringBuffer delete(int start, int end)：移除此 StringBuffer 序列的子字符串中的字符，该子字符串从指定的 start 处开始到 end－1 结束，并返回该 StringBuffer 对象引用。
- public StringBuffer replace(int start, int end, String str)：使用给定 String 中字符替换此序列中从 start 开始到 end－1 结束的字符，并返回该 StringBuffer 对象引用。
- public int length()：返回当前字符序列的长度。

【例 6-5】 StringBuffer 类中方法的使用示例，通过追加字符串操作对比其与 String 类的执行性能。

```
01 public class StringBufferTest {
02   public static void main(String[] args) {
03     StringBuffer sb=new StringBuffer();
04     System.out.println("sb.length="+sb.length());
05     System.out.println("sb.capacity="+sb.capacity());
06     sb.append("ABCDEFG");
07     System.out.println(sb);
08     System.out.println("sb.length="+sb.length());
09     System.out.println("sb.capacity="+sb.capacity());
10     System.out.println(sb.reverse());
11     sb.delete(0,sb.length());
12     long t1=System.currentTimeMillis();
13     for(int i=0;i<10000;i++) {
14       sb.append("hello");
15     }
16     long t2=System.currentTimeMillis();
17     System.out.println("使用 StringBuffer 类完成追加字符串所用时间为: "+(t2-t1));
18     String s="";
19     t1=System.currentTimeMillis();
20     for(int i=0;i<10000;i++) {
21       s+="hello";
```

```
22        }
23        t2=System.currentTimeMillis();
24        System.out.println("使用String类完成追加字符串所用时间为："+(t2-t1));
25    }
26  }
```

【运行结果】

```
sb.length=0
sb.capacity=16
ABCDEFG
sb.length=7
sb.capacity=16
GFEDCBA
使用StringBuffer类完成追加字符串所用时间为：0
使用String类完成追加字符串所用时间为：1250
```

【分析讨论】

① StringBuffer类型字符串对象只能通过new运算符和构造方法来创建。

② StringBuffer类中的append方法及insert方法都进行了重载，所以这两个方法不仅可以插入字符串，还可以插入基本数据类型以及其他引用类型对象。

③ JDK 5中引入了一个名为StringBuilder的字符串类，以增强Java的字符串处理能力。StringBuilder类的用途与StringBuffer类相同，用来进行字符串的连接和修改，但StringBuilder与StringBuffer的区别在于StringBuilder不是线程同步的，即意味着它不是线程安全的，StringBuilder的优势在于更快的性能。然而，StringBuffer类中的方法进行了同步，所以使用多线程时必须使用StringBuffer，而不能使用StringBuilder。

6.2 日期类

在Java中，表示日期和时间的类主要有Date类和Calendar类。Date类中的大多数方法已经不推荐使用了，而Calendar类是Date类的一个增强版，在Calendar类中提供了常规的日期修改功能。TimeZone类表示特定时区的标准时间与格林尼治时间的偏移量。通过设置Calendar对象的TimeZone(时区)值，Calendar类可以实现日期和时间的国际化支持。

6.2.1 Calendar类

java.util.Calendar类提供了常规的日期修改功能，以及对日期在不同时区和语言环境的国际化支持。Calendar是一个抽象类，不能直接实例化Calendar对象，必须通过静态方法getInstance来获取Calendar对象。下面是Calendar类中的常用方法。

- public static Calendar getInstance()：使用默认时区和语言环境获得一个日历，返回的Calendar基于当前时间。

- public static Calendar getInstance(TimeZone zone, Locale aLocale)：使用指定时区和语言环境获得一个日历，返回的 Calendar 基于当前时间。
- public abstract void add(int field, int amount)：根据日历规则为给定的日历字段添加或减去指定的时间量。
- public int get(int field)：返回指定日历字段的值。
- public int getActualMaximum(int field)：根据 Calendar 对象的时间值返回指定日历字段的最大值。
- public int getActualMinimum(int field)：根据 Calendar 对象的时间值返回指定日历字段的最小值。
- public int getFirstDayOfWeek()：获得一星期中的第一天。
- public final Date getTime()：返回一个表示此 Calendar 时间值的 Date 对象。
- public long getTimeInMillis()：返回此 Calendar 的时间值，以毫秒为单位。
- public TimeZone getTimeZone()：返回与此日历相关的时区对象。
- public void roll(int field, int amount)：向指定日历字段添加指定(有符号的)时间量，不更改更大的字段，负的时间量意味着向下滚动。
- public void set(int field, int value)：将给定的日历字段设置为给定值。
- public final void set(int year, int month, int date)：设置日历字段 YEAR、MONTH 和 DAY_OF_MONTH 的值，保留其他日历字段以前的值。
- public final void set(int year, int month, int date, int hourOfDay, int minute, int second)：设置字段 YEAR、MONTH、DAY_OF_MONTH、HOUR_OF_DAY、MINUTE 和 SECOND 的值。
- public final void setTime(Date date)：使用给定的 Date 设置此 Calendar 的时间。
- public void setTimeInMillis(long millis)：用给定的 long 值设置此 Calendar 的当前时间值。
- public void setTimeZone(TimeZone value)：使用给定的时区值来设置此 Calendar 的时区。

【例 6-6】 Calendar 类中方法使用示例。注意观察方法 add()与 roll()的区别及 set()方法的特点。

```
01  import java.util.*;
02  public class CalendarTest {
03    public static void main(String[] args) {
04      Calendar c=Calendar.getInstance();
05      //Calendar.Month 字段的取值从 0 开始
06      c.set(2008,7,31,14,56,45);
07      System.out.println(c.getTime());
08      System.out.print(c.get(Calendar.YEAR)+"-");
09      System.out.print(c.get(Calendar.MONTH)+1+"-");
10      System.out.print(c.get(Calendar.DATE)+" ");
```

```
11        System.out.print(c.get(Calendar.HOUR_OF_DAY)+": ");
12        System.out.print(c.get(Calendar.MINUTE)+": ");
13        System.out.println(c.get(Calendar.SECOND));
14        //当被修改的字段超出其允许范围时,add()方法会使上一级字段发生进位,
15        //下一级字段会修正到变化最小的值
16        c.add(Calendar.MONTH,6);
17        System.out.println(c.getTime());
18        c.set(2008,7,31,14,56,45);
19        //当被修改的字段超出其允许范围时,roll()方法不会使上一级字段发生进位,
20        //下一级字段会修正到变化最小的值
21        c.roll(Calendar.MONTH,6);
22        System.out.println(c.getTime());
23        //在 Calendar 处于 lenient 模式时,可将大于日历字段范围的值进行标准化
24        c.set(Calendar.MONTH,15);
25        System.out.println(c.getTime());
26        //通过 set()方法可以设置日历字段的值,但不会重新计算日历的时间
27        c.set(Calendar.DATE,31);
28        //如果 set()方法重新计算日历的时间应为: Fri May 01 14: 56: 45 CST 2009
29        //System.out.println(c.getTime());
30        c.set(Calendar.MONTH,7);
31        System.out.println(c.getTime());
32      }
33  }
```

【运行结果】

```
Sun Aug 31 14: 56: 45 CST 2008
2008-8-31  14: 56: 45
Sat Feb 28 14: 56: 45 CST 2009
Fri Feb 29 14: 56: 45 CST 2008
Wed Apr 29 14: 56: 45 CST 2009
Mon Aug 31 14: 56: 45 CST 2009
```

【分析讨论】

① Calendar 类中的年、月、日、小时、分、秒等时间字段，分别用其类中的静态属性 Calendar. YEAR、Calendar. MONTH、Calendar. DATE、Calendar. HOUR_OF_ DAY、Calendar. MINUTE、Calendar. SECOND 来表示。

② Calendar. MONTH 月份字段的起始值从 0 开始，Calendar. HOUR_OF_DAY 小时字段的取值用 24 小时制，Calendar. HOUR 小时字段的取值用 12 小时制。

③ 当被修改的字段超出其允许范围时，add()方法会使上一级字段发生进位，下一级字段会修正到变化最小的值，而 roll()方法不会使上一级字段发生进位。

④ Calendar 有两种解释日历字段的模式：lenient 和 non-lenient。当 Calendar 处于 lenient 模式时可将大于日历字段范围的值进行标准化，而处于 non-lenient 模式时设置大于日历字段范围的值将会抛出异常。

⑤ 通过 set()方法可以设置日历字段的值，但不会重新计算日历的时间。多次调用 set()方法不会触发多次不必要的计算，直到下次调用 get()、getTime()、getTimeInMillis()、add()、roll()方法时才会重新计算日历的时间值。

6.2.2 TimeZone 类

java.util.TimeZone 类表示时区偏移量，也可以计算夏令时，每个 TimeZone 类对象记录的是特定时区的标准时间与格林尼治时间的“偏移量”。与 Calendar 类一样，TimeZone 类也被定义为抽象类，必须通过调用其静态方法 getDefault()来获得该类的对象，此时对应的是程序运行所在操作系统的默认时区。下面是 TimeZone 类的常用方法。

- public static TimeZone getDefault()：获取当前主机默认时区对应的 TimeZone 实例。
- public static TimeZone getTimeZone(String ID)：获取给定时区的 TimeZone 实例，其中的参数 ID 为指定时区的名称，可以通过 getAvailableIDs()方法来获取受支持的所有可用时区名称。
- public static String[] getAvailableIDs()：获取受支持的所有可用时区名称。
- public static String[] getAvailableIDs(int rawOffset)：根据给定的时区偏移量获取可用的时区名称。
- public final String getDisplayName()：返回默认区域时区的长名称，不包括夏令时。
- public final String getDisplayName(boolean daylight, int style)：返回默认区域时区的名称。参数 daylight 为 true 时则返回夏令时名称，style 为 LONG 时输出为长名称风格，style 为 SHORT 时输出为短名称风格。
- public final String getDisplayName(Locale locale)：返回给定区域时区的长名称，不包括夏令时。
- public String getID()：获取此时区名称。
- public abstract int getRawOffset()：返回添加到 UTC 以毫秒为单位的原始偏移时间量。
- public abstract boolean inDaylightTime(Date date)：查询给定的日期是否在此时区的夏令时中。
- public void setID(String ID)：设置时区名称。

【例 6-7】 TimeZone 类中方法使用示例。

```
01 import java.util.*;
02 public class TimeZoneTest {
03   public static void main(String[] args) {
04     TimeZone tz=TimeZone.getDefault();
05     System.out.println(tz.getID());
06     System.out.println(tz.useDaylightTime());
```

```
07      System.out.println(tz.getDisplayName());          //默认时区的长名称表示
08      //默认时区的短名称表示
09      System.out.println(tz.getDisplayName(false, TimeZone.SHORT));
10      System.out.println(tz.getRawOffset());
11      //获取时区ID为美国太平洋时区的TimeZone对象
12      tz=TimeZone.getTimeZone("America/Los_Angeles");
13      System.out.println(tz.getDisplayName());
14      System.out.println(tz.getDisplayName(false, TimeZone.SHORT));
15      System.out.println(tz.getRawOffset());
16    }
17  }
```

【运行结果】

```
Asia/Shanghai
false
中国标准时间
CST
28800000
太平洋标准时间
PST
-28800000
```

6.3 正则表达式

当需要对字符串中的内容进行查找、提取、分割、替换等操作时，正则表达式是一个非常强大的工具。所谓正则表达式就是一个特殊的字符串，它可以作为匹配字符串的模板。正则表达式的基本语法如表6-2所示。

表6-2 正则表达式的基本语法

语　法	说　明
x	表示字符x
\\	表示反斜线字符
\0mnn	表示八进制数0mnn所表示的字符
\xhh　\uhhhh	分别表示十六进制数0xhh、0xhhhh所表示的字符
\t　\n　\r　\f　\a	分别表示制表符、换行符、回车符、换页符、报警符
[abc]	使用[]括起来的为一个可选取字符组，表示字符组中的任意一个字符a、b或c
[^abc]	使用[^]为可选字符组的补集，表示a、b、c之外的任意一个字符
[a-zA-Z]	使用[-]为可选字符组的范围，表示a～z或A～Z中的任意一个字符

续表

语　法	说　明
[a-d[m-p]]	可选字符组的并集,表示a－d或m－p中的任意一个字符
[a-z&&[def]]	使用&&为可选字符组的交集,表示d、e、f中的任意一个字符
[a-z&&[^bc]]	表示a到z中除了b和c之外的任意一个字符,即[ad－z]
[a-z&&[^m－p]]	表示a到z中除了m到p之外的任意一个字符,即[a－l[q－z]]
\d　\D	\d表示数字:[0－9]　\D表示非数字:[^0－9]
\s　\S	\s表示空白字符:[\t\n\f\r\x20]　\S表示非空白字符:[^\s]
\w　\W	\w表示单词字符:[a－zA－Z_0－9]　\W表示非单词字符:[^\w]
^　$	默认情况下,^表示行的开头　$表示行的结尾
\b　\B	\b表示单词边界　\B表示非单词边界
XY	表示X后面为Y
X|Y	表示X或Y
(X)	表示将X作为一个分组
\	该字符为转义字符
X?	表示X可以出现0次或1次
X*	表示X可以出现0次或多次
X+	表示X可以出现1次或多次
X{n}	表示X恰好出现n次
X{n,}	表示X至少出现n次
X{m,n}	表示X至少出现m次,但是不超过n次

在进行匹配的过程中,有时需要指定某个字符或字符组出现的次数,这时可以使用量词。在正则表达式中,可以使用的量词分别为?、*、+、{n}、{n,}和{m,n}。在量词的后面还可以指定匹配次数的模式。在匹配有重复字符或字符组出现的情形下,量词表示符默认采用贪婪模式。在该模式下进行匹配时,将按照最大限度的可能进行匹配。例如,对于字符串“abcabc”,如果使用正则表达式“a[\\w]+c”进行匹配时,会采用贪婪模式进行匹配,则匹配到的内容为“abcabc”。

程序中定义了正则表达式之后,就可以使用类Pattern和Matcher来使用正则表达式。java.util.regex.Pattern类的对象表示通过编译的正则表达式,因此正则表达式字符串必须先被编译为Pattern对象。通过Pattern类提供的静态工厂方法可以获得Pattern类对象,通过Pattern中的方法可以实现对字符串(或字符序列)按照正则表达式进行匹配和拆分。Pattern类中的常用方法如表6-3所示。

表 6-3 Pattern 类中的常用方法

方 法 名	说 明
public static Pattern compile(String regex)	参数 regex 表示用字符串表示的正则表达式，该方法将指定的正则表达式编译成 Pattern 对象
public Matcher matcher(CharSequence input)	返回字符序列的匹配器对象
public static boolean matches(String regex, CharSequence input)	编译给定的正则表达式并与给定的字符序列进行匹配
public String pattern()	返回该模式对象表示的正则表达式
public String[] split(CharSequence input)	使用此模式对象将指定的字符序列进行拆分，并将拆分后的子串以字符串数组返回
public String toString()	返回此模式的字符串表示形式

【例 6-8】 Pattern 类中方法使用示例。通过正则表达式判断字符串的有效性及对字符串的拆分。

```
01  import java.util.regex.*;
02  public class PatternTest {
03    public static void main(String[] args) {
04      String regex="[a-zA-Z]\w*[@]\w+[.]\w{2,}";
05      String input="abc_34@163.com";
06      boolean b=Pattern.matches(regex,input);
07      System.out.println("电子邮件"+input+"的有效性为: "+b);
08      Pattern p=Pattern.compile(",|: |;");
09      input="we,they;this: book";
10      String[] s=p.split(input);
11      System.out.println("字符串"+input+"中共有"+s.length+"个单词: ");
12      for(int i=0;i<s.length;i++) {
13        System.out.println(s[i]);
14      }
15    }
16  }
```

【运行结果】

```
电子邮件 abc_34@163.com 的有效性为: true
字符串 we,they;this: book 中共有 4 个单词:
we
they
this
book
```

类 java.util.regex.Matcher 表示模式的匹配器，通过 Pattern 类对象的方法 matcher(CharSequence input)可以得到模式的匹配器对象，而 Matcher 类对象的方法可以实现对字符串的匹配及替换。下面是 Matcher 类中的常用方法。

- public boolean matches()：当目标字符序列完全匹配模式时返回 true，否则返回 false。
- public boolean lookingAt()：当目标字符序列的前缀匹配模式时返回 true，否则返回 false。
- public boolean find()：从目标字符序列的开始进行查找，并尝试查找下一个与模式相匹配的子序列。当目标字符序列的子序列匹配模式时返回 true，否则返回 false。
- public String group()：返回匹配操作所匹配的字符串形式的子序列。
- public int start()：当目标字符序列中的子序列与模式匹配时，返回子序列第一个字符在目标字符序列中的索引。
- public int end()：当目标字符序列中的子序列与模式匹配时，返回子序列最后一个字符在目标字符序列中的索引加 1。
- public String replaceAll(String replacement)：将目标字符序列中与指定模式相匹配的所有子序列全部替换为指定的字符串，并将替换后的新字符序列以字符串的形式返回。
- public String replaceFirst(String replacement)：将目标字符序列中与指定模式相匹配的第一个子序列替换为指定的字符串，并将替换后的新字符序列以字符串的形式返回。
- public Matcher appendReplacement(StringBuffer sb, String replacement)：将目标字符串序列中与指定模式相匹配的子序列替换为指定的字符串，并且将子序列之前及替换后的字符串追加到字符串缓冲区中。
- public Stringbuffer appendTail(StringBuffer sb)：将目标字符序列中最后一次替换后剩下的字符序列添加到指定的字符串缓冲区中。

【例 6-9】 Matcher 类中方法使用示例。Matcher 类中的方法 find()和 group()实现了字符串的查找，方法 appendReplacement()和 appendTail()实现了字符串的替换。

```
01 import java.util.regex.*;
02 public class MatcherTest {
03   public static void main(String[] args) {
04     //找出字符串中以字符'c'开头的所有单词
05     String s="A Java project contains source code and related files for "
06       +"building a Java program. It has an associated Java builder "
07       +"that can incrementally compile Java source files as they are changed.";
08     String regex="\b[c][a-zA-Z]*\b";
09     Pattern p=Pattern.compile(regex);
10     Matcher m=p.matcher(s);
11     System.out.println(s);
12     System.out.println("以字符 c 开头的所有单词为：");
13     while(m.find()) {
14       System.out.print(m.group()+"  ");
```

```
15        }
16        System.out.println();
17        String[] input={"2009-5-22","1989-10-9","2010-01-01"};
18        regex="[1-9]\d{3}-(0? [1-9]|1[0-2])-(0? [1-9]|[1-2][0-9]|3[0-1])";
19        p=Pattern.compile(regex);
20        Pattern pdate=Pattern.compile("-");
21        for(int i=0;i<input.length;i++) {
22          m=p.matcher(input[i]);
23          if(m.matches()) {
24            m=pdate.matcher(input[i]);
25            int n=0;
26            StringBuffer sb=new StringBuffer();
27            while(m.find()) {
28            if(n==0)
29                m.appendReplacement(sb, "年");
30            else
31                m.appendReplacement(sb, "月");
32              n++;
33            }
34            m.appendTail(sb);
35            sb.append("日");
36            System.out.println(input[i]+"转换后为: "+sb.toString());
37          }
38        }
39      }
40    }
```

【运行结果】

```
A Java project contains source code and related files for building a Java program.
It has an associated Java builder that can incrementally compile Java source files
as they are changed.
以字符c开头的所有单词为:
contains  code  can  compile  changed
2009-5-22转换后为: 2009年5月22日
1989-10-9转换后为: 1989年10月9日
2010-01-01转换后为: 2010年01月01日
```

【分析讨论】

以字符串形式表示的正则表达式无效时，程序运行时会抛出 java. util. regex. PatternSyntaxException，该异常类派生自 RuntimeException。

使用正则表达式对字符串中的内容进行查找替换时，除了使用 Pattern 和 Matcher 类之外，实际上 String 类也提供了相应的功能。String 类中关于正则表达式操作的方法如表 6-4 所示。

表 6-4 String 类中关于正则表达式操作的方法

方法名	说明
public boolean matches(String regex)	当字符串匹配给定的正则表达式时返回 true，否则返回 false
public String replaceAll(String regex, String replacement)	将字符串中与正则表达式相匹配的所有子串替换为指定的字符串，并返回替换后的新字符串
public String replaceFirst(String regex, String replacement)	将字符串中与正则表达式相匹配的第一个子串替换为指定的字符串，并返回替换后的新字符串
public String[] split(String regex)	根据给定正则表达式拆分字符串，并将拆分结果以一维字符串数组的形式返回

6.4 Java 国际化

软件的国际化(internationalization)是指同一种版本的软件产品能够适用于不同的地域和语言环境的需要，这样程序在运行时可以根据国家/地区和语言环境的不同而显示不同的用户界面和消息。为了便于表达，人们将“国际化”简称为“I18N”或“i18n”(internationalization 一词开头字母“i”和结尾字母“n”之间共有 18 个字母)。

一个支持国际化的软件会随着在不同区域的使用呈现出本地语言的提示，这个过程也被称为本地化(localization)。本地化也可以简称为“L10N”或“l10n”。对于本地化的软件产品，用户可以使用自己的语言和文化习惯与产品进行交互。

1. Locale 类

Java 内核采用 Unicode 编码集，提供了对不同国家和语言的支持。java.util.Locale 类描述了特定的地理、政治和文化上的地区。Locale 类的对象主要包含两方面信息：国家/地区名称和语言种类。国家/地区名称是一个有效的 ISO 国家/地区代码，这些代码是由 ISO-3166 定义的大写的两个字母代码。

常用的国家/地区代码如表 6-5 所示。

表 6-5 常用的 ISO-3166 标准国家/地区代码

国家/地区	代码	国家/地区	代码
AUSTRALIA	AU	JAPAN	JP
CANADA	CA	SPAIN	ES
CHINA	CN	TAIWAN	TW
FRANCE	FR	UNITED STATES	US
GERMANY	DE	UNITED KINGDOM	GB
ITALY	IT		

语言种类是一个有效的 ISO 语言代码，这些代码是由 ISO-639 定义的小写的两个字母代码。常用的语言代码如表 6-6 所示。

表 6-6 常用的 ISO-639 标准语言代码

语　言	代码	语　言	代码
Chinese	zh	Japanese	ja
English	en	Italian	it
French	fr	Spanish	es
German	de		

【例 6-10】 Locale 类中方法使用示例。

```
01 import java.util.Locale;
02 public class LocaleTest {
03   public static void main(String[] args) {
04     Locale defaultLocale=Locale.getDefault();
05     Locale japanLocale=new Locale("ja","JP");
06     display(defaultLocale);
07     display(japanLocale);
08   }
09   public static void display(Locale l) {
10     System.out.println(l+"---"+l.getDisplayName());
11     System.out.println(l.getCountry()+"---"+l.getDisplayCountry());
12     System.out.println(l.getLanguage()+"---"+l.getDisplayLanguage());
13   }
14 }
```

【运行结果】

```
zh_CN---中文（中国）
CN---中国
zh---中文
ja_JP---日文（日本）
JP---日本
ja---日文
```

2. DateFormat 类

由于不同语言文化传统上的差异，人们所习惯的日期表示格式也不尽相同，因此同一个日期使用不同 Locale 语言环境格式化后的字符串是符合其本地习惯的。java.text.DateFormat 类也具有国际化的能力，Locale 类与 DateFormat 类结合，可以将日期/时间格式化成各种不同语言环境的标准信息。DateFormat 是一个抽象类，只能通过其静态工厂方法来获得其对象实例。

DateFormat 类中关于日期/时间的格式化模式有四种：DateFormat.SHORT、DateFormat.MEDIUM、DateFormat.LONG、DateFormat.FULL。

【例 6-11】 DateFormat 中方法使用示例。注意在不同的语言环境及输出模式下日期和时间的输出格式。

```
01  import java.util.*;
02  import java.text.DateFormat;
03  public class DateFormatTest {
04    public static void main(String[] args) {
05      Calendar c=Calendar.getInstance();
06      c.set(2009,11,15,11,25,45);
07      Date d=c.getTime();
08      Locale localechina=new Locale("zh","CN");
09      Locale localeamerica=new Locale("en","US");
10      displayDate(localechina,d);
11      displayDate(localeamerica,d);
12    }
13    public static void displayDate(Locale locale,Date d) {
14      System.out.println("语言环境为："+locale);
15      DateFormat df1=DateFormat.getDateTimeInstance(
16            DateFormat.SHORT,DateFormat.SHORT,locale);
17      System.out.println("SHORT 模式的日期/时间格式为："+df1.format(d));
18      DateFormat df2=DateFormat.getDateTimeInstance(
19            DateFormat.MEDIUM,DateFormat.MEDIUM,locale);
20      System.out.println("MEDIUM 模式的日期/时间格式为："+df2.format(d));
21      DateFormat df3=DateFormat.getDateTimeInstance(
22            DateFormat.LONG,DateFormat.LONG,locale);
23      System.out.println("LONG 模式的日期/时间格式为："+df3.format(d));
24      DateFormat df4=DateFormat.getDateTimeInstance(
25            DateFormat.FULL,DateFormat.FULL,locale);
26      System.out.println("FULL 模式的日期/时间格式为："+df4.format(d));
27    }
28  }
```

【运行结果】

```
语言环境为：zh_CN
SHORT 模式的日期/时间格式为：09-12-15 上午 11:25
MEDIUM 模式的日期/时间格式为：2009-12-15 11:25:45
LONG 模式的日期/时间格式为：2009 年 12 月 15 日 上午 11 时 25 分 45 秒
FULL 模式的日期/时间格式为：2009 年 12 月 15 日 星期二 上午 11 时 25 分 45 秒 CST
语言环境为：en_US
SHORT 模式的日期/时间格式为：12/15/09 11:25 AM
MEDIUM 模式的日期/时间格式为：Dec 15, 2009 11:25:45 AM
LONG 模式的日期/时间格式为：December 15, 2009 11:25:45 AM CST
FULL 模式的日期/时间格式为：Tuesday, December 15, 2009 11:25:45 AM CST
```

3. NumberForamt 类

不同语言/国家对于数字的表示习惯也是不同的，如果要根据语言环境相关的方式来格式化数字就要使用 java. text. NumberFormat 类。Locale 类与 NumberFormat 类相结合可以将数字格式化为符合特定语言环境表述习惯的字符串以及逆向解析字符串为数字。NumberFormat 是一个抽象类，只能通过其静态工厂方法来获得其对象实例。

【例 6-12】 NumberFormat 类中方法使用示例。注意观察在不同语言环境下数值、货币和百分比的格式。

```
01 import java.text.*;
02 import java.util.*;
03 public class NumberFormatTest {
04   public static void main(String[] args) {
05     Locale[] locales=new Locale[3];
06     locales[0]=new Locale("zh","CN");
07     locales[1]=new Locale("en","US");
08     locales[2]=new Locale("de","CH");
09     double d=1259.23;
10     displayNumber(locales,d);
11   }
12   public static void displayNumber(Locale[] locales,double d) {
13     NumberFormat nf;
14     for(int i=0;i<locales.length;i++) {
15       System.out.println(locales[i].getDisplayName());
16       nf=NumberFormat.getInstance(locales[i]);
17       System.out.println("通用数值格式: "+nf.format(d));
18       nf=NumberFormat.getCurrencyInstance(locales[i]);
19       System.out.println("货币数值格式: "+nf.format(d));
20       nf=NumberFormat.getPercentInstance(locales[i]);
21       System.out.println("百分比数值格式: "+nf.format(d));
22     }
23   }
24 }
```

【运行结果】

```
中文 (中国)
通用数值格式: 1,259.23
货币数值格式: ￥1,259.23
百分比数值格式: 125,923%
英文 (美国)
通用数值格式: 1,259.23
货币数值格式: $1,259.23
百分比数值格式: 125,923%
德文 (瑞士)
通用数值格式: 1'259.23
货币数值格式: SFr. 1'259.23
百分比数值格式: 125'923 %
```

6.5 小　结

本章讲解了 Math 类、Random 类、BigDecimal 类、String/StringBuffer 类以及 Calendar/TimeZone 类的功能和用法。其次，详细讲解了 JDK 1.4 中新增的正则表达式的用法，包括如何创建正则表达式以及如何使用 Pattern、Matcher、String 类来使用正则表达式。最后，简要介绍了 Java 国际化的相关知识，包括日期、时间、数字、消息等格式化内容。

SCJP 认证习题解析

1. 下列哪个选项可以计算出角度为 42 度的余弦值？

   A. double d=Math.cos(42);

   B. double d=Math.conine(42);

   C. double d=Math.cos(Math.toRadians(42));

   D. double d=Math.cos(Math.toDegrees(42));

   E. double d=Math.conine(Math.toRadians(42));

【答案】 C

【解析】 计算余弦值可以使用 Math.cos(double a)方法，方法的参数为弧度值，可以通过 Math.toRadians(double angdeg)方法将角度值转换为弧度值，所以选项 C 是正确的。

2. 下列哪行代码将输出整数 7？

```
01  class MyClass {
02    public static void main(String[] args) {
03      double x=6.5;
04      System.out.println(Math.floor(x+1));
05      System.out.println(Math.ceil(x));
06      System.out.println(Math.round(x));
07    }
08  }
```

   A. 第 4 行　　B. 第 4、5 行

   C. 第 4、5、6 行　　D. 以上都不对

【答案】 D

【解析】 方法 Math.floor(double a)和 Math.ceil(double a)的返回值类型为 double，第 4、5 句的输出结果都为 7.0，方法 Math.round(double a)的返回值类型为 long，只有第 6 句的输出结果为 7，所以选项 D 为正确答案。

3. 下列代码中类 D 和 E 的输出是什么？

```
class D {
```

```
  public static void main(String[] args) {
    String s1=new String("hello");
    String s2=new String("hello");
    if(s1.equals(s2))
      System.out.println("equal");
    else
      System.out.println("not equal");
  }
}
class E {
  public static void main(String[] args) {
    StringBuffer s1=new StringBuffer("hello");
    StringBuffer s2=new StringBuffer("hello");
    if(s1.equals(s2))
      System.out.println("equal");
    else
      System.out.println("not equal");
  }
}
```

A. D: equal; E: equal　　B. D: not equal; E: not equal

C. D: equal; E: not equal　　D. D: not equal; E: equal

【答案】 C

【解析】 String类重写了从Object类继承的equals(Object anObject)方法，重写之后的方法比较的是两个字符串的内容是否相同；而StringBuffer类并没有重写equals(Object anObject)方法，该方法比较的仍然是两个对象的引用是否相同，所以选项C是正确的。

4. 当编译并运行下列代码时其运行结果是什么？

```
public class Example {
  public static void main(String[] args) {
    Example s=new Example();
  }
  private Example() {
    String s="Marcus";
    String s2=new String("Marcus");
    if(s==s2) {
      System.out.println("we have a match");
    }
    else {
      System.out.println("Not equal");
    }
  }
}
```

A. 修饰构造方法的访问控制符不能为 private，所以代码会出现编译错误

B. 输出“we have a match”

C. 输出“Not equal”

D. 字符串比较不能使用运算符==，所以代码会出现编译错误

【答案】 C

【解析】 字符串变量使用运算符“==”进行比较运算时，如果两个引用指向的是同一个字符串对象，则运算结果为 true，否则为 false。上面代码中变量 s 与 s2 分别指向两个字符串对象，所以选项 C 是正确的。

5. 当编译并运行下列代码时其运行结果是什么？

```
public class Example {
  public static void main(String[] args) {
    certkiller("four");
    certkiller("tee");
    certkiller("to");
  }
  public static void certkiller(String str) {
    int check=4;
    if(check==str.length()) {
      System.out.print(str.charAt(check-=1)+" ");
    }
    else {
      System.out.print(str.charAt(0)+" ");
    }
  }
}
```

A. r t t　　　　B. r e o

C. 编译错误　　　　D. 运行时异常

【答案】 A

【解析】 String 类中的 charAt(int index)方法用于返回指定索引处的 char 值，索引的取值范围为 0～n－1，n 为字符串的长度，所以选项 A 是正确的。

6. 当编译并运行下列代码时其运行结果是什么？

```
public class Example {
  public static void main(String[] args) {
    String s="Java";
    StringBuffer sb=new StringBuffer("Java");
    change(s);
    change(sb);
    System.out.println(s+sb);
  }
  public static void change(String s) {
```

```
    s=s.concat("hello");
  }
  public static void change(StringBuffer sb) {
    sb.append("hello");
  }
}
```

A. hellohello　　　　B. helloJava

C. Javahello　　　　D. JavaJavahello

【答案】 D

【解析】 String类的对象一经创建后其内容是不可改变的,当对String对象进行操作时会创建并返回一个新的String对象,而StringBuffer类对象允许对其字符串内容进行修改,所以选项D是正确的。

7. 当编译并运行下列代码时其运行结果是什么?

```
public class Example {
  static String s="Hello";
  public static void main(String[] args) {
    Example h=new Example();
    h.methodA(s);
    String s1=s.replace('e', 'a');
    System.out.println(s1);
  }
  public void methodA(String s) {
    s+=" World!!!";
  }
}
```

A. 编译错误　　　　B. 输出"Hello World!!!"

C. 输出"Hello"　　　　D. 输出" World!!!"

E. 输出"Hallo"

【答案】 E

【解析】 String类对象一经创建后其内容是不可改变的,当方法h.methodA(s)执行完后,字符串s的内容仍为"Hello",String类中方法replace(char oldChar, char newChar)用于将指定的字符替换成新的字符,所以选项E是正确的。

8. 下列代码的输出是什么?

```
public class Example {
  public static void main(String[] args) {
    String bar=new String("blue");
    String baz=new String("green");
    String var=new String("red");
    String c=baz;
    baz=var;
```

```
      bar=c;
      baz=bar;
      System.out.println(baz);
    }
  }
```

A. red　　B. 编译错误　　C. blue　　D. null

E. green

【答案】 E

【解析】 String 类型变量为引用类型，上述代码中变量的赋值为引用赋值，所以选项 E 是正确的。

9. 当编译并运行下列代码时其运行结果是什么？

```
public class Example {
  public static void main(String[] args) {
    StringBuffer s=new StringBuffer("Java");
    String c=new String("Java");
    hello(s,c);
    System.out.println(s+c);
  }
  public static void hello(StringBuffer s,String c) {
    s.append("C");
    c=s.toString();
  }
}
```

A. 编译错误　　B. 运行错误　　C. JavaJava　　D. JavaCJava

【答案】 D

【解析】 StringBuffer 类的对象允许对其字符串内容进行修改，当方法 hello(StringBuffer s, String c)执行后，StringBuffer 类对象 s 的内容为“JavaC”，所以选项 D 是正确的。

10. 当编译并运行下列代码时其运行结果是什么？

```
public class Example {
  public static void main(String[] args) {
    String test="This is a test";
    String[] tokens=test.split("\\s");
    System.out.println(tokens.length);
  }
}
```

A. 0　　B. 1　　C. 4　　D. 编译错误

【答案】 C

【解析】 方法 public String[] split(String regex) 将根据给定正则表达式的匹配拆

分字符串,并将拆分结果以一维字符串数组的形式返回,"\\s"表示空白字符,所以选项 C 是正确的。

11. 当编译并运行下列代码时其运行结果是什么?

```
public class Example {
  public static void main(String[] args) {
    String s="ABCD";
    s.concat("E");
    s.replace('C','F');
    System.out.println(s);
  }
}
```

A. ABFDE　　B. ABCDE　　C. ABCD　　D. 编译错误

【答案】 C

【解析】 字符串 String 类中的方法 public String concat(String str)用于完成字符串的连接,连接后会生成新的字符串对象,方法 public String replace(char oldChar,char newChar)替换后也会生成新的字符串对象,字符串对象 s 的内容不会发生变化,所以选项 C 是正确的。

12. 当编译并运行下列代码时其运行结果是什么?

```
public class Example {
  public static void main(String[] args) {
    String s=new String("Bicycle");
    int iBegin=1;
    char iEnd=3;
    System.out.println(s.substring(iBegin,iEnd));
  }
}
```

A. Bic　　B. ic　　C. icy　　D. 编译错误

【答案】 B

【解析】 字符串 String 类中的方法 public String substring(int beginIndex,int endIndex),用于返回从 beginIndex 索引处开始到 endIndex−1 结束的子串,所以选项 B 是正确的。

13. 当编译并运行下列代码时其运行结果是什么?

```
public class Example {
  public static void main(String[] args) {
    String test="a1b2c3";
    String tokens[]=test.split("\\d");
    for(String s: tokens){
      System.out.print(s+" ");
    }
```

```
    }
}
```

A. a b c　　B. 1 2 3　　C. a1b2c3　　D. a1 b2 c3

【答案】 A

【解析】 方法 public String[] split(String regex) 将根据给定正则表达式的匹配拆分字符串,并将拆分结果以一维字符串数组的形式返回,"\\d"表示数字,所以选项A是正确的。

14. 当编译并运行下列代码时其运行结果是什么?

```
public class Example {
  public static void main(String[] args) {
    String s5="AMIT";
    String s6="amit";
    System.out.print(s5.compareTo(s6)+" ");
    System.out.print(s6.compareTo(s5)+" ");
    System.out.println(s6.compareTo(s6));
  }
}
```

A. −32 32 0　　B. 32 32 0　　C. 32 −32 0　　D. 0 0 0

【答案】 A

【解析】 字符串String类中的方法 public int compareTo(String anotherString)用于比较两个字符串的内容,如果按字典顺序此字符串小于字符串参数,则返回值小于0;如果按字典顺序此字符串大于字符串参数,则返回值大于0;如果两个字符串相等,则返回值为0。所以,选项A是正确的。

15. 1119280000000L是从1970年1月1日到2005年6月20日所经历的毫秒值,下面代码将输出在德文(德国)的语言环境下上述日期的"长格式",请补充代码。代码如下:

```
01  import ________
02  import ________
03  public class DateTwo {
04    public static void main(String[] args) {
05      Date d=new Date(1119280000000L);
06      DateFormat df=________;
07      System.out.println(________);
08    }
09  }
```

【答案】

```
01 java.util.*;
02 java.text.*;
06 DateFormat.getDateInstance(DateFormat.LONG,Locale.GERMANY)
07 df.format(d)
```

课后习题

1. 请完成下面程序，使得程序的输出结果为"Equivalence! "。

```
01  public class StringEquals {
02    public static void main(String[] args) {
03      String a="Java";
04      String b="java";
05      ________{
06        System.out.println("Equivalence!");
07      }
08      else{
09        System.out.println("Nonequivalence!");
10      }
11    }
12  }
```

2. 请完成下面程序，判断随机产生1000个11位数字字符串中符合手机号码的个数。手机号码应是以130、131、132、133、134、135、136、137、138、139、153、158、159、188、189开头的11位数字。

```
01  import java.util.*;
02  public class PhoneNumber {
03    public static void main(String[] args) {
04      int count=0;
05      StringBuffer sb=null;
06      String regex=________;
07      Random r=null;
08      int n;
09      char c;
10      String s=null;
11      System.out.println("符合手机号码的11位数字字符串为：");
12      for(int i=0;i<1000;i++){
13        r=new Random();
14        sb=new StringBuffer();
15        for(int j=0;j<11;j++){
16          n=r.nextInt(10);
17          c=(char)(n+48);
18          ________
19        }
20        s=sb.toString();
21        if(s.matches(regex)){
22          count++;
23          System.out.print(s+"\t");
```

```
24            }
25        }
26        System.out.println("\n"+"一共: "+count+"个");
27    }
28 }
```

3. 编写程序，随机生成 10 个互不相同的从'a'到'z'的字母将其输出，然后对这 10 个字母按从小到大的顺序排序并输出排序后的结果。

4. 编写程序，输出 2010 年 2 月份的日历。

5. 编写程序，找出给定字符串中所有以字符'a'开头的单词。

6. 编写程序，显示在中文(中国)语言环境下日期、时间及数字的输出格式。

第 7 章 Java泛型编程

CHAPTER

Java 中的泛型(Generic)是在 JDK 1.5 中引入的一个新特性,其作用是参数化类型(parameterized type)。在 Java 编程中,经常会遇到在容器中存放对象或从容器中取出对象,并根据需要转型为相应的对象的情形。在转型过程中极易出现错误,且很难发现。使用泛型可以在存取对象时明确地指明对象的类型,将问题暴露在编译阶段,由编译器进行检测,可以避免在运行时出现转型异常,从而增加程序的可读性与稳定性,提高程序的运行效率。本章将讲解泛型的概念及在 Java 编程中的应用,并且讲解 JDK 1.5 中引入的其他新特性。

7.1 概　　述

在 Java 没有引入泛型之前,如果要实现对不同引用类型的变量进行操作,可以通过 Object 类来实现参数类型的抽象化。

【例 7-1】 在类 TypeObjectTest 的定义中,通过 Object 类实现了参数类型的抽象化。

```
01 public class TypeObjectTest {
02   private Object to;
03   public void setTo(Object to) {
04     this.to=to;
05   }
06   public Object getTo() {
07     return to;
08   }
09   public static void main(String[] args) {
10     TypeObjectTest tot=new TypeObjectTest();
11     tot.setTo(new Integer(8));
12     System.out.println("Integer对象的值为: "+tot.getTo());
13     tot.setTo(new String("hello"));
14     System.out.println("String对象的值为: "+tot.getTo());
```

```
15      }
16  }
```

【运行结果】

```
Integer 对象的值为: 8
String 对象的值为: hello
```

【讨论事项】

由于 Java 中所有的类都继承自 Object 类，所以将 public void setTo(Object to)方法的参数类型设置为 Object 之后，该方法可以接收任何类型的引用变量。例如，该方法可以接收 Integer 类型和 String 类型的变量。

在 JDK 1.4 之前的版本中，为了让定义的 Java 类具有通用性，类中方法传入的参数或方法返回值的类型都被定义成 Object 类。例如，Java 的集合类 List、Map、Set 等就是这样定义的，但是这种定义方式会产生一定的问题。

【例 7-2】 在类 LinkedListTest 的定义中，介绍了通过 Object 类来实现参数类型抽象化时所产生的问题。

```
01  import java.util.*;
02  public class LinkedListTest {
03    public static void main(String[] args) {
04      List li=new LinkedList();
05      li.add(new String("hello"));
06      li.add(new String("world"));
07      System.out.println("链表中共有"+li.size()+"个结点");
08      for(int i=0;i<li.size();i++) {
09        String s=(String)li.get(i);
10        System.out.println(s.toUpperCase());
11      }
12      li.add(new Boolean("true"));
13      System.out.println("链表中共有"+li.size()+"个结点");
14      for(int i=0;i<li.size();i++) {
15        String s=(String)li.get(i);
16        System.out.println(s.toUpperCase());
17      }
18    }
19  }
```

【运行结果】

```
链表中共有 2 个结点
HELLO
WORLD
链表中共有 3 个结点
HELLO
```

```
WORLD
Exception in thread "main" java.lang.ClassCastException: java.lang.Boolean cannot be
cast to java.lang.String at LinkedListTest.main(LinkedListTest.java: 15)
```

【讨论事项】

① LinkedList 类中的 add(Object element)方法和 Object get(int index)方法的参数值和返回值的类型都被定义成了 Object 类型，但在通过 Object 类型来实现参数类型的抽象时产生了异常。

② 当通过 add(Object element)方法往链表中添加结点时，不能保证链表中的结点是相同的类型。例如，在链表中结点类型可以是 String 和 Boolean 类型。

③ 当通过 Object get(int index)方法返回链表中的结点时，结点类型都为 Object 类型，这样就会失去结点原来的类型信息。如果要获得结点原来的类型信息，则必须进行强制类型转换，而这种转换如果发生错误的话，在编译时检查不出来，而在运行时则会发生 ClassCastException。例如，在链表中前两个结点的类型强制转换成 String 后，可以调用 String 类中的 toUpperCase()方法，但是第三个结点被错误地强制转换成 String 类型，所以在运行时出现了异常。

根据以上分析可以看出，虽然 Object 类可以实现参数类型的抽象，使类的定义更具有通用性，但是不能满足类型的安全性。在 JDK 1.5 中引入的泛型能够很好地实现参数化类型，并允许在创建集合时指定集合中元素的类型。

7.2　使用泛型

泛型是 JDK 1.5 中引入的一个新特性，目的在于定义安全的泛型类。在 JDK 1.5 之前，通过使用 Object 类解决了参数类型抽象的部分需求，而泛型类的引入最终解决了类型抽象及安全问题。Java 泛型的本质是参数化类型，也就是说所操作的数据类型被指定为一个参数。

7.2.1　定义泛型类、接口

在定义泛型类或接口时，是通过类型参数来抽象数据类型的，而不是将变量的类型都定义成 Object。这样做的好处是使泛型类或接口的类型安全检查在编译阶段进行，并且所有的类型转换都是自动的和隐式的，从而保证了类型的安全性。

泛型类定义的语法如下：

```
<类的访问限制修饰符>class 类名<类型参数>{
    类体;
}
```

【例 7-3】 在类 GenericsClassDeTest 的定义中，介绍了泛型类的定义及使用。

```
01  public class GenericsClassDeTest<T>{
02    private T mvar;
```

```
03    public void set(T mvar) {
04      this.mvar=mvar;
05    }
06    public T get() {
07      return mvar;
08    }
09    public static void main(String[] args) {
10      GenericsClassDeTest<Integer>gcdt1=new GenericsClassDeTest<Integer>
        ();
11      gcdt1.set(new Integer(10));
12      System.out.println("Integer类型对象的值为: "+gcdt1.get());
13      //gcdt1.set(new String("hello")); 当参数为String类型对象时编译错误
14      GenericsClassDeTest<String>gcdt2=new GenericsClassDeTest<String>();
15      gcdt2.set(new String("hello"));
16      System.out.println("String类型对象的值为: "+gcdt2.get());
17      //Integer i=gcdt2.get(); 方法返回值类型应为String类型
18    }
19  }
```

【运行结果】

```
Integer类型对象的值为: 10
String类型对象的值为: hello
```

【讨论事项】

① 在泛型类GenericsClassDeTest的定义中，声明了类型参数T，它可以用来定义类GenericsClassDeTest中的成员变量、方法的参数及方法返回值的类型。

② 类型参数T的具体类型是在创建泛型类的对象时确定的。创建第一个泛型类的对象时，T的类型为Integer，则调用set(T mvar)方法时传递的参数类型只能为Integer类型，否则会出现编译错误。创建第二个泛型类的对象时，T的类型为String，则调用get()方法时返回值的数据类型只能为String类型。

通过定义泛型类，可以将变量的类型看作参数来定义，而变量的具体类型是在创建泛型类的对象时确定的。通过使用泛型类可以使程序具有更大的灵活性，但在使用时要注意以下问题：

- 在泛型类的定义中，类型参数的定义写在类名后面，并用尖括号(< >)括起来。
- 类型参数可以使用任何符合Java命名规则的标识符，但为了方便通常都采用单个的大写字母。例如，用E表示集合元素类型，用K与V分别表示键-值对中键类型与值类型，而用T、U、S表示任意类型。
- 泛型类的类型参数同时可以有多个，多个参数之间使用逗号分隔。
- 当创建泛型类的对象时，类型参数只能为引用类型，而不能为基本类型。

定义泛型类的方法同样适用于泛型接口，具有泛型特点的接口定义如下：

```
<接口的访问限制修饰符>interface 接口名<类型参数>{
```

```
    接口体;
}
```

在具有泛型特点的类和接口的定义中,类名和接口名后面的类型参数可以为任意类型。如果要限制类型参数为某个特定子类型,则把这种泛型称为受限泛型。在受限泛型中,类型参数的定义如下所示:

```
类型参数 extends 父类型
类型参数 extends 父类型 1 & 父类型 2 &…& 父类型 n
```

【例 7-4】 在类 GenericsClassExtendsDeTest 的定义中,介绍了受限泛型类的定义及使用。

```
01 public class GenericsClassExtendsDeTest<T extends Number>{
02   public int sum(T t1,T t2) {
03     return t1.intValue()+t2.intValue();
04   }
05   public static void main(String[] args) {
06     GenericsClassExtendsDeTest<Integer>gcedt1=
07             new GenericsClassExtendsDeTest<Integer>();    //编译正确
08     System.out.println(gcedt1.sum(new Integer(2),new Integer(5)));
09     //GenericsClassExtendsDeTest<String>gcedt2=
10             //new GenericsClassExtendsDeTest<String>();   //编译错误
11   }
12 }
```

【运行结果】

```
7
```

【讨论事项】

① 在上面的泛型类定义中,类型参数 T 继承了抽象类 Number,则在创建泛型类的对象时,T 必须为类 Number 的子类。

② 类型参数 T 为 Integer 时,类 Integer 继承了 Number 类,所以编译正确;T 为 String 时,类 String 并不是 Number 的子类,所以此时会出现编译错误。

如果把类 GenericsClassExtendsDeTest 定义成非受限泛型,而在创建对象时确保没有用不适当的类型来实例化类型参数,那么会出现什么问题呢?下面的示例对此进行了讨论。

【例 7-5】 在类 GenericsClassExtendsDeTest 的定义中,介绍了非受限泛型类中类型参数可调用方法的限制所产生的问题。

```
01 public class GenericsClassExtendsDeTest<T>{
02   public int sum(T t1,T t2) {
03     return t1.intValue()+t2.intValue();
04   }
05   public static void main(String[] args) {
```

```
06      GenericsClassExtendsDeTest<Integer>gcedt1=
07            new GenericsClassExtendsDeTest<Integer>();        //编译正确
08      System.out.println(gcedt1.sum(new Integer(2),new Integer(5)));
09    }
10  }
```

【编译结果】

```
C: \JavaExample\chapter07\7-5\GenericsClassExtendsDeTest.java: 3: 找不到符号
符号: 方法 intValue()
位置: 类 java.lang.Object
                return t1.intValue()+t2.intValue();
                         ^
C: \JavaExample\chapter07\7-5\GenericsClassExtendsDeTest.java: 3: 找不到符号
符号: 方法 intValue()
位置: 类 java.lang.Object
                return t1.intValue()+t2.intValue();
                                        ^
2 错误
```

【讨论事项】

① 方法 public int sum(T t1,T t2)中的类型参数 T 是非受限类型,T 的实际类型可以是 Object 类或 Object 的子类,所以通过 T 只能访问 Object 类中的方法。

② 受限类型的泛型有以下两个优点：第一,编译时的类型检查可以保证类型参数的每次实例化都符合所设定的范围;第二,由于类型参数的每次实例化都是受限父类型或其子类型,所以通过类型参数可以调用受限父类型中的方法,而不仅仅是 Object 类中的方法。

③ 在泛型类的定义中,类型参数 T 的类型限制可以有三种形式。

- 类型参数 extends Object：这种形式实际上是直接指定类型参数,extends Object 可以省略。
- 类型参数 extends 父类型：这种形式的类型参数必须是父类型或其子类或者实现父类型的接口,父类型可以是类也可以是接口。
- 类型参数 extends 父类型 1 & 父类型 2 &…& 父类型 n：这种形式的类型参数可以继承 0 个或 1 个父类,但可以实现多个接口,并且要将接口名定义在类名的后面。

7.2.2 从泛型类派生子类

在 Java 中,类通过继承可以实现类的扩充,泛型类也可以通过继承来实现泛型类的扩充。在泛型类的子类中可以保留父类的类型参数,同时还可以增加新的类型参数。

【例 7-6】 在下面 Java 程序中,介绍了由泛型类派生出子类,并在其子类中保留了父类中的类型参数的情形。

```
01  class G<T>{                                         //泛型类
```

```
02    private T tt;
03    public G(T tt) {
04      this.tt=tt;
05    }
06    public void setT(T tt) {
07      this.tt=tt;
08    }
09    public T getT() {
10      return tt;
11    }
12  }
13  class SubG<T,S>extends G<T>{                          //泛型类子类
14    private S ss;
15    public SubG(T tt,S ss) {
16      super(tt);
17      this.ss=ss;
18    }
19    public void setS(S ss) {
20      this.ss=ss;
21    }
22    public S getS() {
23      return ss;
24    }
25  }
26  public class GenericsClassExtendsDeTest {
27    public static void main(String[] args) {
28      SubG<Integer,String>sg=null;
29      sg=new SubG<Integer,String>(new Integer(4),"hello");
30      System.out.println("泛型类父类中的类型参数的值为: "+sg.getT());
31      System.out.println("泛型类子类中的类型参数的值为: "+sg.getS().toUpperCase());
32    }
33  }
```

【运行结果】

```
泛型类父类中的类型参数的值为: 4
泛型类子类中的类型参数的值为: HELLO
```

【讨论事项】

① 在类 class SubG<T,S> extends G<T>的定义中,子类 SubG 继承父类 G,父类 G 中的类型参数 T 被保留在子类 SubG 中,同时子类又增加了自己的类型参数 S。

② 如果在定义子类时没有保留父类中的类型参数,则父类中类型参数的类型为 Object。

【例 7-7】 在下面 Java 程序中,介绍了由泛型类派生出子类,而在其子类中并没有保

留父类中类型参数的情形。

```
01 class G<T>{                                              //泛型类
02   private T tt;
03   public G(T tt) {
04     this.tt=tt;
05   }
06   public void setT(T tt) {
07     this.tt=tt;
08   }
09   public T getT() {
10     return tt;
11   }
12 }
13 class SubG<S>extends G {                                  //泛型类子类
14   private S ss;
15   public SubG(Object tt,S ss) {
16     super(tt);
17     this.ss=ss;
18   }
19   public void setS(S ss) {
20     this.ss=ss;
21   }
22   public S getS() {
23     return ss;
24   }
25 }
26 public class GenericsClassExtendsDeTest {
27   public static void main(String[] args) {
28     SubG<Integer>sg=null;
29     sg=new SubG<Integer>("hello",new Integer(4));
30     //编译错误
31     System.out.println("泛型父类中的类型参数值为："+sg.getT().toUpperCase());
32     System.out.println("泛型子类中的类型参数值为："+sg.getS().intValue());
33   }
34 }
```

【编译结果】

```
C:\JavaExample\chapter07\7-7\GenericsClassExtendsDeTest.java:31:找不到符号
符号：方法 toUpperCase()
位置：类 java.lang.Object.
    System.out.println("泛型父类中的类型参数值为："+sg.getT().toUpperCase());
                                                                ^
```

注意：C:\JavaExample\chapter07\7-7\GenericsClassExtendsDeTest.java 使用了未经检查或不安全的操作。

```
注意：要了解详细信息，请使用 -Xlint: unchecked 重新编译。
1 错误
```

【讨论事项】

① 在泛型类子类 class SubG<S> extends G 的定义中，子类并没有保留父类中的类型参数 T，父类中的类型参数 T 的类型自动转换为 Object 类型，泛型类父类中的方法 public T getT()返回类型应为 Object 而不是 String 类型。

② 泛型类父类在定义时含有类型参数，而在使用时并没有传入实际的类型参数，所以 Java 编译器发出了警告信息：使用了未经检查或不安全的操作。

7.3 类型通配符

在 Java 中，Object 类是所有类的父类。当泛型类中的类型参数为 Object 类时，该泛型参数是否可以为其他泛型参数的父类呢？下面的示例对此进行了讨论。

【例 7-8】 在类 GenericsClassWildcardTest 的定义中，介绍了泛型类中类型参数为 Object 的泛型参数并不是其他泛型参数的父类的情形。

```
01  import java.util.*;
02  public class GenericsClassWildcardTest {
03    public static void main(String[] args) {
04      Collection<Object>co=new ArrayList<Object>();
05      co.add(new Object());
06      co.add(new Integer(6));
07      co.add(new String("hello"));
08      Collection<String>cs=new ArrayList<String>();
09      cs.add(new String("ok"));
10      co=cs;                          //编译错误!
11    }
12  }
```

【编译结果】

```
C: \JavaExample\chapter07\7-8\GenericsClassWildcardTest.java: 10: 不兼容的类型
找到: java.util.Collection<java.lang.String>
需要: java.util.Collection<java.lang.Object>
          co=cs;  //编译错误!
            ^
1 错误
```

【讨论事项】

在上面代码中，虽然 String 是 Object 的子类，但是泛型类 Collection<String>却不是 Collection<Object>的子类，二者是不兼容的类型。

可以使用类型通配符(?)表示泛型类 Collection<T>的父类。类型通配符(?)可以表示为任意具体类型，是一个不确定的、未知的类型。

【例 7-9】 在类 GenericsClassWildcardTest 的定义中，介绍了泛型类中使用类型通配符的类型参数可以作为其他类型参数的父类的情形。

```
01  import java.util.*;
02  public class GenericsClassWildcardTest {
03    public static void main(String[] args) {
04      GenericsClassWildcardTest gcwt=new GenericsClassWildcardTest();
05      Collection<Object>co=new ArrayList<Object>();
06      co.add(new Boolean("true"));
07      co.add(new Integer(6));
08      co.add(new String("hello"));
09      gcwt.printElement(co);
10      Collection<String>cs=new ArrayList<String>();
11      cs.add(new String("ok"));
12      cs.add(new String("world"));
13      gcwt.printElement(cs);
14    }
15    public void printElement(Collection<? >c) {
16      System.out.println("集合中的元素为："+c);
17    }
18  }
```

【运行结果】

```
集合中的元素为：[true, 6, hello]
集合中的元素为：[ok, world]
```

【讨论事项】

在上面代码中，通过类型通配符(?)来表示任何类型的泛型参数，这样可以分别将 ArrayList<Object>和 ArrayList<String>泛型类对象传递给 Collection<? >类型的引用，从而可以输出不同类型参数集合中的所有元素。

类型通配符(?)表示任意一个具体的类型，Java 中 Object 类为所有类的父类，所以类型通配符(?)可以表示为 G<? extends Object>。如果要表示某一个类的任何一个子类，则可以使用有界通配符。有界通配符的语法格式如下：

```
?extends 父类型
?extends 父类型 1 & 父类型 2 &…& 父类型 n
```

【例 7-10】 在下面 Java 程序中，介绍了使用有界通配符作为泛型参数父类的情形。

```
01  import java.util.*;
02  interface Shape {
03    public void draw();
04  }
05  class Circle implements Shape {
06    public void draw() {
```

```
07      System.out.println("Circle draw()");
08    }
09  }
10  class Triangle implements Shape {
11    public void draw() {
12      System.out.println("Triangle draw()");
13    }
14  }
15  class Rectangle implements Shape {
16    public void draw() {
17      System.out.println("Rectangle draw()");
18    }
19  }
20  public class GenericsClassWildcardExtTest {
21    public static void main(String[] args) {
22      GenericsClassWildcardExtTest gcwt=new GenericsClassWildcardExtTest();
23      List<Circle>cc=new ArrayList<Circle>();
24      cc.add(new Circle());
25      gcwt.drawAll(cc);
26      List<Triangle>ct=new ArrayList<Triangle>();
27      ct.add(new Triangle());
28      gcwt.drawAll(ct);
29      List<Rectangle>cr=new ArrayList<Rectangle>();
30      cr.add(new Rectangle());
31      gcwt.drawAll(cr);
32    }
33    public void drawAll(List<? extends Shape>c) {
34      for(int i=0;i<c.size();i++) {
35        c.get(i).draw();
36      }
37    }
38  }
```

【运行结果】

```
Circle draw()
Triangle draw()
Rectangle draw()
```

【讨论事项】

① 在方法 public void drawAll(List<? extends Shape> c)中,参数 c 的类型为有界通配符,这样传递给参数 c 的列表就可以是 List<Circle>、List<Triangle>和 List<Rectangle>。

② 如果将类型通配符的使用格式写成泛型类<?>这种形式,则表示:泛型类<? extends Object>。

③ 类型通配符只能用于引用类型变量的声明中，而不能用于定义泛型类及创建泛型类对象。

④ 类型通配符表示的是未知类型，不是一个确定的类型，所以不能通过具有类型通配符的引用类型变量来调用具体类型参数的方法。

【例 7-11】 在下面 Java 程序中，介绍了具有类型通配符的引用类型变量不能调用具体类型参数方法的情形。

```
01 class A<T extends Number>{
02   private T mvar;
03   public void setT(T mvar) {
04     this.mvar=mvar;
05   }
06   public T getT() {
07     return mvar;
08   }
09   public void aa() {
10     System.out.println(mvar.toString());
11   }
12 }
13 public class GenericsClassWildcardTest {
14   public static void main(String[] args) {
15     A<Integer>a1=new A<Integer>();
16     a1.setT(new Integer(4));
17     A<? extends Number>a2=a1;
18     a2.aa();                                    //编译正确
19     a2.setT(new Integer(5));                    //编译错误
20   }
21 }
```

【编译结果】

```
C:\JavaExample\chapter07\7-11\GenericsClassWildcardTest.java: 19: 无法将 A<
capture of ? extends java.lang.Number>中的 setT(capture of ? extends java.lang.
Number) 应用于 (java.lang.Integer)  a2.setT(new Integer(5));        //编译错误
                   ^
1 错误
```

【讨论事项】

① 在上面的代码中，变量 a2 为具有有界通配符的泛型类 A＜? extends Number＞，所以其类型参数可以为 Integer、Double 等。

② 由于类型通配符可以表示任意具体类型，它是不确定的，所以在调用与具体参数类型相关的方法时会出现编译错误。

7.4 泛型方法

与泛型类或接口的声明一样，方法的声明也可以被泛型化，即在定义方法时带有一个或多个类型参数。泛型方法(Generic Method)的定义如下所示：

```
<类型参数>方法返回值类型 方法名(参数列表) {
  方法体
}
```

【例 7-12】 在下面 Java 程序中，介绍了泛型方法的定义及使用。

```
01 import java.util.*;
02 class A {
03   //泛型方法
04   <T>void array(T[] ta,Vector<T>vt) {
05     for(int i=0;i<ta.length;i++) {
06       vt.add(ta[i]);
07     }
08   }
09 }
10 public class GenericsMethodTest {
11   public static void main(String[] args) {
12     A a=new A();
13     String[] s={"hello","world","ok"};
14     Integer[] i={new Integer(1),new Integer(2)};
15     Vector<String>vs=new Vector<String>();
16     a.<String>array(s,vs);  //调用泛型方法时明确给出类型参数为 String
17     System.out.println(vs);
18     Vector<Integer>vi=new Vector<Integer>();
19     a.array(i,vi);          //没有明确给出类型参数，根据传递的引用类型来确定
20     System.out.println(vi);
21   }
22 }
```

【运行结果】

```
[hello, world, ok]
[1, 2]
```

【讨论事项】

① 在上面代码中，方法＜T＞ void array(T[] ta，Vector＜T＞ vt)含有用＜＞括起的类型参数 T，该方法为泛型方法。

② 通过泛型方法可以参数化方法参数及返回值的类型，当实际调用该方法时再确定其具体类型。

7.5 擦除与转换

泛型类和接口中的类型参数可以实现数据类型的抽象化，从而增强程序的健壮性和可读性，所以 JDK 1.5 中的集合类都支持泛型。通过使用泛型，集合框架中的各种集合类既可以在编译时检查集合中元素类型的错误，又可以避免元素类型的强制转换，从而提高了开发效率。但是，JDK 1.5 之前的集合类并不支持泛型，为了保证没有使用泛型的 Java 程序也能够在新环境中运行，JDK 1.5 提供了泛型自动擦除与转换的功能，从而实现新旧 Java 程序的兼容。

如果在使用一个已经声明了泛型参数的类时不给出具体的泛型参数类型，则系统会自动按照一定的规则来设置泛型参数的类型，这就是所谓的泛型自动擦除。具体的擦除规则如下：

- 如果泛型参数没有限定范围，则泛型参数的类型将设置为 Object 类。
- 如果泛型参数为有界类型，则泛型参数的类型将设置为有界类型的上限类型。

【例 7-13】 在下面 Java 程序中，介绍了泛型参数为无限定范围类型的自动擦除情形。

```
01 class A<T>{
02   private T a;
03   A(T a) {
04     this.a=a;
05   }
06   public void setA(T a) {
07     this.a=a;
08   }
09   public T getA() {
10     return a;
11   }
12 }
13 public class GenericsEraseTest {
14   public static void main(String[] args) {
15     A<String>as=new A<String>(new String("hello"));
16     //as 为 A<String>类型的对象,setA()方法的参数只能为 String 类型
17     //as.setA(new Integer(6)); 当参数为 Integer 对象时编译错误
18     System.out.println(as.getA());
19     A ao=new A(new String("ok"));        //当无类型参数时,泛型参数类型为 Object
20     ao.setA(new Integer(4));
21     Object aogetA=ao.getA();
22     System.out.println(aogetA);
23     ao=as;
24     ao.setA(new Double(5.6));
25     //String asgetA=as.getA(); 运行时出现异常
```

```
26    }
27  }
```

【编译结果】

注意：C:\JavaExample\chapter07\7-13\GenericsEraseTest.java 使用了未经检查或不安全的操作。

【运行结果】

```
hello
4
```

【讨论事项】

① A为泛型类，但在创建泛型类A的对象时没有指定类型参数，所以在编译时给出警告信息：使用了未经检查或不安全的操作。

② as为A<String>类型的对象，所以setA()方法的参数只能为String类型，当为其他类型参数时则出现编译错误。getA()方法的返回值应为String类型，而在25行该方法的实际返回值为Double类型，所以在25行出现运行时异常：Exception in thread "main" java.lang.ClassCastException：java.lang.Double cannot be cast to java.lang.String at GenericsEraseTest.main(GenericsEraseTest.java：25)。

③ ao为无泛型参数的泛型类A的对象，当没提供类型参数时泛型参数类型为Object，所以setA()方法的参数可以为Object及其子类，getA()方法的返回值类型为Object。

【例7-14】 在下面代码中，介绍了泛型参数为有限定范围类型的自动擦除情形。

```
01  class A<T extends Number>{
02    private T a;
03    A(T a) {
04      this.a=a;
05    }
06    public void setA(T a) {
07      this.a=a;
08    }
09    public T getA() {
10      return a;
11    }
12  }
13  public class GenericsBoundedEraseTest {
14    public static void main(String[] args) {
15      A<Double>ad=new A<Double>(new Double("7.9"));
16      //ad.setA(new Integer(6)); 当参数为 Integer 对象时编译错误
17      System.out.println(ad.getA());
18      A an=new A(new Float("2.1"));    //当无类型参数时，泛型参数类型上限为 Number
19      an.setA(new Integer(4));
```

```
20        Number angetA=an.getA();
21        System.out.println(angetA);
22        an=ad;
23        an.setA(new Integer(6));
24      }
25    }
```

【运行结果】

```
7.9
4
```

7.6 泛型与数组

由于泛型中的类型参数只存在于编译时而不存在于运行时阶段，所以在程序运行时并不知道泛型参数的类型。当数组中的元素为泛型类时，只能声明元素类型为泛型类的引用，而不能创建这种类型的数组对象。如果泛型类的类型参数为无界通配符，则可以创建泛型数组对象。

【例7-15】 在类GenericsArrayTest的定义中，介绍了泛型数组的定义与使用。

```
01  import java.util.*;
02  public class GenericsArrayTest {
03    public static void main(String[] args) {
04      List<String>[] ls;                //声明泛型类型数组引用
05      //ls=new ArrayList<String>[8];  编译错误
06      List<?>[] l=new List<?>[8];       //创建类型参数为无界通配符的泛型数组
07      List<String>lsa=new ArrayList<String>();
08      lsa.add(new String("hello"));
09      Object[] oa=l;
10      oa[0]=lsa;
11      String s=(String)l[0].get(0);
12      System.out.println(s);
13    }
14  }
```

【运行结果】

```
hello
```

7.7 JDK 1.5的其他新特性

JDK 1.5引入的新特性还包括for-each循环、协变式返回类型、静态导入、自动装箱/拆箱、可变参数，本节具体讲解上述内容。

1. for-each 循环

for-each 循环是一种简洁的 for 循环结构，使用这种循环结构可以自动遍历数组或集合中的每个元素。for-each 循环的语法格式如下：

```
for (declaration: expression) {loop body}
```

- declaration：新声明的变量，其类型与正在访问的数组或集合中元素的类型兼容，该变量在 for-each 循环内可用，其值等于数组或集合中当前元素的值。
- expression：数组或集合。
- loop body：循环体。

【例 7-16】 在类 ForEachTest 的定义中，介绍了 for-each 循环的使用。

```
01  import java.util.*;
02  public class ForEachTest {
03    public static void main(String[] args) {
04      List<String>strList=new ArrayList<String>();
05      strList.add("circle");
06      strList.add("rectangle");
07      strList.add("triangle");
08      for(String s : strList) {
09        System.out.println(s);
10      }
11    }
12  }
```

【运行结果】

```
circle
rectangle
triangle
```

2. 协变式返回类型

协变式返回类型可以在方法重写时修改方法的返回值类型，使其返回类型为方法重写前返回类型的子类型。

【例 7-17】 在下面代码中，介绍了协变式返回类型的使用。

```
01  class Food {
02    void getFoodName() {
03      System.out.println("Food");
04    }
05  }
06  class Grass extends Food {
07    void getFoodName() {
08      System.out.println("Grass");
09    }
10  }
```

```
11  class Animal {
12    Food getFood() {
13      return new Food();
14    }
15  }
16  class Sheep extends Animal {
17    Grass getFood() {
18      return new Grass();
19    }
20  }
21  public class CovariantReturnTypeTest {
22    public static void main(String[] args) {
23      Animal a=new Sheep();
24      Food f=a.getFood();
25      f.getFoodName();
26    }
27  }
```

【运行结果】

```
Grass
```

3. 静态导入

在 JDK 1.5 以前的版本中，静态成员要通过类名或者引用名作为其前缀来进行访问。静态导入功能则可以直接对静态成员进行访问，而不需要类名或者引用名为其前缀。静态导入的语法格式如下：

```
import static 包名.类名.静态成员;
import static 包名.类名.*;
```

【例 7-18】 在类 StaticImportTest 的定义中，介绍了静态导入的使用。

```
01  import static java.lang.Integer.MAX_VALUE;
02  import static java.lang.Integer.MIN_VALUE;
03  import static java.lang.Math.*;
04  public class StaticImportTest {
05    public static void main(String[] args) {
06      System.out.println(MAX_VALUE);
07      System.out.println(MIN_VALUE);
08      System.out.println(PI);
09      System.out.println(sin(PI/6));
10    }
11  }
```

【运行结果】

```
2147483647
```

```
-2147483648
3.141592653589793
0.49999999999999994
```

4. 自动装箱/拆箱

自动装箱/拆箱功能使数据在基本类型和相应的包装类之间可以由系统实现自动转换。在自动装箱过程中,系统隐含地调用了包装类的构造方法将基本类型数据转换为相应的包装类;在自动拆箱过程中,系统隐含地调用了包装类的解析方法将包装类数据转换为相应的基本类型值。

【例 7-19】 在类 AutoBoxingTest 的定义中,介绍了自动装箱/拆箱的使用。

```
01 import java.util.*;
02 public class AutoBoxingTest {
03   public static void main(String[] args) {
04     List<Integer> intList=new ArrayList<Integer>();
05     for(int i=0;i<10;i++) {
06       intList.add(i);
07     }
08     for(int i : intList) {
09       System.out.print(i+"\t");
10     }
11   }
12 }
```

【运行结果】

```
0  1  2  3  4  5  6  7  8  9
```

5. 可变参数

可变参数功能允许在定义方法时使用任意数量的参数。如果在定义方法时,最后一个形参的类型后面加"…",则表示该形参可以接受多个参数值,多个参数值被当作一维数组传入。可变参数必须放在参数列表的最后,并且一个方法最多只能包含一个可变参数。当调用可变参数方法时,可以传入多个参数值也可以传入一个数组。

【例 7-20】 在类 VarargsTest 的定义中,介绍了可变参数的使用。

```
01 public class VarargsTest {
02   public static void varargs(String s,Object... objects) {
03     System.out.println(s);
04     for(Object o : objects) {
05       System.out.println(o);
06     }
07   }
08   public static void main(String[] args) {
09     varargs("book","Java 程序设计","清华大学出版社",23.5);
10     varargs("student",new Object[]{"Tom",19});
```

```
11    }
12  }
```

【运行结果】

```
book
Java 程序设计
清华大学出版社
23.5
student
Tom
19
```

7.8 小　　结

Java 泛型是在集合类或其他类上强加了编译时期的类型安全，所以可以将泛型理解为严格的编译时保护。利用泛型的类型参数信息，编译器可以确保添加到集合中的元素类型的正确性，并且从集合中获得的元素不需要强制类型转换。但是这种类型检查只存在于编译时，为了支持早期版本集合类的遗留代码，在程序运行时并不存在类型参数信息。Java 泛型改善了非泛型程序中的类型安全问题，使得类型安全的错误可以被编译器及早发现，从而为程序员开发更高效、更安全的系统提供了一种更有效的途径。

SCJP 认证习题解析

1. 下列哪个选项可以插入在注释行位置，从而使代码能够编译和运行？

```
//插入声明代码
for(int i=0;i<=10;i++) {
  List<Integer> row=new ArrayList<Integer>();
  for(int j=0;j<=10;j++) {
    row.add(i * j);
  }
  table.add(row);
}
for(List<Integer> row : table) {
  System.out.println(row);
}
```

A. List<List<Integer>> table=new List<List<Integer>>();

B. List<List<Integer>> table=new ArrayList<List<Integer>>();

C. List<List<Integer>> table=new ArrayList<ArrayList<Integer>>();

D. List<List,Integer> table=new List<List,Integer>();

E. List<List,Integer> table=new ArrayList<List,Integer>();

F. List<List,Integer> table=new ArrayList<ArrayList,Integer>();

【答案】 B

【解析】 List是接口不能被实例化，所以选项A是错误的。List只带有一个类型参数，所以D、E、F是错误的。选项C中的table变量的类型参数为List<Integer>，ArrayList对象的类型参数也应该为List<Integer>，而不能是ArrayList<Integer>，所以选项C错误。

2. 下列哪个选项替换后代码仍能编译和运行？

```
01 import java.util.*;
02 public class AccountManager {
03   private Map accountTotals=new HashMap();
04   private int retirementFund;
05   public int getBalance(String accountName) {
06     Integer total=(Integer)accountTotals.get(accountName);
07     if(total==null)
08       total=Integer.valueOf(0);
09     return total.intValue();
10   }
11   public void setBalance(String accountName,int amount) {
12     accountTotals.put(accountName, Integer.valueOf(amount));
13   }
14 }
```

A. 第3行替换为：

```
private Map<String,int>accountTotals=new HashMap<String,int>();
```

B. 第3行替换为：

```
private Map<String,Integer>accountTotals=new HashMap<String,Integer>();
```

C. 第3行替换为：

```
private Map<String<Integer>>accountTotals=new HashMap<String<Integer>>();
```

D. 第6～9行替换为：

```
int total=accountTotals.get(accountName);
if(total==null)
  total=0;
return total;
```

E. 第6～9行替换为：

```
Integer total=(Integer)accountTotals.get(accountName);
if(total==null)
  total=0;
return total;
```

F. 第 6～9 行替换为：

```
return accountTotals.get(accountName);
```

G. 第 12 行替换为：

```
accountTotals.put(accountName,amount);
```

H. 第 12 行替换为：

```
accountTotals.put(accountName,amount.intValue());
```

【答案】 B,E,G

【解析】 泛型类中的类型参数不能为基本类型，所以选项 A 是错误的。泛型类 Map 需要两个类型参数，所以选项 C 是错误的。HaspMap 类中 get()方法的返回值为 Object 类型，所以选项 D、F 是错误的。amount 为基本类型不能调用 intValue()方法，所以选项 H 是错误的。

3. 如果方法的声明如下所示，则哪些选项可以插入到注释行？

```
public static <E extends Number>List<E>process(List<E>nums)
//插入声明代码
output=process(input);
```

A. ArrayList<Integer>input＝null；
   ArrayList<Integer>output＝null；

B. ArrayList<Integer>input＝null；
   List<Integer>output＝null；

C. ArrayList<Integer>input＝null；
   List<Number>output＝null；

D. List<Number>input＝null；
   ArrayList<Integer>output＝null；

E. List<Number>input＝null；
   List<Number>output＝null；

F. List<Integer>input＝null；
   List<Integer>output＝null；

【答案】 B,E,F

【解析】 泛型方法 process 的返回值类型为 List<E>，该类型值不能直接赋值给 ArrayList<Integer>类型变量，所以选项 A 错误。方法 process 的参数及返回值的泛型类中类型参数应该是相同的，所以选项 C、D 错误。

4. 下列哪个选项可以插入在注释行位置并使代码能够编译？

```
import java.util.*;
class Business {}
class Hotel extends Business {}
class Inn extends Hotel {}
public class Travel {
```

```
  ArrayList<Hotel>go() {
    //插入代码
  }
}
```

A. return new ArrayList<Inn>();

B. return new ArrayList<Hotel>();

C. return new ArrayList<Object>();

D. return new ArrayList<Business>();

【答案】 B

【解析】 方法go()的返回值类型为ArrayList<Hotel>,返回值的泛型参数只能为Hotel,所以选项B是正确的。

5. 下列哪个选项可以使代码编译成功?

```
interface Hungry<E>{
  void munch(E x);
}
interface Carnivore<E extends Animal>extends Hungry<E>{}
interface Herbivore<E extends Plant>extends Hungry<E>{}
abstract class Plant {}
class Grass extends Plant {}
abstract class Animal {}
class Sheep extends Animal implements Herbivore<Sheep>{
  public void munch(Sheep x){}
}
class Wolf extends Animal implements Carnivore<Sheep>{
  public void munch(Sheep x){}
}
```

A. 将接口Carnivore的定义改为:

```
interface Carnivore<E extends Plant>extends Hungry<E>{}
```

B. 将接口Herbivore的定义改为:

```
interface Herbivore<E extends Animal>extends Hungry<E>{}
```

C. 将Sheep类的定义改为:

```
class Sheep extends Animal implements Herbivore<Plant>{
    public void munch(Grass x){}
}
```

D. 将Sheep类的定义改为:

```
class Sheep extends Plant implements Carnivore<Wolf>{
    public void munch(Wolf x){}
}
```

E. 将 Wolf 类的定义改为：

```
class Wolf extends Animal implements Herbivore<Grass>{
    public void munch(Grass x){}
}
```

【答案】 B

【解析】 Sheep 类是 Animal 的子类而并不是 Plant 的子类，而泛型接口 Herbivore 的类型参数为<E extends Plant>，所以 Sheep 类与接口 Herbivore 的定义存在问题。将泛型接口 Herbivore 的类型参数改为<E extends Animal>，则代码编译成功，所以选项 B 是正确的。选项 C 中泛型接口 Herbivore 的类型参数为 Plant，则 munch 方法的参数类型也应为 Plant，所以选项 C 错误。

6. 下列代码的运行结果是什么？

```
public class Venus {
  public static void main(String[] args) {
    int[] x={1,2,3};
    int y[]={4,5,6};
    new Venus().go(x,y);
  }
  void go(int[]... z) {
    for(int[] a : z) {
      System.out.print(a[0]);
    }
  }
}
```

A. 1　　B. 12　　C. 14　　D. 123

【答案】 C

【解析】 方法 go()为可变参数方法，方法 go()的参数个数为任意多个，参数类型为 int[]。当调用 go()方法时，传入的参数为 x 和 y，然后分别输出数组 x 和 y 中第一个元素的值，所以选项 C 是正确的。

课后习题

1. 请完成下面程序，使得程序可以正确编译及运行。

```
01 public class _______{
02   private _______ object;
03   public Gen(T object) {
04     this.object=object;
05   }
06   public _______ getObject() {
07     return object;
```

```
08    }
09    public static void main(String[] args) {
10      Gen<String>str=new Gen<String>("answer");
11      Gen<Integer>intg=new Gen<Integer>(42);
12      System.out.println(str.getObject()+"="+intg.getObject());
13    }
14  }
```

2. 分别在下面代码中的注释位置插入如下语句后，判断程序是否能编译成功？

① m1(listA)；　② m1(listB)；　③ m1(listO)；

④ m2(listA)；　⑤ m2(listB)；　⑥ m2(listO)；

```
01  import java.util.*;
02  class A {}
03  class B extends A {}
04  public class Test {
05    public static void main(String[] args) {
06      List<A>listA=new LinkedList<A>();
07      List<B>listB=new LinkedList<B>();
08      List<Object>listO=new LinkedList<Object>();
09      //insert code here
10    }
11    public static void m1(List<? extends A>list) {}
12    public static void m2(List<A>list) {}
13  }
```

3. 应用泛型编写一个 Java 程序，输出三角形、长方形、正方形及圆的面积。要求：首先定义一个接口，该接口中包含一个计算图形面积的方法；其次，定义四个类分别表示三角形、长方形、正方形和圆，在类中分别实现不同图形面积的计算方法；最后，应用泛型可以在控制台输出各种不同图形的面积。

第8章 Java集合类

CHAPTER

集合是能够容纳其他对象的对象，容纳的对象称为集合的元素，例如数组就是一种最基本的集合对象。集合内的元素与元素之间具有一定的数据结构，并提供了一些有用的算法，从而为程序组织和操纵批量数据提供强有力的支持。本章将具体讲解 Java 的 Collection API 所提供的集合和映射这两类集合工具类的用法。

8.1 概　　述

Java 的集合工具类都定义在 java. util 包中，该程序包及其子程序包为 Java 程序提供了一系列有用的工具。Java API 将集合分为两种，一种称为集合(Collection)类，用接口 Collection 描述其操作，其中存放的基本单位是单个对象，以列表(List)和集合(Set)为代表；另一种称为映射(Map)，用接口 Map 描述其操作，其中存放的基本单位是对象对(object pairs)，其中一个对象称为键(key)对象，另一个对象称为值(value)对象。如图 8-1 所示是常用的 Java 集合工具类的结构图。

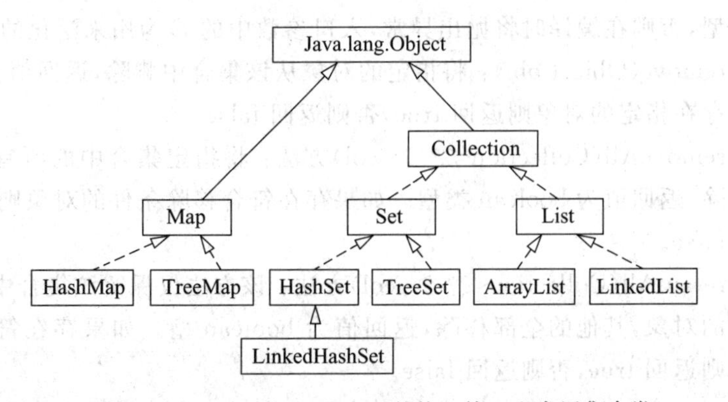

图 8-1　Java Collection API 的核心接口和常用集合类

Collection 接口、Set 接口、List 接口及 Map 接口的主要特征如下：

- Collection 接口：是集合接口树的根接口，定义了集合操作的通用 API，其中定义了多种方法来管理集合中的元素。Collection 接口的某些实现类允许有重复元素，而另外一些不允许有重复元素，某些是有序的而另外一些是无序的。JDK 没有提供这个接口的任何直接实现，而是给出了一些更专门的子接口，如 List 和 Set 接口。
- Set 接口：实现了 Collection 接口。Set 接口中不允许存放重复的元素，按照自身内部的排序规则进行排列，因此它是一种不包含重复元素的、无序的集合。
- List 接口：实现了 Collection 接口。List 接口是一种可含有重复元素的、有序的集合，也称为列表或序列。用户可以控制向序列中插入元素的位置，并可以按元素的位序（也就是加入顺序）来访问它们，位序从 0 开始。Vector 就是一种常用的 List。
- Map 接口：以键值对（key-value）的形式存放对象，实现了键值到值的映射。其中，键（key）对象不可以重复，值（value）对象可以重复，即每个键值最多只能映射到一个值上，并按照自身内部的排序规则进行排列。Hashtable 就是一种常用的 Map。

8.2 Collection 接口与 Iterator 接口

1. Collection 接口

Collection 接口是 List 接口和 Set 接口的父接口，通常情况下不直接使用。Collection 接口中定义了一些通用方法，通过它们可以实现对集合的添加、删除等基本操作。List 接口和 Set 接口实现了 Collection 接口，所以这些方法对 List 和 Set 集合是通用的。如下所示为 Collection 接口定义的常用方法。

- add(E obj)：将指定的对象添加到该集合中。
- addAll(Collection<? extends E> col)方法：将指定集合中的所有对象添加到该集合中。如果对该集合进行了泛化，则要求该集合中的所有对象都符合泛化类型，否则在编译时将抛出异常，入口参数中的 E 为用来泛化的类型。
- remove(Object obj)：将指定的对象从该集合中删除，返回值为 boolean 型。如果存在指定的对象则返回 true，否则返回 false。
- removeAll(Collection<? > col)方法：将指定集合中的所有对象从该集合中移除，返回值为 boolean 类型。如果存在符合移除条件的对象则返回 true，否则返回 false。
- retainAll(Collection<? > col)方法：该方法仅保留该集合中包含在指定集合中的对象，其他的全部移除，返回值为 boolean 型。如果存在符合移除条件的对象则返回 true，否则返回 false。
- contains(Object obj)：查看在该集合中是否存在指定的对象，返回值为 boolean 型。如果存在则返回 true，否则返回 false。
- containsAll(Collection<? > col)：查看在该集合中是否存在指定集合中的所有

对象，返回值为 boolean 型。如果存在则返回 true，否则返回 false。

- isEmpty()：查看该集合是否为空，返回值为 boolean 型。如果在集合中未存放任何对象则返回 true，否则返回 false。
- size()：获得集合中存放对象的个数，返回值为 int 型。
- clear()：移除该集合中的所有对象，即清空该集合。
- iterator()：序列化该集合中的所有对象，返回值为 Iterator<E>型，通过返回的 Iterator<E>型实例可以遍历集合中的对象。
- toArray()：获得一个包含所有对象的 Object 型数组。
- toArray(T[ ] t)：获得一个包含所有对象的指定类型的数组。
- equals(Object obj)：查看指定的对象与该对象是否为同一个对象，返回值为 boolean 型。如果为同一个对象则返回 true，否则返回 false。

2. Iterator 接口

Java Collection API 为集合对象提供了 Iterator(重复器)接口，用来实现遍历集合中的元素。该接口定义了对 Collection 类型对象中所包含元素的遍历等增强功能。在 Java 集合框架中，Iterator 替代了 Enumeration(枚举)接口。

通过 Collection 接口中定义的 iterator()构造方法，可以获得一个 Iterator 实现类的对象。Set 实现类对象所对应的 Iterator 仍然是无序的，元素的遍历次序也是不确定的。List 实现类对象所对应的 Iterator 的遍历次序是从前向后，并且 List 对象还支持 Iterator 的子接口 ListIterator，该接口支持 List 从后向前的反向遍历。

Iterator 层次体系中包含 Iterator 和 ListIterator 两个接口，它们的定义如下：

```
public interface Iterator {
  boolean hasNext();
  Object next();
  void remove();
}
public interface ListIterator extends Iterator {
  boolean hasNext();
  Object next();
  boolean hasPrevious();
  Object previous();
  int nextIndex();
  int previousIndex();
  void remove();
  void set(Object o);
  void add(Object o);
}
```

如图 8-2 所示，表示了 Iterator 和 ListIterator 的继承关系，以及它们与 Collection 和 List 之间的关系。

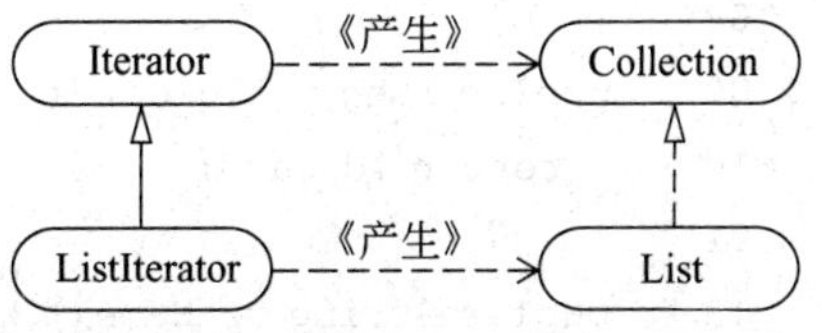

图 8-2　Iterator 层次结构图

Iterator 接口中的 remove()方法用于删除当前遍历到的元素，即删除由最近一次 next()或 previous()方法调用返回的元素。ListIterator 接口中的 set()方法可以改变当前遍历到的元素。add()方法将在下一个将要得到元素之前插入新的元素。如果实际操作的集合不支持 remove()、set()或 add()方法，则将抛出 UnsupportedOperationException。

8.3 Set 接口

Set 集合包括 Set 接口以及它的所有实现类。Set 接口继承自 Collection 接口，所以 Set 接口拥有 Collection 接口所提供的所有方法，它自身没有声明其他的方法。JDK 中提供了实现 Set 接口的几个实用的类，分别是 HashSet 类、TreeSet 类和 EnumSet 类，本节将讲解这几个实现类的用法。

8.3.1 HashSet 类

HashSet 类是用哈希(Hash)表实现了 Set 接口。一个 HashSet 对象中的元素存储在一个 Hash 表中，而且用 HashSet 类实现 Set 集合能够快速定位集合中的元素。

用 HashSet 类实现的 Set 集合中的对象必须是唯一的，所以在添加对象时，要重写 equals()方法进行验证，从而保证插入集合中的对象标识的唯一性。用 HashSet 类实现的 Set 集合按照哈希码排序，并根据对象的哈希码来确定对象的存储位置，所以在添加对象时，要重写 hashCode()方法，从而保证插入集合中的对象能够合理地分布在集合中，以便于快速定位集合中的对象。

Set 集合中的对象是无序的，但这种无序并不是完全无序，只是不像 List 集合那样按照对象的插入顺序保存对象。在下面的例子中，遍历集合输出对象的顺序与向集合中插入对象的顺序并不相同。

【例 8-1】 HashSet 类的使用示例：通过重写方法 hashCode()和 equals()，创建并遍历集合 hashSet，打印输出遍历的集合对象。

```
01  import java.util.*;
02  public class Person {
03    private String name;
04    private long id_card;
05    public Person(String name,long id_card) {
06      this.name=name;
07      this.id_card=id_card;
08    }
09    public long getId_card() {
10      return id_card;
11    }
12    public String getName() {
13      return name;
```

```
14    }
15    public int hashCode() {                    //实现 hashCode()方法
16      final int PRIME=31;
17      int result=1;
18      result=PRIME * result+(int)(id_card^(id_card>>>32));
19      result=PRIME * result+((name==null)? 0: name.hashCode());
20      return result;
21    }
22    public boolean equals(Object obj) {        //实现 equals()方法
23      if(this==obj)
24        return true;
25      if(obj==null)
26        return false;
27      if(getClass()!=obj.getClass())
28        return false;
29      final Person other=(Person)obj;
30      if(id_card!=other.id_card)
31        return false;
32      if(name==null) {
33        if(other.name!=null)
34          return false;
35        }else if(!name.equals(other.name))
36          return false;
37        return true;
38      }
39      //测试方法 main(),初始化 Set 集合并遍历输出到控制台
40      public static void main(String[] args) {
41        Set<Person>hashSet=new HashSet<Person>();
42        hashSet.add(new Person("张先生",100821));
43        hashSet.add(new Person("李先生",100834));
44        hashSet.add(new Person("赵小姐",100863));
45        Iterator<Person>it=hashSet.iterator();
46        while(it.hasNext()) {
47          Person person=it.next();
48          System.out.println(person.getName()+" "+person.getId_card());
49        }
50    }
51  }
```

【运行结果】

```
赵小姐 100863
李先生 100834
张先生 100821
```

【分析讨论】

① 在main()方法中,通过第41句创建一个HashSet类的实例hashSet,并指定该集合保存Person类的对象。

② 第42~44句使用add()方法向集合中依次添加三个Person类对象,并通过参数指定它们的成员变量name和id_card的值。

③ 在向集合hashSet添加对象时,在add()的方法内部,它首先调用了该对象的hashCode()方法(hashCode()方法用来计算该对象的哈希码)。如果返回的哈希码与集合已存在对象的哈希码不一致,则add()方法认定该对象没有与集合中的其他对象重复,那么该对象将被添加进集合中。如果hashCode()方法返回的哈希码与集合已存在对象的哈希码一致,那么将调用该对象的equals()方法,进一步判断其是否为同一对象。

④ 在第15~21句重写的hashCode()方法中,返回的哈希值是将id_card转换成int型整数加上31后,再乘以31并加上字符串name的哈希码,这种写法重码率较低。

⑤ 之所以在进行hashcode(哈希码)的比较后,又调用equals()方法进行比较,是因为虽然HashSet采用的是通过hashcode来区分对象,但是在Java中hashcode会重码(即不同的对象,其hashcode可能会相同)。通过hashCode()和equals()方法就能快速且准确判断在集合中是否存在与添加对象相同的对象。因此,还需要通过第22~38句重写其equals()方法。

⑥ 最后,创建Iterator对象it,通过调用其相关方法对集合hashSet进行遍历。

⑦ 如果既想保留HashSet类快速定位集合中对象的优点,又想让集合中的对象按插入的顺序保存,可以通过HashSet类的子类LinkedHashSet实现Set集合。将Person类中的代码:Set<Person> hashSet=new HashSet<Person>();替换为如下代码:Set<Person> hashSet=new LinkedHashSet<Person>();。

8.3.2 TreeSet类

TreeSet类不仅实现了Set接口,还实现了java.util.SortedSet接口,从而保证在遍历集合时按照递增的顺序获得对象。在遍历对象时,有可能是按照自然顺序递增排列,此时存入由TreeSet类实现的Set集合的对象就必须实现Comparable接口;也有可能是按照指定比较器(Comparator)递增排列,即可以通过比较器对由TreeSet类实现的Set集合中的对象进行排序。

TreeSet类通过实现SortedSet接口所增加的方法如下:

- comparator():获得对该集合采用的比较器,返回值为Comparator类型。如果未采用任何比较器,则返回null。
- first():返回在集合中排序位于第一的对象。
- last():返回在集合中排序位于最后的对象。
- headSet(E toElement):截取在集合中排序位于对象toElement(不包含)之前的所有对象,重新生成一个Set集合并返回。
- subSet(E fromElement, E toElement):截取在集合中排序位于对象fromElement(包含)和对象toElement(不包含)之间的所有对象,重新生成一个Set集合并返回。

- tailSet(E fromElement)：截取在集合中排序位于对象 fromElement(包含)之后的所有对象，重新生成一个 Set 集合并返回。

【例 8-2】 TreeSet 类的使用示例：创建一个 TreeSet 类的集合 treeSet，指定其元素为 Person 类的对象，并对该集合进行遍历输出。依次验证 TreeSet 类的方法 headSet()、subSet()和 tailSet()，对集合进行相应截取，并对截取后的新集合进行遍历输出。

```
01 import java.util.*;
02 public class Person implements Comparable {
03   private String name;
04   private long id_card;
05   public Person(String name,long id_card) {
06     this.name=name;
07     this.id_card=id_card;
08   }
09   public long getId_card() {
10     return id_card;
11   }
12   public String getName() {
13     return name;
14   }
15   public int compareTo(Object o) {      //默认按编号升序排序
16     Person person=(Person) o;
17   int result=id_card>person.id_card? 1: (id_card==person.id_card? 0: -1);
18   return result;
19   }
20   public static void main(String[] args) {
21     Person person1=new Person("张先生",100846);
22     Person person2=new Person("王小姐",100821);
23     Person person3=new Person("李小姐",100877);
24     Person person4=new Person("赵先生",100890);
25     Person person5=new Person("马先生",100863);
26     TreeSet<Person>treeSet=new TreeSet<Person>();
27     treeSet.add(person1);
28     treeSet.add(person2);
29     treeSet.add(person3);
30     treeSet.add(person4);
31     treeSet.add(person5);
32     System.out.println("初始化的集合：");
33     Iterator<Person>it=treeSet.iterator();
34     while(it.hasNext()) {                  //遍历集合
35     Person person=it.next();
36     System.out.println("------"+person.getId_card()+" "+person.getName());
37   }
```

```
38    System.out.println("截取前面部分得到的集合：");
39    it=treeSet.headSet(person1).iterator();
40    while(it.hasNext()) {                   //截取在集合中排在张先生(不包括)之前的人
41      Person person=it.next();
42      System.out.println("------"+person.getId_card()+" "+person.getName());
43    }
44    System.out.println("截取中间部分得到的集合：");
45      //截取在集合中排在张先生(包括)和李小姐(不包括)之间的人
46      it=treeSet.subSet(person1,person3).iterator();
47      while(it.hasNext()) {
48      Person person=it.next();
49      System.out.println("------"+person.getId_card()+" "+person.getName());
50    }
51    System.out.println("截取后面部分得到的集合：");
52    it=treeSet.tailSet(person3).iterator();      //截取在集合中排在李小姐之后的人
53      while(it.hasNext()) {
54      Person person=it.next();
55      System.out.println("------"+person.getId_card()+" "+person.getName());
56      }
57    }
58  }
```

【运行结果】

```
初始化的集合：
------100821 王小姐
------100846 张先生
------100863 马先生
------100877 李小姐
------100890 赵先生
截取前面部分得到的集合：
------100821 王小姐
截取中间部分得到的集合：
------100846 张先生
------100863 马先生
截取后面部分得到的集合：
------100877 李小姐
------100890 赵先生
```

【分析讨论】

① 在程序中，新建了一个 Person 类，由 TreeSet 类实现的集合要求该类必须实现 java. util. Comparable 接口，同时要重写 compareTo()方法以比较当前两个对象的大小，从而避免集合中出现元素重复。这里实现的排序方式为按编号 id_card 的升序排列。即在 compareTo()中，如果当前对象的 id_card 值大于参数对象的 id_card 值，则返回 int 型整数 1；如果二者相等则放回 0，否则返回－1。

② 在main()方法中,首先,通过第26句创建一个TreeSet类的实例treeSet集合,并指定集合中的元素为Person类对象。然后,使用add()方法初始化该集合,即依次向treeSet集合中添加由21~25句创建的5个Person类对象。注意,在add()方法的内部,首先调用了该对象的compareTo()方法,通过返回值来避免集合中出现重复元素,并按照编号id_card的升序排序存储该元素。最后,在第33~37句中通过Iterator接口对集合treeSet进行遍历,并打印输出遍历结果。

③ 在第39~43句中通过headSet()方法截取集合前面的部分对象得到一个新集合,并遍历新的集合。注意,在新集合中不包含指定的对象(person1)。

④ 在第46~50句中通过subSet()方法截取集合中间的部分对象得到一个新集合,并遍历新的集合。注意,在新集合中包含指定的起始对象(person1),但是不包含指定的终止对象(person3)。

⑤ 最后,在第52~56句中通过tailSet()方法截取集合后面的部分对象得到一个新集合,并遍历新的集合。注意,在新集合中包含指定的对象(person3)。

8.3.3 EnumSet类

当需要将多个列举值组合成一个新集合时,从JDK 1.5开始提供了一个新的类——EnumSet类。EnumSet类实现了Set接口,可以用来组合多个列举值。构建EnumSet对象的方法很简单,只要使用该类提供的of方法就可以利用多个列举值,来组成一个EnumSet对象。但此时至少要在of方法中传入一个列举值。

【例8-3】 EnumSet类的使用示例:首先定义一个枚举类型Weeks,然后使用EnumSet类的方法of组成一个EnumSet类对象es,通过of方法的参数列表传递了Weeks的两个元素作为集合es的组成元素。最后,对es进行遍历输出。

```
01 import java.util.*;
02 public class EnumSetDemo {
03   public enum Weeks {            //创建一个枚举类型Weeks
04     SUNDAY, MONDAY, TUESDAY,
05     WEDNESDAY, THRUSDAY, FRIDAY, SATURDAY
06   }
07   public static void main(String[] args) {
08     //使用of方法构建EnumSet类的对象
09     EnumSet<Weeks>es=EnumSet.of(Weeks.SUNDAY,Weeks.SATURDAY);
10     //显示EnumSet的内容
11     System.out.println("一星期有哪几天不用上班?");
12     for(Weeks w: es) {
13       System.out.println(w);
14     }
15   }
16 }
```

【运行结果】

```
一星期有哪几天不用上班？
SUNDAY
SATURDAY
```

【分析讨论】

① 程序的第 3～6 句定义了一个包含了 7 个元素的枚举类型对象 Weeks。

② 在 main()方法中，在第 9 句使用 EnumSet 类中的 of 方法构建了 EnumSet 对象 es，并且在 of 方法的参数列表中传入两个列举值，分别是 Weeks 中的元素 SUNDAY 和 SATURDAY。

③ 第 12 句通过 for 循环语句块打印输出 es 中的元素。

除了 of 方法之外，EnumSet 类中还提供了以下方法：

- static EnumSet allOf (Class enumType)：将 enumType 中的所有列举值放入 EnumSet 对象中。
- Enumset clone()：返回 EnumSet 对象的副本。
- static EnumSet complementOf(EnumSet s)：利用 s 之外的其余列举值创建一个 EnumSet 对象。
- static EnumSet copyOf(EnumSet s)：返回和 s 相同的 EnumSet 对象。
- static EnumSet noneOf(classelementType)：返回一个空的 EnumSet 对象。
- static EnumSet range (E from，E to)：返回从 from 到 to 的 EnumSet 对象。

8.4 List 接口

List 接口属于列表类型，且列表的主要特征是以线性方式存储对象，因此 List 接口是一种有序的集合。List 接口继承了 Collection 接口，除继承了 Collection 中声明的方法外，List 接口还增加了一些按位置存取元素、查找、建立 List 视图等新的操作。

8.4.1 List 接口与 ListIterator 接口

1. List 接口

List 接口提供了以下一些适用于自身的常用方法。

- void add(int index，Object obj)：向集合的指定索引位置添加对象，其他对象的索引位置相对后移一位，索引位置从 0 开始。
- abstract boolean addAll(int index，Collection c)：向集合的指定索引位置添加指定集合中的所有对象。
- Object remove(int index)：清除集合中指定索引位置的对象。
- Object set(int index，Object obj)：将集合中指定索引位置的对象修改为指定的对象。
- Object get(int index)：获得指定索引位置的对象。

- int indexOf(Object o)：获得指定对象的索引位置。当存在多个时，返回第一个索引位置；当不存在时，返回-1。
- int lastIndexOf(Object o)：获得指定对象的索引位置。当存在多个时，返回最后一个的索引位置；当不存在时，返回-1。
- ListIterator listIterator()：获得一个包含所有对象的ListIterator型实例。
- ListIterator listIterator(int index)：获得一个包含从指定索引位置到最后的ListIterator型实例。
- List subList(int fromIndex, int toIndex)：通过截取从起始索引位置fromIndex(包含)到终止位置toIndex(不包含)的对象，重新生成一个List集合并返回。

从以上方法实现的功能可以看出，List接口提供的适合自身的常用方法均与索引有关，这是因为List集合为列表类型，以线性方式存储对象，可以通过对象的索引来操作对象。

在使用List接口时，通常声明为List类型，而在实例化时根据需要，再实例化为ArrayList或LinkedList。例如：

```
List<String> l=new ArrayList<String>();        //利用ArrayList类实例化List
List<String> l2=new LinkedList<String>();      //利用LinkedList类实例化List
```

注意，add(int index, Object o) 方法是向指定索引位置添加对象，而set (int index, Object o)方法是替换指定索引位置的对象。indexOf (Object o)方法是获得指定对象的最小索引位置，而lastIndexOf (Object o)方法是获得指定对象的最大索引位置。当然，前提条件是指定的对象在List集合中具有重复对象，否则，如果在List集合中有且仅有一个指定的对象，则通过这两个方法获得的索引位置是相同的。

2. ListIterator接口

ListIterator接口(又称列表迭代器)继承了Iterator接口，它支持添加或更改底层集合中的元素，还支持双向访问，即允许按任一方向遍历列表、迭代期间修改列表，并获得迭代器在列表中的当前位置。注意，ListIterator没有当前元素，它的光标位置始终位于调用previous()方法所返回的元素和next()方法所返回的元素之间。一个长度为n的列表中，有n+1个有效的索引值，从0到n(包含)。

以下是ListIterator接口的一些常用方法：

- boolean hasNext()：正向遍历列表时，如果列表迭代器还有元素，则返回true，否则返回false。
- boolean hasPrevious()：反向遍历列表时，如果列表迭代器还有元素，则返回true，否则返回false。
- Object next()：返回列表中的下一个元素。
- int nextIndex()：返回接下去调用next所返回元素的索引。
- Object previous()：返回列表中的前一个元素。
- int previousIndex()：返回接下去调用previous所返回元素的索引。

8.4.2 ArrayList 与 Vector 实现类

在 java. util 包中，提供了实现 List 接口的 ArrayList 类(向量表)和 Vector 类(向量)两个工具类。向量表用可变大小的数组实现了 List 接口，它的对象会随着元素的增加自动扩大容量。向量表是非同步的(unsynchronized)，当有多个线程对它的一个对象并发访问时，为了保证数据的一致性，必须通过 synchronized 关键词进行同步控制。向量表也是 3 种 List 中效率最高最常用的一种。除了非同步特性之外，向量表与向量基本上是等同的，可以把向量表看作是没有同步开销的向量。

1. 向量表(ArrayList)

向量表实现了 List 接口，由向量表实现的 List 集合使用数组结构保存对象。数组结构的优点是便于对集合进行快速的随机访问，如果经常要根据索引位置访问集合中的对象，那么它的效率就较高。数组结构的缺点是向指定索引位置插入和删除对象的效率较低，而且插入或删除对象的索引位置越小效率越低，原因是当向指定的索引位置插入对象时，会同时将指定索引位置及之后的所有对象相应地向后移动一位，如图 8-3 所示。

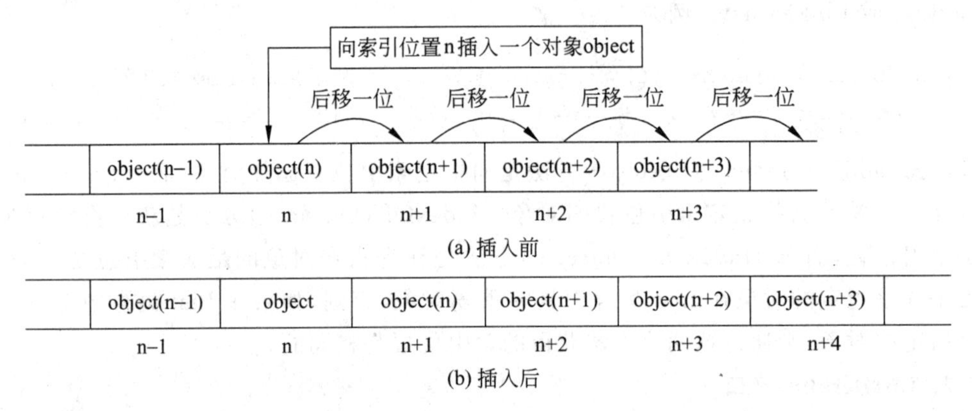

图 8-3 向由 ArrayList 类实现的 List 集合中插入对象

当删除指定索引位置的对象时，会同时将指定索引位置之后的所有对象相应地向前移动一位，如图 8-4 所示。如果在指定索引位置之后有大量的对象，无论是插入还是删除都将严重影响到集合的操作效率。

例 8-4 是一个关于扑克牌的示例，该例中用 ArrayList 保存了 54 张扑克牌，通过 Collections 类的静态方法 shuffle()实现洗牌操作，通过 drawCard()方法使参加游戏的人每人摸一手牌，每手牌的牌数是指定的。执行该程序需要两个命令行参数：参加扑克牌游戏的人数以及每手牌的牌数。

【例 8-4】 ArrayList 的使用示例：通过创建 ArrayList 类的实例 cards 生成一副 54 张的扑克牌，并为参加游戏的 4 个人随机摸牌，规定每人 5 张牌。该例程每次运行结果都可能是不一样的。

```
01  import java.util.*;
02  public class PlayCards{
03    public static void main(String[] args) {
```

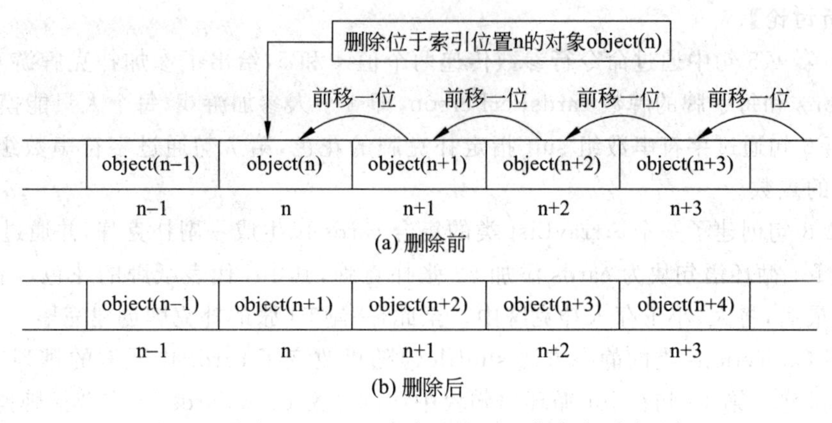

图 8-4　从由 ArrayList 类实现的 List 集合中删除对象

```
04      int numPersons=Integer.parseInt(args[0]);
05      int cardsPerPerson=Integer.parseInt(args[1]);
06      String[] suit={"黑桃","红桃","樱花","方块"};  //生成一副牌(含 54 张牌)
07      String[] rank={"A","2","3","4","5","6","7","8","9","10","J","Q","K"};
08      ArrayList cards=new ArrayList();
09      for(int i=0;i<suit.length;i++)
10        for(int j=0;j<rank.length;j++)
11          cards.add(suit[i]+rank[j]);              //把 52 张扑克牌存入 cards 中
12          cards.add("小王");
13          cards.add("大王");                       //把大、小王存入 cards 中
14          Collections.shuffle(cards);   //随机改变 cards 中元素的排列次序,即洗牌
15          for(int i=0;i<numPersons;i++)
16           System.out.println(drawCards(cards,cardsPerPerson));
                                                     //实现摸牌操作并输出
17    }
18      public static ArrayList drawCards(List cards,int n) {
19        int cardsSize=cards.size();
20        List cardsView=cards.subList(cardsSize-n,cardsSize);
                                                //从列表 cards 中截取一个子 List
21        ArrayList hand=new ArrayList(cardsView);    //创建一个 ArrayList
22        cardsView.clear();                          //将子 List 清空
23        return hand;
24    }
25  }
```

【运行结果】

```
java PlayCards 4 5
[方块 8, 樱花 6, 红桃 4, 方块 A, 方块 J]
[黑桃 10, 小王, 樱花 5, 黑桃 9, 红桃 9]
[方块 5, 方块 K, 樱花 7, 红桃 K, 黑桃 3]
[黑桃 K, 红桃 8, 樱花 9, 红桃 5, 红桃 6]
```

【分析讨论】

① 在第 4、5 句中通过命令行参数传递两个值 4 和 5，给出了参加扑克牌游戏的人数 numProsons 和每手牌的牌数 cardsPerPerson，即 4 个人参加游戏，每个人只能摸 5 张牌。

② 第 6 句通过字符串数组 suit 指定扑克牌的花色，第 7 句通过字符串数组 rank 指定扑克牌的点数。

③ 第 8 句创建了一个 ArrayList 类的集合 cards 以生成一副扑克牌，并通过第 9～11 句的两层 for 循环语句块为 cards 添加 52 张扑克牌，其中 i 代表纸牌的花色，j 代表纸牌的点数。最后，将大、小王存入扑克牌中。至此，一副 54 张的扑克牌创建完毕。

④ 用 Collections 类的静态方法 shuffle()随机改变了 cards 中元素的排列次序从而实现洗牌操作。第 15 句在 for 循环语句块中访问方法 drawCards()，实现摸牌操作。

⑤ 在 drawCards()方法的第 20 句中，List 接口的 subList()方法返回的子 List 称为当前 List 的视图(view)，这意味着子 List 的改变将反映到原来的 List 中，所以在 drawCards()方法中，执行第 22 句的 cardsView. clear()方法将 cardsView 清空，同时也将 cards 中对应于 cardsView 的元素删除了。因此每次调用 drawCards ()方法都将返回包含 cards 中后面指定数目的元素，并把它们从 cards 中清除掉。

2. 向量(Vector)

向量实现了类似动态数组的功能，它用可变容量的数组实现了 List 接口，可以像数组一样通过索引序号对所包含的元素进行访问。向量与向量表的主要区别在于向量是线程安全的，而向量表不是线程安全的。

向量提供了以下三个构造方法：

```
public Vector();
public Vector (int initialCapacity);
public Vector (int initialCapacity, int capacityIncrement);
```

向量执行时会创建一个初始存储容量 initialCapacity，容量以 capacityIncrement 变量定义的增量进行增长。当使用第一种构造方法时，系统会自动对向量对象进行管理。当使用后两种构造方法时，系统将根据参数 initialCapacity 设定向量对象的容量(即向量对象可存储数据的大小)。当真正存放的数据个数超过容量时，系统会扩充向量对象的存储容量。参数 capacityIncrement 给出了每次的扩充值，当 capacityIncrement 为 0 时，每次扩充一倍，利用这个功能可以优化存储。

向量提供的方法允许向向量中增加、删除和插入元素，也允许测试向量的内容和检索指定的元素，与大小相关的运算允许判定字节大小和向量中元素的数目。向量提供的常用方法如下所示：

- void addElement(Object obj)：将 obj 插入向量的尾部，obj 可以是任何类型的对象。
- void setElementAt(Object obj, int index)：将指定索引位置处的对象替换为 obj，obj 可以是任何类型的对象。
- void insertElementAt(Object obj, int index)：将 obj 插入到指定索引位置，该位

置原来的对象以及以后的对象均依次往后顺延。

- void removeElement(Object obj)：从向量中删除 obj，若有多个 obj 存在，则从向量头开始删除找到的第一个与 obj 相同的向量成员。
- void removeAllElement()：删除向量中的所有对象。
- void removeElementAt(int index)：删除指定索引位置处的对象。
- int indexOf(Object obj)：从向量头开始搜索 obj，返回所遇到的第一个 obj 对应的索引，若不存在则返回－1。
- int indexOf (Object obj, int index)：从指定索引位置处开始搜索 obj，返回所遇到的第一个 obj 对应的索引，若不存在则返回－1。
- int lastIndexOf(Object obj)：从向量尾部开始逆向搜索 obj，返回所遇到的第一个 obj 对应的索引，若不存在则返回－1。
- int lastIndexOf(Object obj, int index)：从指定索引位置处由尾至头逆向搜索 obj，返回所遇到的第一个 obj 对应的索引，若不存在则返回－1。
- Object firstElement()：获取向量对象中的第一个 obj。
- Object lastElement()：获取向量对象中的最后一个 obj。

【例 8-5】 Vector 的使用示例：创建并初始化 Vector 类的对象 vector，打印输出该向量的长度及内容，并验证 Vector 类的成员方法 insertElementAt()、setElementAt()、removeElement ()、indexOf()、lastIndexOf()以及 setSize()的相关操作。

```
01  import java.util.*;
02  public class VectorDemo {
03    public static void main(String[] args) {
04      Vector vector=new Vector();
05      vector.addElement("One");
06      vector.addElement(new Integer(1));
07      vector.addElement(new Integer(1));
08      vector.addElement("Two");
09      vector.addElement(new Integer(2));
10      vector.addElement(new Integer(1));
11      vector.addElement(new Integer(1));
12      System.out.println("Vector's length is: "+vector.size());
13      System.out.println("Vector's contents is: "+vector);
14      vector.insertElementAt("Three",2);
15      vector.insertElementAt(new Float(3.6f),3);
16      System.out.println("\nAfter using method insertElementAt(), vector's
        contents is: ");
17      System.out.println(vector);
18      vector.setElementAt("Four",2);
19      System.out.println("\nAfter using method setElementAt(), vector's
        contents is: ");
20      System.out.println(vector);
21      vector.removeElement(new Integer(1));
```

```
22       System.out.println ("\nAfter using method removeElement (), vector's
         contents is: ");
23       System.out.println(vector);
24       System.out.println("\nThe position of object 1(top-to-bottom) is: "+
         vector.indexOf(new Integer(1)));
25       System.out.println("The position of object 1(bottom-to-top) is: "+
         vector.lastIndexOf(new Integer(1)));
26       vector.setSize(4);
27       System.out.println("\nAfter resizing, vector's contents is: "+vector);
28     }
29   }
```

【运行结果】

```
Vector's length is: 7
Vector's contents is: [One, 1, 1, Two, 2, 1, 1]
After using method insertElementAt(), vector's contents is:
[One, 1, Three, 3.6, 1. Two, 2, 1, 1]
After using method setElementAt(), vector's contents is:
[One, 1, Four, 3.6, 1. Two, 2, 1, 1]
After using method removeElement(), vector's contents is:
[One, Four, 3.6, 1. Two, 2, 1, 1]
The position of object 1 (top-to-bottom) is: 3
The position of object 1 (bottom-to-top) is: 7
After resizing, vector's contents is: [One, Four, 3.6, 1]
```

【分析讨论】

① 在 main()方法中，在第 4 句声明并创建一个 Vector 类的实例 vector，随后通过第 5～11 行语句的 addElement()方法对 vector 进行初始化，向量中添加了 7 个元素，元素的数据类型分别为 String 或 Integer。

② 在第 12 句打印输出向量 vector 当前的长度，在第 13 句打印输出向量 vector 当前的内容。在第 14～17 句通过方法 insertElementAt()分别向向量 vector 的索引位置 2 插入 String 类型的数据"Three"，在位置 3 插入 Float 类型的对象 3.6(注意，向量中的索引从 0 开始)，并打印输出插入后的向量内容以验证上述操作。

③ 在第 18～20 句通过方法 setElementAt()将向量 vector 索引位置 2 上的元素替换为 String 类型的数据"Four"(注意，向量中的索引从 0 开始)，并打印输出替换后的向量内容以验证上述操作。

④ 在第 21～23 句通过方法 removeElement()删除向量 vector 中的值为 1 的 Integer 类对象。由于 vector 中有多个相同对象存在，因此从向量头开始删除找到的第一个相同的向量成员，即 vector 中索引位置为 1 的对象(注意，向量中的索引从 0 开始)，并打印输出删除后的集合内容以验证上述操作。

⑤ 在第 24～25 句通过方法 indexOf()和 lastIndexOf()分别从向量的首部和尾部查找值为 1 的 Integer 类对象的索引位置(注意，向量中的索引从 0 开始)，并打印输出查找

的结果以验证上述操作。

⑥ 最后，通过第 26、27 句中的 setSize()方法将向量 vector 的长度重新设置为 4，即截取原向量的前 4 个元素作为新向量，并打印输出新向量的内容。

8.5 Map 接口

Map 接口是实现键-值映射数据结构的一个框架，可以用于存储通过键-值引用的对象。映射与集合和列表有明显的区别，映射中的每个对象都是成对存在的。映射中存储的每个对象都是通过一个键(key)对象来获取值(value)对象，键值的作用相当于数组中的索引，每一个键值都是唯一的，可以利用键值来存取数据结构中指定位置上的数据。这种存取不由键对象本身决定，而是需要通过一种散列技术进行处理，从而产生一个被称作散列码的整数值。散列码通常是一个偏置量，它相对于分配给映射的存储区域的起始位置。理想情况下，通过散列技术得到的散列码应该是在给定范围内均匀分布的整数值，并且每个键对象都应得到不同的散列码。

Map 接口定义的常用方法如下：

- V put(K key, V value)：向集合中添加指定的键-值映射关系(可选操作)。
- void putAll(Map<? extends K, ? extends V> t)：将指定集合中的所有键-值映射关系添加到该集合中(可选操作)。
- boolean containsKey(Object key)：如果存在指定键的映射关系，则返回 true，否则返回 false。
- boolean containsValue(Object key)：如果存在指定值的映射关系，则返回 true，否则返回 false。
- V get(Object key)：如果存在指定的键对象，则返回与该键对象对应的值对象，否则返回 null。
- Set<K> keySet()：将该集合中的所有键对象以 Set 集合的形式返回。
- Collection<V> values()：将该集合中的所有值对象，以 Collection 集合的形式返回。
- V remove(Object key)：如果存在指定的键对象，则移除该键对象的映射关系，并返回与该键对象对应的值对象，否则返回 null。
- void clear()：移除集合中所有的映射关系。
- boolean isEmpty()：查看集合中是否包含键-值映射关系，如果包含则返回 true，否则返回 false。
- int size()：获得集合中包含键-值映射关系的个数。
- boolean equals(Object obj)：用来查看指定的对象与该对象是否为同一个对象，返回值为 boolean 型，如果为同一个对象则返回 true，否则返回 false。

注意，Map 接口允许值对象为 null，并且没有个数限制，当 get()方法的返回值为 null 时，可能有两种情况，一种是在集合中没有该键对象，另一种则是该键对象没有映射任何值对象，即值对象为 null。因此，在 Map 中不应该利用 get()方法来判断是否存在某个键，而应该利用containsKey()方法来判断。

Map接口的实现类有HashMap、TreeMap、Hashtable、WeakHashMap、IdentityHashMap和EnumMap等。本节将讲解其中的HashMap和TreeMap实现类的用法。

8.5.1 HashMap实现类

哈希映射(HashMap)是通过哈希码对其内部的映射关系进行快速查找，即基于哈希表的Map接口的实现。由HashMap类实现的Map集合，允许以null作为键对象，但键对象又不可以重复，所以这样的键对象只能有一个。如果经常需要添加、删除和定位映射关系，建议利用HashMap类实现Map集合，不过在遍历集合时，得到的映射关系是无序的。

用HashMap类实现Map集合，需要重写作为主键对象类的hashCode()方法。在重写该方法时，需要遵循以下两条基本原则：

- 不唯一原则：不必为每个对象生成一个唯一的哈希码，只要通过hashCode()方法生成的哈希码能够利用get()方法得到利用put()方法添加的映射关系就可以了。
- 分散原则：生成哈希码的算法应尽量使哈希码的值分散一些，不要很多哈希码值都集中在一个范围内，这样有利于提高用HashMap类实现的Map集合的性能。

【例8-6】 利用HashMap类实现Map集合：通过调用HashMap类的方法put()和get()来比较说明是否重写hashCode()和equals()方法的区别。

首先新建一个作为键对象的类PK_person，具体代码如下：

```
01 class PK_person {
02   private String prefix;                          //主键前缀
03   private int number;                             //主键编号
04   public String getPrefix() {
05     return prefix;
06   }
07   public void setPrefix(String prefix) {
08     this.prefix=prefix;
09   }
10   public int getNumber() {
11     return number;
12   }
13   public void setNumber(int number) {
14     this.number=number;
15   }
16   public String getPk() {
17     return prefix+"_"+number;
18   }
19   public void setPk(String pk) {
```

```
20      int i=pk.indexOf("_");
21      prefix=pk.substring(0, i);
22      number=new Integer(pk.substring(i));
23    }
24  }
```

然后，新建一个 Person 类，具体代码如下：

```
01  class Person {
02    private String name;
03    private PK_person number;
04    public Person(String name,PK_person number) {
05      this.name=name;
06      this.number=number;
07    }
08    public String getName() {
09      return name;
10    }
11    public void setName(String name) {
12      this.name=name;
13    }
14    public PK_person getNumber() {
15      return number;
16    }
17    public void setNumber(PK_person number) {
18      this.number=number;
19    }
20  }
```

最后，新建一个用来包含 main()方法的测试类 HashMapDemo。main()方法中首先新建一个 Map 集合，并添加一个映射关系，然后再新建一个内容完全相同的键对象，并根据该键对象通过 get()方法获得相应的值对象，最后判断是否得到相应的值对象，并输出相应的信息。完整代码如下：

```
01  public class HashMapDemo {
02    public static void main(String[] args) {
03      Map<PK_person,Person>map=new HashMap<PK_person,Person>();
04      PK_person pk_person=new PK_person();                    //新建键对象
05      pk_person.setPrefix("MR");
06      pk_person.setNumber(220181);
07      map.put(pk_person, new Person("马先生",pk_person));   //初始化集合
08      PK_person pk_person2=new PK_person();
                                    //新建键对象,内容与键对象 pk_person 的内容相同
09      pk_person2.setPrefix("MR");
10      pk_person2.setNumber(220181);
```

```
11        Person person2=map.get(pk_person2);          //获得指定键对象映射的值对象
12        if(person2==null)
13          System.out.println("该键对象不存在!");
14        else
15          System.out.println(person2.getNumber().getNumber()+" "+person2.-
            getName());
16      }
17    }
```

【运行结果】

该键对象不存在!

【分析讨论】

① 在 main()方法中,创建 HashMap 类的集合 map,并制定该集合中的键-值映射为 PK_person 和 Person。

② 第 4～7 句新建了一个键对象 pk_person,并利用方法 put()向集合 map 中添加一个新映射,其中键对象为"MR_220181"(主键前缀为"MR",主键编号为"220181"),值对象为 Person 类的对象"马先生"。

③ 第 8～10 句再新建一个键对象 pk_person2,该对象的主键前缀和主键编号与 pk_person 完全相同。

④ 利用第 11 句中的 get()方法试图获得指定键对象 pk_person2 映射的值对象,并通过随后的分支语句判断获取是否成功。

⑤ 从执行结果可知,并未找到指定键对象 pk_person2 的映射。这是因为在 PK_person 类中没有重写 java. lang. Object 类的 hashCode()和 equals()方法,equals()方法默认比较两个对象的地址,所以,即使这两个键对象的内容完全相同,也不认为是同一个对象。

重写后的 hashCode()和 equals()方法的完整代码如下:

```
01  public int hashCode() {                                //重写 hashCode()方法
02    return number+prefix.hashCode();
03  }
04  public boolean equals(Object obj) {                    //重写 equals()方法
05    if(obj==null)                                        //判断是否为 null
06      return false;
07    if(getClass()!=obj.getClass())                       //判断是否为同一类型的实例
08      return false;
09    if(this==obj)                                        //判断是否为同一个实例
10      return true;
11      final PK_person other=(PK_person)obj;
12    if(this.hashCode()!=other.hashCode())                //判断哈希码是否相等
13      return false;
14    return true;
15  }
```

【运行结果】

220181 马先生

【分析讨论】

① 在第1～3句重写的hashCode()方法中，返回的哈希值为键对象中的主键编号加上主键前缀的哈希码。

② 第4～15句重写了equals()方法，如果hashCode()方法返回的哈希码与集合已存在对象的哈希码一致，那么将调用该对象的equals()方法，进一步判断其是否为同一对象。

③ 将上述代码完整地添加到类PK_person的定义中，重新执行HashMapDemo.java文件，就得到了上述执行结果。

④ 从执行结果可知，此时通过get()方法可以找到指定键对象pk_person2的映射，并输出该映射值对象的name值及主键编号。

8.5.2 SortedMap接口与TreeMap实现类

SortedMap接口继承了Map接口，它能够确保集合中的映射按照键升序排序，而TreeMap是其现阶段的唯一实现。

1. SortedMap接口

由SortedMap实现的集合保证映射按照键的升序排列，这种排列可以按照键的自然顺序进行排序，或者通过创建有序映射时提供的比较器进行排序。注意，如果有序映射正确实现了Map接口，则有序映射所保持的顺序(无论是否明确提供了比较器)都必须保持相等一致性。

所有通用有序映射实现的类都应该提供4个标准的构造方法：

- void(不带参数)构造方法：创建空的有序映射，按照键的自然顺序排序。
- 带有一个Comparator类型参数的构造方法：创建一个空的有序映射，根据指定的比较器排序。
- 带有一个Map类型参数的构造方法：创建一个键-值映射关系与参数相同的有序映射，按照键的自然顺序排序。
- 带有一个有序映射类型参数的构造方法：创建一个新的有序映射，键-值映射关系及排序方法与输入的有序映射相同。

SortedMap接口能够确保键对象处于排序状态，这使得它具有额外的功能。这些功能由SortedMap接口中的下列方法提供：

- Comparator<? super K> comparator()：返回与此有序映射关联的比较器，如果使用键的自然顺序，则返回null。
- K firstKey()：返回有序映射中当前第一个(最小的)键。
- SortedMap<K, V> headMap(K toKey)：返回此有序映射的部分视图，其键值严格小于toKey。
- K lastKey()：返回有序映射中当前最后一个(最大的)键。

- SortedMap<K, V> subMap(K fromKey, K toKey)：返回此有序映射的部分视图，其键值从 fromKey(包括)到 toKey(不包括)。
- SortedMap<K, V> tailMap(K fromKey)：返回有序映射的部分视图，其键大于或等于 fromKey。

2. TreeMap 实现类

TreeMap 类不仅实现了 Map 接口，还实现了 Map 接口的子接口 SortedMap。用 TreeMap 类实现的 Map 集合，不允许键对象为 null，原因是集合中的映射关系是根据键对象按照一定顺序排列的。

在添加、删除和定位映射关系上，TreeMap 类要比 HashMap 类的性能差一些，但是它的映射关系具有一定的顺序。因此，如果不需要一个有序的集合，则建议使用 HashMap 类；如果需要进行有序的遍历输出，则建议使用 TreeMap 类。在这种情形下，可以先使用由 HashMap 类实现的 Map 集合，在需要顺序遍历输出时，再利用现有的 HashMap 类的实例，创建一个具有完全相同映射关系的 TreeMap 类型的实例。

【例 8-7】 TreeMap 类的使用示例：首先利用 HashMap 类实现一个 Map 集合，初始化并遍历；然后再利用 TreeMap 类实现一个 Map 集合，初始化并遍历，默认按键对象升序排列；最后再利用 TreeMap 类实现一个 Map 集合，初始化为按键对象降序排列。

```
01 import java.util.*;
02 class Person {
03   private String name;
04   private long id_card;
05   public Person(String name, long id_card) {
06     this.name=name;
07     this.id_card=id_card;
08   }
09   public String getName(){
10     return name;
11   }
12   public long getId_card(){
13     return id_card;
14   }
15 }
16 public class TreeMapDemo{
17   public static void main(String[] args){
18     Person person1=new Person("马先生", 220181);
19     Person person2=new Person("李先生", 220193);
20     Person person3=new Person("王小姐", 220186);
21     Map<Number, Person>map=new HashMap<Number, Person>();
22     map.put(person1.getId_card(), person1);
23     map.put(person2.getId_card(), person2);
24     map.put(person3.getId_card(), person3);
25     System.out.println("由 HashMap 类实现的 Map 集合,无序：");
```

```
26        for(Iterator<Number>it=map.keySet().iterator(); it.hasNext();){
27          Person person=map.get(it.next());
28          System.out.println(person.getId_card()+" "+person.getName());
29        }
30        System.out.println("\n由TreeMap类实现的Map集合,键对象升序:");
31        TreeMap<Number, Person>treemap=new TreeMap<Number, Person>();
32        treemap.putAll(map);
33        for(Iterator<Number>it=treemap.keySet().iterator(); it.hasNext();){
34          Person person=treemap.get(it.next());
35          System.out.println(person.getId_card()+" "+person.getName());
36        }
37        System.out.println("\n由TreeMap类实现的Map集合,键对象降序:");
38        TreeMap < Number,  Person > treemap2 = new  TreeMap < Number,  Person >
         (Collections.reverseOrder());                    //初始化为反转排序
39        treemap2.putAll(map);
40        for(Iterator<Number>it=treemap2.keySet().iterator(); it.hasNext();){
41          Person person=(Person) treemap2.get(it.next());
42          System.out.println(person.getId_card()+" "+person.getName());
43        }
44      }
45    }
```

【运行结果】

```
由HashMap类实现的Map集合,无序:
220186 王小姐
220181 马先生
220193 李先生
由TreeMap类实现的Map集合,键对象升序:
220181 马先生
220186 王小姐
220193 李先生
由TreeMap类实现的Map集合,键对象降序:
220193 李先生
220186 王小姐
220181 马先生
```

【分析讨论】

① 第1~15行语句定义了一个Person类,该类包含String型变量name和long型变量id_card。

② 在测试类TreeMapDemo的main()方法中,第18~20句声明并创建了Person类的三个对象,利用这些对象创建并初始化HashMap类的集合map,通过第22~24句中put()方法可知,在集合map中添加的三个映射的值对象为Person类对象,键对象为值对象的id_card值。

③ 通过第 26～29 句中的 for 循环语句块对集合 map 进行遍历。由遍历结果可知，HashMap 类的集合 map 中存储的元素是无序的。

④ 第 31 句创建了 TreeMap 类的集合 treemap，并在第 32 句利用 putAll()方法将 map 集合中的元素全部添加到 treemap 中。通过第 33～36 句中的 for 循环语句块对集合 treemap 进行遍历。由遍历结果可知，TreeMap 类的集合 treemap 中存储的元素是默认排序，即按照键对象(Person 类对象的 id_card 值)升序排列。

⑤ 第 38 句创建了一个 TreeMap 类的集合 treemap2，并初始化为按键对象降序排列(第 39 句)，实现方式为将 Collection. reverseOrder ( ) 作为构造方法 TreeMap (Comparator c)的参数，即与默认排序方式相反。第 40～43 句对 treemap2 进行了遍历，由遍历结果可知，TreeMap 类的集合 treemap2 中存储的元素是按照键对象(Person 类对象的 id_card 值)降序排列的。

8.6 小 结

本章详细讲解了几种 Java 常用的集合类，重点讲解了 List 集合与 Set 集合以及 Map 集合之间的区别，还讲解了每种集合的常用实现类的用途及使用方法。本章的每一个知识点，都给出了一个实例，并对实例进行了详细的分析和讲解。

SCJP 认证习题解析

1. 下面的集合中，哪些可以存储重复元素？

   A. List　　B. Set
   C. Map　　D. Collection

【答案】 B

【解析】 Collection 接口是集合接口树的根接口，它定义了集合操作的的通用 API。Collection 接口的某些实现类允许有重复元素，而另一些不允许有重复元素，某些是有序的而另一些是无序的。List 接口是一种可含有重复元素的、有序的集合，用户可以控制向序列中插入元素的位置，并可以按元素的位序(也就是加入顺序)来访问它们。Map 接口以键值对(key-value)的形式存放对象，实现了键值到值的映射。其中，键(key)对象不可以重复，值(value)对象可以重复。Set 接口不允许存放重复的元素，按照自身内部的排序规则排列，所以选项 B 是正确的。

2. 对于集合类 java. util. TreeSet 的描述下列哪两项是正确的？

   A. 集合类 TreeSet 中存储的元素是有序的
   B. 集合类 TreeSet 保证不可变
   C. 集合类 TreeSet 中的元素唯一
   D. 集合类 TreeSet 中的元素可通过唯一对应的键来访问
   E. 集合类 TreeSet 中的元素保证同步

【答案】 A，C

【解析】 TreeSet类实现了Set接口,Set的特点是其中的元素唯一,所以选项C正确。由于采用了树形存储方式,将元素有序地组织起来,所以选项A也正确。

3. 下列接口中哪一个不是继承自Collection接口?

A. List B. Set C. Queue D. Map

【答案】 D

【解析】 Collection接口是List接口、Set接口以及Map接口的父接口,通常情况下不被直接使用。不过Collection接口定义了一些通用的方法,通过这些方法可以实现对集合的基本操作,而Map接口的实现类的直接父类即为Object,Map接口以键值对(key-value)的形式存放对象,实现了键值到值的映射,所以选项D是正确的。

4. 根据下列每一条声明,选择一种对应的集合类。

声明:

(1) 允许通过其整数索引来访问存储的元素

(2) 定义了方法Vget(Object key)

(3) 用于在处理元素之前保存元素

(4) 不包含重复元素(若出现e1.equals(e2),则e1和e2为重复元素)

给出的集合类型:

A. java.util.Map B. java.util.Set

C. java.util.List D. java.util.Queue

【答案】

(1)——C

(2)——A

(3)——D

(4)——B

【解析】 ①List集合为列表类型,以线性方式存储对象,可以通过对象的索引操作对象;②Vget(Object key)方法是Map定义的常用方法之一,其作用为如果存在指定的键对象,则返回与该键对象对应的值对象,否则返回null;③Queue(队列)接口是JDK 1.5版本在java.util包中新添加的数据结构接口,是在处理元素之前用于保存元素的集合;④Set接口不允许存放重复的元素,按照自身内部的排序规则排列。因此,该接口是一种不包含重复元素的、无序的集合。

5. 关于集合类的描述下列哪一项是正确的?

A. Set接口是为了确保正在执行的类有特定的成员

B. List接口的实现类不可以包含重复元素

C. Set接口设计目的是存储从数据库查询中返回的记录

D. Map接口不属于集合框架的组成部分

【答案】 A

【解析】 实现List接口的对象中可以包含重复的元素。尽管一个实现Set接口的类的元素存储的可能是数据库查询的结果,但它不是为了那个目的而专门设计的。Map接口不继承自Collection接口,但隶属于集合框架,所以选项A是正确的。

6. 下列哪些属于集合类？

A. Collection　B. Iterator　C. HashSet　D. Vector

【答案】 C，D

【解析】 注意，另外两个答案 Collection 和 Iterator 是接口，而不是实现类。

7. 判断下面说法的对错：

如果正确地创建了一个对象，那么调用它的 hashCode()方法将返回同样的值。

A. True　B. False

【答案】 B

【解析】 对象类的 hashCode()方法默认返回对象的内存地址。一个 hashCode()方法在一个程序中的执行一定会返回相同的值。如果测试一个对象实例的 hashCode，可能发现在多程序运行期间，好像返回同样的内存地址，但这是不确定的。

8. 怎样从 Vector 类的集合中移出元素？

A. 使用 delete 方法　B. 使用 cancel 方法

C. 使用 clear 方法　D. 使用 remove 方法

【答案】 D

【解析】 本书 8.4.2 节中专门讲解了 Vector 类的常用方法，从集合中移出元素使用 remove 相关的方法，其他方法在 Vector 类中不存在。

9. 下面的描述中哪些是正确的？

A. 一个对象的 hashcode()方法会返回任何原始的整型数据

B. 依据 equals()方法，两个相等的对象调用 hashCode()方法会生成同样的结果

C. 一个对象的 hashCode()方法在一个应用程序中的不同执行，一定会返回同样的值

D. Object 类的 hashCode()的声明是 public int hashCode()

【答案】 B,D

【解析】 hashCode()方法的返回值是 int 型整数，而不能是任何原始的整型数据。对象类的 hashCode()方法默认返回对象的内存地址，而不同执行不一定会得到同样的内存地址。一个 hashCode()方法在一个程序的同样运行下一定会返回同样的值，但在不同运行下不一定会返回相同的值。

10. 迭代器接口(Iterator)所定义的方法有哪些？

A. hasNext()　B. next()　C. removeAll()　D. nextElement()

【答案】 A,B

【解析】 在迭代器接口(Iterator)的定义中，hasNext()方法用于判断在集合遍历的过程中是否存在下一个元素。如果存在则返回 True，否则返回 False。next()方法用于获得集合中的下一个元素。二者经常配合使用。removeAll()方法在 Collection 接口中有所定义，Iterator 中只定义了一个删除方法 remove()，没有 removeAll()。nextElement()方法不存在。

课后习题

1. 下面程序是用Hashtable来检验随机数的随机性。请在划线处填写适当的语句，完成此程序，使它能够正确执行。

```
01  import java.util.*;
02  class Counter {                                          //计数器
03    int i=1;
04    public String toString() {
05    return Integer.toString(i);
06    }
07  }
08  public class Statistics {
09    public static void main(String[] args) {
10      Hashtable ht=________();                             //生成Hashtable类对象ht
11      for(int i=0; i<10000; i++) {
12        //产生一个0~20之间的随机数
13        Integer r=new Integer((int)(Math.random() * 20));
14        if(ht.________)  //如果ht中存在指定键r的映射关系,则获得指定键r关联的
                             值并转化成Counter(计数器)对象,并将计数器内的值i增
                             加1,表明该随机数又出现一次
15          ((Counter)ht.________).i++;
16        else
          //否则,向集合ht中添加指定的键-值映射,指定键为r,指定值为Counter对象
17          ht.________;
18      }
19      System.out.println(ht);
20    }
21  }
```

【运行结果】（注意，执行结果是随机的）

```
{19=526, 18=533, 17=460, 16=513, 15=521, 14=495, 13=512, 12=483, 11=488,
10=487, 9=514, 8=523, 7=497, 6=487, 5=480, 4=489, 3=509, 2=503, 1=475, 0=505}
```

2. 下面是一个Vector的使用示例，要求在划线处填写适当语句，使程序能正常运行，并输出给定的运行结果。

```
01  import java.util.*;
02  public class VectorDemo{
03    public static void main(String[] args){
04      Vector vec=________;
05      System.out.println("Old capacity is "+vec.capacity());
06      vec.addElement (new Integer(1));
07      vec.addElement (new Integer(2));
```

```
08      vec.addElement (new Integer(3));
09      vec.addElement (new Float(2.78));
10      vec.addElement (new Double(2.78));
11      System.out.println("New capacity is "+vec.________);
12      System.out.println("New size is "+vec.________);
13      System.out.println("First item is "+vec.________);
14      System.out.println("Last item is "+vec.________);
15      if(vec.contains(new Integer(2)))
16        System.out.println("Found 2");
17      vec.________;                     //删除集合中索引位置为1的对象
18      if(vec.contains(new Integer(2)))
19        System.out.println ("After deleting found 2");
20      else
21        System.out.println ("After deleting not found 2");
22    }
23  }
```

【运行结果】

```
Old capacity is 3
New capacity is 6
New size is 5
First item is 1
Last item is 2.78
Found 2
After deleting not found 2
```

3. 使用HashMap类保存由学号和学生姓名所组成的“键-值”对，例如“20090315”和“张三”，然后按序号的自然顺序将这些“键-值”对一一打印出来。

4. 编写程序，使用迭代器(ListIterator)完成遍历，要求用两种方法实现。

5. 利用Java集合框架中的类(例如Map的某个实现类)，编写一个对学生成绩单(包括学号、姓名和分数)进行处理的应用程序，要求实现如下功能：

① 查询指定学号的学生的成绩分数。

② 将成绩排序存储到指定TreeSet中。

③ 求出最高分和最低分及其所对应的学生学号。

④ 求出所有学生的分数平均值。

6. 定义雇员类Employee，该类包含了雇员的姓名、年龄、性别、职位和薪水，通过Map接口的实现，分别利用put()、get()方法将Employee对象在Map中加入和按值得到。

第9章 Java输入/输出

CHAPTER

程序在执行时通常要和外部进行交互,从外部读取数据或向外部设备发送数据,这就是所谓的输入/输出(I/O)。数据可以来自或者输出在磁盘文件、内存、其他程序或网络中,并且可能有多种类型,包括字节、字符、对象等。Java使用抽象概念——流(stream)来描述程序与数据发送者或接收者之间的数据通道。使用I/O流可以方便、灵活和安全地实现I/O功能。本章将对Java的I/O系统进行讲解,包括I/O流、File类、RandomAccess File类以及对象序列化等。

9.1 Java的I/O流

9.1.1 流的概念

Java本身不包含I/O语句,而是通过Java API提供的java. io包完成I/O。为了读取或输出数据,Java程序与数据发送者或接收者之间要建立一个数据通道,这个数据通道被抽象为流(stream)。输入时通过流读取数据源(data source),输出时通过流将数据写入目的地(data destination)。Java程序在输出时只管将数据写入输出流,而不管数据写入哪一个目标(文件、程序等);在输入时只管从输入流读取数据,而不管是从哪一个源(文件、程序等)读取数据。Java程序对各种流的处理也基本相同,都包括打开流、读取/写入数据、关闭流等操作。Java程序通过流可以实现用统一的形式处理I/O,使得I/O的编程变得非常简单方便。

在Java中,流有多种分类方式,按照流的方向划分可以分为输入流(InputStream)和输出流(OutputStream)。

- 输入流:Java程序可以打开一个从某种数据源(文件、内存等)到程序的一个流,从这个流中读取数据,这就是输入流。因为流是有方向的,所以只能从输入流中读取数据,而不能向它写数据。
- 输出流:Java程序可以打开到某种目标的流,把数据顺序写到该流中,从而把程序中的数据保存在目标中。只能将数据写到输出流中,而不能从输出流中读取数据。

按照流所关联的是否为最终数据源或目标来划分，流可以分为节点流(node stream)和处理流(processing stream)。

- 节点流：直接与最终数据源或目标关联的流为节点流。
- 处理流：不直接连到数据源或目标，而是对其他 I/O 流进行连接和封装的流为处理流。节点流一般只提供一些基本的读写操作方法，而处理流会提供一些功能比较强大的方法。所以，在实际应用中通常将节点流与处理流结合起来使用以满足不同的 I/O 需求。

按照流所操作的数据单元来划分，流可以分为字节流和字符流。

- 字节流：以字节为基本单元进行数据的 I/O，可用于二进制数据的读写。
- 字符流：以字符为基本单元进行数据的 I/O，可用于文本数据的读写。

9.1.2 字节流

InputStream 和 OutputStream 是字节流的两个顶层父类，提供了输入流类与输出流类的通用 API。

1. InputStream

InputStream 类的子类及其继承关系如图 9-1 所示。在 InputStream 子类中，底色为灰色的为节点流，其余的为处理流。

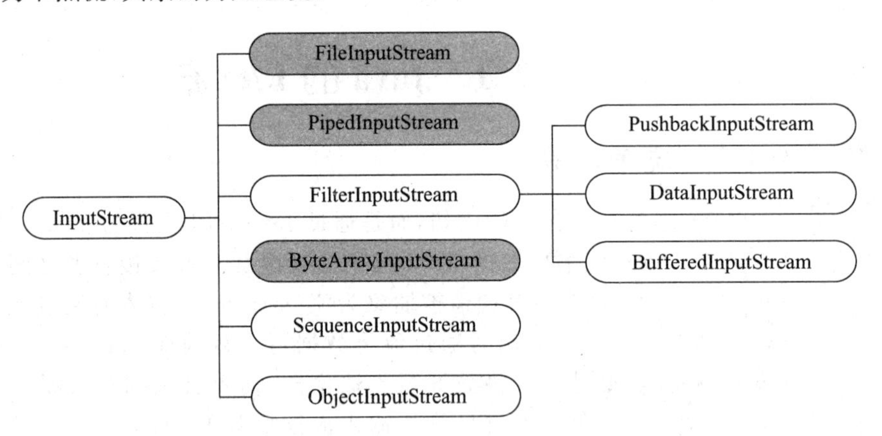

图 9-1 InputStream 类的子类及其继承关系

抽象类 java.io.InputStream 是所有字节输入流的父类，该类中定义了读取字节数据的基本方法。下面是 InputStream 类中常用的方法。

- public abstract int read()：读一个字节作为方法的返回值。如果返回－1，则表示到达流的末尾。
- public int read(byte[] b)：将读取的数据保存在一个字节数组中，并返回读取的字节数。
- public int read(byte[] b, int off, int len)：从输入流中读取 len 个字节存储在初始偏移量为 off 的字节数组中，返回实际读取的字节数。
- public long skip(long n)：从输入流中最多跳过 n 个字节，返回跳过的字节数。

- public int available()：返回此输入流中可以不受阻塞地读取(跳过)的字节数。
- public void close()：关闭输入流，释放与流相关联的所有系统资源。
- public void mark(int readlimit)：标记当前的位置，参数 readlimit 用于设置从标记位置处开始可以读取的最大字节数。
- public void reset()：将输入流重新定位到最后一次 mark 方法标记的位置。
- public boolean markSupported()：如果输入流支持 mark 和 reset 方法，则返回 true；否则返回 false。

2. OutputStream

OutputStream 类的子类及其继承关系如图 9-2 所示。在 OutputStream 子类中底色为灰色的为节点流，其余的为处理流。

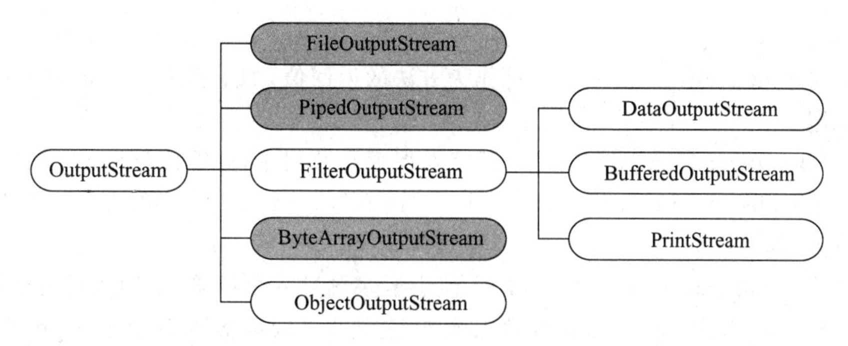

图 9-2 OutputStream 类的子类及其继承关系

抽象类 java.io.OutputStream 是所有字节输出流的父类，该类中定义了输出字节数据的基本方法。下面是 OutputStream 类中常用的方法。

- public abstract void write(int b)：将参数 b 的低 8 个 bit 写入输出流。
- public void write(byte[] b)：将字节数组 b 的内容写入输出流。
- public void write(byte[] b, int off, int len)：将字节数组 b 中从偏移量 off 开始的 len 个字节写入输出流。
- public void flush()：刷新输出流，并强制写出所有缓冲的输出字节。
- public void close()：关闭输出流，并释放与流关联的所有系统资源。

9.1.3 字符流

Reader 和 Writer 是 java.io 包中两个字符流类的顶层抽象父类，定义了在 I/O 流中读写字符数据的通用 API。字符流能够处理 Unicode 字符集中的所有字符，而字节流仅限于处理 ISO-Latin-1 中的 8 位字节数据。

1. Reader

Reader 类的子类及其继承关系如图 9-3 所示。在 Reader 子类中底色为灰色的为节点流，其余的为处理流。

抽象类 java.io.Reader 是所有字符输入流的父类，该类中定义了读取字符数据的基本方法。下面是 Reader 类中常用的方法。

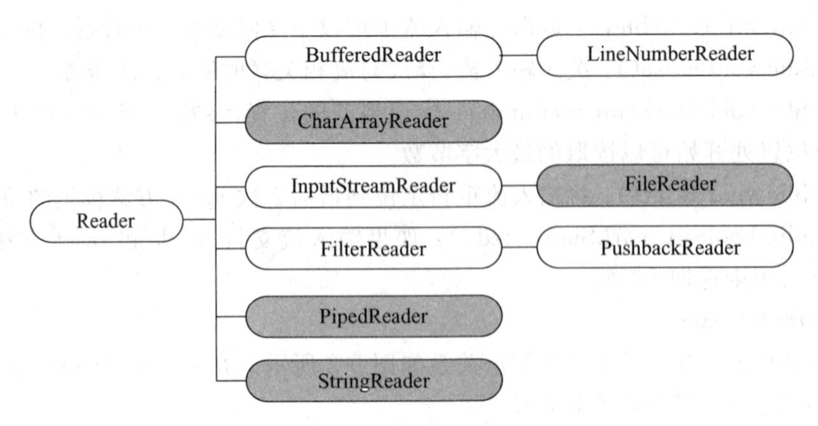

图 9-3 Reader 类的子类及其继承关系

- public int read()：读一个字符作为方法的返回值，如果返回−1，则表示到达流的末尾。
- public int read(char[] cbuf)：读字符保存在数组中，并返回读取的字符数。
- public abstract int read(char[] cbuf, int off, int len)：读字符存储在数组的指定位置，返回读取的字符数。
- public long skip(long n)：从输入流中最多跳过 n 个字符，返回跳过的字符数。
- public boolean ready()：当输入流准备好可以读取数据时返回 true，否则返回 false。
- public boolean markSupported()：当输入流支持 mark 方法时返回 true，否则返回 false。
- public void mark(int readAheadLimit)：标记当前的位置，参数用于设置从标记位置处开始可以读取的最大字符数。
- public void reset()：将输入流重新定位到最后一次 mark 方法标记的位置。
- public abstract void close()：关闭输入流，并释放与流关联的所有系统资源。

2. Writer

Writer 类的子类及其继承关系如图 9-4 所示。在 Writer 子类中底色为灰色的为节点流，其余的为处理流。

抽象类 java.io.Writer 是所有字符输出流的父类，该类中定义了输出字符数据的基本方法。下面是 Writer 类中常用的方法。

- public void write(int c)：将参数 c 的低 16 个 bit 写入输出流。
- public void write(char[] cbuf)：将字符数组 cbuf 的内容写入输出流。
- public abstract void write(char[] cbuf, int off, int len)：将字符数组 cbuf 中，从偏移量 off 开始的 len 个字符写入输出流。
- public void write(String str)：将字符串 str 中的全部字符写入输出流。
- public void write(String str, int off, int len)：将字符串 str 中，从偏移量 off 开始的 len 个字符写入输出流。
- public abstract void flush()：刷新输出流，强制写出所有缓冲的输出字符。

- public abstract void close()：关闭输出流，释放与该流相关联的所有系统资源。

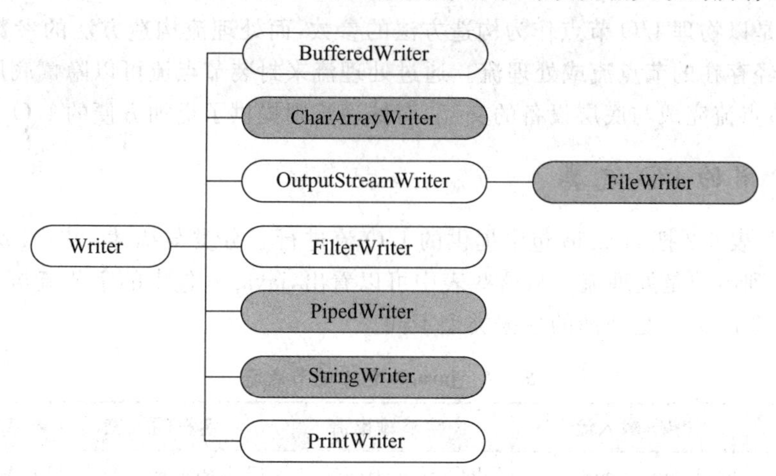

图 9-4　Writer 类的子类及其继承关系

9.1.4　I/O 流的套接

在 Java 程序中，通过节点流可以直接读取数据源中的数据，或者将数据通过节点流直接写到目标中。节点流可以直接与数据源或目标相关联，但它提供了基本的数据读写方法。例如，使用节点流 FileInputStream 和 FileOutputStream 对文件进行读写时，每次读写字节数据时都要对文件进行操作。为了提高读写效率，避免多次对文件进行操作，Java 提供了读写字节数据的缓冲流 BufferedInputStream 和 BufferedOutputStream。此外，使用节点流 FileInputStream 和 FileOutputStream 读写数据时，只能以字节为单位而不能按照数据类型来读写数据。为了增强读写功能，Java 提供了 DataInputStream/DataOutputStream 类来实现按数据类型读写数据。因此，根据系统的实际需求选择合适的处理流可以提高读写效率及增强读写能力。

在 Java 程序中，通常将节点流与处理流二者结合起来使用。由于处理流不直接与数据源或目标关联，所以可以将节点流作为参数来构造处理流。即处理流对节点流进行了一次封装，而处理流还可以作为参数来构造其他处理流，从而形成了处理流对节点流或其他处理流的进一步封装。这就是所谓的 I/O 流套接。下面是 I/O 流套接的例子。

- InputStreamReader isr=new InputStreamReader(System.in)；
- BufferedReader br=new BufferedReader(isr)；

【讨论分析】

① 在 System 类中，静态成员 in 是系统输入流，类型为 InputStream，在 Java 程序运行时系统会自动提供。默认情况下系统输入流会连接到键盘，所以通过 System.in 可以读取键盘输入。但是 System.in 是 InputStream，在第一个语句中将其作为参数封装在 InputStreamReader 中，从而形成了 I/O 流的套接，并将 InputStream 字节流转换成字符流。

② 在第二个语句中将转换后的字符流作为参数封装在 BufferedReader 中，从而形成

I/O 流的再次套接，将字符流转换为缓存字符流。

节点流是以物理 I/O 节点作为构造方法的参数，而处理流构造方法的参数不是物理节点而是已经存在的节点流或处理流。通过处理流来封装节点流可以隐藏底层设备节点的差异，使节点流完成与底层设备的交互，而处理流则提供了更加方便的 I/O 方法。

9.1.5 常用的 I/O 流类

表 9-1 与表 9-2 把 java.io 包中提供的 I/O 流进行了分类与描述，表 9-1 列出的是节点流，表 9-2 列出的是处理流。从这些表中可以看出，java.io 包中的字节流与字符流实现了同种类型的 I/O，只是处理的数据类型不同。

表 9-1 java.io 包中的节点流

功　能	字节输入流	字节输出流	字符输入流	字符输出流
访问文件	FileInputStream	FileOutputStream	FileReader	FileWriter
访问内存数组	ByteArrayInputStream	ByteArrayOutputStream	CharArrayReader	CharArrayWriter
访问字符串			StringReader	StringWriter
访问管道	PipedInputStream	PipedOutputStream	PipedReader	PipedWriter

表 9-2 java.io 包中的处理流

功　能	字节输入流	字节输出流	字符输入流	字符输出流
缓冲流	BufferedInputStream	BufferedOutputStream	BufferedReader	BufferedWriter
转换流			InputStreamReader	OutputStreamWriter
对象流	ObjectInputStream	ObjectOutputStream		
过滤流	FilterInputStream	FilterOutputStream	FilterReader	FilterWriter
打印流		PrintStream		PrintWriter
行流			LineNumberReader	
推回输入流	PushbackInputStream		PushbackReader	
各种类型数据流	DataInputStream	DataOutputStream		

1. 文件流

文件流是节点流，包括 FileInputStream/FileOutputStream 类以及 FileReader/FileWriter 类，它们都是对文件系统中的文件进行读或写的类。文件流的构造方法经常以字符串形式的文件名或者一个 File 类的对象作为参数。例如，下面是 FileInputStream 类的两个构造方法。

- public FileInputStream(String name)
- public FileInputStream(File file)

【例 9-1】 通过类 FileInputStream/FileOutputStream 读/写文件的示例。在系统当前目录下读取 source.jpg 文件的内容，并将其复制生成新文件 dest.jpg。

```
01 import java.io.*;
02 public class FileStreamTest {
03   public static void main(String[] args) throws IOException {
04     FileInputStream fis=null;
05     FileOutputStream fos=null;
06     try {
07       fis=new FileInputStream("source.jpg");
08       fos=new FileOutputStream("dest.jpg");
09       byte[] b=new byte[1024];
10       int count;
11       while((count=fis.read(b))>0)
12         fos.write(b,0,count);
13     }
14     catch(IOException e) {
15       e.printStackTrace();
16     }
17     finally {
18       fis.close();
19       fos.close();
20     }
21   }
22 }
```

【分析讨论】

① 使用 FileInputStream 读取源文件时，如果源文件没有指定路径，则表示在当前系统默认目录下并且源文件一定要存在。

② 使用 FileOutputStream 将数据写入目标文件时，如果目标文件不存在，则系统会自动创建；若目标文件指定的路径也不存在，则不会创建文件而是抛出 FileNotFoundException。

③ 使用 I/O 流类时一定要处理异常。

FileReader/FileWriter 类与 FileInputStream/FileOutputStream 类中的方法功能相同，二者的区别在于读写文件内容时读写的单位不同，FileReader/FileWriter 类以字符为单位而 FileInputStream/FileOutputStream 类以字节为单位。通常情形下，FileReader/FileWriter 用于读写文本文件。

【例 9-2】 使用类 FileReader/FileWriter 读/写文件的示例。在系统当前目录下创建源文件 source.txt，将源文件内容在控制台和目标文件 dest.txt 中输出，最后在控制台输出目标文件内容。

```
01 import java.io.*;
02 public class FileReaderWriterTest {
03   public static void main(String[] args) {
04     FileReader fr=null;
05     FileWriter fs=null;
```

```
06      FileWriter fd=null;
07      FileReader ft=null;
08      try {
09        fs=new FileWriter("source.txt");
10        fs.write("很高兴学习 java!");
11        fs.close();
12        fr=new FileReader("source.txt");
13        fd=new FileWriter("dest.txt");
14        int c;
15        System.out.print("源文件内容: ");
16        while((c=fr.read())!=-1) {
17          System.out.print((char)c);
18          fd.write(c);
19        }
20        fd.close();
21        fr.close();
22        System.out.print("\n 目标文件内容: ");
23        ft=new FileReader("dest.txt");
24        char[] ch=new char[100];
25        int count;
26        while((count=ft.read(ch))!=-1)
27          System.out.print(new String(ch,0,count));
28        ft.close();
29      }
30      catch(IOException e) {
31        e.printStackTrace();
32      }
33    }
34  }
```

【运行结果】

源文件内容：很高兴学习 java!
目标文件内容：很高兴学习 java!

【分析讨论】

由于中文字符存储时占 2 个字节，上面文本文件在使用 FileInputStream 类来读取时以字节为单位。如果 read 方法读取时只读到了中文字符编码的 1 个字节，则会输出乱码。FileReader 类中的 read 方法以字符为单位读取，这样可以保证文本文件中的中文字符可以正确读取。

2. 数据流

数据流包括数据输入流 DataInputStream 类和数据输出流 DataOutputStream 类，它们允许按 Java 的基本数据类型读写流中的数据。数据输入流以一种与机器无关的方式读取 Java 基本数据类型以及使用 UTF-8 修改版格式编码的字符串。下面是

DataInputStream 类的定义。

```
public class DataInputStream extends FilterInputStream implements DataInput
```

DataInputStream 类的构造方法为 public DataInputStream(InputStream in)。

DataInputStream 类中除了具有 InputStream 类中字节数据的读取方法以外,还实现了 DataInput 接口中 Java 基本数据类型及字符串数据读取的方法。DataInputStream 类中读取数据的方法如表 9-3 所示。

表 9-3 DataInputStream 类中读取数据的方法

方　法	说　明
public final boolean readBoolean()	返回读取的 boolean 值
public final byte readByte()	返回读取的 byte 值
public final short readShort()	返回读取的 short 值
public final char readChar()	返回读取的 char 值
public final int readInt()	返回读取的 int 值
public final long readLong()	返回读取的 long 值
public final float readFloat()	返回读取的 float 值
public final double readDouble()	返回读取的 double 值
public final String readUTF()	返回使用 UTF-8 修改版格式编码的字符串

数据输出流 DataOutputStream 将 Java 基本数据类型以及使用 UTF-8 修改版格式编码的字符串写入输出流。DataOutputStream 类的定义如下:

```
public class DataOutputStream extends FilterOutputStream implements DataOutput
```

DataOutputStream 类的构造方法为 public DataOutputStream(OutputStream out)。

DataOutputStream 类中除了具有 OutputStream 类中字节数据的写入方法,还实现了 DataOutput 接口中 Java 基本数据类型及字符串数据的写入方法。DataOutputStream 类中写入数据的方法如表 9-4 所示。

表 9-4 DataOutputStream 类中写入数据的方法

方　法	说　明
public final void writeBoolean(boolean v)	将 boolean 值写入输出流
public final void writeByte(int v)	将参数 v 的 8 个低位写入输出流
public final void writeShort(int v)	将参数 v 的 16 个低位写入输出流
public final void writeChar(int v)	将参数 v 的 16 个低位写入输出流
public final void writeInt(int v)	将 int 值写入输出流

续表

方　　法	说　　明
public final void writeLong(long v)	将 long 值写入输出流
public final void writeFloat(float v)	将 float 值写入输出流
public final void writeDouble(double v)	将 double 值写入输出流
public final void writeUTF(String str)	将字符串使用 UTF-8 修改版格式编码，并写入输出流

【例 9-3】 使用处理流按数据类型读/写数据的示例。处理流 DataInputStream 和 DataOutputStream 封装了节点流 FileInputStream 和 FileOutputStream，使用处理流实现按数据类型读/写数据，而数据最终通过节点流完成读/写。

```
01 import java.io.*;
02 public class DataStreamTest {
03   public static void main(String[] args) {
04     FileInputStream fis;
05     FileOutputStream fos;
06     DataInputStream dis;
07     DataOutputStream dos;
08     try {
09       fos=new FileOutputStream("write.dat");
10       dos=new DataOutputStream(fos);
11       dos.writeUTF("Java 程序设计");
12       dos.writeDouble(30.6);
13       dos.writeInt(337);
14       dos.writeBoolean(true);
15       dos.close();
16       fis=new FileInputStream("write.dat");
17       dis=new DataInputStream(fis);
18       System.out.println("书名: "+dis.readUTF());
19       System.out.println("单价: "+dis.readDouble());
20       System.out.println("页数: "+dis.readInt());
21       System.out.println("是否适合初学者: "+dis.readBoolean());
22       dis.close();
23     }
24     catch(IOException e) {
25       e.printStackTrace();
26     }
27   }
28 }
```

【运行结果】

```
书名: Java 程序设计
```

```
单价：30.6
页数：337
是否适合初学者：true
```

【分析讨论】

① DataInputStream 与 DataOutputStream 类应配对使用完成数据读/写，而且读取数据类型的顺序要与写入数据类型的顺序完全相同。

② I/O 流用后应当关闭，关闭处理流时系统会自动关闭处理流所封装的节点流。

3. 缓存流

外设读写数据的速度远低于内存数据的读写速度，为了减少外设的读写次数，通常利用缓存流从外设中一次读/写一定长度的数据，从而提高系统性能。缓存流包括 BufferedInputStream/BufferedOutputStream 和 BufferedReader/BufferedWriter 4 个类。

BufferedInputStream 是实现缓存功能的 InputStream，创建 BufferedInputStream 时即创建了一个内部缓冲数组。下面是 BufferedInputStream 的构造方法。

- public BufferedInputStream(InputStream in)
- public BufferedInputStream(InputStream in, int size)

BufferedOutputStream 是实现缓存功能的 OutputStream，创建 BufferedOutputStream 时即创建了一个内部缓存数组。下面是 BufferedOutputStream 的构造方法。

- public BufferedOutputStream (OutputStream out)
- public BufferedOutputStream (OutputStream out, int size)

缓存流实现了对基本输入/输出流的封装并创建内部缓冲区数组。输入时基本输入流一次读取一定长度的数据到内部缓冲区数组，缓存流通过内部缓冲区数组来读取数据。输出时缓存流将数据写入缓冲区，基本输出流将缓冲区的数据一次写出。缓存流构造方法中第二个参数 size 用于指定缓冲区的大小，如果没指定大小则缓冲区大小为默认值。

BufferedReader/BufferedWriter 实现了对 Reader/Writer 流的封装，并创建了内部缓冲区数组。二者的功能与 BufferedInputStream/BufferedOutputStream 类似，区别在于读写数据的基本单位不同。下面是 BufferedReader 的构造方法。

- public BufferedReader(Reader in)
- public BufferedReader(Reader in, int sz)

下面是 BufferedWriter 的构造方法。

- public BufferedWriter(Writer out)
- public BufferedWriter(Writer out, int sz)

BufferedReader 类增加了方法 public String readLine()，用于读取一个文本行并返回该行内的字符串，如果已到达流末尾，则返回 null。BufferedWriter 类增加了方法 public void newLine()，用于写入一个行分隔符。

【例 9-4】 使用 BufferedReader/BufferedWriter 读/写文件的示例。使用 BufferedReader 读取文件 BufferedReaderWriterTest.java 内容，添加行号后再使用 BufferWriter 写入文件 dest.java 中。

```
01  import java.io.*;
```

```
02 public class BufferedReaderWriterTest {
03   public static void main(String[] args) {
04     try {
05       FileReader f=new FileReader("BufferedReaderWriterTest.java");
06       BufferedReader br=new BufferedReader(f);
07       FileWriter fw=new FileWriter("dest.java");
08       BufferedWriter bw=new BufferedWriter(fw);
09       String s;
10       int i=1;
11       while((s=br.readLine())!=null) {
12         bw.write(i+++":   "+s);
13         bw.newLine();
14       }
15       bw.flush();
16       br.close();
17       bw.close();
18     }
19     catch(IOException e) {
20       e.printStackTrace();
21     }
22   }
23 }
```

4. InputStreamReader/OutputStreamWriter

在使用InputStream和OutputStream处理数据时，通过类InputStreamReader和OutputStreamWriter的封装就可以实现字符数据处理功能。InputStreamReader类是Reader类的子类，它是字节流通向字符流的桥梁，使用平台默认字符集或指定字符集读取字节并将其解码为字符。下面是InputStreamReader的构造方法。

- public InputStreamReader(InputStream in)
- public InputStreamReader(InputStream in, String charsetName)

OutputStreamWriter类是Writer类的子类，它是字符流通向字节流的桥梁，使用平台默认字符集或指定字符集将字符编码为字节后输出。下面是OutputStreamWriter的构造方法。

- public OutputStreamWriter(OutputStream out)
- public OutputStreamWriter(OutputStream out, String charsetName)

5. PrintStream/PrintWriter

PrintStream封装了OutputStream，它可以使用print()和println()两个方法输出Java中所有基本类型和引用类型的数据。与其他的流有所不同，PrintStream不会抛出IOException，而是在发生IOException时将其内部错误状态设置为true，并通过方法checkError()进行检测。下面是PrintStream的构造方法。

- public PrintStream(OutputStream out)
- public PrintStream(String fileName)

- public PrintStream(File file)

PrintWriter 与 PrintStream 功能相同，都可以使用 print()和 println()两个方法完成各种类型数据输出。但是 PrintWriter 除了可以封装 Writer 外，还可以封装 OutputStream。

下面是 PrintWriter 的构造方法。

- public PrintWriter(Writer out)
- public PrintWriter(OutputStream out)
- public PrintWriter(String fileName)
- public PrintWriter(File file)

6. 标准输入/输出流

在 java.lang.System 类中，定义了系统标准输入流 in、标准输出流 out、标准错误输出流 err。系统标准流在 Java 程序运行时会自动提供，标准输入流 System.in 将会读取键盘的输入，标准输出流将数据在控制台窗口中输出，标准错误流将错误信息在控制台窗口中输出。下面是这三个标准流的具体定义。

- public static final InputStream in
- public static final PrintStream out
- public static final PrintStream err

【例 9-5】 使用系统标准输入/输出流的示例。通过系统标准输入流 System.in 读取键盘输入的三个整数，然后判断它们是否能构成三角形。如果这三个整数能构成三角形，则通过系统标准输出流 System.out 输出；否则，通过系统标准错误流 System.err 输出。

```
01 import java.io.*;
02 public class SystemStreamTest {
03   public static void main(String[] args) {
04     try {
05       InputStreamReader isr=new InputStreamReader(System.in);
06       BufferedReader br=new BufferedReader(isr);
07       String s=null;
08       String[] ss=null;
09       int a,b,c;
10       System.out.println("请输入三个整数,数值之间用逗号分隔:");
11       s=br.readLine();
12       while(!s.equals("exit")) {
13         ss=s.split(",");
14         if(ss.length!=3)
15           System.err.println("数据少于三个");
16         else {
17           a=Integer.parseInt(ss[0]);
18           b=Integer.parseInt(ss[1]);
19           c=Integer.parseInt(ss[2]);
20           if(a+b>c&&a+c>b&&b+c>a)
21             System.out.println(a+","+b+","+c+" 能组成三角形");
```

```
22          else
23          System.err.println(a+","+b+","+c+"不能组成三角形");
24        }
25          s=br.readLine();
26        }
27        br.close();
28      }
29      catch(IOException e) {
30        e.printStackTrace();
31      }
32    }
33  }
```

【运行结果】

```
请输入三个整数,数值之间用逗号分隔:
3,4,5
3,4,5能组成三角形
1,2
数据少于三个
1,2,3
1,2,3不能组成三角形
exit
```

【分析讨论】

第12～26行代码中,通过键盘循环输入三个整数,当三个整数能构成三角形时通过System.out流输出;当输入整数少于三个或三个整数不能构成三角形时通过System.err流输出。输入字符串"exit"时结束循环。

在上面的程序中,如果不想让输出流和错误输出流中的信息都是通过控制台窗口输出,则可以将系统标准输入/输出流进行重定向。下面是System类提供的三个用于重定向系统标准输入/输出流的方法。

- public static void setIn(InputStream in)
- public static void setOut(PrintStream out)
- public static void setErr(PrintStream err)

【例9-6】 重定向系统标准输入/输出流的示例。将系统标准输入/输出流分别重定向到文件in.txt、out.txt和err.txt,通过文件in.txt读取所需数据,程序运行结果写入文件out.txt中,程序运行错误信息写入文件err.txt中。

```
01  import java.io.*;
02  public class SystemStreamSetTest {
03    public static void main(String[] args) {
04      try {
05        FileInputStream fis=new FileInputStream("in.txt");
06        InputStreamReader isr=new InputStreamReader(fis);
07        BufferedReader br=new BufferedReader(isr);
```

```
08          System.setIn(fis);
09          FileOutputStream fos=new FileOutputStream("out.txt");
10          BufferedOutputStream bos=new BufferedOutputStream(fos);
11          PrintStream pso=new PrintStream(bos);
12          System.setOut(pso);
13          FileOutputStream fes=new FileOutputStream("err.txt");
14          BufferedOutputStream bes=new BufferedOutputStream(fes);
15          PrintStream pse=new PrintStream(bes);
16          System.setErr(pse);
17          String s=null;
18          String[] ss=null;
19          int a,b,c;
20          s=br.readLine();
21          while(!s.equals("exit")) {
22            ss=s.split(",");
23            if(ss.length!=3)
24              System.err.println("数据少于三个");
25            else {
26              a=Integer.parseInt(ss[0]);
27              b=Integer.parseInt(ss[1]);
28              c=Integer.parseInt(ss[2]);
29              if(a+b>c&&a+c>b&&b+c>a)
30                System.out.println(a+","+b+","+c+" 能组成三角形");
31              else
32                System.err.println(a+","+b+","+c+" 不能组成三角形");
33              }
34          s=br.readLine();
35          }
36          System.out.close();
37          System.err.close();
38          br.close();
39        }
40        catch(IOException e) {
41          e.printStackTrace();
42        }
43      }
44  }
```

程序执行时读/写的三个文件内容如图 9-5 所示。

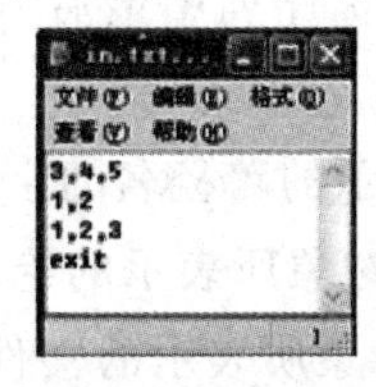

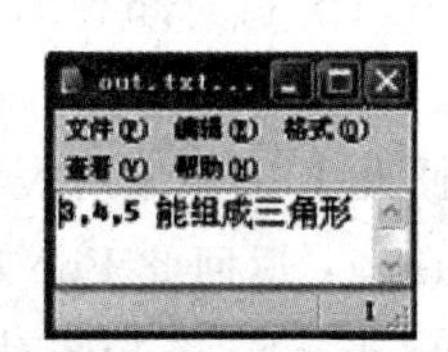

图 9-5　标准 I/O 流重定向后所读/写三个文件的内容

9.2 File 类

通过输入/输出流可以实现对文件内容的读和写，而要想获得文件的属性信息(例如，文件的大小、建立或最后修改的日期和时间、文件的可读/写性信息)，或者删除和重命名文件以及对系统目录操作时，则要通过java.io.File类来实现。File类是文件或目录的抽象表示，通过它可以实现对文件和目录信息的操作和管理。

9.2.1 创建File对象

File类对象表示文件或目录，通过File类的构造方法可以创建File类对象。下面是File类中的常用构造方法。

- public File(String pathname)：通过指定的路径名字符串pathname创建一个File对象。
- public File(String parent, String child)：根据父路径字符串parent及子路径字符串child创建一个File对象。
- public File(File parent, String child)：根据指定的父File对象parent及子路径字符串child创建一个File对象。

下面代码分别通过File类构造方法创建File对象：

```
• File f1=new File("out.txt");                   //表示当前目录下的out.txt
• File f2=new File("temp","out.txt");            //表示temp子目录下的out.txt
• File directory=new File("temp");
• File f3=new File(directory,"out.txt");         //表示temp子目录下的out.txt
```

9.2.2 操作File对象

通过File类中的方法可以实现对文件和目录的操作和管理。下面是File类中常用的方法。

1. 文件名的操作

- public String getName()：返回文件或目录的名称，该名称是路径名的名称序列中最后一个名称。
- public String getParent()：如果File对象中没有指定父目录，则返回null；否则，将返回父目录的路径名字符串及子目录路径名称序列中最后一个名称以前的所有路径。
- public String getPath()：返回此File对象所表示的路径名的字符串。
- public String getAbsolutePath()：返回此File对象所表示的绝对路径名字符串。
- public boolean renameTo(File dest)：当File对象所表示的文件或目录重命名成功则返回true；否则返回false。

2. 获取文件信息的操作

- public boolean isAbsolute()：如果此File对象表示的是绝对路径名则返回true；否则返回false。
- public boolean canRead()：如果File对象所表示的文件可读则返回true;否则返回false。
- public boolean canWrite()：如果File对象所表示的文件可写则返回true;否则返回false。
- public boolean exists()：如果File对象所表示的文件或目录存在则返回true,否则返回false。
- public boolean isDirectory()：如果File对象所表示的是一个目录则返回true,否则返回false。
- public boolean isFile()：如果File对象所表示的是一个文件则返回true,否则返回false。
- public boolean isHidden()：如果File对象所表示的是隐藏文件或目录则返回true,否则返回false。
- public long lastModified()：返回File对象所表示的文件或目录最后修改时间,如果文件或目录不存在则返回0L。
- public long length()：返回File对象所表示的文件或目录长度。

3. 文件创建、删除的操作

- public boolean createNewFile()：如果File对象所表示文件不存在并成功创建则返回true,否则返回false。
- public boolean delete()：删除File对象所表示文件或目录,目录必须为空才能删除。删除成功时返回true,否则返回false。
- public void deleteOnExit()：在Java虚拟机终止时,删除File对象所表示的文件或目录。

4. 目录操作

- public String[] list()：返回File对象所表示目录中的文件和目录名称所组成的字符串数组。
- public boolean mkdir()：File对象所表示目录创建成功则返回true,否则返回false。

【例9-7】 File类中方法使用示例。在系统当前目录下生成文件并获得文件的属性信息,最后当JVM终止时删除所创建的文件。

```
01  import java.io.*;
02  import java.util.*;
03  public class FileTest {
04    public static void main(String[] args) {
05      try {
06        String curuserdir=System.getProperty("user.dir");
```

```
07          System.out.println("当前用户目录为: "+curuserdir);
08          File tempdir=new File(curuserdir);
09          File f=new File(tempdir,"temp.txt");
10          System.out.println("文件是否存在: "+f.exists());
11          System.out.println("文件名为: "+f.getName());
12          System.out.println("文件的绝对路径为: "+f.getAbsolutePath());
13          f.createNewFile();
14          System.out.println("文件是否存在: "+f.exists());
15          System.out.println("文件是否可读: "+f.canRead());
16          System.out.println("文件是否可写: "+f.canWrite());
17          System.out.println("文件的大小是: "+f.length()+"字节");
18          System.out.println("文件是否为隐藏文件: "+f.isHidden());
19          System.out.println("文件建立的日期时间为: "+new Date(f.lastModified()));
20          f.setReadOnly();
21          System.out.println("设置只读属性后文件是否可写: "+f.canWrite());
22          System.out.println("当JVM终止时删除"+f.getName()+"文件");
23          f.deleteOnExit();
24        }
25        catch(IOException e) {
26          e.printStackTrace();
27        }
28      }
29    }
```

【运行结果】

```
当前用户目录为: C:\JavaExample\chapter09\9-7
文件是否存在: false
文件名为: temp.txt
文件的绝对路径为: C:\JavaExample\chapter09\9-7\temp.txt
文件是否存在: true
文件是否可读: true
文件是否可写: true
文件的大小是: 0字节
文件是否为隐藏文件: false
文件建立的日期时间为: Thu Jul 29 14:32:38 CST 2010
设置只读属性后文件是否可写: false
当JVM终止时删除temp.txt文件
```

【分析讨论】

File类实例表示的文件在系统中不存在时,不会自动创建该文件。第09～13行代码中,file对象所表示的文件temp.txt在当前目录下不存在,使用方法createNewFile()后才会创建该文件。

9.3 RandomAccessFile 类

到目前为止学习的 Java 流式 I/O 都是顺序访问流，即流中的数据必须按顺序进行读/写。Java 还提供了一个功能更强大的随机存取文件类 RandomAccessFile，它可以实现对文件的随机读/写操作。下面是 RandomAccessFile 类的定义。

```
public class RandomAccessFile extends Object implements DataOutput,
DataInput, Closeable
```

RandomAccessFile 实现了接口 DataInput 和 DataOutput，所以它除了可以读写字节数据外，还可以实现按照数据类型来读/写数据。

9.3.1 创建 RandomAccessFile 对象

用 RandomAccessFile 实现文件随机读/写的原理是将文件看作字节数组，并用文件指针指示文件当前的读写位置。当创建完 RandomAccessFile 类的实例后，文件指针指向文件的头部，当读/写 n 个字节数据后，文件指针也会移动 n 个字节，文件指针的位置即下一次读/写数据的位置。由于 Java 中每种基本数据类型数据的长度是固定的，所以可以通过设置文件指针的位置实现对文件内容的随机读/写。

下面是 RandomAccessFile 类的构造方法。

- public RandomAccessFile(String name,String mode)
- public RandomAccessFile(File file, String mode)

上述构造方法有两个参数，第一个参数为数据文件，以文件名或文件对象表示；第二个参数 mode 是访问模式字符串，它规定了 RandomAccessFile 对象可以用何种方式打开和访问指定的文件。下面是参数 mode 的取值及含义。

- r：以只读方式打开文件，如果对文件执行写入则抛出 IOException。
- rw：以读写方式打开文件，如果该文件不存在，则尝试创建该文件。
- rws：以读写方式打开文件，相对于 rw 模式，还要求对文件内容或元数据的每个更新都同步写入底层存储设备。
- rwd：以读写方式打开文件，相对于 rw 模式，还要求对文件内容的每个更新都同步写入底层存储设备。

9.3.2 操作 RandomAccessFile 对象

RandomAccessFile 通过对文件指针的设置，就可以实现对文件的随机读写。下面是与文件指针相关的方法。

- public long getFilePointer()：返回文件指针的当前位置。
- public void seek(long pos)：将文件指针设置到 pos 位置。

【例 9-8】 RandomAccessFile 类使用示例。使用 RandomAccessFile 类创建文件 stu. txt 并写入两个学生信息，然后重新设置文件指针值来访问并修改两个学生的信息。

```
01  import java.io.*;
02  public class RandomAccessFileTest {
03    public static void main(String[] args) throws IOException {
04      RandomAccessFile r=new RandomAccessFile("stu.txt","rw");
05      w(r,2010001,"李刚","男",85.89);
06      w(r,2010002,"王红","女",75.23);
07      disp(r);
08      System.out.println("修改第二个学生的信息：");
09      r.seek(22);
10      w(r,2010002,"王小红","女",80.21);
11      System.out.println("修改第一个学生的信息：");
12      r.seek(0);
13      w(r,2010001,"李刚","男",75.34);
14      disp(r);
15      r.close();
16    }
17    public static void w(RandomAccessFile r, int sno, String sname, String sex,
    double ave) {
18      try {
19        r.writeInt(sno);
20        if(sname.length()==2)
21          sname=sname+"    ";
22        if(sname.length()==3)
23          sname=sname+"  ";
24        r.write(sname.getBytes());
25        r.write(sex.getBytes());
26        r.writeDouble(ave);
27      }
28      catch(IOException e) {
29        e.printStackTrace();
30      }
31    }
32    public static void disp(RandomAccessFile r) throws IOException {
33      r.seek(0);
34      long count=r.length()/22;
35      byte[] name=new byte[8];
36      byte[] sex=new byte[2];
37      for(int i=0;i<count;i++) {
38        System.out.print(r.readInt()+"\t");
39        r.read(name);
40        System.out.print(new String(name)+"\t");
41        r.read(sex);
42        System.out.print(new String(sex)+"\t");
43        System.out.println(r.readDouble());
```

```
44     }
45    }
46  }
```

【运行结果】

```
2010001  李刚      男  85.89
2010002  王红      女  75.23
修改第二个学生的信息:
修改第一个学生的信息:
2010001  李刚      男  75.34
2010002  王小红    女  80.21
```

【分析讨论】

每个学生信息包括学号、姓名、性别、平均分。学号为int值用4个字节存储;姓名定义为长度为4的字符串,每个汉字用2个字节存储,所以姓名信息用8个字节存储;性别用2个字节存储;平均分为double值用8个字节存储。所以,每个学生信息要占用22个字节存储。

9.4 对象序列化

在Java程序执行过程中,通过I/O流可以将基本类型或String类型变量的值进行存储和传输。那么,对象又是如何存储在外部文件中?怎样将一个对象通过网络进行传输呢?本节将要讲解的"对象序列化"就是用来解决这个问题的。

9.4.1 基本概念

将Java程序中的对象保存在外存中,称为对象持久化。对象持久化的关键是将它的状态以一种序列格式表示出来,以便以后读该对象时能够把它重构出来。因此,在Java中,对象序列化是指将对象写入字节流以实现对象的持久性,而在需要时又可以从字节流中恢复该对象的过程。对象序列化的主要任务是将对象的状态信息以二进制流的形式输出。如果对象的属性又引用其他对象,则递归序列化所有被引用的对象,从而建立一个完整的序列化流。

9.4.2 对象序列化的方法

对象序列化技术主要有两方面的内容,一是如何使用类ObjectInputStream和ObjectOutputStream实现对象的序列化;二是如何定义类,使其对象可以序列化。

ObjectOutputStream类提供了writeObject()方法将对象写入流中。该方法的定义如下:

public final void writeObject(Object obj) throws IOException

只有类实现了Serializable接口,其对象才是可序列化的。writeObject()方法在指定对象不可序列化时,将抛出NotSerializableException类型异常。

ObjectInputStream 类提供了 readObject()方法用于从对象流中读取对象。该方法的定义如下：

```
public final Object readObject() throws IOException, ClassNotFoundException
```

反序列化读取到的是对象的属性值，因此当重建 Java 对象时必须提供对象所属类的 class 文件，否则会引发 ClassNotFoundException。

9.4.3 构造可序列化对象的类

当类实现了 Serializable 接口，它的对象才是可序列化的。实际上，Serializable 是一个空接口，它的目的只是标识一个类的对象可以被序列化。如果一个类是可序列化的，则它的所有子类也是可序列化的。当序列化对象时，如果对象的属性又引用其他对象，则被引用的对象也必须是可序列化的。

【例 9-9】 使用类 OjbectInputStream/ObjectOutputStream 实现对象序列化的示例。可使用 ObjectOutputStream 类序列化 Teacher 对象，使用 ObjectInputStream 类反序列化并输出对象信息。

```
01  import java.io.*;
02  class Person implements Serializable {
03    private static final long serialVersionUID=123L;
04  }
05  class Course implements Serializable {
06    private static final long serialVersionUID=456L;
07    String name;
08    Course(String name) {
09      this.name=name;
10    }
11    public String toString() {
12      return name;
13    }
14  }
15  class Teacher extends Person {
16    private static final long serialVersionUID=789L;
17    String name;
18    Course cou;
19    Teacher(String name, Course cou) {
20      this.name=name;
21      this.cou=cou;
22    }
23    public String toString() {
24      return name+"\t"+cou;
25    }
26  }
```

```
27  public class SerializableTest {
28    public static void main(String[] args) {
29      Course cou=new Course("English");
30      Teacher t=new Teacher("Tom", cou);
31      try{
32        FileOutputStream fos=new FileOutputStream("out.ser");
33        ObjectOutputStream oos=new ObjectOutputStream(fos);
34        oos.writeObject(t);
35        oos.close();
36        FileInputStream fis=new FileInputStream("out.ser");
37        ObjectInputStream ois=new ObjectInputStream(fis);
38        System.out.println((Teacher)ois.readObject());
39      }
40      catch(Exception e) {
41        e.printStackTrace();
42      }
43    }
44  }
```

【运行结果】

```
Tom  English
```

【分析讨论】

① 可序列化类中的属性 serialVersionUID 用于标识类的序列化版本，如果不显式定义该属性，JVM 会根据类的相关信息计算它的值，而类修改后的计算结果与类修改前的计算结果往往不同，这样反序列化时就会因类版本不兼容而失败。

② Person 类实例是可序列化的，所以其子类 Teacher 类的对象也是可序列化的。

【例 9-10】 子类对象序列化示例。父类对象不能被序列化但其子类对象仍可以被序列化，反序列化子类对象时首先调用父类构造方法来初始化父类对象中的成员变量。

```
01  import java.io.*;
02  class Point {
03    int x=10;
04    int y=20;
05    Point() {
06      System.out.println("调用父类构造方法");
07      x=40;
08      y=50;
09    }
10    public void setXY(int x, int y) {
11      this.x=x;
12      this.y=y;
13    }
14    public String toString() {
```

```
15      return "(x,y)="+x+","+y;
16    }
17  }
18  class Rectangle extends Point implements Serializable {
19    static final long serialVersionUID=123L;
20    int width;
21    int height;
22    Rectangle(int width, int height) {
23      super();
24      this.width=width;
25      this.height=height;
26    }
27    public String toString() {
28      return super.toString()+" width="+width+" height="+height;
29    }
30  }
31  public class ChildSerializableTest {
32    public static void main(String[] args) {
33      Rectangle r=new Rectangle(15,25);
34      r.setXY(90, 90);
35      System.out.println("序列化前: "+r);
36      try{
37        FileOutputStream fos=new FileOutputStream("out.ser");
38        ObjectOutputStream oos=new ObjectOutputStream(fos);
39        oos.writeObject(r);
40        oos.close();
41        FileInputStream fis=new FileInputStream("out.ser");
42        ObjectInputStream ois=new ObjectInputStream(fis);
43        System.out.print("序列化后: ");
44        System.out.println((Rectangle)ois.readObject());
45        ois.close();
46      }
47      catch(Exception e) {
48        e.printStackTrace();
49      }
50    }
51  }
```

【运行结果】

```
调用父类构造方法
序列化前: (x,y)=90,90 width=15 height=25
序列化后: 调用父类构造方法
(x,y)=40,50 width=15 height=25
```

【分析讨论】

一个类如果其自身实现了 Serializable 接口，即使其父类没有实现 Serializable 接口，它的对象仍然可以被序列化。在反序列化时，系统会首先调用父类构造方法来初始化父类中的成员变量。

使用 writeObject()方法和 readObject()方法，可以自动完成将对象中所有数据写入和读出的操作。但是，当一个类中的属性值为敏感信息时，则可以使用关键词 transient 而使其不被序列化。

【例 9-11】 使用关键词 transient 修饰的成员变量不被序列化的示例。

```
01 import java.io.*;
02 class Employee implements Serializable {
03   static final long serialVersionUID=123456L;
04   String name;
05   transient String password;
06   transient double salary;
07   Employee(String name, String password, double salary) {
08     this.name=name;
09     this.password=password;
10     this.salary=salary;
11   }
12   public String toString() {
13     return name+"\t"+password+"\t"+salary;
14   }
15 }
16 public class TransientTest {
17   public static void main(String[] args) {
18     Employee e=new Employee("Jack", "123321", 2546.5);
19     System.out.println("序列化前："+e);
20     try {
21       FileOutputStream fos=new FileOutputStream("out.ser");
22       ObjectOutputStream oos=new ObjectOutputStream(fos);
23       oos.writeObject(e);
24       oos.close();
25       FileInputStream fis=new FileInputStream("out.ser");
26       ObjectInputStream ois=new ObjectInputStream(fis);
27       System.out.println("序列化后："+(Employee)ois.readObject());
28       ois.close();
29     }
30     catch(Exception ex) {
31       ex.printStackTrace();
32     }
33   }
34 }
```

【运行结果】

```
序列化前: Jack  123321  2546.5
序列化后: Jack  null    0.0
```

【分析讨论】

在对象序列化时，transient 属性不被序列化；反序列化时，transient 属性根据数据类型取得默认值。

进行对象的序列化操作时，要注意两个问题：一是在对象序列化时只保存对象的非静态成员变量，而不保存静态成员变量和成员方法；二是不保存类中使用 transient 关键词修饰的成员变量。

9.5 小　　结

本章讲解了 Java 输入/输出系统的相关内容。其中，流式 I/O 是 Java I/O 的基础，是本章应该重点掌握的内容。而 RandomAccessFile 类是一个方便实用的类，也是经常使用的。对象序列化在 Web 编程中也有广泛的应用，掌握这种技术对于深入学习 Java 具有重要意义。

SCJP 认证习题解析

1. 下列代码的运行结果是什么？

```
01  import java.io.*;
02  public class DOS {
03    public static void main(String[] args) {
04      File dir=new File("dir");
05      dir.mkdir();
06      File f1=new File(dir, "f1.txt");
07      try{
08        f1.createNewFile();
09      }catch(IOException e){;}
10      File newDir=new File("newDir");
11      dir.renameTo(newDir);
12    }
13  }
```

A. 编译错误

B. 在系统当前目录下生成名称为 dir 的空目录

C. 在系统当前目录下生成名称为 newDir 的空目录

D. 在系统当前目录下生成名称为 dir 的目录，在该目录下包含文件 f1.txt

E. 在系统当前目录下生成名称为 newDir 的目录，在该目录下包含文件 f1.txt

【答案】 E

【解析】 本题考查的是 File 类的操作。File 类中 mkdir()方法用于创建目录，方法 createNewFile()用于创建文件，方法 renameTo()用于文件重命名。在上面代码中，在系统当前目录下创建名为 dir 的目录，然后在 dir 目录下创建文件 f1.txt，最后将 dir 目录重命名为 newDir，所以选项 E 是正确的。

2. 当编译并运行下列代码时其运行结果是什么？

```
01 import java.io.*;
02 public class Forest implements Serializable {
03   private Tree tree=new Tree();
04   public static void main(String[] args) {
05     Forest f=new Forest();
06     try {
07       FileOutputStream fs=new FileOutputStream("Forest.ser");
08       ObjectOutputStream os=new ObjectOutputStream(fs);
09       os.writeObject(f); os.close();
10     }catch(Exception ex) {ex.printStackTrace();}
11   }
12 }
13 class Tree {}
```

A. 编译错误

B. 运行时异常

C. Forest 类的一个实例被序列化

D. Forest 类的一个实例和 Tree 类的一个实例都被序列化

【答案】 B

【解析】 当类实现 Serializable 接口时，该类对象是可序列化的，所以 Forest 类对象是可序列化的。对象序列化时，只有该对象中的所有成员变量都可序列化，则它才是可序列化的。Forest 类对象中，类型为 Tree 的成员不可序列化，所以选项 B 是正确的。

3. 下列代码的运行结果是什么？

```
01 import java.io.*;
02 public class Maker {
03   public static void main(String[] args) {
04     File dir=new File("dir");
05     File f=new File(dir, "f");
06   }
07 }
```

A. 编译错误

B. 当前系统的目录结构没有任何变化

C. 在当前系统目录下创建一个文件

D. 在当前系统目录下创建一个目录

E. 在当前系统目录下创建一个文件和一个目录

【答案】 B

【解析】 File 类对象用于表示文件名或目录名，它所表示的文件或目录可以存在也可以不存在，并且当不存在时也不会创建，所以选项 B 是正确的。

4. 下列代码的运行结果是什么？

```
01  import java.io.*;
02  class Player {
03    Player() {
04      System.out.print("p");
05    }
06  }
07  class CardPlayer extends Player implements Serializable {
08    CardPlayer() {
09      System.out.print("c");
10    }
11    public static void main(String[] args) {
12      CardPlayer c1=new CardPlayer();
13      try{
14        FileOutputStream fos=new FileOutputStream("play.txt");
15        ObjectOutputStream os=new ObjectOutputStream(fos);
16        os.writeObject(c1);
17        os.close();
18        FileInputStream fis=new FileInputStream("play.txt");
19        ObjectInputStream is=new ObjectInputStream(fis);
20        CardPlayer c2=(CardPlayer)is.readObject();
21        is.close();
22      }
23      catch(Exception e) {}
24    }
25  }
```

A. 编译错误　　B. 运行时异常　　C. pc

D. pcc　　E. pcp　　F. pcpc

【答案】 E

【解析】 子类实现了 Serializable 接口时，即使父类对象不可序列化，其子类对象也可以序列化。当反序列化子类对象时，要先调用父类构造方法来初始化父类中的成员变量，所以选项 E 是正确的。

5. 下列代码的运行结果是什么？

```
01  import java.io.*;
02  class Keyboard {}
03  public class Computer implements Serializable {
04    private Keyboard k=new Keyboard();
```

```
05    public static void main(String[] args) {
06      Computer c=new Computer();
07      c.storeIt(c);
08    }
09    void storeIt(Computer c) {
10      try{
11        FileOutputStream fos=new FileOutputStream("myFile");
12        ObjectOutputStream os=new ObjectOutputStream(fos);
13        os.writeObject(c);
14        os.close();
15        System.out.println("done");
16      }
17      catch(Exception x) {
18        System.out.println("exc");
19      }
20    }
21  }
```

A. 编译错误　　B. exc　　C. done

D. 一个对象被序列化　　E. 两个对象被序列化

【答案】 B

【解析】 类实现Serializable接口时,该类对象是可序列化的,所以Computer类是可列化的。当对象序列化时,只有该对象中的所有成员变量都可序列化,它才是可序列化的。在Computer类对象中,类型为Keyboard的成员不可序列化,运行时会产生异常,所以选项B是正确的。

6. 当编译并运行下列代码时其运行结果是什么?

```
01  import java.io.*;
02  public class Example {
03    public static void main(String[] args) {
04      try {
05        RandomAccessFile raf=new RandomAccessFile("test.java","rw");
06        raf.seek(raf.length());
07      }
08      catch(IOException ioe) {}
09    }
10  }
```

A. 编译错误

B. 运行时抛出IOException异常

C. 文件指针定位在文件中最后一个字符前

D. 文件指针定位在文件中最后一个字符后

【答案】 D

【解析】 RandomAccessFile 类中方法 length()返回文件的长度，方法 seek()用于设置文件指针的位置，其取值从 0 开始，所以选项 D 是正确的。

7. 下列代码在 Win32 平台系统目录为 C：\source 下的运行结果是什么？

```
01  import java.io.*;
02  public class Example {
03    public static void main(String[] args) throws Exception {
04      File file=new File("Ran.test");
05      System.out.println(file.getAbsolutePath());
06    }
07  }
```

A. Ran. test　B. source\Ran. test　C. c:\source\Ran. test　D. c：\source

【答案】 C

【解析】 File 类中方法 getAbsolutePath()用于返回 File 对象所表示的文件或目录的绝对路径，所以选项 C 是正确的。

8. 在下列代码中，哪些选项可以插在注释行位置？

```
01  import java.io.*;
02  public class Example {
03    public static void main(String[] args) {
04      try{
05        File file=new File("temp.test");
06        FileOutputStream stream=new FileOutputStream(file);
07        //insert code
08      }
09      catch(IOException ioe) {}
10    }
11  }
```

A.
```
DataOutputStream filter=new DataOutputStream(stream);
for(int i=0;i<10;i++)
  filter.writeInt(i);
```

B.
```
for(int i=0;i<10;i++)
  file.writeInt(i);
```

C.
```
for(int i=0;i<10;i++)
  stream.writeInt(i);
```

D.
```
for(int i=0;i<10;i++)
  stream.write(i);
```

【答案】 A,D

【解析】 FileOutputStream 为文件输出字节流，只能以字节为单位进行写入，所以选项 D 是正确的。DataOutputStream 可以将基本类型数据值和 String 值输出，它封装 FileOutputStream 后可以将数据写入文件中，所以选项 A 也是正确的。

9. 当编译并运行下列代码时其运行结果是什么？

```
01  import java.io.*;
02  public class Example {
03    public static void main(String[] args) {
04      try {
05        PrintStream pr=new PrintStream(new FileOutputStream("outfile"));
06        System.out=pr;
07        System.out.println("ok!");
08      }
09      catch(IOException ioe) {}
10    }
11  }
```

A. 输出字符串“ok!”　B. 编译错误　C. 运行时异常

【答案】 B

【解析】 System. out 为系统标准输出流，其定义为 public static final PrintStream out，第 6 句会出现编译错误，所以选项 B 是正确的。可以使用 System. setOut()方法对输出流进行重定向。

10. 当编译并运行下列代码时其运行结果是什么？

```
01  import java.io.*;
02  public class Example {
03    public static void main(String[] args) {
04     try{
05       FileOutputStream fos=new FileOutputStream("xx");
06       for(byte b=10;b<50;b++) {
07         fos.write(b);
08       }
09       fos.close();
10       RandomAccessFile raf=new RandomAccessFile("xx","r");
11       raf.seek(10);
12       int i=raf.read();
13       raf.close();
14       System.out.println("i="+i);
15     }
16     catch(IOException ioe) {}
17    }
18  }
```

A. i=30　　B. i=20　　C. i=10　　D. i=40

【答案】 B

【解析】 使用 FileOutputStream 类中 write(int b)方法将以字节为单位输出数据，RandomAccessFile 类中 seek(10)方法将文件指针定位在第 11 个字节，调用 read()方法读到的是第 11 个字节，所以选项 B 是正确的。

11. 当编译并运行下列代码时其运行结果是什么？

```
01 import java.io.*;
02 public class Example {
03   public static void main(String[] args) {
04     try {
05       RandomAccessFile file=new RandomAccessFile("test.txt","rw");
06       file.writeBoolean(true);
07       file.writeInt(123456);
08       file.writeInt(7890);
09       file.writeLong(1000000);
10       file.writeInt(777);
11       file.writeFloat(.0001f);
12       file.writeDouble(56.78);
13       file.seek(5);
14       System.out.println(file.readInt());
15       file.close();
16     }
17     catch(IOException ioe){}
18   }
19 }
```

A. 777　　B. 123456　　C. 1000000　　D. 7890

【答案】 D

【解析】 RandomAccessFile 类可以按数据类型来读写文件中数据，Java 中每一种基本类型数据的存储长度为固定的字节数。文件中第 1 个字节存储的为 boolean 值，int 类型数据占 4 个字节存储，将文件指针定位到 5 时，随后读取到的是 int 类型数据 7890，所以选项 D 是正确的。

12. 当编译并运行下列代码时其运行结果是什么？

```
01 import java.io.*;
02 public class Example {
03   public static void main(String[] args) {
04     SpecialSerial s=new SpecialSerial();
05     try {
06       FileOutputStream fos=new FileOutputStream("myFile");
07       ObjectOutputStream os=new ObjectOutputStream(fos);
08       os.writeObject(s);
09       os.close();
10       System.out.print(s.z+" ");
11       FileInputStream fis=new FileInputStream("myFile");
12       ObjectInputStream is=new ObjectInputStream(fis);
13       SpecialSerial s2=(SpecialSerial)is.readObject();
14       is.close();
15       System.out.println(s2.y+" "+s2.z);
```

```
16        }
17        catch(Exception ioe) {
18          System.out.println("exc");
19        }
20      }
21    }
22    class SpecialSerial implements Serializable {
23      transient int y=7;
24      static int z=9;
25    }
```

A. 10 0 9　　B. 9 0 9　　C. 10 7 9　　D. 10 7 10

【答案】 B

【解析】 类中用 transient 和 static 修饰的成员变量在序列化时并不保存,在反序列化时成员变量 y 的值为 0,而静态变量是依赖于类而不依赖于对象的,所以选项 B 是正确的。

13. 如果文件 myfile.txt 的内容为 abcd,当编译并运行下列代码时其运行结果是什么?

```
01  import java.io.*;
02  public class ReadingFor {
03    public static void main(String[] args) {
04      String s;
05      try{
06        FileReader fr=new FileReader("myfile.txt");
07        BufferedReader br=new BufferedReader(fr);
08        while((s=br.readLine())!=null)
09          System.out.println(s);
10        br.flush();
11      }
12      catch(IOException e) {
13        System.out.println("io error");
14      }
15    }
16  }
```

A. 编译错误　　B. 运行异常　　C. abcd　　D. a b c d

【答案】 A

【解析】 BufferedReader 类用于读取数据,该类中没有 flush()方法,所以选项 A 是正确的。

14. 下列代码中哪些类的实例可以被序列化?

```
01  import java.io.*;
02  class Vehicle {}
```

```
03 class Wheels {}
04 class Car extends Vehicle implements Serializable {}
05 class Ford extends Car {}
06 class Dodge extends Car {
07   Wheels w=new Wheels();
08 }
```

A. Vehicle　　B. Wheels　　C. Car　　D. Ford
E. Dodge

【答案】 C,D

【解析】 类 Car 实现了接口 Serializable,所以类 Car 的实例是可序列化的。类 Ford 继承类 Car,所以类 Ford 的实例也是可序列化的。在类 Dodge 中 Wheels 类型成员不可序列化,类 Dodge 的实例是不可序列化的,所以选项 C、D 是正确的。

课后习题

1. 请完成下面程序,运行该程序可以在当前目录下创建子目录 dir3,并在子目录下创建文件 file3。

```
01 import java.io.File;
02 public class FileCreate {
03   public static void main(String[] args) {
04     try{
05       File dir=new File("dir3");
06       ________;
07       File file=new File(dir, "file3");
08       ________;
09     }
10     catch(Exception e) {}
11   }
12 }
```

2. 请完成下面程序,运行该程序将从文件 file1. dat 中读取全部数据,然后写到 file2. dat 文件中。

```
01 import java.io.*;
02 public class FileCopy {
03   public static void main(String[] args) {
04     try {
05       File inFile=new File("file1.dat");
06       File outFile=________;
07       FileInputStream fis=________;
08       FileOutputStream fos=________;
09       int c;
```

```
10        while(_______) {
11        fos._______;
12        }
13        fis.close();
14        fos.close();
15      }
16      catch(FileNotFoundException e) {
17        e.printStackTrace();
18      }
19      catch(IOException e) {
20        e.printStackTrace();
21      }
22    }
23  }
```

3. 编写程序，输出系统当前目录下的所有文件和目录的信息。如果是目录，则要输出<DIR>字样；如果是文件，则要输出文件的大小。下面是具体的输出格式：日期 时间 <DIR> 文件大小 文件名或目录名。

4. 编写程序，通过键盘读取10个学生的信息并保存在数组中，学生信息由学号、姓名、专业和平均分组成。按照学生的平均分由低到高排序，并将排序后的学生对象信息写到文件中。

5. 编写程序，读取文件并将文件中的字符串"str"全部替换为"String"。

第10章 Java多线程

CHAPTER

在Java中,线程表现为线程类,由线程类封装所有需要的线程操作控制。多线程的程序设计是一个复杂的过程,其学习的关键在于理解多线程的概念和使用方法。本章将对Java多线程的概念与基本操作方法,以及线程的调度与控制、线程间的同步等技术进行讲解。

10.1 概　　述

1. 什么是线程

随着计算机技术的进步与发展,个人计算机上的操作系统也使用了多任务和分时设计,将早期只有大型计算机才具有的系统特性带到个人计算机系统之中。一个进程(process)就是一个执行中的程序,每一个进程都拥有自己的系统资源、内存空间和地址空间。在进程的概念中,每一个进程的内部数据和状态都是完全独立的。多任务操作系统(multitask operating system)能同时运行多个进程(程序),实际上是CPU的分时机制在起作用,使得每个进程都能循环获得自己的CPU时间片,由于这种轮换速度非常快,因此所有程序就好像是在同时运行一样。

Java的一个重要特性就是在语言级层面上支持多线程程序设计。例如,程序员都熟知的单个执行流的程序,都有开始、一个执行顺序以及一个结束点,程序在执行期间的任一时刻,都只有一个执行点。线程与这种单个执行流的程序类似,但一个线程本身不是程序,它必须运行于一个程序(进程)之中。因此,线程(thread)可以定义为一个程序中的单个执行流。线程是进程的基本执行单位,每个进程都由一个或几个线程组成,每个线程可以负责不同的任务而互不干扰。多线程则是指一个程序中包含多个执行流,多线程是实现并发的一种有效手段。例如,一个Internet浏览器可以设计两个线程,一个线程负责下载软件,一个线程负责响应用户的鼠标或键盘操作,如果不使用多线程,在下载过程中就无法响应用户的鼠标或键盘操作。

了解程序、进程与线程之间的关系，对于理解线程的概念非常有益。程序是一段静态的代码，它是应用软件执行的蓝本。进程是程序的一次动态执行过程，它对应了从代码加载、执行到执行完毕的一个完整过程，这个过程也是进程本身的生命周期。作为执行蓝本的同一段程序，可以被多次加载到系统不同内存区域执行，形成不同的进程。而线程是比进程更小的执行单位，一个进程在其执行过程中，可以产生多个线程，形成多个执行流。每个执行流即每个线程也有它自身的生命周期，也是一个动态的概念。

- 进程是一种重量级任务，而线程则是一种轻量级任务。
- 线程与进程之间的主要区别：每一个进程都占有独立的地址空间，包括代码、数据及其他资源，而一个进程中的多个线程可共享该进程的这些空间。
- 进程之间通信开销较大且受到诸多限制，必须有明确的对象或操作接口并使用统一的通信协议，而线程之间则可以通过共享的公共数据区进行通信，开销较少且比较简单。进程之间的切换开销也较大，而线程之间切换的开销较小。

2. Java程序中的线程

Java语言的线程机制建立在宿主操作系统的线程基础上，它将宿主操作系统提供的线程机制包装为语言一级的机制，一方面为程序员提供了一个独立于平台的多线程编程接口，另一方面也为程序员屏蔽了宿主操作系统的线程技术细节，大大简化了Java的多线程编程。将Java语言的线程机制映射到宿主操作系统线程库的工作是由JVM供应商负责完成的。JVM是一个进程，并且无论编写的是否是一个多线程Java应用程序，JVM本身总是以多线程的方式执行。每一个JVM进程都拥有一个堆栈空间，该进程中的每一个线程都拥有自己的调用堆栈空间。同一个JVM中的所有线程可通过共同的堆栈空间共享或交换信息。

在Java中，线程模型是由Java. Lang. Thread类进行定义和描述的。程序中的线程都是Thread的实例。因此用户可以通过创建Thread的实例或定义并创建Thread子类的实例来建立和控制自己的线程。

3. 线程的生命周期

线程在创建之后，就开始了它的生命周期。一个线程在其整个生命周期中可处于不同的状态，不仅在程序中调用线程的特定方法会改变线程的状态，JVM的线程调度程序也会改变一个线程的状态。线程的生命周期可分为如下几个状态：新建状态(new)、可运行状态(runnable)、运行状态(running)、阻塞状态(blocked)和终止状态(dead)，如图10-1所示。

- 当线程处于新建状态时，表明此时线程的对象实例已经创建，但是尚未取得运行该线程所需要的系统资源。
- 产生新的线程对象实例之后，一旦调用了线程的start()方法，则线程进入可运行状态，表明该线程已经获得运行时所需要的系统资源，具备了被调度执行的条件，从而使得该线程可以被调度执行。
- 线程的运行状态是指线程被JVM线程调度程序分配了CPU执行时间，使用run()方法可以让线程进入运行状态。正在运行的线程随时可能由JVM线程调度程序送回可运行状态。

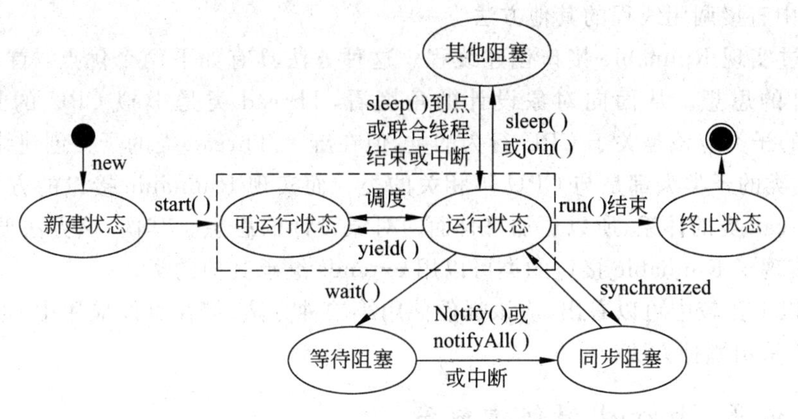

图 10-1 线程的生命周期

- 当线程的 run()方法执行完毕后进入终止状态,处于该状态的线程不会再被调度执行。
- 线程的阻塞状态通常用于线程之间的通信与同步控制。一个正在运行的线程可能因各种因素被阻塞。例如,线程调用 wait()方法等待另一线程以 notify()或 notifyAll()方法唤醒,线程调用 join()方法等待另一线程执行完毕,线程调用 sleep()方法进入睡眠状态等。无论线程以何种方式进入阻塞状态,都会有相应的事件出现使线程返回到运行状态。

10.2 创建线程

Java 程序中的线程被设计为一个对象,该对象具有自己的生命周期,可以利用接口 java. lang. Runnable 和类 java. lang. Thread 创建一个线程。

一般地,Thread 类的构造方法可用如下的结构表示:

```
public Thread(ThreadGroup group, Runnable target, String name);
```

- group:指明该线程所属的线程组。
- target:提供线程体的对象。java. lang. Runnable 接口中定义了 run()方法,实现该接口的类的对象实例可以提供线程体,线程启动时该对象的 run()方法将被调用。
- name:线程名称。Java 程序中的每个线程都有自己的名称,如果 name 为 null,则 Java 程序自动给线程赋予唯一的名称。

创建一个新线程之前程序员必须要编写一个线程类,并将该线程所需执行的任务编写在该类的一个特定方法中。因此,自定义的线程类要么实现 Runnable 接口,要么继承 Thread 类。无论采用何种方式编写线程类,线程类中均须重定义方法 run(),该方法负责完成线程所需执行的任务。

【分析讨论】

① 通过继承 Thread 类创建线程。这种方法的优点是程序代码相对简单,并可以在

run()方法中直接调用线程的其他方法。

② 通过实现 Runnable 接口创建线程。这种方法具有如下两个优点：首先，符合面向对象设计的思想。从面向对象设计的角度看，Thread 类是虚拟 CPU 的封装，因而 Thread 类的子类应该是关于 CPU 行为的类，但在继承 Thread 类的子类创建线程的方法中，Thread 类的子类大都是与 CPU 不相关的类。而实现 Runnable 接口的方法，将不会影响到 Thread 类的体系，所以更加符合面向对象设计的思想。其次，该方法便于继承其他的类。实现了 Runnable 接口的类可以用 extends 继承其他的类。

③ 从以上比较中可以看出，应该提倡使用第二种方法；但在具体应用中，可以根据实际情况确定采用哪种方法。

10.2.1 继承 Thread 类创建线程

在 java.lang 包中，Thread 类的声明如下：

```
public class Thread extends Object implements Runnable {
  …
  private Runnable target;
  …
  public Thread() {…}
  public Thread(Runnable target) {…}
  …
  public void run() {
    if(target!=null)
      target.run();
  }
  …
}
```

Thread 类本身实现了 Runnable 接口，在该类中包装了一个 Runnable 类型的对象实例 target，为 run()方法提供了最简单的实现。

通过继承 Thread 类创建线程的步骤如下：

- 从 Thread 类派生子类，并重写其中的 run()方法定义线程体。
- 创建该子类的对象创建线程。
- 调用该对象的 start()方法启动线程。线程启动后自动执行 run()方法，线程执行完毕后进入终止状态。

【例 10-1】 通过继承 Thread 类创建线程。定义一个 Thread 类的子类，显示字符串"HelloWorld"及执行次数的数字。用在另一个类的定义中创建该子类的两个线程对象来测试它，注意观察执行结果。

```
01 class Sample extends Thread {
02   int i;
03   public void run() {
04     System.out.println("Thread Begin: "+this);
```

```
05        while(true) {
06          System.out.println("HelloWorld "+i+++"次");
07          if(i==3) break;
08        }
09        System.out.println("Thread End: "+this);
10      }
11    }
12    public class ThreadSample {
13      public static void main(String[] args) {
14        System.out.println("System Start: ") ;
15        Sample s1=new Sample();
16        Sample s2=new Sample();
17        s1.start();
18        s2.start();
19        System.out.println("System End: ") ;
20      }
21    }
```

【运行结果】

```
System Start:
System End:
Thread Begin: Thread[Thread-0,5,main]
Thread Begin: Thread[Thread-1,5,main]
HelloWorld 0 次
HelloWorld 1 次
HelloWorld 2 次
HelloWorld 0 次
HelloWorld 1 次
HelloWorld 2 次
Thread End: Thread[Thread-1,5,main]
Thread End: Thread[Thread-0,5,main]
```

【分析讨论】

① 程序中第1～11句通过继承Thread类创建了线程类Sample,程序中第12～21句定了一个测试类ThreadSample。

② 程序执行流程如下：main()方法启动后,将建立一个运行程序实例,然后在两个线程获得执行前完成自己的工作;第一个线程s1启动;第二个线程s2启动;第一个线程s1输出3次HelloWorld;第二个线程s2输出3次HelloWorld;第二个线程s2终止;第一个线程s1终止。

③ 如果多次运行程序,就会发现每次的执行结果会不一样,其原因在于程序不能控制在何时执行哪一个线程。

④ 从这个示例可以看出：首先,创建独立运行的线程是比较容易的,因为Java已经提供了具体实现的细节;其次,程序员无法准确地知道线程在何时开始执行,因为这是由

JVM来控制的，而且线程间在执行时是相互独立的，即线程独立于启动它的程序；最后，线程的执行必须调用start()方法。

10.2.2 实现Runnable接口创建线程

在java.lang包中，Runnable接口定义如下：

```
public interface Runnable {
  public void run();
}
```

Runnable接口提供了无须扩展Thread类就可以创建一个新线程的方式，从而克服了Java单一继承方式所带来的各种限制。

使用这种方式创建线程的步骤如下：

- 定义一个类实现Runnable接口，即在该类中提供run()方法的实现。
- 把Runnable的一个实例作为参数传递给Thread类的一个构造方法，该实例对象提供线程体的run()方法实现。

【例10-2】 通过实现Runnable接口创建线程。定义一个类Sample实现Runnable接口，在run()方法中显示字符串"HelloWorld"及执行次数的数字，然后在另一个类中创建这个Thread类的两个对象并将Sample实例作为对象参数，注意观察执行结果。

```
01  class Sample implements Runnable {
02    int i;
03    public void run() {
04      System.out.println("Thread Begin: "+this);
05      while(true) {
06        System.out.println("HelloWorld "+i+++"次");
07        if(i==3) break;
08      }
09      System.out.println("Thread End: "+this);
10    }
11  }
12  public class RunnableSample {
13    public static void main(String[] args) {
14      System.out.println("System Start: ") ;
15      Thread s1=new Thread(new Sample());
16      Thread s2=new Thread(new Sample());
17      s1.start();
18      s2.start();
19      System.out.println("System End: ") ;
20    }
21  }
```

【运行结果】

```
System Start:
System End:
Thread Begin: Sample@1fb8ee3
HelloWorld 0次
HelloWorld 1次
HelloWorld 2次
Thread Begin: Sample@61de33
Thread End: Sample@1fb8ee3
HelloWorld 0次
HelloWorld 1次
HelloWorld 2次
Thread End: Sample@61de33
```

【分析讨论】

① 第1～11句定义的类Sample实现了Runnable接口，并对run()方法进行了重写。run()方法的定义和调用与例10-1中线程的操作相同。

② 第12～21句定义了测试类RunnableSample，在该类中创建了Thread类的两个对象s1和s2，即两个线程，并分别启动它们，得到的执行结果与与例10-1基本相同。

③ 可以用两种方式创建线程。可以通过继承Thread类，再通过该新继承类用new产生线程对象；也可以用新类实现Runnable接口，再通过Thread类直接产生线程对象。在产生线程对象之后，可以使用start()方法让其进入到可运行状态，等待被JVM调度进入CPU运行。使用run()方法可以让线程进入运行状态。线程在运行状态时，使用sleep()、suspend()、wait()、yield()方法可以将该线程转入等待状态；使用resume()、notify()、join()方法可以将线程转入可运行状态，等待CPU运行。线程运行完毕，使用stop()方法可以终止线程。

10.3 线程的优先级

线程是并发执行的，然而事实上并非经常如此。当系统中只有一个CPU时，在某一时刻CPU只能执行一个任务。在Java中，创建一个线程后该线程并不能自动执行，必须调用它的start()方法使其处于可运行状态。由于Java支持多线程，所以处于可运行状态的线程就可能有多个，这就存在着调用哪一个线程的问题。

在单CPU情形下执行多线程时，Java采用的是优先级调度(priority scheduling)的策略，这样就可以根据处于可运行状态线程的相对优先级来实现调用。所有进行可运行状态的线程首先要进入线程就绪队列中等候CPU资源，然后按照“先进先出”的原则，优先级高的排在前面。每个Java线程都有一个优先级，范围在Thread.MIN_PRIORITY(该常量的值为1)和Thread.MAX_PRIORITY(该常量的值为10)之间。在默认情形下，每个线程的优先级都为Thread.NORMAL_PRIORITY(该常量的值为5)。每个新线程都继承其父线程的优先级。虽然每个线程都有自己的优先级，但是不能绝对地说线程调度是按照优先级进行调度的。在 Java 中，线程采用了抢占式(preemptive)获得 CPU，即优先级别高的线程优先执行，但是这些任务的执行顺序要映射到底层的操作系统，由操作系统决定这些任务的执行顺序。例如 Solaris 操作系统，相同优先级的线程不相互抢占，而 Windows 操作系统是按照时间片执行，低优先级的线程可能会抢占同级或高优先级的线程。也就是说在 Windows 操作系统中，当一个优先级为 5 且处于可运行状态的线程在等待 CPU 时，系统可能正在执行一个优先级为 3 的线程。

在 Java 中，可以用 setPriority()方法来调整一个线程的优先级，该方法有一个整型参数。如果参数值不在 1 到 10 范围内，那么该方法将引发一个 IllegalArgumentException 异常。可以用 getPriority()方法返回线程的优先级。

【例 10-3】 在类 ThreadPriority 的定义中，创建 4 个线程，并分别赋予不同的优先级。在 Windows 平台下的执行结果显示，优先级高的线程不一定就优先执行。

```
01  class ThreadPriority implements Thread {
02    public ThreadPriority(String s) {
03      setName(s);
04    }
05    public void run() {                          //重写 run 方法，输出线程名和其优先级
06      System.out.println("Thread: "+getName()+": "+getPriority());
07    }
08    public static void main(String args[]) {
09      ThreadPriority mt1=new ThreadPriority("thread1");     //创建线程
10      ThreadPriority mt2=new ThreadPriority("thread2");     //创建线程
11      ThreadPriority mt3=new ThreadPriority("thread3");     //创建线程
12      ThreadPriority mt4=new ThreadPriority("thread4");     //创建线程
13      mt1.setPriority(1);
14      mt2.setPriority(2);
15      mt3.setPriority(3);
16      mt4.setPriority(4);
17      mt1.start();
18      mt2.start();
19      mt3.start();
20      mt4.start();
21    }
22  }
```

【运行结果】

```
Thread: thread3: 3
Thread: thread3: 4
Thread: thread3: 1
Thread: thread3: 2
```

【分析讨论】

① Java 提供了一个线程调度器来监视所有程序中的所有运行的线程，并决定哪个线

程应该运行而哪个线程应该排队等候执行。在线程调度器的决策过程中，它能够识别线程的两个特征，最重要的一个是线程的优先级别，另一个是守护标志。

② 守护线程(daemon thread)一般具有一个较低的优先级别，并且当计算机上运行的线程减少时，为一个或多个程序提供一项基本的服务。垃圾收集线程就是一个不断运行的守护线程，它由 JVM 提供，通过扫描程序查找不再被访问的变量，并把这些变量的资源释放给系统。

③ 调度器的基本原则是，如果只有守护线程在运行，JVM 将退出。新线程从创建它的线程那里继承优先级别和守护标志，调度器通过分析所有线程的优先级别来确定哪一个线程应该被执行。具有较高优先级别的线程，能在较低优先级别的线程之前执行。

10.4　线程的基本控制

软件系统在实际运行过程中经常会有多个线程并发执行的情形发生，而且需要在特定时间或者条件下对哪一个线程的运行或停止进行控制。Java 提供了以下几种方法对线程进行控制：

- 相同优先级的线程的让步(yield)；
- 线程的休眠(sleep)；
- 线程的挂起(suspend)和恢复(resume)；
- 线程的等待(wait)和通知(notify)。

本节将对上述对线程进行控制的方法进行讲解。

10.4.1　让步

让步(yield)方法可以强制当前运行的线程让出虚拟 CPU 的使用权，使得当前运行的线程从运行状态直接过渡到就绪状态(可运行状态)，而不是进入阻塞状态。但是，下列两种情形将不会使调用 yield 方法的线程让出 CPU 而是继续执行。

- 当前就绪队列中没有等待运行的线程：这种情形是由于就绪队列中没有任务，所以当前线程不会停止。
- 当前就绪队列中没有与调用 yield 线程的相同优先级线程：这种情形是因为 yield 方法是在相同优先级的线程间进行让步，所以当前线程也不会停止。

yield 方法是一个静态方法，可以使用类名访问或在线程中直接调用 yield 方法。但不能设置停止多长时间，只能靠调度器去控制何时进入下一次运行。

【例 10-4】 yield 方法使用示例。

```
01  class TestYield {
02    private int data;
03    public synchronized void changeData(String name) {
04    data++;
05    System.out.println("name="+name+"  data="+data);
06    }
```

```
07    public static void main(String[] args) {
08    TestYield ty=new TestYield();
09    ThreadA ta=new ThreadA(ty);
10    ThreadB tb=new ThreadB(ty);
11    ta.start();                                          //启动线程 A
12    tb.start();                                          //启动线程 B
13    }
14  }
15  class ThreadA extends Thread {
16    TestYield ty;
17    int a=0;
18    public ThreadA(TestYield ty) {
19    this.ty=ty;
20    }
21    public void run() {
22      while(a++<60) {
23        ty.changeData("ThreadA");
24        this.yield();                                    //执行线程的让步操作
25      }
26    }
27  }
28  class ThreadB extends Thread {
29    TestYield ty;
30    int a=0;
31    public ThreadB(TestYield ty) {
32      this.ty=ty;
33    }
34    public void run() {
35      while(a++<50) {
36       ty.changeData("ThreadB");
37      }
38    }
39  }
```

【分析讨论】

① 本示例的执行结果为线程 A 每让步一次后执行线程 B，线程 B 执行一段时间后又执行线程 A。两个线程就这样交替执行，当线程 B 执行完毕后线程 A 的让步操作不再有效，线程 A 会一直运行下去，直至执行完毕。

② 注意，线程 A 执行让步操作时，除了让出虚拟 CPU 以外，它所获得的对象锁也自动释放。

10.4.2 休眠

休眠(sleep)是将当前运行的线程让出 CPU，睡眠一段时间并进入阻塞状态，当睡眠时间到时，该线程就会进入就绪状态等待调度器使其运行。在下列两种情形下，当前线程在执行 sleep 方法后也会睡眠后进入阻塞状态：

- 当就绪队列中没有线程时。
- 就绪队列中的线程优先级比当前线程优先级低。

线程的睡眠时间可以通过 sleep 方法指定，sleep 方法的定义如下：

```
public static void sleep(long milliseconds) throws InterruptedException
```

sleep 方法带有一个参数，指定了当前执行线程的睡眠时间(单位是毫秒)。当一个线程处于睡眠状态时将不会争夺处理器，以便其他线程继续执行，这就为低优先级的线程提供了运行的机会。

【例 10-5】 sleep 方法使用示例。

```
01 public class TestSleep extends Thread {
02   public void run() {
03     int a=0;
04     while(a++<3) {
05       System.out.println("a="+a);
06       try {
07         sleep(1000);                    //睡眠 1000 毫秒
08       }catch(InterruptedException e) {
09         e.printStackTrace();
10       }
11     }
12   }
13   public static void main(String[] args) {
14     TestSleep ts=new TestSleep();
15     ts.start();                         //启动线程
16   }
17 }
```

【运行结果】

```
a=1
a=2
a=3
```

【分析讨论】

① 程序运行时每输出一条语句就睡眠 1000 毫秒。

② 睡醒后线程会进入就绪状态，等待调度器为其分配资源；运行时，线程会接着上一次的断点继续执行。

③ 虽然 sleep 方法指定了睡眠的时间，但是下一次运行时仍需要等待调度器分配资源，所以线程实际睡眠的时间要长，而且不确定。

10.4.3 连接方法

连接(join)方法可以使当前运行的线程处于等待状态，直到调用 join 方法的线程执行完毕。join 方法有 3 种调用格式：

- join()：如果当前线程发出调用 t.join()方法，则当前线程将等待 t 线程结束后再继续执行。
- join(long millis)：如果当前线程发出调用 t.join()方法，则当前线程将等待 t 线程结束或最多等待 millis 毫秒后，再继续执行。
- join(long millis,int nanos)：如果当前线程发出调用 t.join()方法，则当前线程将等待 t 线程结束或最多等待 millis 毫秒＋ nanos 纳秒后，再继续执行。

【例 10-6】 join 方法使用示例。

```
01 public class TestJoin {
02   public static void main(String args[]) {
03     ThreadB tb=new ThreadB();
04     ThreadA ta=new ThreadA(tb);
05     ta.start();
06     tb.start();
07   }
08 }
09 class ThreadA extends Thread {
10   ThreadB tb;
11   public ThreadA(ThreadB tb) {
12     this.tb=tb;
13   }
14   public void run() {
15     System.out.println("runing ThreadA");
16     try {
17       tb.join();
18     }catch(Exception e) {
19       e.printStackTrace();
20     }
21     System.out.println("end ThreadA");
22   }
23 }
24 class ThreadB extends Thread {
25   public void run() {
26     System.out.println("runing ThreadB");
27     try {
28       sleep(3000);
29     }catch(InterruptedException e) {
30       e.printStackTrace();
31     }
```

```
32        System.out.println("end ThreadB");
33    }
34  }
```

【运行结果】

```
runing ThreadA
runing ThreadB
end ThreadB
end ThreadA
```

【分析讨论】

① 从执行结果可以看出，线程 ThreadA 在执行过程中需要等待线程 ThreadB 执行完毕后才能继续执行。

② 将第 17 句改为 tb.join(5000);，由于线程 ThreadA 等待的时间超过了 ThreadB 运行时间，所以 ThreadB 先执行结束。而线程 ThreadA 在 ThreadB 刚结束就会继续执行，它不会等待 50 秒后才执行。执行结果如下：

```
runing ThreadA
runing ThreadB
end ThreadB
end ThreadA
```

③ 将第 17 句改为 tb.join(2000,1000);，由于线程 ThreadA 等待的时间小于 ThreadB 的执行时间，所以当 ThreadA 等待时间到时，线程 ThreadA 继续执行，它没有等待线程 ThreadB 执行完毕。执行结果如下：

```
runing ThreadA
runing ThreadB
end ThreadA
end ThreadB
```

10.5　线程间的同步

线程在执行过程中，必须要考虑的一个重要问题是与其他线程之间的共享数据或协调执行状态的问题。例如，以 A 和 B 这两个共享同一个账户的客户为例。如果开始银行账号的余额是 500 元人民币，A 存入了 200 元，并且同时 B 取出了 100 元。此时显示给 A 的余额是 600 元，而不是 700 元。这个例子中的错误是由线程间的并发引起的。如果将两个线程同步，就不会出现上述问题。解决的方法是，如果 A 在存款时先做一个标记（锁定该账号），表示该账号正在被操作，然后再开始进行计算，修改余额的操作。这时 B 来取款，发现该账号上有正在被操作的标记（被锁定），则 B 只能等待。等 A 完成所有的存款事务以后，B 才能对账号进行取款操作。这样 A 和 B 的操作就同步了。这个过程就是线程间的同步（synchronize），这种标记就是锁（lock）。

Java提供了一种能够同步代码和数据的机制，使得程序员能够通过这种机制保证类在一个线程安全的环境中运行。也就是说，在Java中可以创建共享相同数据和代码的线程。当几个线程共享的是代码、数据或者二者兼有时，Java能够确保正在被一个线程使用的数据在该线程任务完成之前，不会被其他的线程修改。

在Java的多线程机制中，提供了关键词synchronized来实现线程间的同步。一个类中任何方法都可以设计为synchronized方法以防止多线程的数据崩溃。当某个对象用synchronized修饰时，表明该对象在任一时刻只能由一个线程访问。当一个线程进入synchronized方法后，能保证在任何其他线程访问这个方法之前完成自己的操作。如果某一个线程试图访问一个已经启动的synchronized方法，则这个线程必须等待，直到已启动的线程执行完毕，再释放这个synchronized方法。

1. synchronized的使用方法

synchronized作为整个方法的的修饰符时，调用该方法的线程必须首先获得拥有该方法的对象的锁才能使用。例如以下的代码示例：

```
public synchronized void setData() { }
```

synchronized修饰方法中的一个语句块时，可以利用花括号将语句括起来，并加入需要同步的对象。例如以下的代码示例：

```
public synchronized void setData() {
  synchronized(对象A) {
    /* code */
  }
}
```

2. 锁的概念

每个对象都有一个“标志锁”，当对象的一个线程访问了对象的某个synchronized数据(包括方法)时，这个对象就将被“上锁”。同理，每个class也有一个“标志锁”，对于synchronized static数据(包括方法)，可以在整个class下进行锁定，避免static数据同时访问。

3. 何时获得和释放对象锁

当一个线程执行一个对象的同步方法或语句前，必须获得该对象的对象锁才能继续执行。对象锁的获得是自动进行的，如果对象锁被其他线程占用，那么该线程只能在该对象锁对应的lock pool中等待。

当一个线程执行对象的同步代码块结束后，线程将自动释放对象锁。如果线程在同步代码块中遇到异常或执行了break、return语句，线程也将自动释放对象锁。

【例10-7】 示例程序模拟一个银行账户存款的过程。程序中有2个线程A和B同时对同一个银行账户进行操作，如果开始银行账号的余额是500元人民币，A存入了200元，并且同时B取出了100元。通过使用synchronized关键词强迫B在A完成所有事务之后进行操作，确保了程序执行结果的正确性。

```
01  import java.text.DateFormat;
```

```
02 import java.text.SimpleDateFormat;
03 import java.util.Date;
04 public class TestSynchronize {
05   static int account=500;
06   static DateFormat dateFormat=new SimpleDateFormat("HH: mm: ss: SSS ");
07   //普通的 Object 对象,通过它来达到线程同步的目的
08   static Object lock=new Object();
09   static class A extends Thread {
10     public void run() {
11       synchronized(lock) {
12       int left=account;
13       System.out.println(dateFormat.format(new Date())+"A 存款 200 元,A 查到
         的余额为: "+left);
14       try {
15         Thread.sleep(30);           //A 计算余额用了 30 毫秒
16       left=left+200;
17       System.out.println(dateFormat.format(new Date())+"A 计算账号的余额为:
         "+left);
18       }catch (InterruptedException e) {}
19         account=left;
20         System.out.println(dateFormat.format(new Date())+"A 存入了 200 元,并
           把余额修改为: "+account);
21       }
22     }
23   }
24 static class B extends Thread {
25   public void run() {
26     synchronized(lock) {
27       int left=account;
28       System.out.println(dateFormat.format(new Date())+"B 取款 100 元,B 查到
         的余额为: "+left);
29       try {
30         Thread.sleep(40);           //B 计算余额用了 40 毫秒
31         left=left -100;
32         System.out.println(dateFormat.format(new Date())+"B 计算账号的余额
           为: "+left);
33       }catch (InterruptedException e) {}
34         account=left;
35         System.out.println(dateFormat.format(new Date())+"B 取走了 100 元钱,
           并把余额修改为: "+account);
36       }
37     }
38   }
39   public static void main(String[] args) {
```

```
40        //A来办理存款业务
41        new A().start();
42        try {
43          Thread.sleep(1);
44        }catch (InterruptedException e) {}
45        //几乎同时,B在另一个营业厅办理同一个账户的取款业务
46        new B().start();
47        try {
48          Thread.sleep(1000);
49      }catch (InterruptedException e) {}
50        System.out.println(dateFormat.format(new Date())+"账号余额为: "+account);
51      }
52  }
```

【运行结果】

```
20: 20: 10: 351 A来存款200元, 他查到的余额为: 500
20: 20: 10: 382 A计算账号的余额为: 700
20: 20: 10: 382 A存入了200元,并把余额修改为: 700
20: 20: 10: 382 B来取款100元, 他查到的余额为: 700
20: 20: 10: 422 B计算账号的余额为: 600
20: 20: 10: 422 B取走了100元钱,并把余额修改为: 600
20: 20: 11: 357 账号余额为: 600
```

10.6 线程间的通信

Java虽然内置了synchronized关键词用于对多线程进行同步,但是这还不能满足对多线程进行同步的所有需要。因为synchronized关键词仅仅能够对方法或代码块进行同步,如果一个应用需要跨越多个方法进行同步以及多个线程相互间进行交互,关键词synchronized就不能胜任了。Java提供了以下两个方法用于线程间的相互通信。

- public final void wait() throws InterruptedException:如果一个线程调用了某个对象A的同步方法或语句块中的wait()方法,则该同步方法或语句块暂停执行。
- public final native void notify():如果某个线程调用了对象A的notify()方法,则恢复被wait()方法暂停的语句。

【例10-8】 利用线程的两个控制方法wait()和notify()方法解决在日常生活中经常遇到的打出租车问题。将顾客和司机看成两个线程,顾客只希望在上车和下车时与司机进行通信,而不是司机见到每个人就问"打车吗?"。

```
01  public class TestCar {
02    public static void main(String[] args) {
03      Car car=new Car();
04      MotorMan mm=new MotorMan(car);
05      Consumer cons1=new Consumer(car,"cons1 ");
```

```
06     Consumer cons2=new Consumer(car,"cons2 ");
07     mm.start();
08     cons1.start();
09     cons2.start();
10   }
11 }
12 /*
13 *汽车类,实现顾客唤醒司机和司机开车的行为
14 */
15 class Car {
16   private boolean isLoad;
17   private String name;
18   public synchronized void driver() {
19     int i=0;
20     if(!isLoad) {                           //没有顾客时,司机休息
21       try {
22         wait();
23       }catch(InterruptedException e) {
24         e.printStackTrace();
25       }
26     }
27     while(i<100000) {                       //有乘客坐车的过程
28       i=i+1;
29     }
30     System.out.println("consumer: "+name+"get off");
31     i=0;
32     isLoad=false;
33     try {
34       wait();                               //司机休息
35     }catch(InterruptedException e) {
36       e.printStackTrace();
37     }
38   }
39   public synchronized void wakeup(String name) {
40     if(!isLoad) {                           //只有车上没人时,才能向司机打招呼
41       isLoad=true;
42       notify();                             //唤醒司机
43       this.name=name;
44       System.out.println("consumer: "+name+"get on");
45     }
46   }
47 }
48 class MotorMan extends Thread {             //司机类
49   Car car;
```

```
50    public MotorMan(Car car) {
51      this.car=car;
52    }
53    public void run() {
54      while(true) {
55        car.driver();
56      }
57    }
58  }
59  class Consumer extends Thread {                //顾客类
60    Car car;
61    String name;
62    public Consumer(Car car,String name) {
63      this.car=car;
64      this.name=name;
65    }
66    public String getThreadName() {
67      return name;
68    }
69    public void run() {                          //顾客唤醒司机
70      car.wakeup(name);
71    }
72  }
```

【运行结果】

```
consumer: cons1 get on
consumer: cons1 get off
consumer: cons2 get on
consumer: cons2 get off
```

【分析讨论】

① 为了解决以上问题可以采用如下策略：一是顾客需要打车时，看到有空车的司机才打招呼；二是上车后顾客就可以休息了，直到到达目的地由司机通知顾客；三是车上没人时司机就可以休息。

② 根据上述策略，本示例的程序设计思路是：把汽车(car)作为一个对象，汽车是司机和顾客可以共同操作的对象；当车上没人时就调用car.wait()方法，司机线程进入等待状态；当顾客需要打车时就调用car.notify()方法，唤醒司机线程。

③ 从程序执行结果中可以看出，当司机线程调用了汽车对象的wait()方法后，司机线程自动进入汽车对象的等待池(wait pool)中，并自动放弃汽车对象的Lock Flag。调用对象的notify()方法时，对象的wait pool中的任意一个线程转移到Lock Pool中，在这里线程等待锁的获得，然后执行。

10.7 小　　结

在Java中,创建一个线程有两种途径:要么继承Thread类,要么实现Runnable接口。每一个线程都有其生命周期,可用一个状态转换图来描述。线程的可运行状态与运行状态之间的切换由JVM线程调度器负责,也可以通过调用yield()方法主动放弃CPU时间。线程优先级用于影响线程调度器对线程的选择,可以通过设置优先级使重要的任务优先执行。线程阻塞是实现线程之间通信与同步的基础,Java为线程提供了多种阻塞机制,其中由synchronized标识的同步代码段与wait()/notify()方法是最为重要的两类线程阻塞形式。

SCJP认证试题解析

1. 阅读下面的语句,对myThread叙述,选择正确的答案。

```
Thread myThread=new Thread();
```

A. 线程myThread当前处于runnable状态

B. 线程myThread的优先级是5

C. 当调用线程myThread的start方法时,线程类中的run方法将会执行

D. 当调用线程myThread的start方法时,调用类中的run方法将会执行

【答案】 C

【解析】 myThread是创建了的实例对象,但还没有调用start方法,所以不是处于runnable状态;myThread的优先级是从一个调用构造体的线程类继承而来;而线程对象myThread调用start方法时,会执行线程类中的run方法。

2. 编译并运行下列代码的结果是什么?

```
01 public class ThreadTest extends Thread {
02   public void run() {
03     System.out.println("In run");
04     yield();
05     System.out.println("Leaving run");
06   }
07   public static void main(String args) {
08     (new ThreadTest()).start();
09   }
10 }
```

A. 编译main方法代码失败

B. 编译run方法代码失败

C. 只有文本“In run”会输出显示

D. 文本“In run”和“Leaving run”会输出显示

E. 代码编译正确,但什么都不会输出显示

【答案】 D

【解析】 类ThreadTest是继承于Thread的线程类,线程体中的run方法将首先输出"In run",然后调用方法yield(),该方法可以使具有与当前线程相同优先级的线程拥有运行的机会,但是在主方法中仅生成一个线程实例,程序会继续执行线程run方法的下一条语句,输出"Leaving run"。

3. 下列叙述中,哪一个是正确的?

A. 当使用sleep()方法时,线程被锁住

B. 当使用wait()方法时,线程被锁住

C. 当使用start()方法时,线程被锁住

D. 当使用notify()方法时,线程被锁住

【答案】 A

【解析】 当使用sleep()方法时,线程将被锁住,其他的方法都不能锁住线程。

4. 如果使用java.lang.Runnable接口,下列哪一个选项是正确的?

A. 不需要再使用run()

B. 必须使用有方法体的run()

C. 必须使用无方法体的run()

D. 必须使用有方法体的Runnable()

【答案】 B

【解析】 当使用java.lang.Runnable时,需要用方法start()启动run()的方法体。

5. 下列叙述中哪一个是正确的?

A. 前置static的方法,可以前置synchronized

B. 如果一个类内有同步化的方法,则多个线程将不得调用其他异步化的方法

C. 将变量前置synchronized,该变量也具有同步化的功能

D. 一个synchronized可以同时用于两个方法

【答案】 A

【解析】 对于B,如果一个类内有同步化的方法,则多个线程也可以调用其他异步化的方法;对于C,变量不得使用synchronized;对于D,一个synchronized不得同时用于两个方法。

6. 下面哪两个选项不能直接导致一个线程停止执行?

A. 一个同步语句块结束。

B. 在一个对象上调用wait方法

C. 在一个对象上调用notify方法

D. 在一个输入流对象上调用read方法

E. 在一个线程对象上调用SetPriority方法

【答案】 A,C

【解析】 wait方法引起线程释放它对线程的拥有权而处于等待状态,直到被另一个线程所唤醒;read方法则让线程挂起;在一个线程对象上调用SetPriority方法可以改变

线程的优先级，这样优先级高的可以优先执行。而A和C选项，不能直接导致一个线程的执行。

7. 下列叙述哪些是正确的？

A. 用方法notify(t)要求线程t恢复工作

B. 用方法setDaemonThread()创建Daemon

C. 关键词synchronized用于协调各线程有序地工作

【答案】 C

【解析】 对于A，无法用notify()要求特定线程恢复工作；对于B，方法setDaemon()用于创建Daemon。

8. 下列修饰符中，哪一个具有锁住的功能？

A. final　B. static　C. abstract　D. protected

E. synchronized

【答案】 E

【解析】 修饰符synchronized用于线程的同步运行，其中包括锁住功能。

9. 当编译和运行下面的代码会发生什么？

```
01 public class Test {
02   int i=0;
03   public static void main(String argv) {
04     Test t=new Test();
05     t.myMethod();
06   }
07   public void myMethod() {
08     while(true) {
09       try {
10         wait();
11       }catch (InterruptedException e) {}
12       i++;
13     }
14   }
15 }
```

A. 编译错误，方法内没有匹配的

B. 会编译和运行但while方法体是个不确定的循环

C. 编译并运行没有任何输出

D. 运行显示异常"IllegalMonitorStatException"

【答案】 D

【解析】 wait/notify仅应用在同步的代码中，在上述代码中，对象上没有锁(没有同步)，这样会导致一个运行期异常。

10. 对一个对象调用wait方法会产生什么影响？

A. 如果一个notify方法已经被发出，则对象没有任何影响

B. 发出调用 wait 的对象将停止，直到另一个线程对象发出一个 notify 或 notifyAll 方法

C. 产生一个异常

D. 发出调用 wait 的对象将自动与使用接收对象的任何其他对象同步

【答案】 A

【解析】 wait 方法用于实现线程间通信的同步控制方法。wait 方法使当前线程主动释放互斥锁，并进入该互斥锁的等待队列。也就是说，它使当前线程暂停执行，等待其他线程执行 notify 方法或者 notifyall 方法后再继续执行本线程。本方法用于释放一个项目的线程，唤醒另一个可能在等待的线程，所以正确答案应选择 A。

课后习题

1. 指出下列 Java 程序中的错误，并修改使之能够正确运行。

```
01  class WhatThread implements Runnable {
02    public static void main(String args[]) {
03      Thread t=new Thread(this);
04      t.start();
05    }
06    public void run() {
07      System.out.println("Hello");
08    }
09  }
```

2. 编写一个 Java 程序创建 5 个线程，分别显示 5 个不同的字符串。用继承 Thread 类以及实现 Runnable 接口的两种方式实现。

3. 高速铁路的一个自动售票机售票时，会有许多人从北京、上海、广州等地同时要求座位号码，此时很有可能多人抢到的是相同的座位号码。运用所学知识编写一个 Java 多线程的程序以避免上述情况的发生。

第2篇

应用技术篇

第11章 用 NetBeans 开发 Java Application

CHAPTER

NetBeans 是目前使用非常广泛的开源且免费的 Java 开发工具。作为 Sun 公司官方认定的 Java 开发工具，NetBeans 的开发过程被认为是最符合 Java 开发理念的。本章将介绍 NetBeans IDE 的安装和基本结构，讲解如何利用 NetBeans IDE 开发标准的 Java Application。

11.1 概　　述

NetBeans 主要包括 IDE（集成开发环境）和 platform（平台）两部分。其中，IDE 是在平台基础上实现的，并且平台本身也开放给开发人员使用。NetBeans IDE 可以运行在 Windows、Linux、Solaris 和 MacOS 平台上，可以开发标准的 Java Application、Web 应用程序、C++ 程序等。

NetBeans 6.0 是 NetBeans 5.5 之后的一个新版本，在继承了前述版本优秀功能的基础上，又对以下功能做了改进和完善。

- 代码编辑器：支持代码缩进、自动补全和高亮显示；可以自动分析代码、自动匹配单词和括号、标注代码错误、显示和提示 Javadoc；提供了集成的代码重构、调试和 JUnit 测试。
- GUI 编辑器：在 IDE 中，可以通过拖曳设计基于 Swing 组件的 GUI。IDE 内建有对本地化和国际化的支持，可以开发多种语言的应用程序。
- Java EE 应用开发：NetBeans 6.0 平台支持 GlassFish、Sun Java System Application Server、JBoss 以及 Tomcat 等服务器，支持 Java EE 5 应用开发。
- Web 应用开发：NetBeans 5.5 支持 JavaServer Pages（JSP）、JavaServer Faces（JSF）、Struts、Ajax 和 JSP Standard Tag Library（JSTL）等技术。IDE 提供了编辑部署描述符的可视化编辑器以及调试 Web 应用的 HTTP 监视器，还支持可视化的 JSF 开发。

- 协同开发：可以从更新中心下载 NetBeans Developer Collaboration，这样开发人员可以通过网络实时共享整个项目和文件。
- 支持可视化的手机程序开发：NetBeans 6.0 支持可视化的手机程序开发，IDE 提供了可视化设计器，可以通过拖曳方式向手机界面添加组件。
- 支持 Ruby 和 Rails 开发。
- 支持版本控制 CVS 和 Subversion。

目前，NetBeans 的最新版本是 NetBeans 6.9。与前期发行的版本相比，除完全支持所有 Java 平台(Java SE、Java EE、Java ME 和 JavaFX)之外，NetBeans 6.9 的 IDE 新增了 JavaFX 编写器，它能够以可视方式生成 JavaFX GUI 应用程序。其他重要的功能包括支持 JavaFX SDK 1.3、PHP Zend 框架和 Ruby on Rails 3.0，以及改进的 Java 编辑器、Java 调试器和问题跟踪等。

11.2 下载和安装 NetBeans

1. 下载 NetBeans

NetBeans IDE 6.9 可以在不同的操作系统平台上运行，在下载安装之前需要清楚 NetBeans 对系统的最低要求及推荐的系统配置。表 11-1 给出了 NetBeans 在 Windows 系统中安装的最低要求和推荐配置。

表 11-1 NetBeans 6.9 的最低要求和推荐配置

资源名称	最低要求	推荐配置
处理器	800 MHz Intel Pentium Ⅲ 或具有同等性能的处理器	2.6 GHz Intel Pentium Ⅳ 或具有同等性能的处理器
内存	512 MB	2 GB RAM
显示器	最小屏幕分辨率为 1024×768 像素	最小屏幕分辨率为 1024×768 像素
硬盘空间	750 MB 可用硬盘空间	1 GB 可用磁盘空间
J2SE	JDK 6.0 Update 13 或更高版本	JDK 6.0 Update 13 或更高版本

Sun 公司于 2009 年 4 月被 Oracle 公司收购，所以现在 NetBeans 的官方下载网站是 http://www.oracle.com/technetwork/。也可以直接输入网址 http://netbeans.org/downloads/下载 NetBeans 6.9，如图 11-1 所示。

NetBeans 下载页提供了多种安装程序，可以选择其中的任何一种下载，每种安装程序都包含基本 IDE 和一些附加工具。下面是可供选择的安装程序下载选项的简介。

- Java SE：支持标准的 Java SE 开发功能以及 NetBeans RCP 开发平台。
- JavaFX：支持开发多平台附应用程序的 JavaFX SDK 1.3。
- Java：提供了用于开发 Java SE、Java EE 和 Java ME 应用程序的工具，并且支持 NetBeans RCP 开发平台。该下载选项还包括 GlassFish Server Open Source Edition 3.0.1 和 Apache Tomcat 6.0.26 软件包。

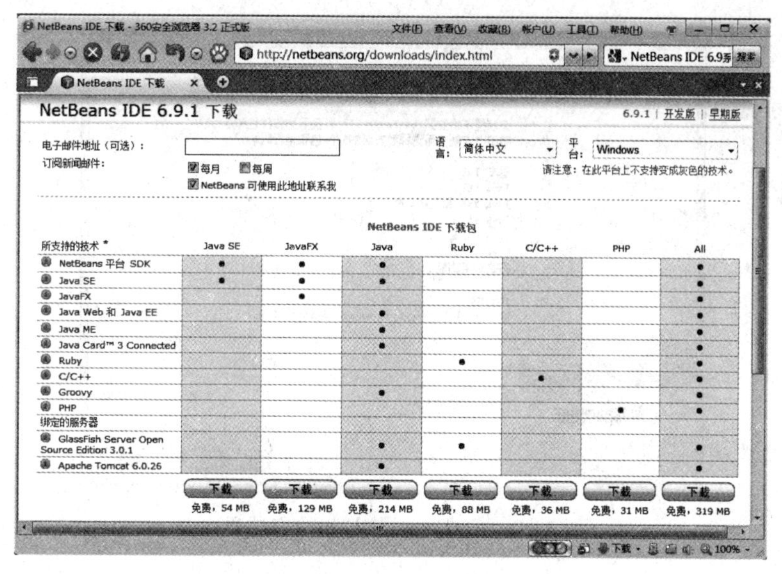

图 11-1　NetBeans 官方下载网站

- Ruby：提供了 Ruby 开发工具，并且支持 Rails 和 JRuby。此外，还包括 GlassFish Server Open Source Edition 3.0.1 软件包。
- C/C++：支持使用 C、C++、Qt、Fortran 和 Assembly 语言进行开发。
- PHP：提供了 PHP 5.x 开发工具，并且支持 Zend 和 Symfony 框架。
- All：该选项可以下载完整的 NetBeans，其中包括 IDE 和所有可用的运行时环境和技术。

本书选择了 Java 下载选项，下载的文件名为 netbeans-6.9-ml-java-windows.exe，大小为 214MB。建议用户使用简体中文版的 NetBeans，与目前比较流行的几种 Java 开发工具(例如 Eclipse、JBuilder)相比，NetBeans 在汉化方面做得最好。NetBeans 不但对 IDE 界面进行了无缝汉化，而且开发文档、技术手册也都是中文的。

2. 安装 NetBeans

NetBeans 可以运行在 Windows、Linux、Solaris OS 等系统平台上，本节以 Windows 平台为目标平台，介绍 NetBeans IDE 6.9 Java 版的安装方法和过程。安装 NetBeans IDE 6.9 之前需要安装 JDK 5.0 以上版本，建议安装 JDK 6.0 或者以上版本。

(1) 双击下载的安装文件运行安装程序，则显示“欢迎信息和将要安装的 NetBeans 开发包”的对话框，如图 11-2 所示。单击“定制(C)”按钮，则打开如图 11-3 所示的“定制安装”对话框。选中“定制安装”对话框中的所有功能，单击“确定”按钮，则返回图 11-2 所示初始安装界面。

(2) 单击图 11-2 所示对话框中的“下一步”按钮，则打开“安全许可协议”对话框，如图 11-4 所示。选中“我接受许可证协议中的条款(A)”复选框，并单击“下一步”按钮，则打开如图 11-5 所示的“安装路径”对话框。该对话框用于设置 NetBeans 的安装路径，这里采用默认值。如果定制到其他目录可通过“浏览(R)...”进行选择。如果系统中安装了多个 JDK，则可通过“浏览(O)...”进行选择。

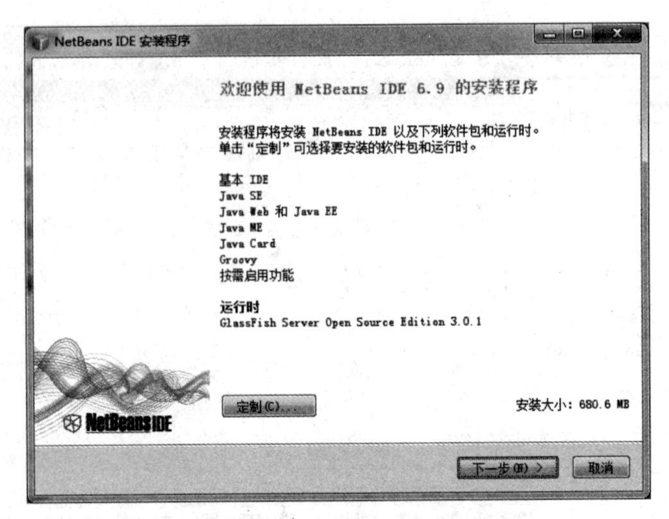

图 11-2 NetBeans IDE 初始安装界面

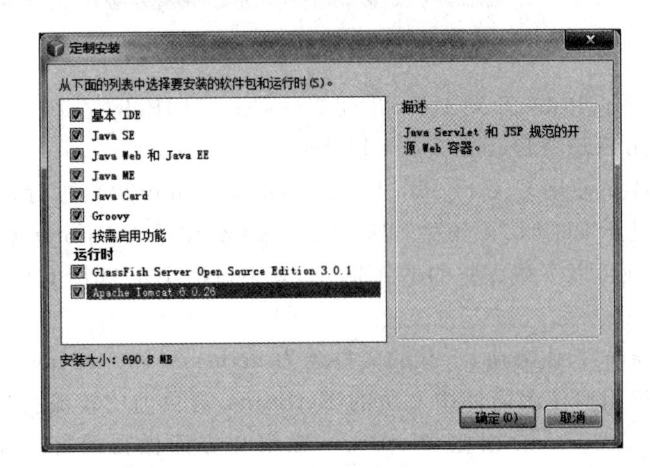

图 11-3 “定制安装”对话框

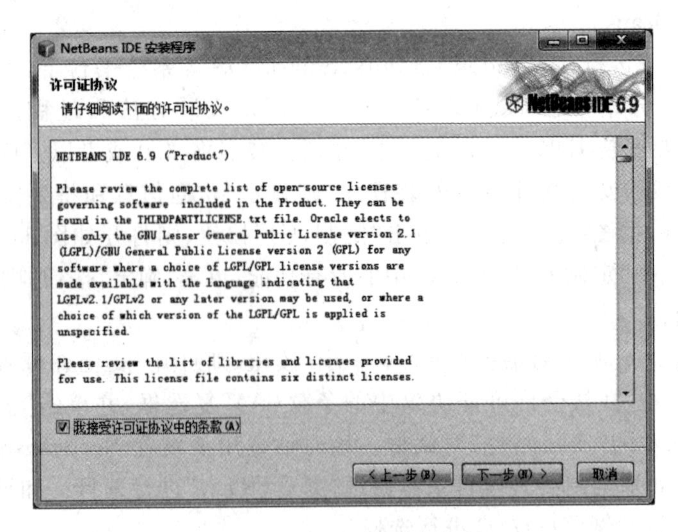

图 11-4 “许可证协议”对话框

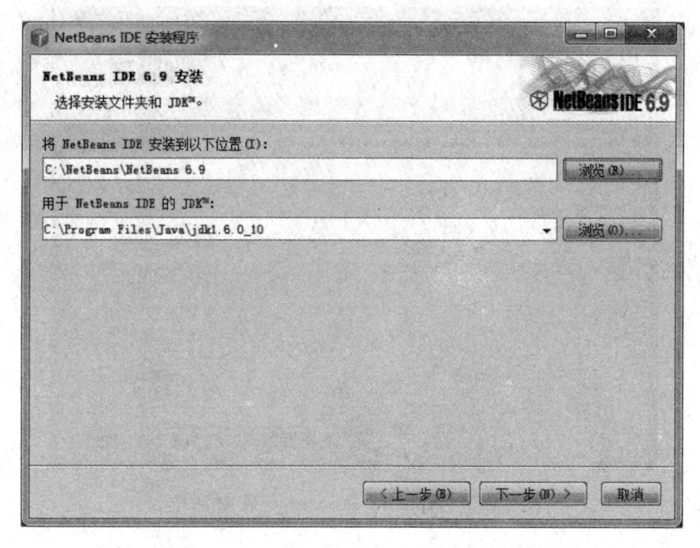

图 11-5　NetBeans IDE 安装路径对话框

(3) 单击图 11-5 所示对话框中的“下一步”按钮，则打开 GlassFish 3.0.1 安装对话框，如果 11-6 所示。该对话框用于选择 GlassFish 3.0.1 的安装路径。这里选择了默认路径，如果要选择其他路径进行安装，则可以单击“浏览(R)...”按钮进行选择。选择完毕后，单击“下一步”按钮，则打开“Apache Tomcat 安装”对话框，如图 11-7 所示。这里选择默认安装路径，如果要更改则单击“浏览(R)...”进行选择。

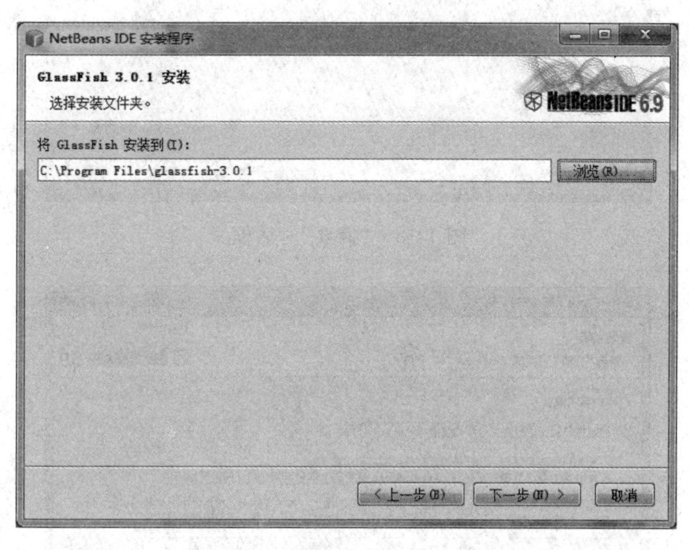

图 11-6　GlassFish 安装对话框

(4) 单击图 11-7 所示的“下一步”按钮，则打开“摘要”对话框，如图 11-8 所示。确认安装信息无误后，单击“安装”按钮开始安装。安装完毕后，显示如图 11-9 所示的安装成功对话框。单击“完成”按钮结束安装，安装程序在“开始”菜单中自动创建程序组并在桌面创建用于启动 NetBeans 的图标。

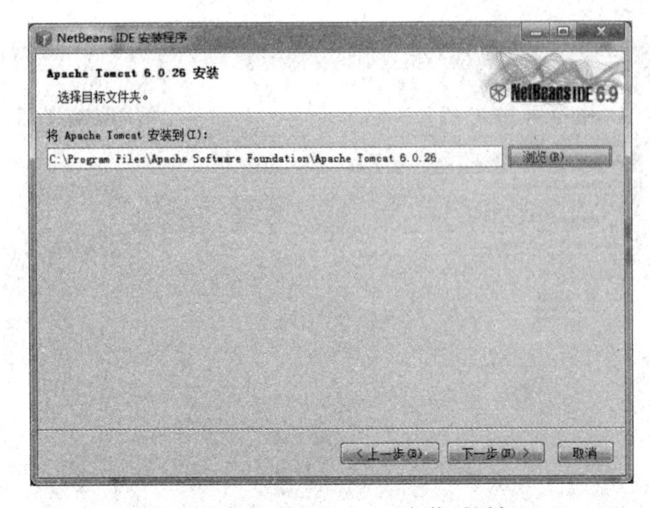

图 11-7　Apache Tomcat 安装对话框

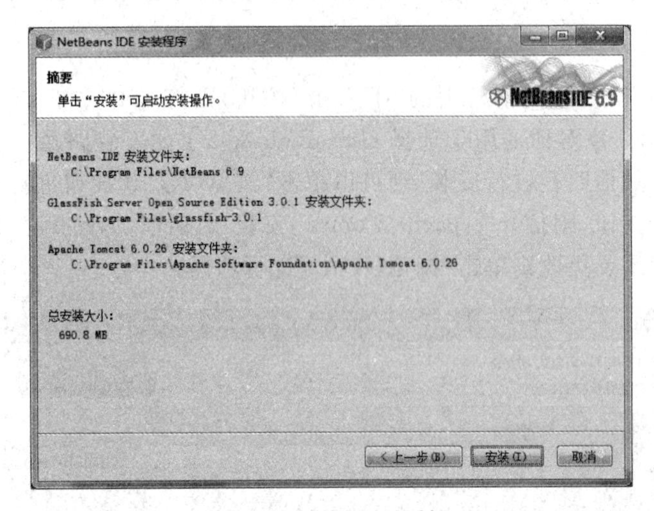

图 11-8　"摘要"对话框

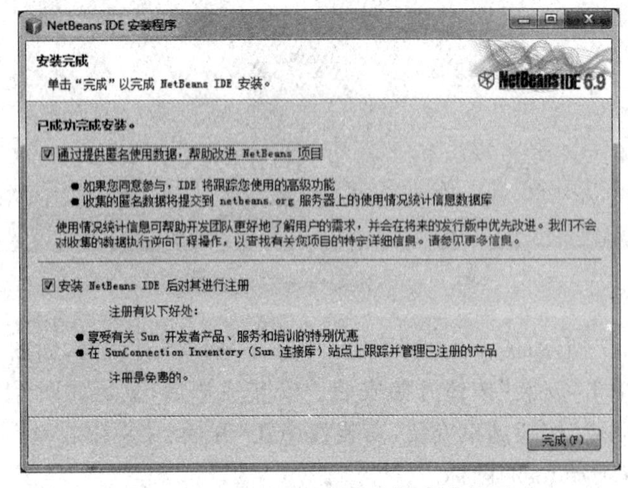

图 11-9　NetBeans IDE 安装完成界面

11.3　NetBeans IDE 简介

在“开始”菜单中选择“程序”→NetBeans→NetBeans 6.9，则显示启动过程界面，如图 11-10 所示。启动以后的 NetBeans 界面如图 11-11 所示，该界面主要由菜单、工具栏、代码编辑区和其他窗口组成。

图 11-10　NetBeans 6.9 启动界面

图 11-11　NetBeans 6.9 主界面

在 NetBeans 主界面中，如果选中起始页中的“启动时显示”复选框，那么每次运行 NetBeans 都会打开起始页。NetBeans 起始页中包括“学习和发现”、“我的 NetBeans”、“新增功能”3 个选项卡。

- 学习和发现：开发人员可以访问 NetBeans 开发文档和帮助文档，调试和运行样例项目，观看功能演示等。
- 我的 NetBeans：开发人员可以快速打开近期开发的项目，从 NetBeans 更新中心安装插件，手动激活所需要的功能等。

- 新增功能：开发人员可在线浏览 NetBeans 教程、新闻和博客等。

如不希望每次启动时显示“起始页”，则可通过取消选中的“启动时显示”复选框即可实现。

11.3.1 NetBeans 菜单栏

NetBeans 菜单栏如图 11-12 所示，包括了文件、编辑、视图、导航、源、重构、运行、调试、分析、团队开发、工具、窗口和帮助等菜单。

文件(F) 编辑(E) 视图(V) 导航(N) 源(S) 重构(A) 运行(R) 调试(D) 分析(P) 团队开发(M) 工具(T) 窗口(W) 帮助(H)

图 11-12 NetBeans 菜单栏

- 文件菜单：包括文件和项目的一些操作命令，例如新建项目、打开项目、打开文件、关闭文件、设置项目属性等。
- 编辑菜单：包括复制、粘贴、剪切等各种简单的操作。
- 视图菜单：包括各种视图的操作，并可控制工具栏中各个命令的显示/隐藏。
- 导航菜单：提供了在代码中进行跳转的各种功能，例如转至文件、上一个编辑位置、下一个书签等。
- 源菜单：提供对源代码的操作或控制，例如代码格式化、插入代码、修复代码、开启/关闭注释等。
- 重构菜单：提供了对代码重新设定的一些功能，例如重命名、复制、移动、安全删除等。
- 运行菜单：提供了文件和项目的运行命令。
- 调试菜单：提供了文件和项目的调试命令。
- 分析菜单：提供了对内存使用情况或者程序运行性能进行分析的命令。
- 团队开发菜单：提供了辅助团队开发的相关命令，例如团队开发服务器、创建生成作业等。
- 工具菜单：提供了各种管理工具，例如库、服务器、组件面板等。
- 窗口菜单：提供了打开/关闭各种窗口的操作，例如项目、文件、服务器、导航、属性等。
- 帮助菜单：提供了 NetBeans 的帮助内容、联机文档等。

11.3.2 NetBeans 工具栏

NetBeans 工具栏如图 11-13 所示，它提供了一些诸如打开项目、复制和运行等一些常用命令。把鼠标停留在工具栏的某个按钮上时，会显示该按钮功能的提示信息及快捷键，而且这些提示信息均为中文。

图 11-13 NetBeans 工具栏

开发人员通过以下三种方法对工具栏进行定制：

- 在工具栏空白处单击鼠标右键，则弹出如图 11-14 所示的上下文菜单，开发人员可根据需要对工具栏中的工具条进行选择/隐藏。
- 打开菜单栏中的“视图(V)”命令，并选择“工具栏(T)”，也将显示如图 11-14 所示的上下文菜单。
- 打开 NetBeans 菜单中的“视图(V)”命令，选择“工具栏(T)”上下文菜单中的“定制(C...)”，则弹出如图 11-15 所示的“定制工具栏”对话框。可以在该对话框中进行更改按钮的顺序，更改工具栏名字，添加新工具栏等操作。

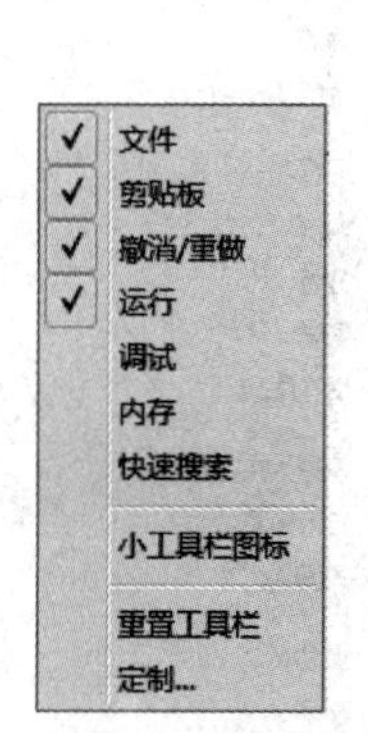

图 11-14　上下文菜单

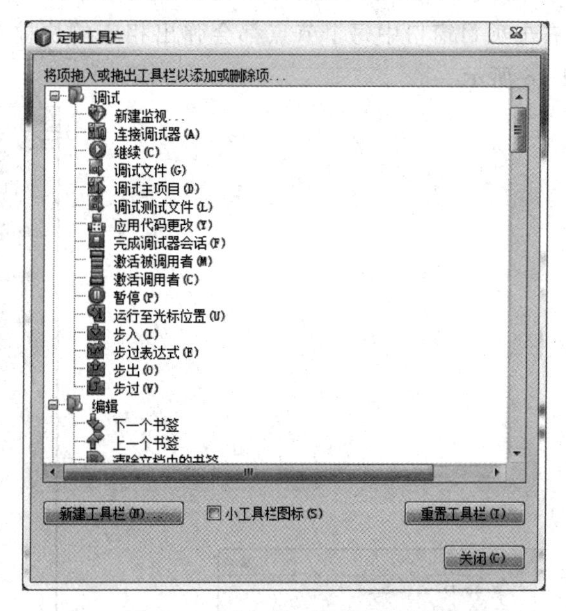

图 11-15　“定制工具栏”对话框

此外，开发人员通过选择图 11-14 中的“内存”命令打开“内存”工具条，则显示当前状态下的内存使用情况，如图 11-16 所示。

图 11-16　“内存”工具条

11.3.3　NetBeans 窗口

窗口是 NetBeans IDE 的重要组成部分，包括项目、文件、服务、属性、输出、导航等窗口，每个窗口用于实现不同的功能。

1. 项目窗口

项目窗口列出了当前打开的所有项目，是项目源的主入口点。展开某个项目节点会看到使用的项目内容的逻辑视图，如图 11-17 所示。项目是一个逻辑上的概念，容纳了一个应用程序的所有元素。一个项目可以包含一个文件，也可以包含多个文件。项目窗口可以包含一个项目，也可以包含多个项目，但同一时间内只能有一个主项目，在“项目”窗口中可以进行主项目的设置。项目窗口可在菜单栏中选择“窗口(W)”→“项目(J)”命令打开,或者通过快捷键 Ctrl+1 打开。

一般地,一个项目可以包含如下逻辑内容:

- 源包:包括了项目包含的源代码文件,双击某个源文件即可打开该文件并可在代码编辑器中对源代码进行编辑。
- 测试包:包含编写的单元测试代码。
- 库:包含该项目使用的库文件。
- 测试库:编写测试程序时使用的测试库。

右击项目窗口中每个节点都会弹出相应的快捷菜单,它包含了所有主要的命令,如图 11-18 所示。

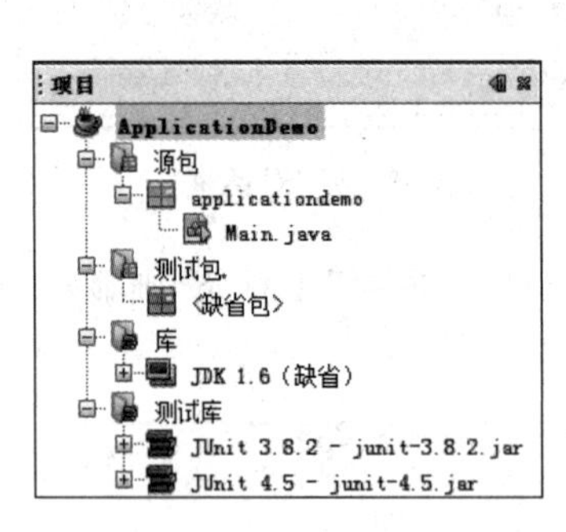

图 11-17 项目窗口

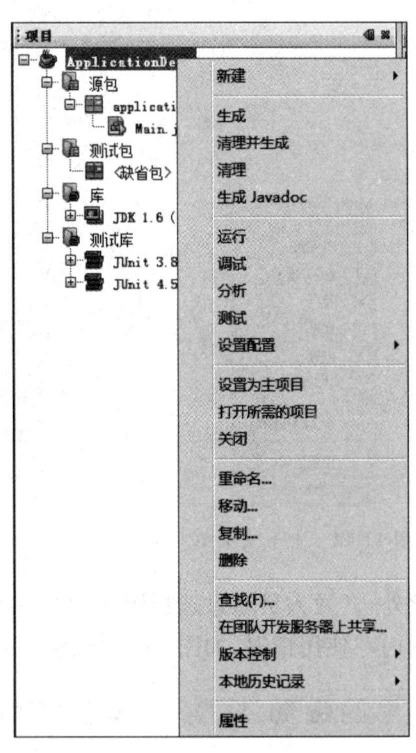

图 11-18 项目节点快捷菜单

2. 文件窗口

“文件”窗口用于显示基于目录的项目视图,其中包括了项目窗口中未显示的文件和文件夹,以及支撑项目运行的配置文件,如图 11-19 所示。文件窗口可在菜单栏中选择“窗口(W)”→“文件(F)”命令打开,或者通过快捷键 Ctrl+2 打开。

3. 服务窗口

服务窗口描述了 NetBeans IDE 运行时资源的逻辑视图,包括数据库、Web 服务、服务器、团队开发服务器等,如图 11-20 所示。服务窗口可在菜单栏中选择“窗口(W)”→“服务(S)”命令打开,或者通过快捷键 Ctrl+5 打开。

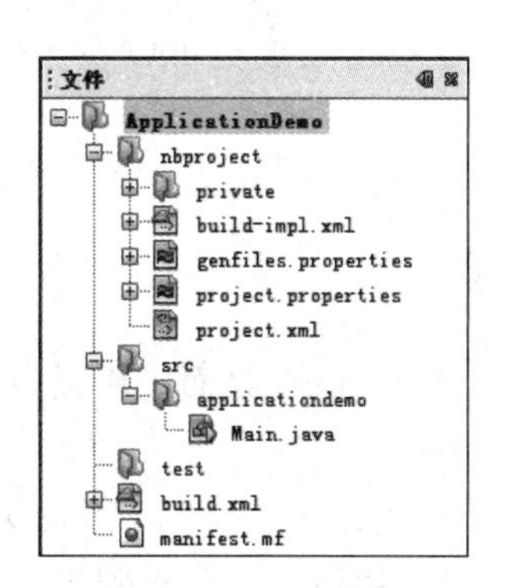

图 11-19　文件窗口

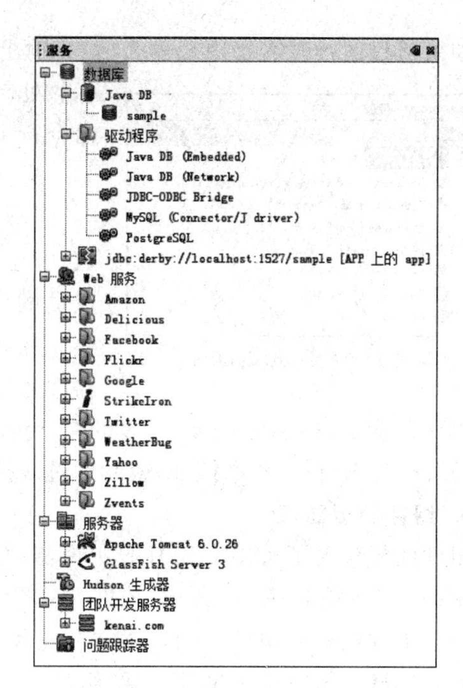

图 11-20　服务窗口

在服务窗口中，各节点的含义描述如下：

- 数据库：包括 Java DB 数据库及其示例 sample、支持的数据库驱动程序，以及网络模式下的示例数据库 sample。
- Web 服务：用于管理所有相关的 Web 服务。
- 服务器：描述注册的所有服务器，包括 Apache Tomcat 和 GlassFish Server。
- Hudson 生成器：Hudson 是一个可扩展的持续集成引擎，主要用于持续、自动地构建/测试软件项目，以及监控一些定时执行的任务，在服务窗口可以添加 Hudson 服务器。
- 团队开发服务器：通过 kenai.com，开发人员可以创建一个有助于开发者协作开发项目的环境。项目成员能够访问开发基础结构，包括源代码托管服务、问题跟踪以及各种帮助开发者保持联系的通信通道。
- 问题跟踪器：通过问题跟踪器可以执行常见任务，如查看项目问题，报告新问题，以及在提交更改时要解决的问题等。

4. 输出窗口

输出窗口用于显示来自于 IDE 的消息，消息种类包括调试程序、编译错误、输出语句、生成 Javadoc 文档等，如图 11-21 所示。输出窗口可在菜单栏中选择“窗口(W)”→“输出(O)”命令打开，或者通过快捷键 Ctrl+4 打开。

图 11-21　“输出”窗口

如果项目运行时需要用户输入信息，输出窗口将显示一个新标签，并且光标将停留于标签处。此时可以在窗口中输入信息，此信息与在命令行中输入的信息相同。

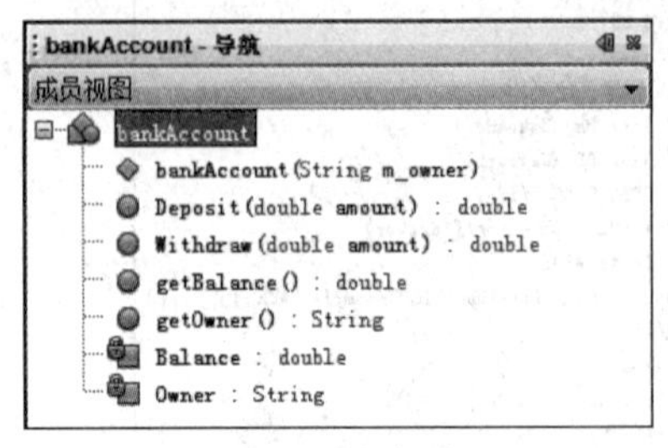

图 11-22　导航窗口

5. 导航窗口

导航窗口显示了当前选中文件包含的构造函数、方法、字段，如图 11-22 所示。将鼠标停留在某成员的节点上，可以为成员显示其 Javadoc 文档内容。在导航窗口用左键双击某成员可以在代码编辑器中直接定位该成员。

默认情况下，在 NetBeans IDE 的左下角显示导航窗口。也可以在菜单栏中选择“窗口(W)”→“导航(N)”命令打开，或者通过快捷键 Ctrl+7 打开。

6. 组件面板窗口

组件面板包含了可添加到 IDE 编译器中的各种组件。对于 Java 桌面应用程序，组件面板中的可用项包括容器、菜单、控件、窗口等，如图 11-23 所示。

右击组件面板或组件上的任意空白位置，都可打开对应的上下文菜单。无论是组件面板或者组件的上下文菜单都包括“组件面板管理器...”命令，单击该命令可弹出“组件面板管理器”对话框。使用该对话框可以添加、删除、组织组件面板窗口中的组件，如图 11-24 所示。

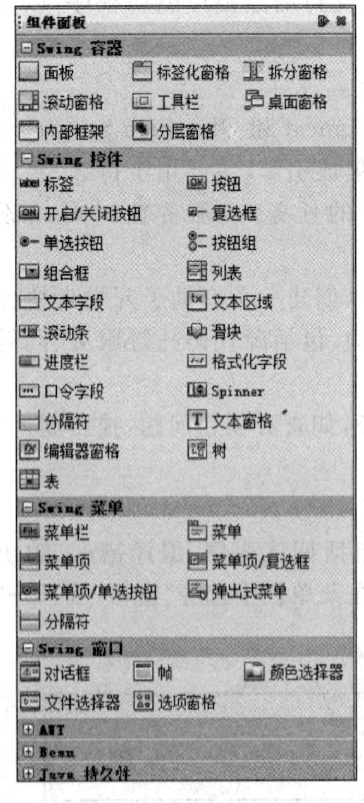

图 11-23　“组件面板”窗口

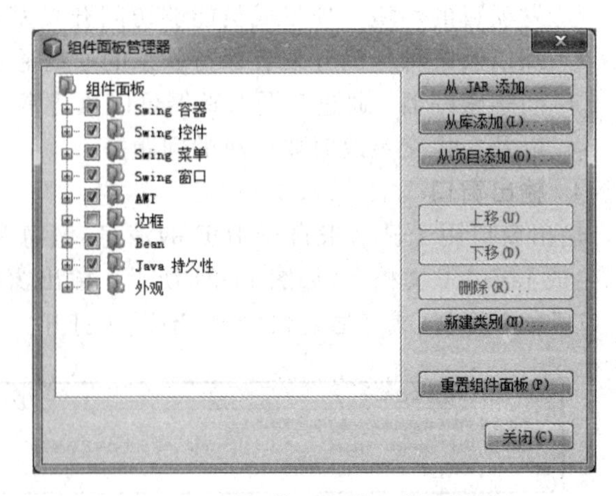

图 11-24　“组件面板管理器”对话框

组件面板窗口可以在菜单栏中选择“窗口(W)”→“组件面板(T)”命令打开，或者通过快捷键 Ctrl+Shift+8 打开。

7. 属性窗口

属性窗口描述了项目包含的对象及对象元素具有的属性，开发人员可在属性窗口中进行修改/查看这些属性。属性窗口显示了当前选定对象/组件的相关属性表单。图 11-25 为创建的 Java Application，图 11-26 描述了被选中组件 JButton 的属性表单。

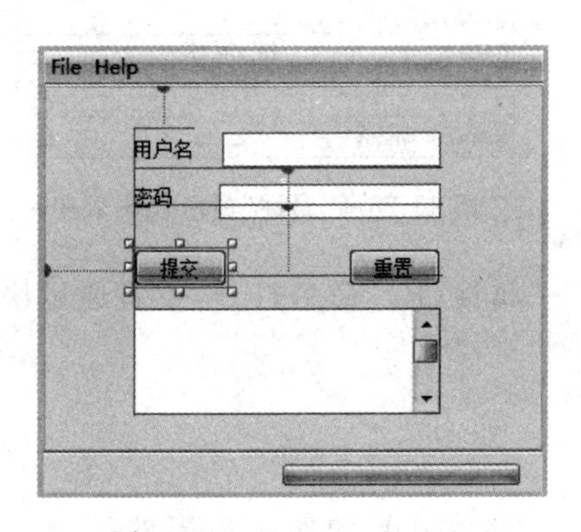

图 11-25　Java Application

图 11-26　属性窗口属性表单

当选择图 11-25 中的“提交”按钮(JButton)时，属性窗口则描述了该组件具有的属性、绑定表单、触发的事件、代码等。若要修改属性值，可单击属性值字段并直接输入新值，按 Enter 键即可。例如，JButton 组件的 Text 属性默认值为 JButton，将其修改为“提交”后，JButton 组件则显示“提交”。

如果属性值允许使用特定的值列表，则会出现“下拉箭头”。单击该箭头然后选中值即可。如果属性编辑器适用于该属性，则会出现省略号(...)按钮。单击该按钮即可打开属性编辑器，对属性值进行更改。

绑定表单描述了该组件与其他组件间的绑定关系，通过它可以修改绑定源及绑定表达式。事件表单列出了该选定控件支持的事件，通过触发相应的事件可以实现不同的功能，图 11-27 描述了 JButton 控件支持的鼠标单击 mouseClick 事件。代码表单描述了被选定控件的相关代码，图 11-28 描述了 JButton 控件的代码。JButton 在应用程序中的名称为 submit，该名称在整个应用程序中必须是唯一的，用于区分其他控件。

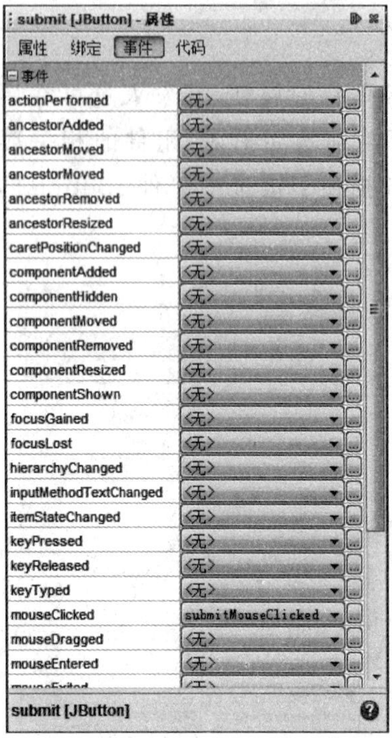

图 11-27 “属性”窗口事件表单

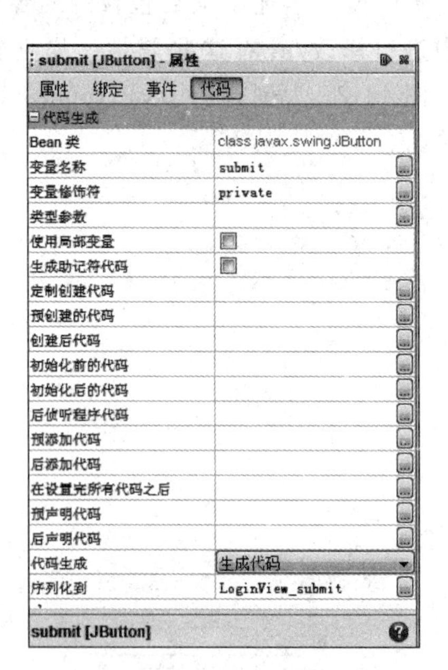

图 11-28 “属性”窗口代码表单

属性窗口可以在菜单栏中选择“窗口(W)”→“属性(R)”命令打开，或者通过快捷键 Ctrl+Shift+7 打开。

11.3.4 代码编辑器

代码编辑器提供了编写代码的场所，是 NetBeans IDE 中使用最多的部分。代码编辑器提供了各种可以使编写代码更简单、快捷的功能。本节介绍其中两个常用的功能。

1. 代码模板

NetBeans IDE 支持代码模板功能。借助于代码模板，可以加快开发速度，积累开发经验，减少记忆成本以及沟通成本。代码模板的使用也很简单，只需在源代码编辑器中输入代码模板的缩写，然后按 Tab 键或空格键即可生成完整的代码片段。图 11-29 描述了已经定义的代码模板。

2. 快速编写代码

通过快速编写代码功能可以帮助用户快速查找并输入 Java 类名、表达式、方法名以及组件名称、属性等。在用户输入了字符后，NetBeans 代码编辑器显示提示菜单，列出可能包含的类、方法、变量等，具体显示如图 11-30 所示。

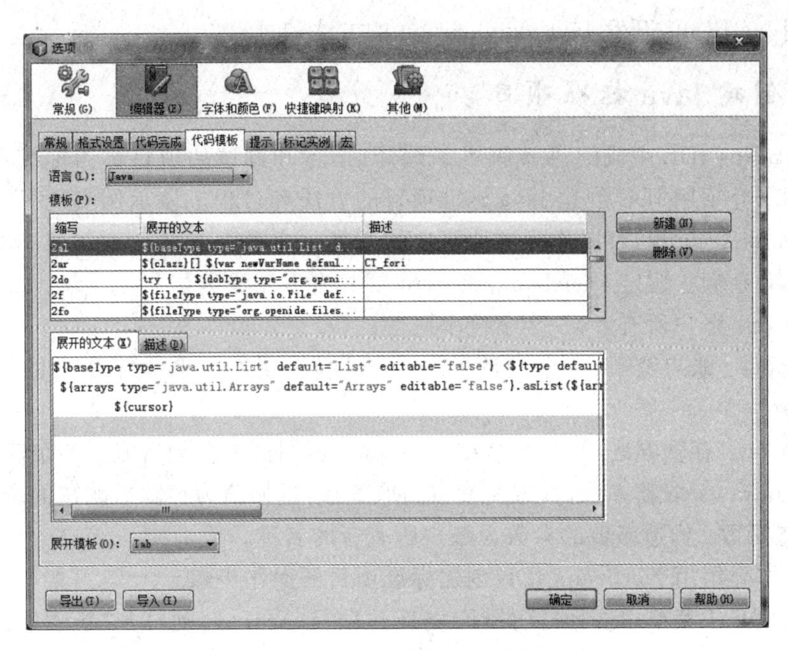

图 11-29　代码模板选项卡

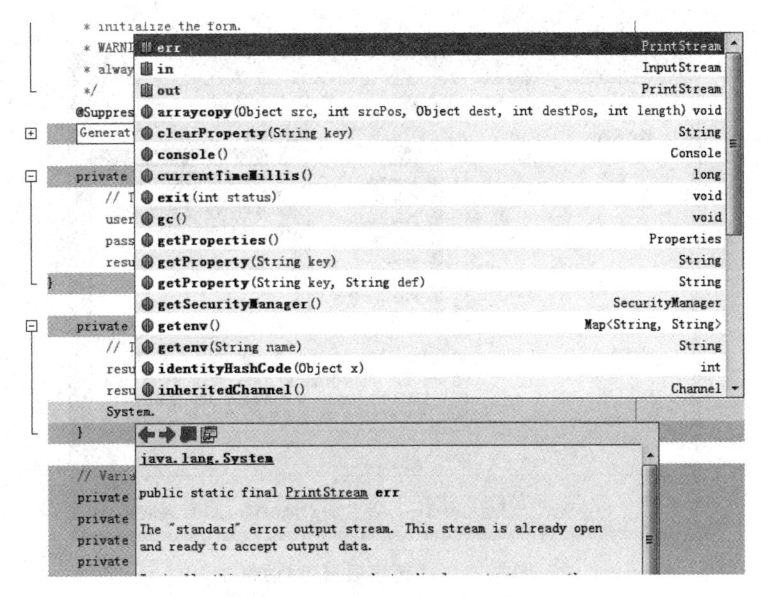

图 11-30　代码自动完成示意图

11.4　用 NetBeans 开发 Java Application

利用 NetBeans IDE 可以快速、方便地开发 Java Application。在 NetBeans IDE 中，所有的开发工作都基于项目完成。项目由一组源文件组成，即一个项目可以包含一个或一组源代码文件。此外，项目还包含了用来生成、运行和调试这些源文件的配置文件。本节将介绍用NetBeans开发Java Application的方法和过程。

11.4.1 创建Java标准项目

用NetBeans IDE生成的Ant脚本来编译、运行和调试的项目称为标准项目。下面通过一个例子介绍用IDE创建Java标准项目的方法和过程。该示例实现了一个银行账户类basicbankAccount，可以作为各种账户的基类。主类bankAccount用于输出账户的所有者信息和余额。假定basicbankAccount类具有下列成员：

- Owner：账户所有者，一个字符串属性。
- Balance：账户余额，一个只读的数值属性，该属性值取决于账户的存款额和取款额。
- Deposit：存款方法，其方法参数为存款额，返回值为存款后账户的余额。
- Withdraw：取款方法，其方法参数为取款额，返回值为存款后账户的余额。
- 构造函数：构造函数的参数为账户所有者的名称。

下面具体介绍用NetBeans IDE创建标准项目的操作步骤。

(1) 从IDE主菜单中选择"文件(F)→新建项目(W)..."，则打开"新建项目"对话框，如图11-31所示。在对话框的"类别"区域选择"Java"，在"项目"区域选择"Java应用程序"。

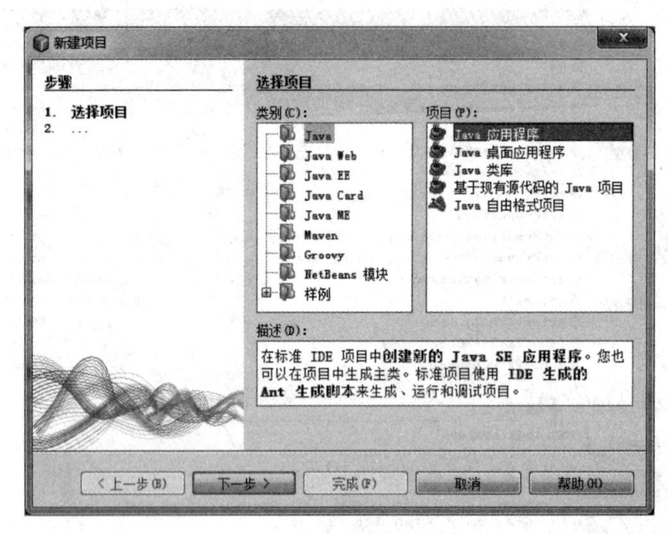

图11-31 "新建项目"对话框

(2) 单击"下一步"按钮，则打开"名称和位置"对话框。在"项目名称"和"项目位置"文本框中输入如图11-32所示的值，可以选择创建主类，并将该项目设置为主项目。主项目是包含应用程序主类的项目，在IDE中有且只能有一个主项目。

(3) 单击"完成"按钮，完成Java标准项目的创建，如图11-33所示。

此时，创建的标准项目包含主类Main，主类是一个项目的入口，并且一个Java标准项目只能有一个主类。

图11-34描述了创建项目的文件夹。NetBeans IDE将项目信息存储在项目文件夹

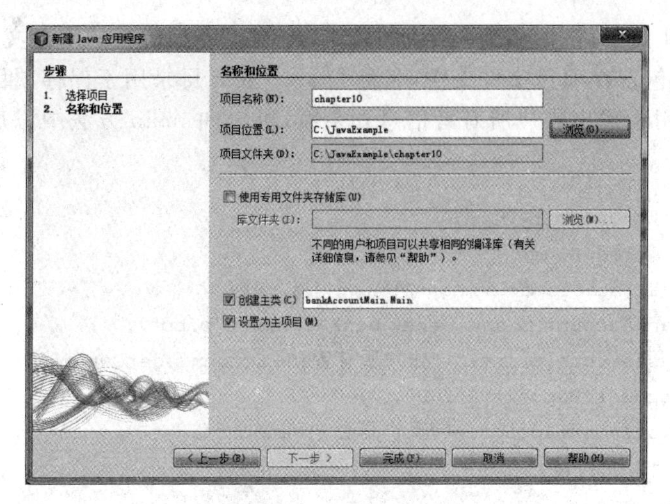

图 11-32　“名称和位置”对话框

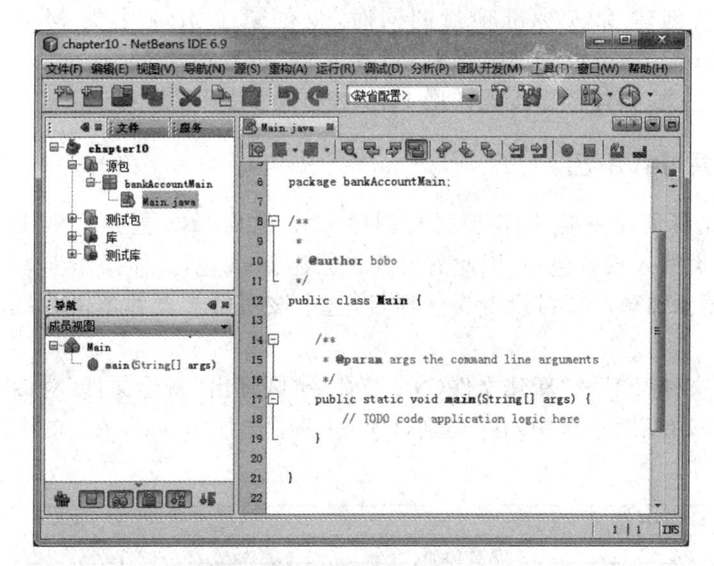

图 11-33　创建的 Java 标准项目

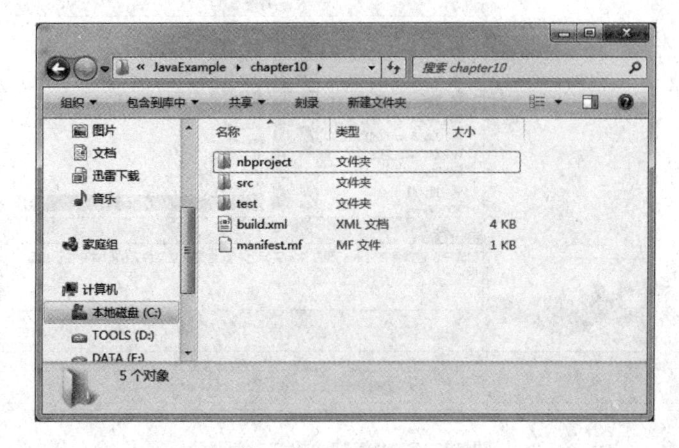

图 11-34　标准项目文件夹

和 nbproject 文件夹中，包括 ANT 生成的脚本、控制生成和运行的属性文件以及 XML 配置文件。源目录包含在项目文件夹中，名称为 src。test 目录用于保存项目的测试包。

主类 Main 用于输出账户所有者信息和余额，可以向 main 方法中添加如下代码以实现这个功能。

```
01 package bankAccountMain;
02   public class Main{
03     public static void main(String[] args){
04       bankAccount account=new bankAccount("bobo");
05       System.out.println("账户所有者:"+account.getOwner());
06       account.Deposit(100000.0);
07       System.out.println("账户剩余:"+account.getBalance());
08     }
09 }
```

上述操作在创建 Java 标准项目的同时，也创建了 Java 主类 Main 以及 Java 包 bankAccountMain。如果没有选中图 11-32 所示的“创建主类”复选框，则需要另行创建 Java 包及 Java 主类，具体操作步骤详见 11.4.2 节及 11.4.3 节。

11.4.2 创建 Java 包

如果没有选择创建主类，则需要另行创建 Java 包及 Java 主类。NetBeans 不推荐将创建的 Java 主类放入缺省包中，因此需要首先创建 Java 包，具体操作步骤如下：

(1) 将需要添加包的项目设置为主项目，选中该项目节点并单击右键，选择“设置为主项目”。

(2) 选择“文件(F)”→“新建文件(N...)”命令，则弹出“新建文件”对话框，如图 11-35 所示。在“新建文件”对话框中，在“类别(C)”列表中选择“Java”，在“文件类型(F)”列表中选择“Java 包”。

图 11-35 “新建文件”对话框

(3) 单击“下一步”按钮，则弹出“新建 Java 包”对话框，如图 11-36 所示。在“包名”文本域中输入包命名，在“创建的文件夹”文本域中输入位置值，然后单击“完成”按钮，完成 Java 包的创建工作。

添加 Java 包以后，“项目”窗口的结构如图 11-37 所示。

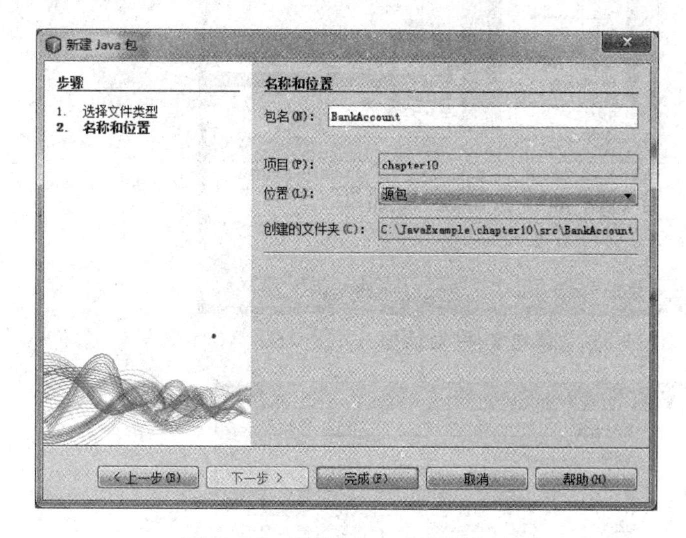

图 11-36　“新建 Java 包”对话框

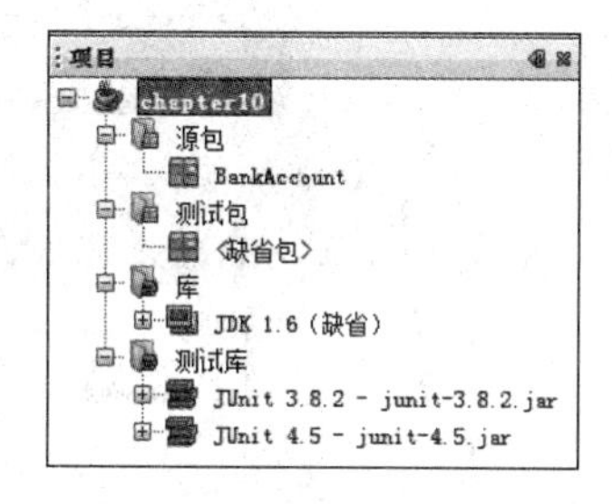

图 11-37　添加 Java 包后的项目窗口

11.4.3　创建 Java 主类

Java 主类即包含 main 方法的 Java 类，main 方法是一个程序执行的入口。在 11.4.1 节创建 Java 标准项目时，因为选择“创建主类”复选框，所以在创建项目的同时创建一个 Java 主类。在没有选择创建主类的情形下，可以通过下面的操作步骤完成 Java 主类的创建工作。

(1) 将要填加 Java 主类的项目设置为主项目，选中该项目节点并单击鼠标右键，选择“设置为主项目”。

(2) 选择“文件(F)”→“新建文件(N...)”命令，则弹出“新建文件”对话框，如图 11-38 所示。在“新建文件”对话框中，在“类别(C)”列表中选择“Java”，在“文件类型(F)”列表中选择“Java 主类”。

(3) 单击“下一步”按钮，则弹出“新建 Java 主类”对话框，如图 11-39 所示。在“类名”文本域中输入类名 bankAccount，在“包(K)”下拉列表中选择主类所在的包 BankAccount，然后单击“完成”按钮完成 Java 主类的创建。

在 Java 主类的创建以后，NetBeans IDE“项目”窗口和源代码编辑器的显示如图 11-40 所示。

11.4.4　创建 Java 类

Java类不包含main方法，不作为程序执行的入口。一个Java标准项目可以包含多

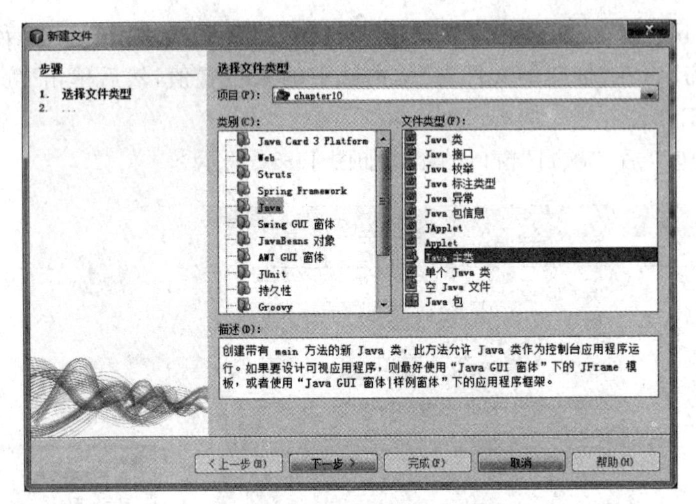

图 11-38 “新建文件”对话框

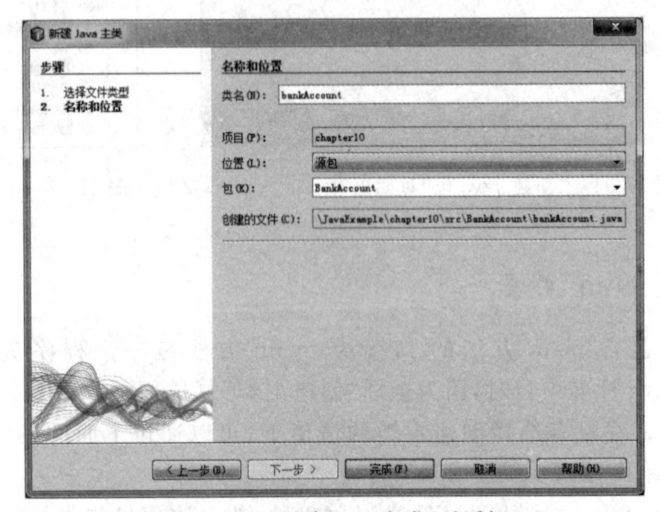

图 11-39 “新建 Java 主类”对话框

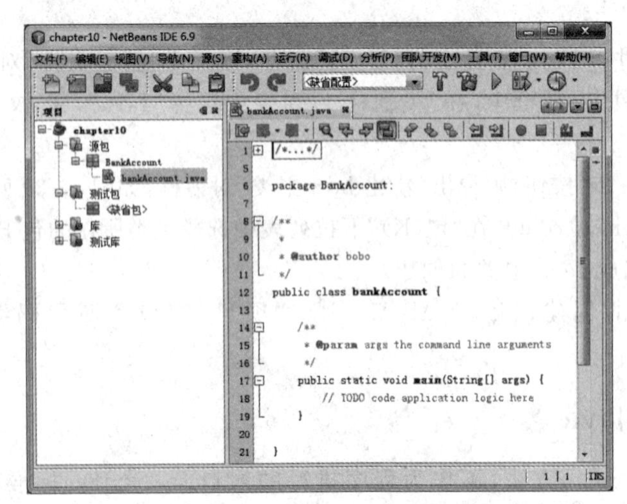

图 11-40 创建的 Java 标准项目

个 Java 类，其具体创建步骤如下：

(1) 将要填加 Java 类的项目设置为主项目，选中该项目节点并单击右键，选择“设置为主项目”复选框。

(2) 选择“文件(F)”→“新建文件(N...)”命令，则弹出“新建文件”对话框，如图 11-41 所示。在“新建文件”对话框中，在“类别(C)”列表中选择“Java”，在“文件类型(F)”列表中选择“Java 类”。

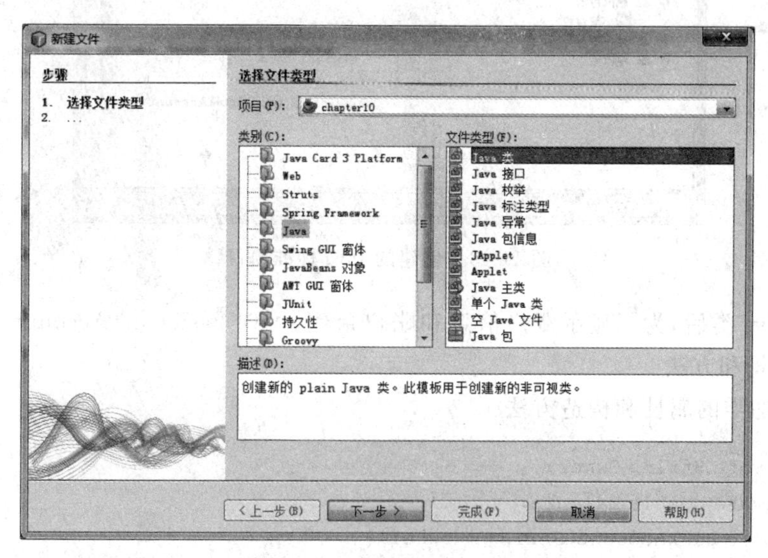

图 11-41　“新建文件”对话框

(3) 单击“下一步”按钮，则弹出“新建 Java 类”对话框，如图 11-42 所示。在该对话框中添加类名称及选择 Java 类所在的包，然后单击“完成”按钮，完成 Java 类的创建工作。创建完成后的 Java 标准项目如图 11-43 所示。

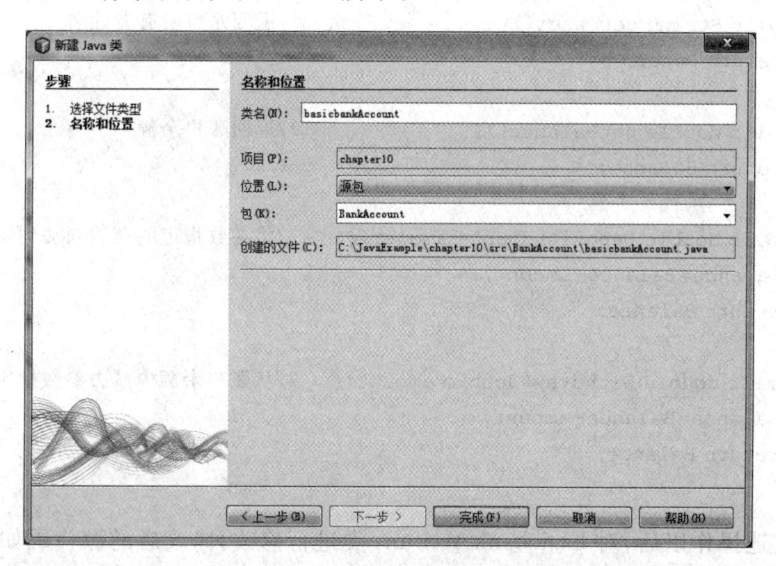

图 11-42　“新建 Java 类”对话框

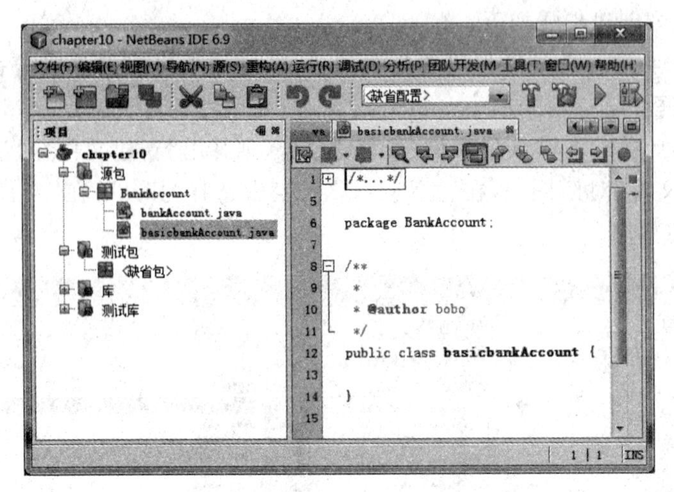

图 11-43　创建的 Java 标准项目

创建 Java 类后，为了显示账户信息和账户余额，可向 basicbankAccount 类中添加必要的成员变量和方法。

(1) 添加类的属性和构造方法

```
01  private String Owner;
02  private double Balance;
03  public bankAccount(String m_owner){
04    this.Owner=m_owner;                    //用于指定账户所有者的名称
05    this.Balance=0.0;                      //初始化账户余额
06  }
```

(2) 添加类的方法

```
01  public String getOwner(){                //返回账户所有者姓名
02    return Owner;
03  }
04  public double getBalance(){              //返回账户余额
05    return Balance;
06  }
07  public double Deposit(double amount){    //将参数指定的存款项加到账户余额
08    Balance=Balance+amount;
09    return Balance;
10  }
11  public double Withdraw(double amount){   //从账户余额中减去参数指定的存款项
12    Balance=Balance-amount;
13    return Balance;
14  }
```

完成上述操作以后，对 basicbankAccount 类进行修改，修改后的源代码如下：

```
01  package BankAccount;
```

```
02    public class basicbankAccount{
03      private String Owner;
04      private double Balance;
05    public basicbankAccount(String m_owner){
06      this.Owner=m_owner;
07      this.Balance=0.0;
08    }
09    public String getOwner(){
10      return Owner;
11    }
12    public double getBalance(){
13      return Balance;
14    }
15    public double Deposit(double amount){
16      Balance= Balance+ amount;
17      return Balance;
18    }
19    public double Withdraw(double amount){
20      Balance= Balance- amount;
21      return Balance;
22    }
23  }
```

bankAccount 类的源代码如下：

```
01  package BankAccount;
02    public class bankAccount {
03      public static void main(String[] args){
04        bankAccount account=new bankAccount("bobo");
05        System.out.println("账户所有者:"+account.getOwner());
06        account.Deposit(100000.0);
07        System.out.println("账户剩余:"+account.getBalance());
08    }
09  }
```

11.4.5 运行项目

在 NetBeans IDE 中可以通过以下几种方式运行 Java 标准项目：

- 单击工具栏中的“运行主项目”图标▷，该方法适用于运行主项目。若运行的项目不是主项目，则可将其设置为主项目。
- 在“项目”窗口中选中要运行的项目并单击右键，选择“运行”命令即可，该方法适用于运行主项目和非主项目。
- 选择“运行(R)”菜单项→“运行主项目(R)”，该方法适用于运行主项目。若运行的项目不是主项目，则可将其设置为主项目。

应用第一种方法“运行主项目”运行本节的示例。运行成功后在“输出窗口”输出账户信息和余额，如图11-44所示。

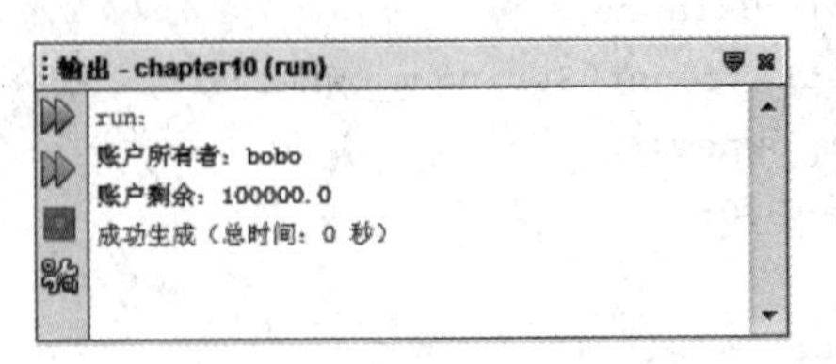

图11-44 示例的执行结果

11.5 小 结

NetBeans是Sun公司使用Java语言开发的一个开源工具，是Sun公司官方认定的Java开发工具。本章介绍了NetBeans的一些基础知识，包括NetBeans 6.0的新特性、下载和安装NetBeans的方法、NetBeans IDE各个主要部分的简介、用NetBeans IDE开发Java应用程序的方法等。NetBeans IDE是功能非常强大的Java开发工具。本章的介绍只是一个简单概括，想进一步学习的读者可参阅NetBeans IDE的帮助文档。

课后习题

1. 创建一个Java标准程序，在主类Main中实现从键盘输入学生的百分制成绩，换算成等级制成绩并输出。

2. 创建一个Java标准项目，它包括主类Main和类SumCount。在主类Main中实现对类SumCount中定义的方法的调用以输出y的值，该方法用于实现计算下列表达式的值。

$$y=\begin{cases}x(0\leqslant x\leqslant 10)\\x^2+1(10\leqslant x<20)\\x^3+x+1(20\leqslant x<30)\end{cases}$$

3. 创建一个Java标准项目，它包括主类Main和类CompBig。在类CompBig中，定义了一个方法用于求两个整数的较大者。在主类Main中，从键盘接收两个整数，然后调用类CompBig中定义的方法输出较大的数。

第12章 用 Swing 开发 Java Application

CHAPTER

Swing 是 Java 为开发图形化用户界面(GUI)提供的第二代新技术，它比 AWT 提供了更加丰富的组件，并且增加了很多新的特性与功能。本章将介绍基于 Swing 的 GUI 框架和常用 Swing 组件的使用方法，以及在 NetBeans IDE 中如何使用 Swing 组件开发具有 GUI 的 Java Application。

12.1 概　　述

Swing 是 Java 基础类库 (Java Foundation Classes，JFC)的一个重要组成部分。JFC 包括开发 GUI 所需要的组件和服务，为开发 GUI 提供了很大的帮助。Swing 是组成 JFC 的重要 API 之一。它提供了丰富的组件，并且提供了独立于运行平台的 GUI 构造架构。Swing 是用 Java 实现的轻量级(light-weight)组件，没有本地代码，不依赖操作系统的支持，这是与 AWT 组件的最大区别。Swing 在不同的平台上都能够具有一致的显式风格，并且能够提供本地窗口不支持的其他特性。

Swing 具有以下主要的特性：

- 组件多样化：Swing 提供了许多新的 GUI 组件，除了有与 AWT 类似的按钮、标签、复选框、菜单等基本组件外，还增加了丰富的高层组件集合，例如表格(JTable)、树(JTree)等。
- 分离模型结构：这种结构分为组件及组件相关的数据模型两部分，其中数据模型可用来存储组件的状态或数据。分离模型结构与 MVC 模型的区别在于 MVC 的 3 个要素模型(model)、视图(view)、控制器(controller)是相互独立又相互联系的，而在 Swing 分离模型中，视图与控制器是结合为一体作为 UI 的组件，它们是不可分的。
- 可设置的组件外观感觉(Look and Feel，L&F)：Swing 可以使 Java 程序在一个平台上运行时能够有不同的外观，并可以根据用户的习惯来确定。

- 设置边框：Swing 组件提供了各式各样的边框，用户可以建立组合边框或设计自己的边框。
- 使用图标：与 AWT 组件不同，除了在 Swing 组件使用文字外，还可以在组件上使用图标对其进行修饰。
- 支持键盘代替鼠标的操作：使用 JComponent 类的 registerKeyboardAction()方法，可以为 Swing 组件提供热键，以代替鼠标操作。
- 支持高级访问方式：所有 Swing 组件都实现了 Accessible 接口，使得一些辅助 I/O 功能，例如屏幕阅读器，能够方便地从 Swing 组件中得到信息。

12.2　Swing 组件

Swing 组件是在 AWT 组件基础上发展起来的新型 GUI 组件。Swing 不但用轻量级组件代替了 AWT 中的重量级组件，而且 Swing 组件中增加了一些新特性。Swing 中的组件都以 J 开头，很多组件是在 AWT 的同类组件前增加了一个“J”。本节将对 Swing 组件进行介绍，通过实例讲解了在 NetBeans IDE 下开发基于 Swing 的 Java Application 的方法。

12.2.1　JFrame 容器

组件(Component)是 Java GUI 最基本的组成部分。组件是一个可以用图形化方式显示在屏幕上并能够与用户进行交互的对象，例如 JButton、JLable 等。但是组件不能独立显示，必须将组件放在一个容器中才能显示出来。

Java Application 一般以一个 JFrame 对象作为该程序 GUI 的根，即主窗口。JFrame 属于顶层容器组件，是 Java Application 的 GUI 容器。JFrame 类包含支持任何通用窗口特性的基本功能，例如最小化窗口、移动窗口、重新设定窗口大小等。JFrame 作为顶层容器，不能被其他容器所包含，但可以被其他容器创建并弹出以成为独立的容器。

JFrame 类的继承关系如下：

```
javax.lang.Object
  └ java.awt.Component
       └ java.awt.Container
            └ java.awt.Window
                 └ java.awt.Frame
                      └ java.swing.JFrame
```

下面是 JFrame 类的构造方法。

- JFrame()：不指定标题构造创建一个初始不显示的窗口，可以使用 setVisible(true)显示窗口，使用 JFrame.setTitle(String title)设置标题。
- JFrame(String)：以参数为标题创建一个初始不显示的窗口。

下面是 JFrame 类的常用方法。

- void setTite(String title)：设置标题。

- void setVisible(Boolean b)：设置窗口隐藏显示。
- void setSize(int width,int height)：设置窗口尺寸。
- void pack()：使窗口大小刚好符合里面的所有控件。
- void setLocation(int x,int y)：设置窗口位置。
- void add(Component component)：添加组件。
- void setDefaultCloseOperation(int operation)：设置单击关闭窗口按钮操作。

参数 operation 有 4 种值：

① JFrame.DO_NOTHING_ON_CLOSE：默认值，不做任何动作。

② JFrame.HIDE_ON_CLOSE：隐藏窗口。

③ JFrame.DISPOSE_ON_CLOSE：关闭窗口时释放资源。

④ JFrame.EXIT_ON_CLOSE：关闭窗口时退出程序。

12.2.2　标签 JTable

标签是用户不能修改只能查看其内容的组件，常用在 JTextField 或者 JTextArea 的前面，提示用户要填写信息的种类。标签可以显示文字，也可以显示图标，一般不用于接收鼠标键盘的动作。

JLabel 类提供了对标签的支持，它的类层次关系如下：

```
javax.swing.JComponent
  └ javax.swing.JLabel
```

下面是 JLabel 类的构造方法。

- JLabel()：构造一个 JLabel。
- JLabel(String text)：构造一个 JLabel，指定标签文本为 text。
- JLabel(String text,int horizontalAlignment)：构造一个 JLabel，指定标签文本为 text，对齐方式由第二个参数指定。
- JLabel(String text,Icon icon,int horizontalAlignment)：构造一个 JLabel，指定标签文本为 text，图标为 icon，对齐方式由第三个参数指定。
- JLabel(Icon image)：构造一个 JLabel，指定图标为 image。
- JLabel(Icon image,int horizontalAlignment)：构造一个 JLabel，指定图标为 image，对齐方式由第二个参数指定。

JLabel 的对齐方式由 horizontalAlignment 参数指定，分别为 LEFT、CENTER、RIGHT、LEADING、TRAILING。

下面是 JLabel 类的常用方法。

- String getText()：返回标签的文本。
- void setText(String text)：设置标签的文本。
- Icon getIncon()：返回标签的图标。
- void setIcon(Image icon)：设置标签的图标。
- int getIconTextGap()：返回标签与文本之间的间距。

- void setInconTextGap(int iconTextGap)：设置标签与文本之间的间距，默认为 4 个像素。

12.2.3 文本类组件

Swing 的文本类组件显示文本并允许对文本进行编辑。Swing 常用的文本组件有文本域(JTextField)、口令文本域(JPasswordField)和文本区(JTextArea)等，它们都是人机交互的主要文本类组件。

1. 文本域 JTextField

文本域一般向用户提供输入如姓名、地址等信息，是一个能够接收用户键盘输入的单行文本区域。JTextField 类提供对单行文本域的支持，其类层次如下：

```
javax.swing.Jcomponent
  └ javax.swing.text.JTextComponent
      └ javax.swing.JTextField
```

下面是 JTextField 类的构造方法。

- JTextField()：构造一个 JTextField。
- JTextField(String text)：构造一个 JTextField，初始值为参数 text。
- JTextField(int columns)：构造一个 JTextField，可以显示 columns 个字符。
- JTextField(String text, int columns)：构造一个 JTextField，初始值为参数 text，可以显示 columns 个字符。
- JTextField(Document doc, String text, int columns)：构造一个 JTextField，初始值为参数 text，可以显示 columns 个字符，文档模型为 doc，默认值为 PlainCocument。

下面是 JTextField 类的常用方法。

- int getColumns()：返回可以显示的字符数。
- void setColumns(int columns)：设置可以显示的字符数。
- String getText()：返回 JTextField 中的文本。
- void setText()：设置 JTextField 中的文本。
- String getSelectedText()：返回选中的文本。
- boolean isEditable()：返回是否可以编辑。
- void setEditable(boolean b)：设置是否可以编辑。

2. 口令文本域 JPasswordField

JPasswordField 类是 JTextField 类的子类，所以这个类的对象实例可以使用 JTextField 类中的方法。在 JPasswordField 对象中输入的文字会被其他字符替代，所以该组件用来在程序中输入口令。口令文本域内容的获得和设置，可以使用 getPassword()和 setText()两个方法实现。JPasswordField 的方法与 JTextField 完全一样。

3. 文本区 JTextArea

JTextField 是单行文本域，不能显示多行文本。如果想要显示多行文本，可以使用类

JTextArea 支持的文本区。

下面是 JTextArea 类的构造方法。

- JTextArea()：构造一个 JTextArea。
- JTextArea(int rows,int columns)：构造一个 JTextArea，指定行数和列数。
- JTextArea(String text)：构造一个 JTextArea，指定默认值。
- JTextArea(String text,int rows,int columns)：构造一个 JTextArea，指定行数和列数，并指定默认值。
- JTextArea(Document doc)：构造一个 JTextArea，指定文档模型，不指定时默认值为 PlaintDocument。

下面是 JTextArea 类的常用方法。

- int getColumns()：返回列数。
- void setColumns(int columns)：设置列数。
- int getRows()：返回行数。
- void setRows(int rows)：设置行数。
- String getText()：返回内容文本。
- void setText()：设置内容文本。

12.2.4　按钮 JButton

按钮是 GUI 中非常重要的一种组件。按钮一般对应一个事先定义好的事件、执行功能、一段程序。当用户单击按钮时，系统自动执行与该按钮相关联的程序，从而完成预定的功能。

JButton 类提供对按钮的支持，它的类层次关系如下：

```
java.awt.Container
  └ javax.swing.JComponent
      └ javax.swing.AbstractButton
          └ javax.swing.JButton
```

下面是 JButton 的构造方法。

- JButton ()：构造一个 JButton，不指定文字和图标。
- JButton (String text)：构造一个 JButton，指定文字。
- JButton (Icon icon)：构造一个 JButton，指定图标。
- JButton (String text,Icon icon)：构造一个 JButton，指定文字和图标。

下面是 JButton 类的常用方法。

- void doClick()：单击按钮。
- Icon getIcon()：返回按钮的图标。
- void setIcon(Icon icon)：设置按钮的图标。
- void setText()：设置按钮的文字。
- String getText()：返回按钮的文字。

【例 12-1】 创建一个 Java Application，用组件面板设计用户的登录界面，并实现对用户输入数据的读取操作。

(1) 启动 NetBeans IDE,从 IDE 主菜单中选择“文件”→“新建项目”,则显示“新建项目”对话框,如图 12-1 所示。在“类别(C)”区域选择 Java,在“项目(P)”区域选择 Java 桌面应用程序,单击“下一步”按钮,则显示“新建桌面应用程序”对话框,如图 12-2 所示。“项目名称(N)”的值为 Login,“项目位置(L)”的值为 C:\JavaExample\chapter12\12-1。此时,“项目文件夹”文本域中间自动显示 C:\JavaExample \chapter12\12-1\Login,在选择应用程序列表框中选择“基本应用程序”,选中“设置为主项目(M)”复选框。单击“完成”按钮,则完成了新项目的创建工作。

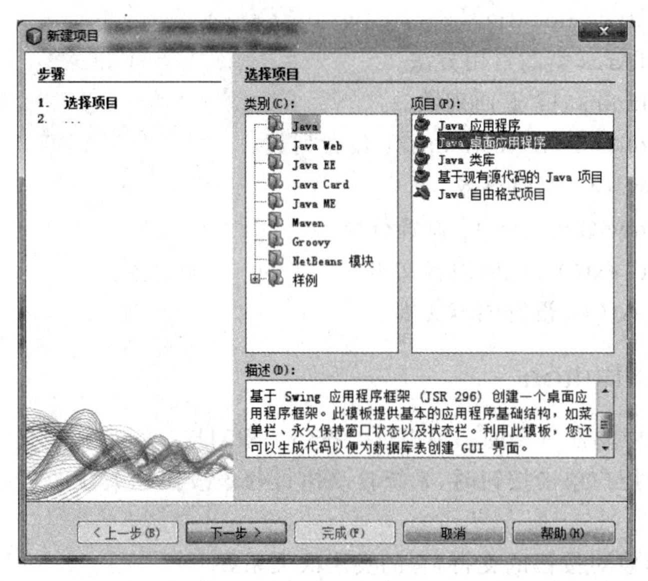

图 12-1 创建项目对话框

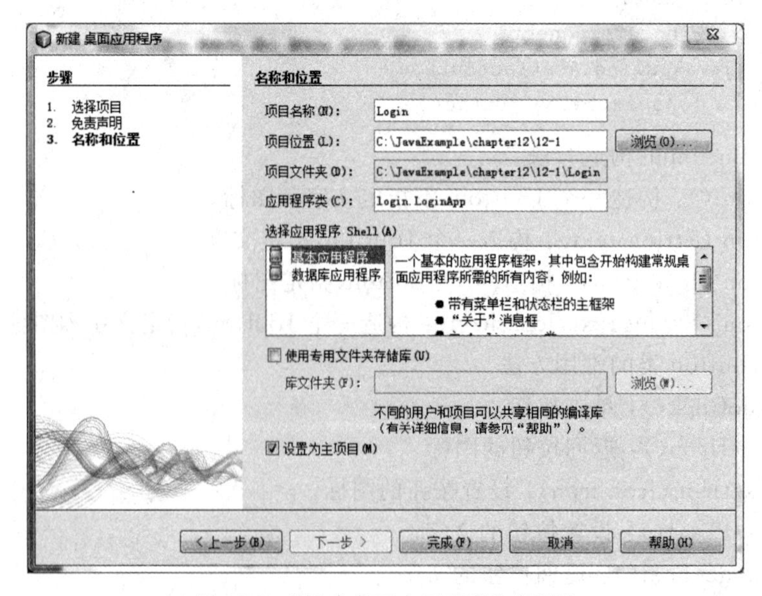

图 12-2 “新建桌面应用程序”对话框

Java 项目 Login 创建完成之后，NetBeans IDE 的各个窗口结构如图 12-3 所示。

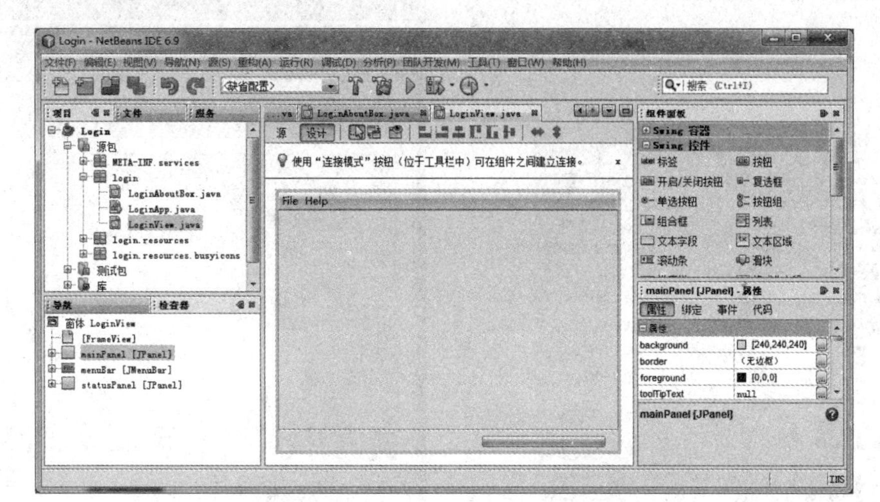

图 12-3　NetBeans IDE 各个窗口结构

在图 12-3 中，“项目”窗口包含了一个名称为 Login 的项目。展开 Login→源包→Login 节点，可以看到包括如下 3 个文件：

- LoginAboutBox. java：该 Java 程序是 Login 项目的“关于”文件，描述了程序的版本、开发商等信息。
- LoginApp. java：该 Java 程序负责管理 Swing 应用程序框架的生命周期和会话等功能。它使得程序员不需要使用特定的方法和文件，就可以使用 NetBeans IDE 提供的基于标准的资源绑定，从而大大简化了 Swing 应用程序的开发。
- LoginView. java：该 Java 程序是 GUI 设计开发文件，包括“源”与“设计”两个选项卡。单击“设计”选项卡，可以打开 GUI 设计器。NetBeans IDE 的 GUI 设计器附有组件面板，可以从组件面板上将组件托放到窗体创建应用程序界面，也可以将自己创建的组件添加到组件面板中。组件面板按照内容进行分类，如图 12-4 所示。

“项目”窗口下的“导航”窗口记录了该应用程序中包含的组件及其层次关系。在组件面板的下面是属性窗口，该窗口描述了被选中组件的属性、事件、代码等。

(2) 双击 LoginView. java 文件，选择“设计”选项卡，从“组件面板”中拖曳组件进行界面布局，如图 12-5 所示。

如图 12-5 所示，该 Java 程序的界面布局包含如下组件：2 个 JLabel、2 个 JTextField、2 个 JButton、1 个 JTextArea。组件的主要属性描述如表 12-1 所示。

(3) 完成程序界面的布局以后，NetBeans IDE 将在“源”选项卡中自动生成所创建组件的 Java 源代码。下面将要进行基于监听器的事件处理工作。如果用户单击“提交”按钮，则将触发 submitMouseClicked 事件，该事件完成读取输入信息并将其显示在 JTextArea 中的功能。

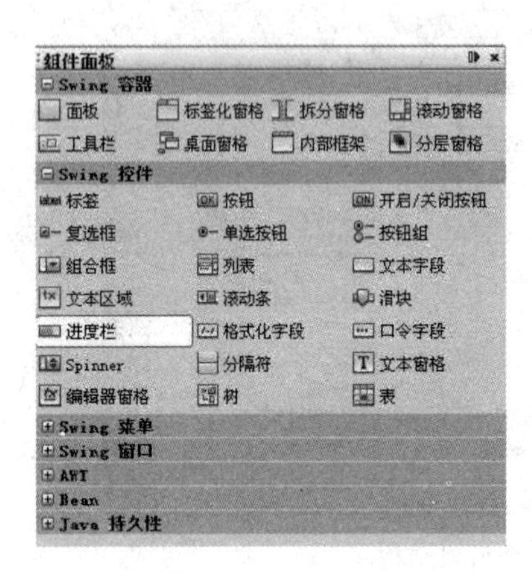

图 12-4　组件面板

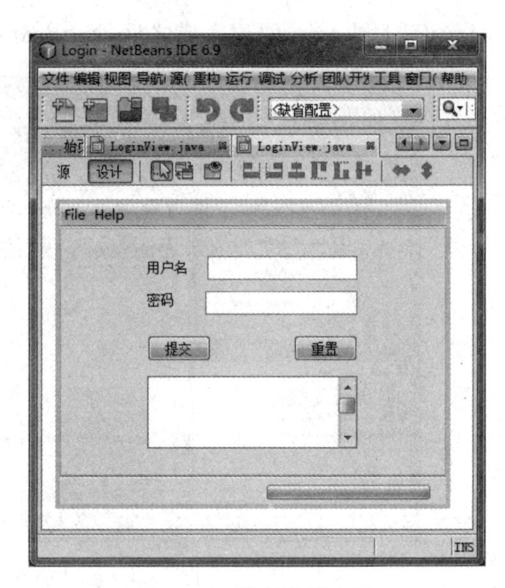

图 12-5　程序界面布局

表 12-1　控件相应属性表

控件类型	变量名称	Text 值	控件类型	变量名称	Text 值
Label	JLabel1	姓名	JTextArea	result	（空）
	JLabel2	性别	JButton	submit	提交
JTextFiled	username	（空）		reset	重置
	password	（空）			

submitMouseClicked 事件的创建方法如下：

- 在代码编辑器"设计"选项卡中选择"添加"按钮，"属性"窗口将显示该按钮的属性、绑定、事件、代码。
- 选择"属性"窗口的事件按钮，找到 mouseClicked 事件，展开右边的下拉菜单选择"submitMouseClicked"，如图 12-6 所示。

图 12-6　创建 submitMouseClicked 事件

上述过程实现了通过 NetBeans IDE 将控件与其事件代码相关联的操作。事件创建成功以后，为了完成相应功能需要在 submitMouseClicked 事件中添加如下代码：

```
private void submitMouseClicked(java.awt.event.MouseEvent evt){
    result.setText("您书写的用户名为:"+username.getText()+"\r\n"+"您书写的密码
为:"+String.valueOf(password.getPassword()));      //获取用户数据并显示在文本域中
}
```

【分析讨论】

① username 是“用户名”JTextField 的变量名称，password 是“密码”JPasswordField 的变量名称，result 是 JTextArea 的变量名称。

② getText()方法是 JTextComponent 类提供的方法，用于获取用户在 JTextField 中的数据。getPassword()方法用于读取用户输入 JPasswordField 中的值。

③ submitMouseClicked 事件是鼠标单击事件，属于变量名称为 submit 的 JButton 组件。

如果用户单击“重置”按钮，则将触发 resetMouseClicked 事件，该事件完成将用户输入的值清空的工作。submitMouseClicked 事件创建成功后，为了完成相应功能需要在 resetMouseClicked 事件中添加如下代码：

```
//以下代码实现重置按钮功能，即将所有内容清空
private void resetMouseClicked(java.awt.event.MouseEvent evt){
  username.setText("");                                    //清空用户名文本字段
  password.setText("");                                    //清空密码文本字段
  result.setText("");                                      //清空显示结果文本域字段
}
```

【分析讨论】

若用户单击“重置”按钮，则将触发 resetMouseClicked 事件，实现将“用户名”、“密码”以及文本域中的内容清空。resetMouseClicked 事件是鼠标单击事件，属于变量名称为 reset 的 JButton 控件。

程序运行结果如图 12-7、图 12-8 所示。

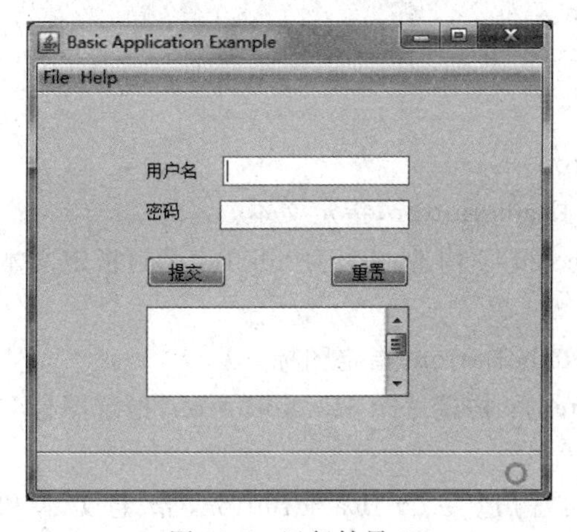

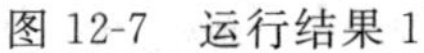
图 12-7　运行结果 1

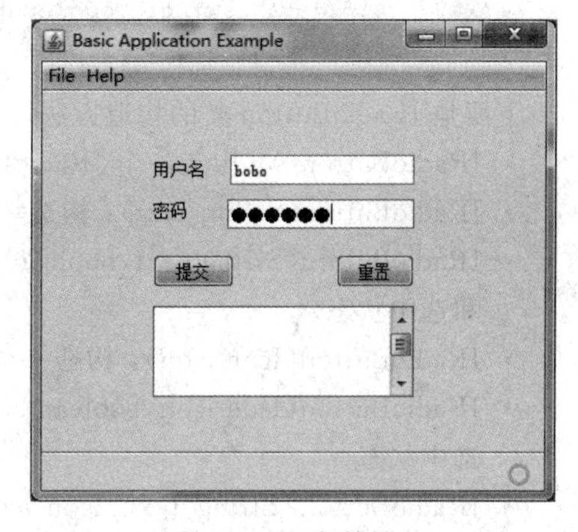

图 12-8　运行结果 2

输入用户名、密码并单击“提交”按钮后的运行结果如图 12-9 所示。单击“重置”按钮后的执行结果如图 12-10 所示。

图 12-9 运行结果 3

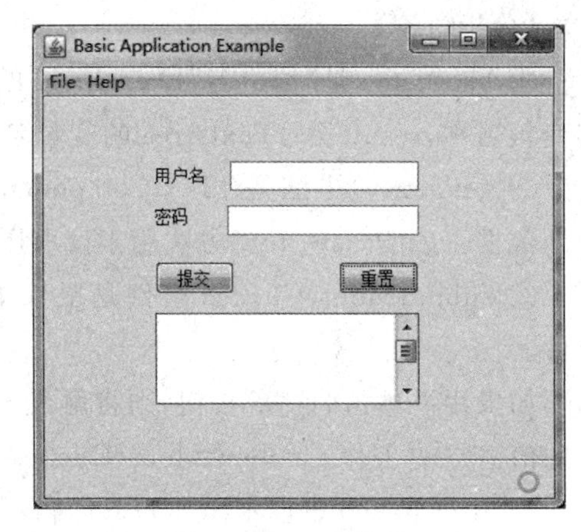

图 12-10 运行结果 4

12.2.5 单选按钮 JRadioButton

单选按钮 JRadioButton 是由鼠标代替键盘输入的组件。在一组单选按钮中，可进行选择其中一个的操作，即进行“多选一”的操作。因为单选按钮是在一组按钮中选择一个，所以必须将单选按钮分组，即指明在一个组中包含哪些按钮。在 IDE 中可以通过属性窗口的 buttonGroup 属性将单选按钮加入按钮组控件。

JRadioButton 类提供对按钮的支持，它的类层次关系如下：

```
java.awt.Container
  └ javax.swing.JComponent
      └ javax.swing.AbstractButton
          └ javax.swing.JToggleButton
              └Javax.swing.JRadioButton
```

下面是 JRadioButton 类的构造方法。

- JRadioButton()：构造一个 JRadioButton。
- JRadioButton(String text)：构造一个 JRadioButton，指定文本。
- JRadioButton(String text，boolean selected)：构造一个 JRadioButton，指定文本和选中状态。
- JRadioButton(Icon icon)：构造一个 JRadioButton，指定图标。
- JRadioButton(Icon icon，boolean selected)：构造一个 JRadioButton，指定图标和选中状态。
- JRadioButton(String text，Icon icon)：构造一个 JRadioButton，指定文本和图标。
- JRadioButton(String text，Icon icon，boolean selected)：构造一个 JButton，指定文本、图标和选中状态。

JRadioButton 类继承自 JToggleButton 类，而 JToggleButton 类同 JButton 类一样都继承自 AbstractButton，因此都有 setText(String str)、getText()等方法。此外，一个

JRadioButton 被选中与否可以通过 JRadionButton. getModel()返回的 ButtonModel 值进行判断。如果 ButtonModel. isSelected()返回 true，则被选中；否则，表明没有被选中。

12.2.6 复选框 JCheckBox

复选框(JCheckBox)是由鼠标代替键盘输入的组件。在一组复选框中，可以进行选择其中多个的操作。复选框的使用也必须将多个复选框进行分组，即指明在一个组中包含哪些按钮。JCheckBox 类提供复选框按钮的支持。复选框是一个可以被选定或取消选定的项，并将其状态显示给用户。

JCheckBox 类的层次关系为：

```
javax.swing.AbstractButton
  └ javax.swing.JToggleButton
      └ javax.swing.JCheckBox
```

JCheckBox 的构造方法形式同 JRadioButton 完全一致，限于篇幅不再赘述，请参阅 JRadionButton 构造方法的创建。

12.2.7 组合框 JComboBox

组合框有可编辑和不可编辑两种形式，缺省是不可编辑的组合框。这里仅介绍不可编辑的组合框。组合框用于在多项选择中选择一项的操作。在未选择组合框时，组合框显示为带按钮的一个选项形式。当对组合框按键或单击时，组合框会打开可列出多项的一个列表，供用户选择。

JComboBox 类提供组合框的支持，其相关类的层次如下：

```
javax.swing.Jcomponent
  └ javax.swing.JComboBox
```

下面是 JComboBox 的构造方法。

- JComboBox ()：构造一个 JComboBox。
- JComboBox(final Object items[])：构造一个 JComboBox，以数组 items 为选项。
- JComboBox(Vector items)：构造一个 JComboBox，以向量 items 为选项。
- JComboBox(ComboBoxModel model)：构造一个 JComboBox，以 model 为模型。

下面是 JComboBox 类的常用方法。

- void addItem()：添加一个选项。
- Object getItemAt(int i)：返回位置 i 处的选项。
- int getItemCount(Icon icon)：返回选项总数。
- int getSelectedIndex()：返回选中的选项位置。
- Object getSelectedItem()：返回选中的选项。
- void setEditable(Boolean aFlag)：设置可修改。

12.2.8 综合案例

【例 12-2】 创建一个 Java 桌面应用程序，用组件面板实现用户信息的注册。该程序能够对用户输入的数据进行读取。当用户通过鼠标单击任何一个控件后，选中的值将显示在 JTextArea 控件中。

(1) 如图 12-11～图 12-14 所示为程序的运行结果。

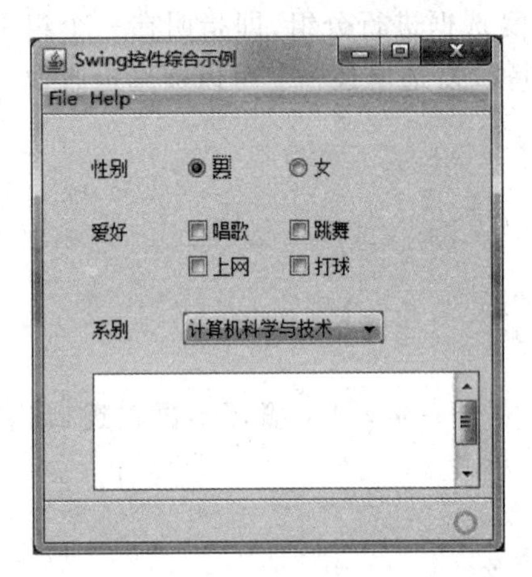

图 12-11 程序运行结果 1

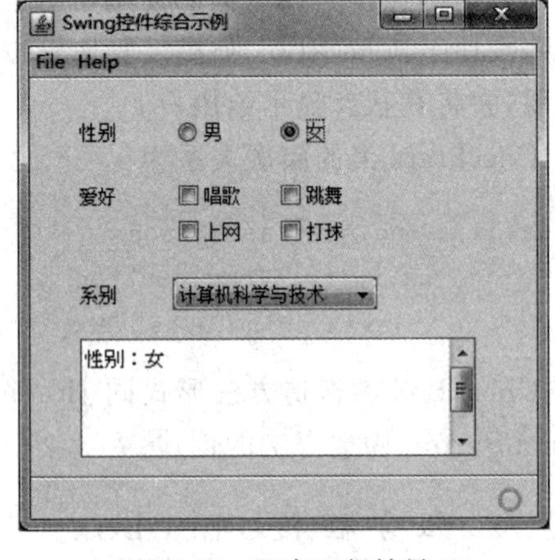

图 12-12 程序运行结果 2

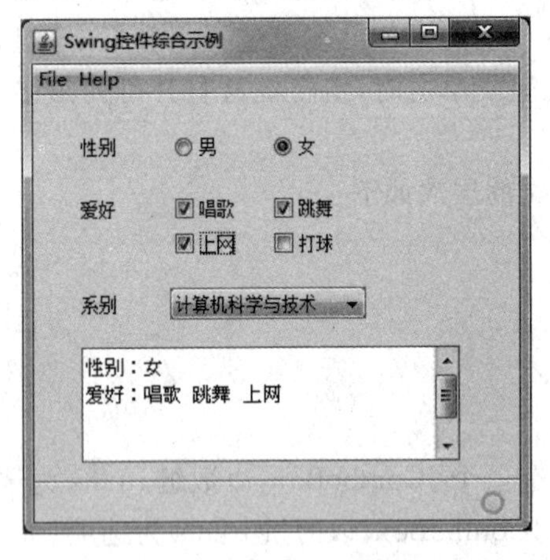

图 12-13 程序运行结果 3

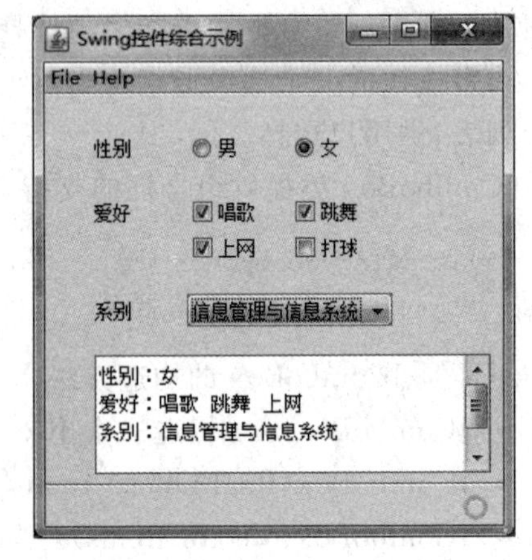

图 12-14 程序运行结果 4

(2) 如图 12-15 所示为程序界面布局。

(3) 当用户单击“性别”按钮中的任何一个控件时，都将触发 sexItemStateChanged 事件，该事件实现读取选择的性别信息并将其显示在 JTextArea 中。为了完成相应的功能，应该向 sexItemStateChanged 事件中添加如下代码：

```
01  int n=0;                                              //全局变量，控制"爱好"显示格式
02  private void sexItemStateChanged(java.awt.event.ItemEvent evt){
                                                          //下述事件读取性别选项值
03  if(male.isSelected())
```

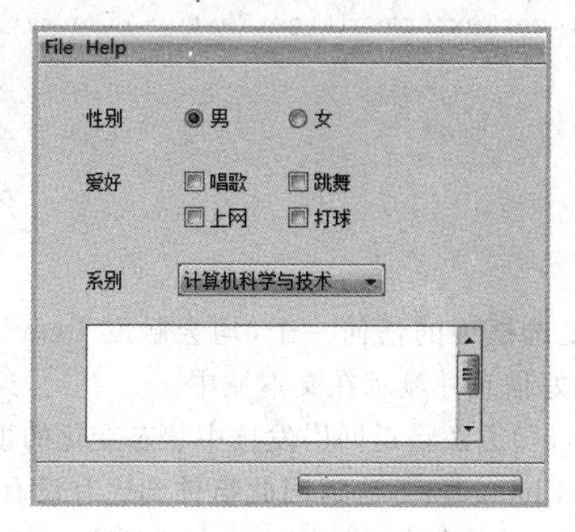

图 12-15　程序界面布局示意图

```
04      result.setText("性别:"+male.getText()+"\r\n");
05  else
06      result.setText("性别:"+female.getText()+"\r\n");
07  }
```

【分析讨论】

① 代码中 male 是性别为"男"的 JRadioButton 变量的名称，female 是性别为"女"的 JRadioButton 变量的名称，result 为文本域控件的变量名称，dept 为系别 JComboBox 控件的变量名称。

② 无论用户选择哪种性别 JRadioButton，均会触发 sexItemStateChanged 事件（第 3～8 行），即 male 与 femal 共享同一事件，称为"多控件共享单一事件"。该事件读取用户输入信息并显示在文本域中。

③ 第 3 句的 isSelected() 方法，返回一个 boolean 值，用于指出该控件当前是否被选中。

(4) 程序运行后，当用户单击"爱好"JCheckBox 中的任何一个控件时，都将触发 ItemStateChanged 事件。该事件将读取选择的爱好信息并将其显示在 JTextArea 中。在 ItemStateChanged 事件中添加如下代码：

```
01  //下述事件读取爱好选项值，并控制显示格式
02  private void ItemStateChanged(java.awt.event.ItemEvent evt){
03    if(n==0){
04        result.setText(result.getText()+"爱好:");
05        JCheckBox like =(JCheckBox) evt.getSource();
                                                  //确定触发事件的按钮
06        if (evt.getStateChange() ==evt.SELECTED){ //判断按钮是否处于被选中状态
07            result.setText(result.getText()+like.getText()+" ");
08        }
09    }else{
10        JCheckBox like =(JCheckBox) evt.getSource();
11        if (evt.getStateChange() ==evt.SELECTED){
```

```
12              result.setText(result.getText()+like.getText()+" ");
13          }
14      }
15      n=n+1;
16  }
```

【分析讨论】

① 用户选择"爱好"复选框中的任何一个，均会触发 ItemStateChanged 事件。该事件完成读取用户输入的爱好信息并显示在文本域中。

② 第 5 句的 getSource()方法将返回引发选中状态变化的事件源。

③ 第 6 句的 getStateChange()方法返回此组件到底有没有被选中，将返回一个整型值，通常用 ItemEvent 类的静态常量 SELECTED 和 DESELECTED 表示。

(5) 单击"系别"JComboBox 中的任何一项，都将触发 deptActionPerformed 事件，该事件读取选择的系别信息并将其显示在 JTextArea 中。在 deptActionPerformed 事件中添加如下代码：

```
01  private void deptActionPerformed(java.awt.event.ActionEvent evt){
                                                    //下述事件读取系别选项值
02    String str=result.getText();
03    str=str+"\r\n"+"系别:"+dept.getSelectedItem().toString();
                                                    // \r\n 表示换行
04      result.setText(str);
05  }
```

【分析讨论】

① 代码中 dept 为系别 JComboBox 控件的变量名称。

② 用户选择系别 JComboBox 控件中的任何一项，均将触发 deptActionPerformed 事件，该事件读取用户输入信息并显示在文本域中。

③ 第 3 句的 getSelectedItem()方法获取当前选择的项，返回 Object 类型数据。

12.3 Swing 高级组件

除了一些常用的基本组件，Swing 还提供了一些较为复杂的高级组件。应用这些高级组件，开发人员可进行复杂 GUI 的开发。

12.3.1 菜单 JMenu

Swing 提供了三个层次的菜单类，最上层的菜单栏 JMenuBar 用来存放菜单，第二层的 JMenu 为菜单，第三层的 JMenuItem 为菜单项、JCheckBoxMenuItem 为带复选框的菜单项、JRadioButtonMenuItem 为带单选按钮的菜单项。这三种菜单项类都是用于构建菜单项的。

JMenu 可以连接到 JMenuBar 对象或者其他 JMenu 对象上，当 JMenu 直接添加到

JMenuBar 上时称为顶层菜单，而连接到其他 JMenu 对象上时称为子菜单。可以把 JMenu 看作组合控件，由 JMenuItem 与弹出式菜单两种控件组合而成。JMenuItem 一般作为 JMenu 的标题。JMenu 对象给添加到其中的每一个菜单项都赋予一个整数索引，并依据索引使用菜单布局管理器来调整菜单项的顺序。

下面是 JMenu 的构造方法。

- JMenu()：构造一个 JMenu。
- JMenu(String s)：构造一个 JMenu，指明菜单文字。

下面是 JMenuItem 的构造方法。

- JMenuItem()：构造一个 JMenuItem。
- JMenuItem(String text)：构造一个 JMenuItem，指明菜单文字。
- JMenuItem(String text，int mnemonic)：构造一个 JMenuItem，指明菜单文字和记忆项。
- JMenuItem(String text，Icon icon)：构造一个 JMenuItem，指明菜单文字和图表。

12.3.2　表格 JTable

表格(JTable)是 Swing 新增的组件，其主要功能是将数据以二维表格的形式显示。使用表格时，首先生成一个 TableModel 类型的对象表示该数据，其中 getColumnCoun()，getRowCount()，getColumnName()和 getValueAt()等方法分别获得表格的列数、行数、字段名称、字段所在的位置，然后 JTable 类生成的对象以该 TableModel 为参数，并负责将 TableModel 对象中的数据以表格的形式显示出来。

12.3.3　树 JTree

树(JTree)为用户提供了一种层次关系分明的一组数据。JTree 类如同 Windows 资源管理器的左半部，通过单击可以“打开”、“关闭”文件夹，以及展开树状结构的图表数据。JTree 的主要功能是把数据按照树状形式进行显示，其数据来源于其他对象。

12.3.4　综合案例

【例 12-3】 创建一个 Java 桌面应用程序，利用 Swing 高级组件实现菜单、树、表格的综合运用。

(1) 程序运行结果如图 12-16 所示。单击 Tree 菜单，则弹出两个菜单项 TreeArea 和 TreeEmployee，如图 12-17 所示。

单击“TreeArea”菜单项，则弹出 JTree 控件，显示地区信息，如图 12-18 所示。

单击 Table 菜单，则弹出 TableStudent 菜单项，如图 12-19 所示。单击该菜单项，则弹出 JTable 控件显示用户信息，如图 12-20 所示。

(2) 程序的窗体布局如图 12-21～图 12-25 所示。

图 12-16　程序运行结果 1

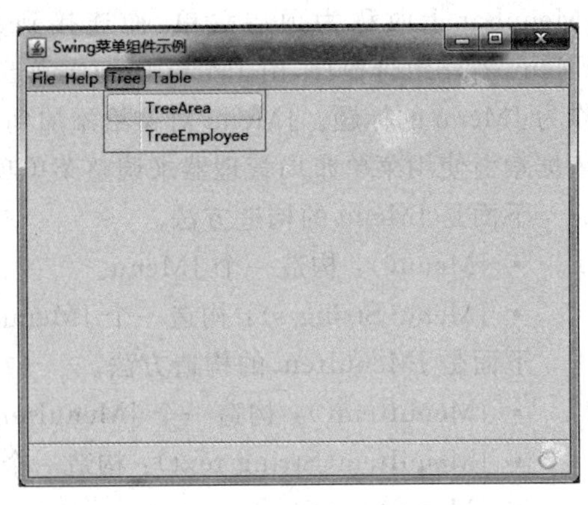

图 12-17　程序运行结果 2

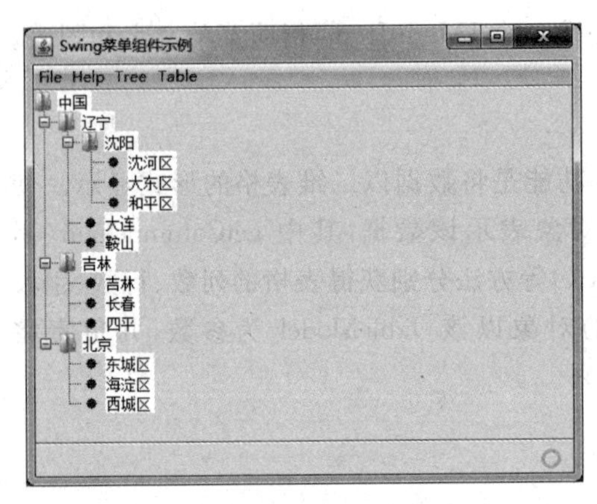

图 12-18　程序运行结果 3

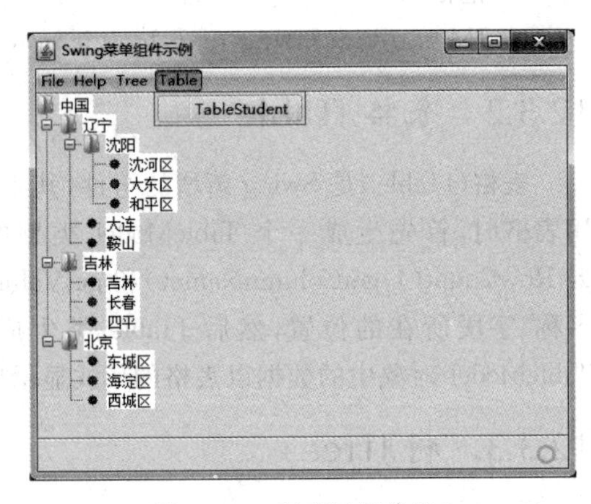

图 12-19　程序运行结果 4

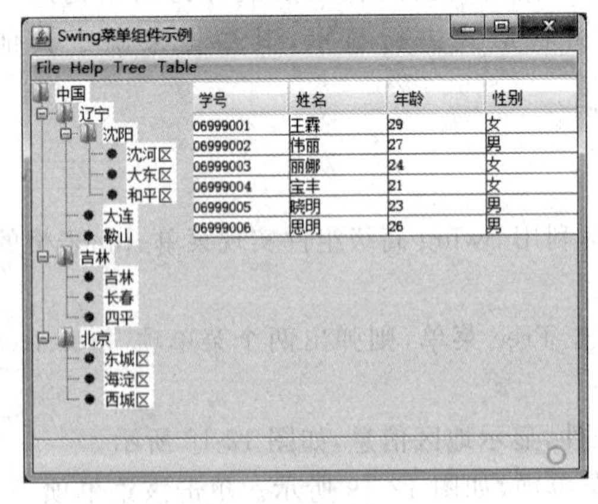

图 12-20　程序运行结果 5

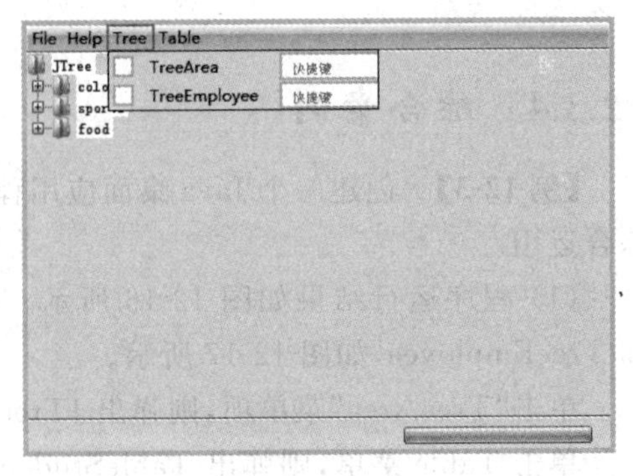

图 12-21　窗体布局 1

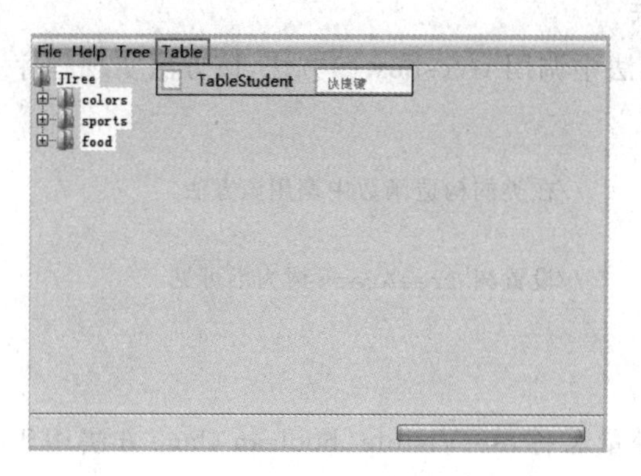

图 12-22　窗体布局 2

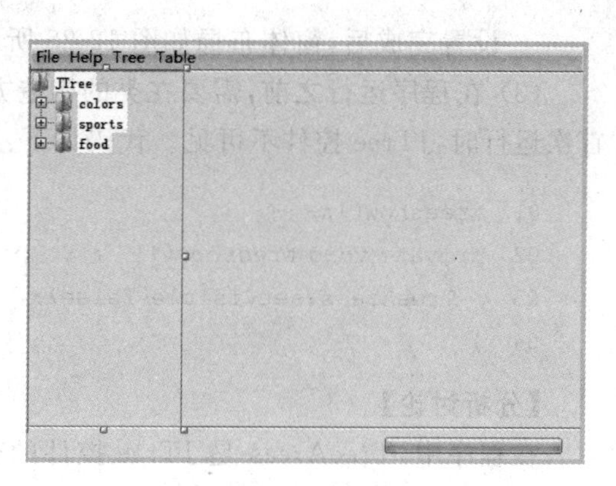

图 12-23　窗体布局 3

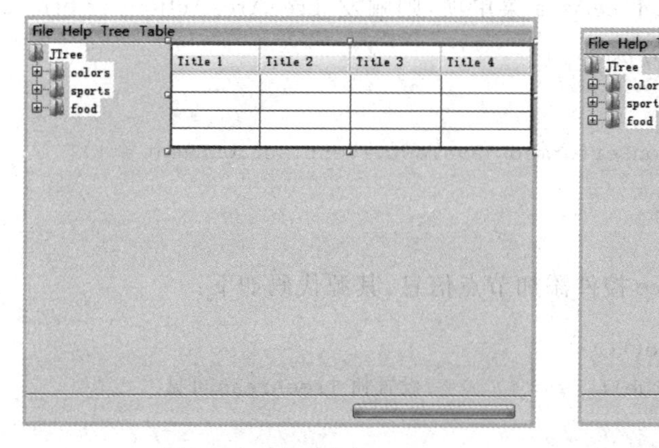

图 12-24　窗体布局 4

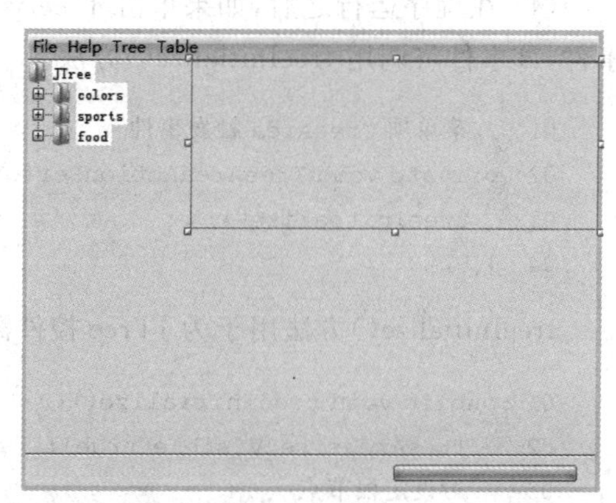

图 12-25　窗体布局 5

下面是有关窗体布局的说明。

- Tree 为菜单控件 JMenu，在属性窗口中设置其变量名称为 TreeMenu。
- TreeArea 为菜单项控件 JMenuItem，在属性窗口中设置其变量名称为 TreeArea。actionPerformed 事件为 TreeAreaActionPerformed。
- Table 为菜单控件 JMenu，在属性窗口中设置其变量名称为 TableInfo。
- TableStudent 为菜单项控件 JMenuItem。在属性窗口中设置其变量名称为 TableStu，actionPerformed 事件为 TableStuActionPerformed。
- JTree 为树，在属性窗口中设置其变量名称为 TreeAreas。

说明：

- 窗体右边为表格，在属性窗口中设置其变量名称为 TableStus。
- 为了使窗体初次运行时表格控件不可见，在属性窗口中将其 border 属性设置为“无边框”。此外，选中表格控件 TableStus，单击右键，在弹出菜单中选中并单击“表内容...”。在定制器对话框中选择“列”选项卡，删除其中的 Title1、Title2、Title3、Title4。
- 选择项目窗口中的 jScrollPanel2，并在属性窗口中将其 border 属性值设置为“空边框”。

设置完成后，窗体布局如图12-25所示。

(3) 在程序运行之前，需要在类的构造方法中调用treeshow()方法，该方法实现程序首次运行时，JTree控件不可见。代码如下：

```
01  treeshow();                              //在类的构造函数中调用该方法
02  private void treeshow(){
03    TreeAreas.setVisible(false);           //设置树TreeAreas树为不可见
04  }
```

【分析讨论】

在程序中，TreeAreas是JTree控件的变量名称，setVisible(boolean flag)方法用于设置控件是否可见，参数取值true表示可见，取值false表示不可见。

(4) 在程序运行之后，如果单击TreeArea菜单项，则触发TreeAreaActionPerformed事件，该事件将调用treeInitialize()方法。

```
01  //菜单项TreeArea触发事件
02  private void TreeAreaActionPerformed(java.awt.event.ActionEvent evt){
03    treeInitialize();
04  }
```

treeInitialize()方法用于为JTree控件添加节点信息，其源代码如下：

```
01  public void treeInitialize(){
02    TreeAreas.setVisible(true);                //设置树TreeAreas可见
03    //设定根节点
04    DefaultMutableTreeNode Root=new DefaultMutableTreeNode("中国");
05    //设定节点
06    DefaultMutableTreeNode Province_ln=new DefaultMutableTreeNode("辽宁");
07    //设定节点
08    DefaultMutableTreeNode City_sy=new DefaultMutableTreeNode("沈阳市");
09    Province_ln.add(City_sy);
10    //设定叶子节点
11    DefaultMutableTreeNode action_sh=new DefaultMutableTreeNode("沈河区");
12    City_sy.add(action_sh);
13    DefaultMutableTreeNode action_dd=new DefaultMutableTreeNode("大东区");
14    City_sy.add(action_dd);
15    DefaultMutableTreeNode action_hp=new DefaultMutableTreeNode("和平区");
16    City_sy.add(action_hp);
17    DefaultMutableTreeNode City_dl=new DefaultMutableTreeNode("大连市");
18    Province_ln.add(City_dl);
19    DefaultMutableTreeNode City_as=new DefaultMutableTreeNode("鞍山市");
20    Province_ln.add(City_as);
21    Root.add(Province_ln);
22    DefaultMutableTreeNode Province_jl=new DefaultMutableTreeNode("吉林");
23    DefaultMutableTreeNode City_jl=new DefaultMutableTreeNode("吉林");
```

```
24    Province_jl.add(City_jl);
25    DefaultMutableTreeNode City_cc=new DefaultMutableTreeNode("长春");
26    Province_jl.add(City_cc);
27    DefaultMutableTreeNode City_sp=new DefaultMutableTreeNode("四平");
28    Province_jl.add(City_sp);
29    Root.add(Province_jl);
30    DefaultMutableTreeNode City_bj=new DefaultMutableTreeNode("北京");
31    DefaultMutableTreeNode action_dc=new DefaultMutableTreeNode("东城区");
32    City_bj.add(action_dc);
33    DefaultMutableTreeNode action_hd=new DefaultMutableTreeNode("海淀区");
34    City_bj.add(action_hd);
35    DefaultMutableTreeNode action_xc=new DefaultMutableTreeNode("西城区");
36    City_bj.add(action_xc);
37    Root.add(City_bj);
38    TreeModel treeModel =new DefaultTreeModel(Root);
39    TreeAreas.setModel(treeModel);
40  }
```

【分析讨论】

第 2 句实现设置树 TreeAreas 可见，第 3～39 句设定根节点、节点、叶子节点并将这些节点添加至 TreeArea 树。

(5) 如果单击 TableStdudent 菜单项，则触发 TableStuActionPerformed 事件，该事件调用 tableInitialize()方法。

```
01  //菜单项 TableStu 触发事件
02  private void TableStuActionPerformed(java.awt.event.ActionEvent evt){
03    tableInitialize();
04  }
```

tableInitialize()方法用于实现向 JTable 控件中添加信息，其源代码如下：

```
01  public void tableInitialize(){
02    DefaultTableModel tableModel=(DefaultTableModel)TableStus.getModel();
03    //定义一维数组作为表格标题
04    Object[] tableHead={"学号","姓名","年龄","性别"};
05    //定义二维数组作为表格数据
06    Object[][] tableData=
07    {
08      {"06999002","伟丽",27,"男"},
09      {"06999003","丽娜",24,"女"},
10      {"06999004","宝丰",21,"女"},
11      {"06999005","晓明",23,"男"},
12      {"06999006","思明",26,"男"},
13    };
14    tableModel.setDataVector(tableData,tableHead);
```

```
15    TableStus.setAutoCreateRowSorter(true);        //单击表头按字段值进行排序
16  }
```

【分析讨论】

第 4 句实现为 JTable 标题定义一维数组，第 6～13 句实现为 JTable 数据定义二维数组，第 14 句实现将标题与数据添加至 tableModel，第 15 句实现单击表头按字段值进行排序。

12.4 小　　结

本章介绍了基于 Swing 的 Java GUI 开发技术，包括 Swing 的基本概念、基于 Swing 的应用程序的开发方法、Swing 组件等。通过实例讲解了在 NetBeans IDE 中，如何基于 Swing 开发具有 GUI 的 Java 桌面应用程序的方法。本章的学习将为创建友好、美观实用的 Java 应用系统的 GUI 奠定良好的基础。

课程设计

综合运用 Swing 控件编写一个 Java 桌面应用程序，实现学生信息登记的功能。在该程序中，当单击“添加”按钮时，将用户添加的登记信息逐次添加至 JTable 控件并显示出来。JTable 控件可以实现“累计显示”的功能。系别 JComboBox 控件项由程序代码实现添加。

1. 程序界面布局

程序界面布局如图 12-26 所示。

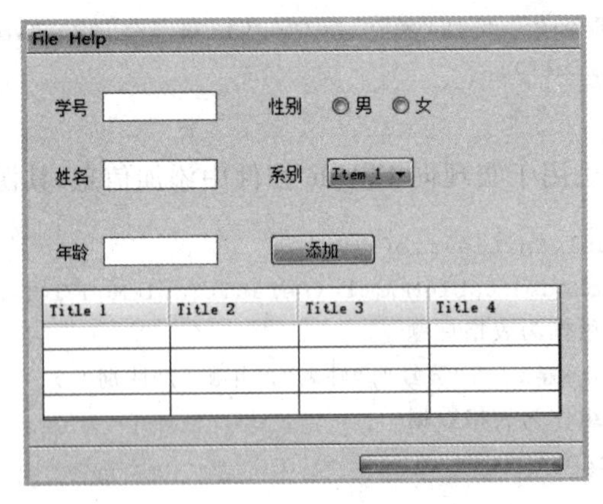

图 12-26　界面布局示意图

2. 设计思路

- 程序首次运行时，“姓名”文本框将获得焦点。
- “系别”JComboBox 项在初始化程序中添加。
- 当用户单击“添加”按钮时，将获取各控件中的输入信息，并将其显示在 JTable 中。JTable 控件可实现数据的累计添加。

该程序采用的 Swing 控件的类型、属性及触发的事件如表 12-2 所示。

表 12-2　控件属性及方法

控件	属　性	属性值	Text 值	事件/方法
Label	变量名称	Label1	学号	
	变量名称	Label2	姓名	
	变量名称	Label3	年龄	
	变量名称	Label4	性别	
	变量名称	Label5	系别	
JTextFiled	变量名称	id		
	变量名称	name		
	变量名称	age		
JRadioButton	变量名称	male	男	
	变量名称	female	女	
JComboBox	变量名称	dept		
JTable	变量名称	UserTable		
JButton	变量名称	Add	添加	addMouseClicked
—	—	—	—	JComboBoxInitialize()——该方法由构造函数调用，实现为 JComboBox 控件添加项、姓名文本框获得焦点

3. 执行结果

执行结果如图 12-27～图 12-30 所示。

图 12-27　运行结果 1

图 12-28　运行结果 2

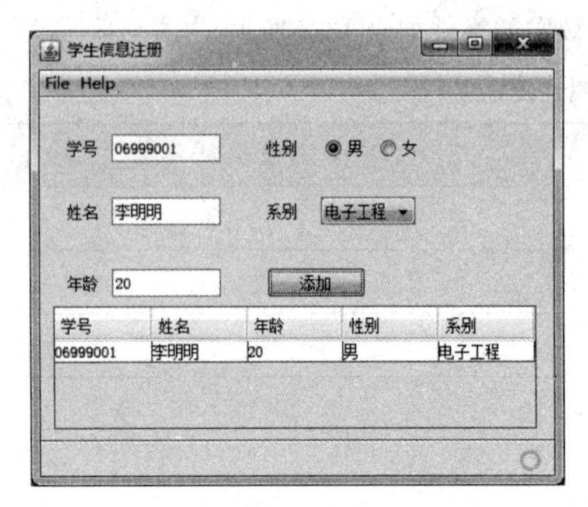

图 12-29 运行结果 3

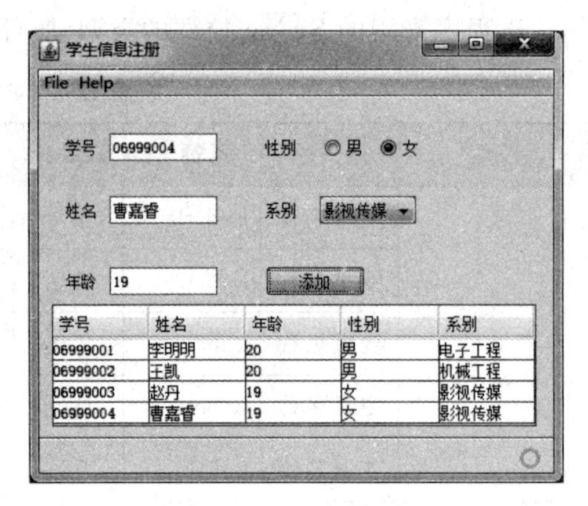

图 12-30 运行结果 4

第13章 用 NetBeans 操作 Java DB

CHAPTER

NetBeans IDE 提供了对数据库开发的支持,用户可以执行 SQL 命令或者可视化地对数据库进行操作。NetBeans 支持目前大多数的主流数据库,例如 MySQL、Access、SQL Server、Java DB 等。Java DB 是 JDK 6.0 内嵌的、100%用 Java 开发并且开源的数据库管理系统,完全支持 SQL、JDBC 和 Java EE 技术。本章将主要介绍在 NetBeans IDE 下如何启动、创建、连接 Java DB,以及如何执行 SQL 命令访问 Java DB。

13.1 Java DB 概述

安装 JDK 6.0 以后,会发现除了 bin、jre 等目录外,JDK 6.0 新增加了一个名为 db 的目录,它就是 Java 的新成员——Java DB。Java DB 源于 Apache 软件基金会名下的项目 Derby,只有 2MB 大小,但它支持大多数主流数据库的特性。Sun 公司选择 Derby 并将其作为 JDK 6.0 的内嵌数据库,为 JDK 注入了新的活力。Java 程序员不再需要耗费时间和精力安装和配置数据库,就能进行安全、易用、标准和免费的数据库编程了。

1. 内嵌模式

Java DB 可以运行在两种模式下——内嵌模式和网络服务器模式。在内嵌模式下,Java DB 引擎嵌入在应用程序中,应用程序访问数据库是直接和专有的。在内嵌模式下其他应用程序不可以同时访问 Java DB,但也不需要进行网络和服务器的设置,其维护和管理数据库的成本接近于零。内嵌模式的工作原理如图 13-1 所示。

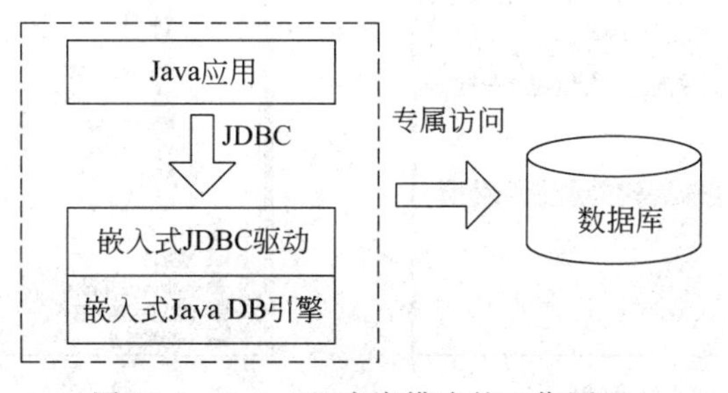

图 13-1 Java DB 内嵌模式的工作原理

2. 网络服务器模式

网络服务器模式是一种客户端/服务器的应用模式。这种模式需要启动一个 Java DB 的网络服务器用于处理来自客户端的请求，而不管这些请求是来自同一个 JVM 实例，还是来自于网络上的另一台机器。同时，客户端使用 DRDA（Distributed Relational Database Architecture）协议连接到服务器端，如图 13-2 所示。

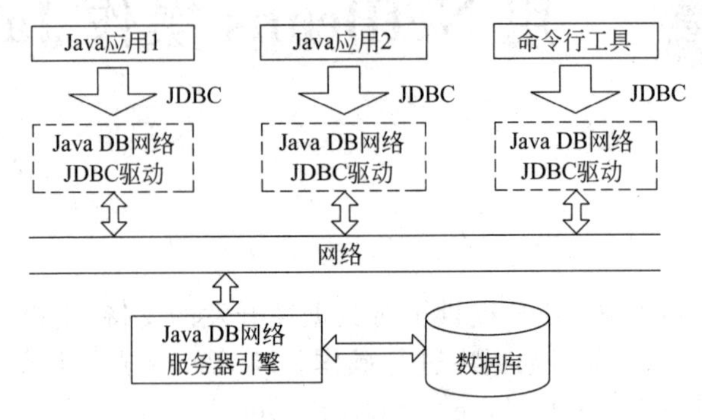

图 13-2 网络服务器模式架构

在图 13-2 中，一个独立的 Java 进程作为 Java DB 的网络服务器，通过网络监听来自客户端的连接。该 Java DB 网络服务器能够唯一地访问数据库存储器，并能够同时接受多个客户端连接。因此，允许多个用户在同一时间通过网络方式访问数据库系统。

13.2 基于 NetBeans 使用 Java DB

13.2.1 *启动* Java DB

启动 NetBeans IDE 后，单击“服务”窗口，在该窗口中包括“数据库”和“Web 服务”两个节点。展开“数据库”节点，该节点将包括如图 13-3 所示的 Java DB、驱动程序、示例数据库三部分，如图 13-4 所示。

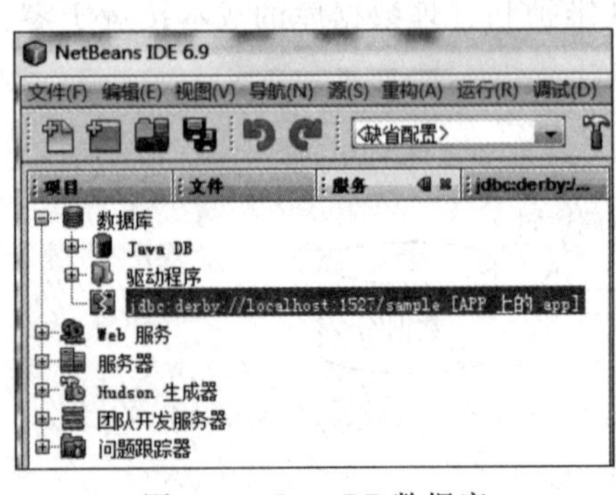

图 13-3 Java DB 数据库

图 13-4 示例数据库

选中“Java DB”节点并单击右键，在弹出的上下文菜单中选择“启动服务器(S)”命令，如果输出窗口显示如下信息，则表明已成功启动并连接数据库。

```
用基本服务器安全策略安装了安全管理程序。
Apache Derby Network Server-10.4.1.3-(648739) 已启动并且已准备好 2010-08-14 05:
11:38.275 GMT 时在端口 1527 上接受连接
```

13.2.2　创建 Java DB

在 IDE 的服务窗口中，选择“Java DB”节点并单击鼠标右键，在弹出的上下文菜单中选择“创建数据库(C)...”命令，则弹出的“创建 Java DB 数据库”对话框。在“数据库名称(N)：”文本域中输入 myJavaDB，在“用户名(U)：”文本域中输入 myDB，在“口令(P)：”文本域中输入 NetBean，在“数据库位置(L)：”文本域中输入 C:\JavaExample\chapter13\DB，如图 13-5 和图 13-6 所示。

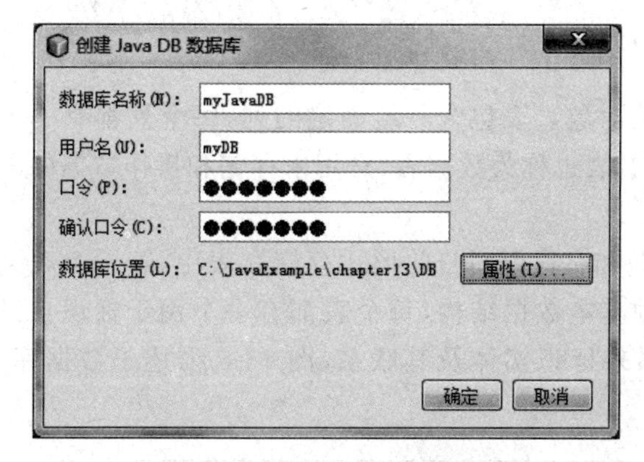

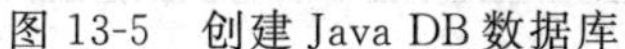
图 13-5　创建 Java DB 数据库

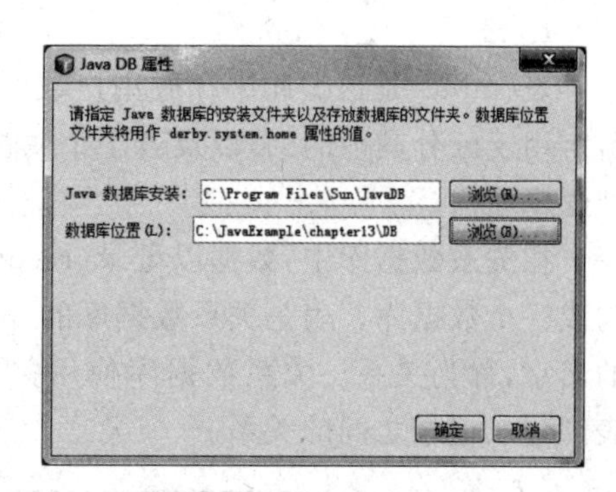

图 13-6　数据库存储位置

单击“确定”按钮，“服务”窗口将显示已经创建的“myJavaDB”数据库，如图 13-7 所示。此时，数据库处于断开状态。

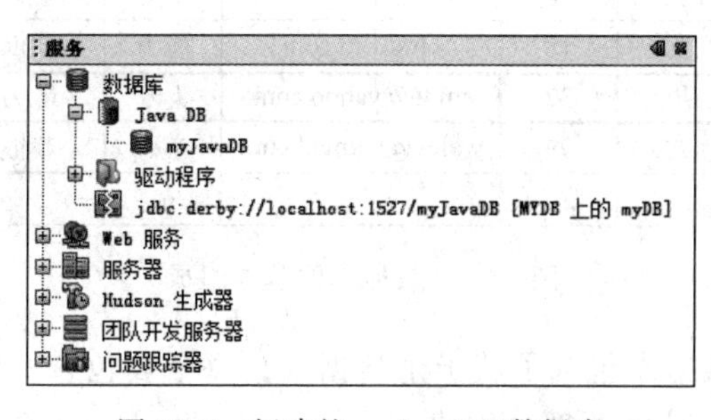

图 13-7　新建的 myJavaDB 数据库

13.2.3　连接 Java DB

启动和创建数据库以后，如果要操作数据库中的数据，则还要连接数据库，然后才能在 NetBeans IDE 中使用数据库。选择“服务”窗口中的数据库节点 myJavaDB，单击鼠标右键，在弹出的上下文菜单中执行“连接..”命令。如果在“输出”窗口显示如下信息，则说明连接成功。

```
用基本服务器安全策略安装了安全管理程序。
Apache Derby Network Server-10.4.1.3-(648739) 已启动并且已准备好 2010-08-14 05:
30:04.524 GMT 时在端口 1527 上接受连接
```

myDB 数据库连接节点包括 APP、NULLID 等 11 个框架。展开的框架均包含表、视图、过程三部分。可将 APP 设置为默认框架，并在 APP 框架中分别创建表、视图和存储过程。

13.3 数据库相关概念

关系数据库是按照二维表的结构方式组织的数据集合，每个表体现了集合理论中定义的数学概念——关系。在创建及操作 Java DB 数据库之前，理解数据库相关的基本概念，对于正确地操作数据库是非常重要的。

1. 表

表(table)是数据库中存放用户数据的对象。表包含一组固定的列，每个列都有一个名字用于区分其他的列，以及若干个属性。表也称为数据表，是用来存储和操作数据的一种逻辑结构。

在关系数据库中，数据以记录(record)和字段(field)的形式存储在表中，若干个表又构成一个数据库。表是关系数据库的一种基本数据结构，每个表都有一个用于标识自己的名字，称为关系。关系数据库使用关系来标识实体及其联系，图 13-8 描述了数据库、表、字段、记录之间的关系。

图 13-8 数据库的基本组成

- 表结构：每个数据库包含了若干个数据表。每个表包含一组固定的列(字段)，而列由数据类型和长度两部分组成。
- 记录：表中的一行称为一条记录，每个表包含了若干行记录。因此，表是记录的有限集合。
- 字段：每个记录由若干个数据项组成，构成记录的每个数据项称为字段。字段有字段名与字段值之分。字段名是表的结构部分，由它确定该列的名称、数据类型和限制条件，字段值是该列中的一个具体值。

- 主键：也称为关键字，可以将表中的不同记录区分开。关键字在表中必须唯一，且不能为空。

2. 约束条件

约束条件(constraint)可以确保数据的引用完整性，这样就可以保证表中的所有列引用都有效。可以为一个表中的列定义约束条件，表中的每一行只有满足约束条件的值才能保存在表中。

表中的主要约束条件如下：

- 主键(primary key)：主键可以是表中的一列或多列。一旦指定了主键，就在该列中创建了唯一性的索引，利用索引可以快速检索表中的行。主键包含的列不允许有重复的值，也不允许为 NULL。主键也被称为关键字。
- 默认值(default)：默认值是指在表中插入一行数据，但没有为该列指定值时生成的一个在定义表时预先指定的值。
- 检查(check)：检查可以确保指定列中的值符合一定的条件。非空约束条件被数据库看作是一个 check 约束条件。此外，check 列的约束条件不能引用一个独立表。
- 唯一性(unique)：唯一性用于保证非主键列值的唯一性。
- 外键(foreign key)：外键用于规定表之间的关系性质。一个外键可以确保一个表的一列或多列与已定义为主键的表中的一批相同的列相关联。当在已定义主键约束的表中更新列值时，其他表中定义的外键约束列将被自动更新。
- 主键约束和外键约束：它们可以保证关联表的相应行持续匹配。被定义为主键约束和外键约束后，不同表的相应列会自动更新。

3. 索引

索引(index)是帮助用户在表中快速找到记录的数据库结构。表中的每一行均采用 RowID 标识，由 RowID 通知数据库某行的准确位置，包括所在的文件、该文件中的块以及该块中的行地址。索引既可以提高数据库的性能，也能够保证列值的唯一性。

13.4　用 SQL 访问 Java DB

SQL 是英文 Structured Query Language 的缩写，中文含义为结构化查询语言。SQL 是关系型数据库的标准语言，其主要功能是操作数据库。在 NetBeans IDE 中，既可以在 SQL 编辑器中直接执行 SQL 语句，也可以用 GUI 来实现对数据库的操作。

13.4.1　SQL 概述

目前，主流关系型数据库管理系统均采用 SQL 作为共同的数据存取语句及标准接口。SQL 实质上是一种介于关系代数与关系演算之间的结构化查询语言，集 DDL (Data Definition Languag,)、DML (Data Manipulation Language)、DCL (Data Control Language)的功能于一体。其中，DDL 用于定义数据库中数据结构，DML 用于对数据库对象的基本操作，DCL 用来设置或更改数据库用户或角色权力。SQL 语句可以独立完成数据库生命周期内的全部活动——定义关系模式、创建数据库实例、数据库安全性控制、插入数据、查询数据、更新和删除数据等。

关系型数据库管理系统采用关系模型定义。在关系模型中实体和实体之间的联系均采用关系表示，这种结构的单一性使数据操作符得到了和谐的统一，查找、插入、删除、修改等每一种操作均只需要一种操作符。表13-1描述了SQL操作符及其功能。

表13-1 SQL操作符及功能

SQL功能	操作符	描述
数据查询	SELECT	查询语句
数据定义	CREATE	创建表/视图/索引/数据模式
	DROP	删除表/视图/索引/数据模式
	ALTER	更改表/视图/索引/数据模式
数据操作	INSERT	插入数据
	UPDATE	更新数据
	DELETE	删除数据
数据控制	GRANT	授权
	REVOKE	回收授权
	COMMIT	提交事务
	ROLLBACK	事务回滚

13.4.2 创建表

关系型数据库管理系统使用表、行(记录)、列(字段/属性)等组织和存储数据。一个关系型数据库由多个表组成，每个表由多个列组成。数据库、表、列均应具有自己的名称、数据类型、长度等。在NetBeans IDE中，可以通过“创建表”或“执行命令”两种方式创建表，下面将介绍这两种方式的使用方法。为了讲解SQL用法，将创建以下两个数据表，如表13-2和表13-3所示。

表13-2 用户信息表(USERINFO)

字段名称	数据类型	描述	字段名称	数据类型	描述
姓名	VARCHAR(20)	用户姓名，主键	电子邮件	VARCHAR(30)	用户电子邮件
性别	VARCHAR(10)	用户性别	学历代码	NUMERIC(2,0)	学历信息的编码，外键
年龄	NUMERIC(2,0)	用户年龄	自我介绍	VARCHAR(1000)	用户简短的介绍

表13-3 学历表(DEGREE)

字段名称	数据类型	描述	字段名称	数据类型	描述
学历代码	NUMERIC(2,0)	学历信息的编码，主键	学历名称	VARCHAR(10)	学历信息

1. 可视化方式

(1)“创建表”方式是通过可视化的方法创建表。在创建表之前,首先要指定一个应用框架。在 NetBeans IDE 的服务窗口中,展开 myJavaDB 数据库连接节点,则将显示 11 个框架子节点。右击 APP 节点,选择“设置为缺省架构”,通过该操作就可以将 APP 设置为缺省架构。展开 myJavaDB 数据库节点,右击“表”节点,选择“创建表...”命令,则打开“创建表”对话框,如图 13-9 所示。

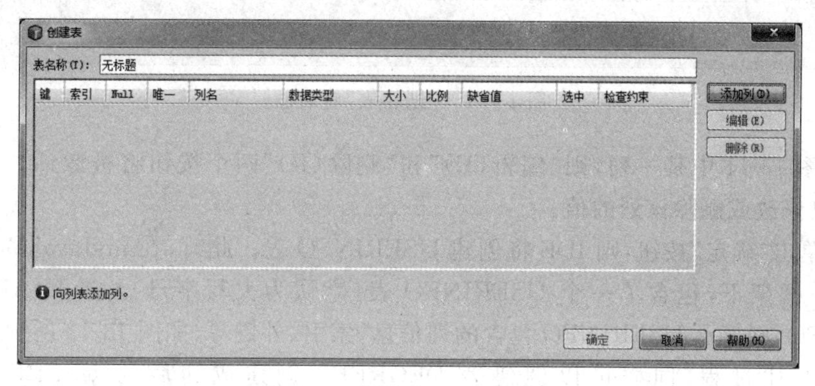

图 13-9　创建表 USERINFO

“创建表”对话框中列(字段)信息所包含的各项及含义如下:

- 表名称:表的名称,必须是唯一的。
- 键:表的关键字(主键),若选中该属性,索引及 Null 将一并被选中。
- 索引:通过列名称检索数据库。
- Null:选中该属性,列值将允许为空。
- 唯一:选中该属性,列值将不能重复。
- 列名:列的名称,同一个表中必须是唯一的。
- 数据类型:列的数据类型。
- 大小:定义列值的大小,默认值为 0。
- 比例:定义列值的比例,默认值为 0,用于浮点型以定义小数点后的位数。
- 缺省值:定义列的默认值。
- 选中:若该字段存在检查约束,则该属性被选中。
- 检查约束:定义该列的约束,即定义了合法的数据添加或更新输入列。

(2) 左击图 13-9 中右侧的“添加列(D)”按钮,则将弹出“添加列”对话框,在该对话框中可以输入列的具体值,如图 13-10 所示。

图 13-10　“添加列”对话框

反复进行上述操作,完成所有列的值的输入,然后单击图 13-10 中的“确定”按钮,就完成了列的添加,图 13-11 为已添加所有列值之后的对话框。

创建表

表名称(T): USERINFO

键	索引	Null	唯一	列名	数据类型	大小	比例	缺省值	选中	检查约束
✓	✓		✓	姓名	VARCHAR	20	0			
		✓		性别	VARCHAR	10	0			
		✓		年龄	NUMERIC	2	0			between 18 and 80
		✓		电子邮件	VARCHAR	30	0			
		✓		学历代码	NUMERIC	2	0			
		✓		自我介绍	VARCHAR	1000	0			

添加列(D)　编辑(E)　删除(R)

确定　取消　帮助(H)

图 13-11 “创建表”对话框

选中图 13-11 中某一列，则“编辑(E)”和“删除(R)”两个按钮将被激活。单击该按钮，就可以修改或删除该列的值。

(3) 单击“确定”按钮，则 IDE 将创建 USERINFO 表。此时，在 myJavaDB 数据库节点的 APP 框架下，包含了一个 USERINFO 表(默认为大写字母)。展开 APP→表→USERINFO，则显示 USERINFO 包含的列信息、索引、外键等，如图 13-12 所示。

按照上述过程，同样可以创建表 DEGREE。创建成功后的 USERINFO 表与 DEGREE 表的结构如图 13-13 所示。

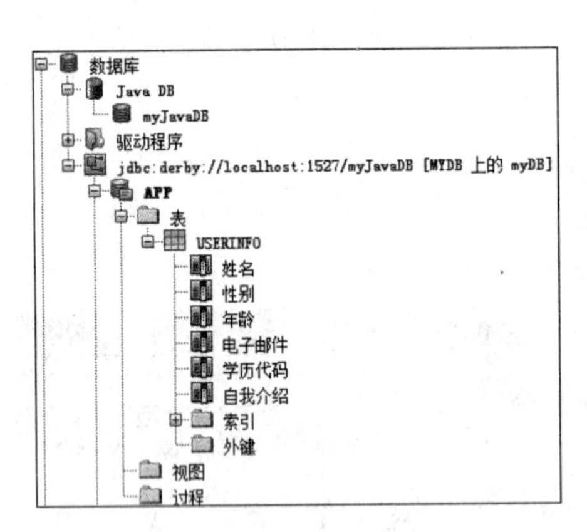

图 13-12 USERINFO 表结构

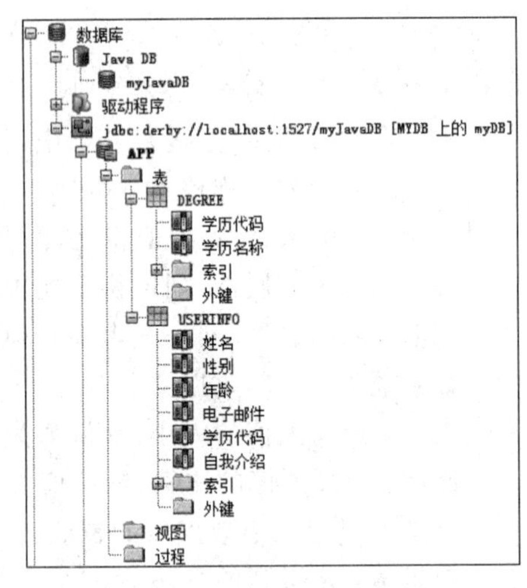

图 13-13 USERINFO 表/DEGREE 表结构

(4) 添加外键。“学历代码”是 USERINFO 表的字段，但不是主键，而该字段是 DEGREE 表的主键，所以可以将“学历代码”字段定义为 USERINFO 表的外键。在 IDE 中只能通过 ALTER 命令来创建外键。具体操作步骤如下：在 IDE 的服务窗口中，选择 USERINFO 节点，右击“外键”节点，在弹出的上下文菜单中选择“执行命令…”命令，则弹出“SQL 命令 1”窗口。在该窗口中输入如下命令：

```
ALTER TABLE APP.USERINFO ADD CONSTRAINT FK FOREIGN KEY(学历代码) REFERENCES APP.
DEGREE(学历代码) ON DELETE NO ACTION
```

然后单击任务栏中的执行 SQL 命令图标。如果输出窗口显示如下信息，则说明外键添加成功。添加成功后的 USERINFO 表结构如图 13-14 所示。

```
在 0.047 秒内成功执行,但 0 行受影响。
第 1 行,第 1 列
0.047 秒后执行完毕,出现 0 个错误。
```

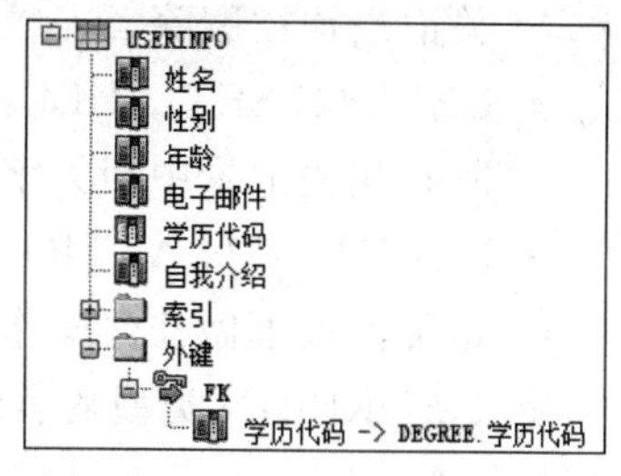

图 13-14　USERINFO 表结构

2. SQL 命令方式

执行命令方式通过书写 SQL 语句——CREATE TABLE 命令创建表。该命令的一般定义格式如下：

```
CREATE TABLE [<模式名>.]<表名>
(<字段名><类型(长度)>[<字段约束>] [,<字段名><类型(长度)>[<字段约束>]......],
[CONSTRAINT<约束名><约束类型>(字段[,字段......])]
[,CONSTRAINT <约束名>< 约束类型>(字段[,字段......])])
```

(1) CREATE TABLE 为创建表的关键字。

(2) CONSTRAINT 指定表级约束。如果某约束只作用于单个字段,则可以在字段声明中定义字段约束。如果某约束作用于多个字段,则必须使用 CONSTRAINT 定义表级约束。字段约束可以定义成表级约束,但表级约束不能定义成字段约束。

(3) 定义一个非空字段时,需要在字段后面标明 NOT NULL。

(4) 定义字段的默认值时,需要在字段后面标明 DEFAULT＜默认值＞。

(5) 定义主属性约束使用 PRIMARY 关键字。主属性约束能够保证主属性的唯一性和非空性。定义 PRIMARY 类型的字段约束时,需要在该字段后标明 PRIMARY KEY,其定义格式为：

```
CONSTRAINT <约束名>PRIMARY KEY(主键字段列表)
```

(6) 定义唯一性约束使用 UNIQUE 关键字,用于限定字段取值的唯一性,一般用于非主属性。定义 UNIQUE 类型的字段约束时,需要在该字段后标明 UNIQUE,一般格式为：

```
CONSTRAINT <约束名>UNIQUE (字段列表)
```

(7) 定义 CHECK 类型的字段约束时,需要在该字段后标明检查约束,检查约束的定义格式为：

```
CHECK(约束字段名 取值范围)
```

(8) FOREIGN 是外部关键字约束,用于限定两个表中字段取值的一致性。定义 FOREIGN 类型的字段约束时,在该字段后需要定义 REFERENCES 子句,格式为：

```
REFERENCES<引用方案>.<引用表>(引用字段)
[ON DELETE CASCADE|DELETE SET NULL|DELETE ON ACTION]
```

其中,ON 关键字指定引用行为,即当主表中一行记录被删除时,与 FOREIGN 关联的从表中的所有相关记录的处理方法,具体含义如下：

- DELETE CASCADE：级联删除，主表中的一行记录被删除时，从表中的所有相关记录均被删除。
- DELETE SET NULL：删除时设置为空，主表中的一行记录被删除时，从表中的所有相关记录中相关字段的值被设置为 NULL。
- DELETE NO ACTION：禁止删除，主表中的一行记录被删除时，从表中的所有相关记录不做任何操作。

定义 FOREIGN 类型的表级别约束时格式如下：

```
CONSTARINT<约束>FOREIGN KEY(字段列表) REFERENCES<引用方案>.<引用表>(引用字段列表)[ON DELETE CASCADE|DELETE SET NULL|DELETE ON ACTION]
```

在 IDE 服务窗口中，右击“表”节点，在弹出的上下文菜单中选择“执行命令...”命令，则将打开位于主窗口的 SQL 编辑器，输入以下 SQL 语句创建表 USERINFO：

```
01  CREATE TABLE APP.USERINFO (
02    "姓名" INTEGER not null,
03    "性别" VARCHAR(10),
04    "年龄" NUMERIC(2,0),
05    "电子邮件" VARCHAR(20),
06    "学历代码" NUMERIC(2,0),
07    "自我介绍" VARCHAR(20),
08    PRIMARY KEY(姓名),CONSTRAINT FK FOREIGN KEY(学历代码) REFERENCES APP.DEGREE(学
      历代码) ON DELETE NO ACTION
09  );
```

单击 SQL 编辑器的运行 SQL 命令(Ctrl+Shift+E)图标，如果没有语法错误，在“输出”窗口将显示如下信息：

```
在 0.125 秒内成功执行，但 0 行受到影响。
第 1 行，第 1 列
0.125 秒后执行完毕，出现 0 个错误。
```

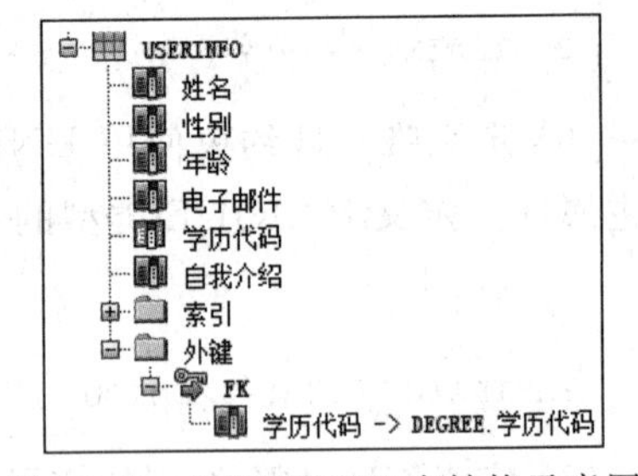

图 13-15　USERINFO 表结构示意图

刷新服务窗口中的“表”节点，则会显示 USERINFO 数据表的结构，如图 13-15 所示。

13.4.3　维护表结构

表创建完成之后，还可以通过对已创建的表的结构进行调整，例如添加/删除列。在服务窗口中，展开已连接的数据库节点，选择要删除的表的列，然后右击该列，执行弹出的上下文菜单中的“删除”命令，即可删除指定的列。

如果要添加某一个列，可以在要添加列的表上单击右键，执行弹出的上下文菜单中的“添加列...”命令，则打开“添加列”对话框，按照对话框提供的信息添加新列的名称、类型、大小、比例、缺省值等信息，然后单击“确定”按钮，则新列添加完毕。

13.4.4　删除表

如图 13-16 所示，在 IDE 服务窗口中右击“USERINFO”节点，在弹出的上下文菜单中选择“删除(D) Delete”命令，则弹出“确认表删除”对话框。单击“是”按钮，就删除了 USERINFO 表，否则可以取消删除操作，如图 13-17 所示。

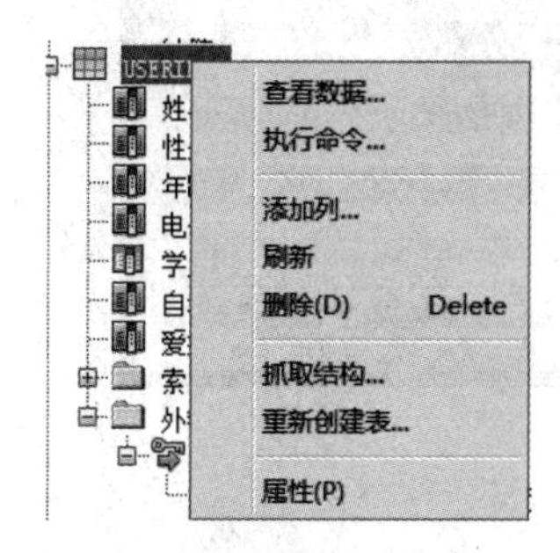

图 13-16　删除 USERINFO 表

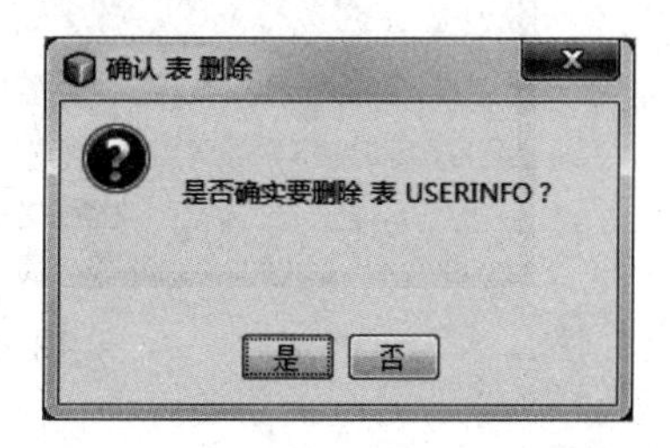

图 13-17　“确认表删除”对话框

13.4.5　添加表数据

1. 可视化方式

(1) 在 IDE 服务窗口中右击“USERINFO”节点，在弹出的上下文菜单中选择“查看数据...”命令，则右侧的“SQL 命令 1”窗口将被分为上下两部分。上半部分显示 SQL 语句，下半部分将显示 USERINFO 表中所有的数据，如图 13-18 所示。

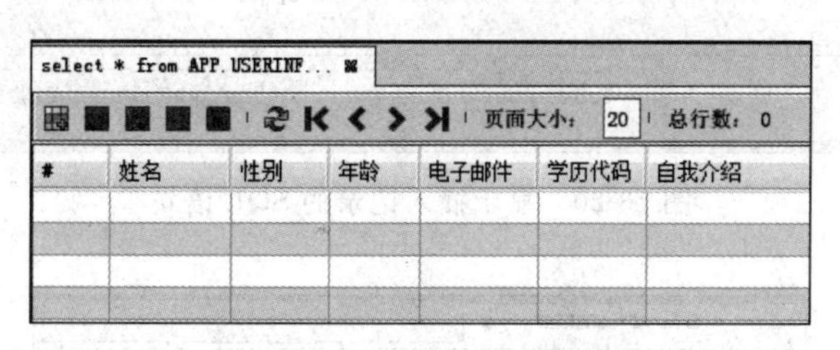

图 13-18　添加字段界面

(2) 单击图 13-18 中的“(插入记录)”按钮，则弹出“插入记录”窗口。双击记录 1 的字段值区域，就可以为每一个字段添加值，如图 13-19 所示。

(3) 单击“显示 SQL”按钮，则将显示与插入记录相对应的 SQL 语句，如图 13-20 所示。单击“隐藏 SQL”按钮，则 SQL 语句的显示消失。

(4) 重复上述操作，添加完表的所有记录后，单击“确定(D)”按钮，则完成表的记录的添加操作。此时，添加的记录将显示在“SQL 命令 1”窗口的下半部分区域，如图 13-21 所示。

2. SQL 命令方式

SQL 使用 INSERT 语句向表中插入一行数据，INSERT 语句的语法格式如下：

```
INSERT INTO <表名> [(字段名 1, ..., 字段名 n)] VALUES(值 1, ..., 值 n)
```

图 13-19　插入记录

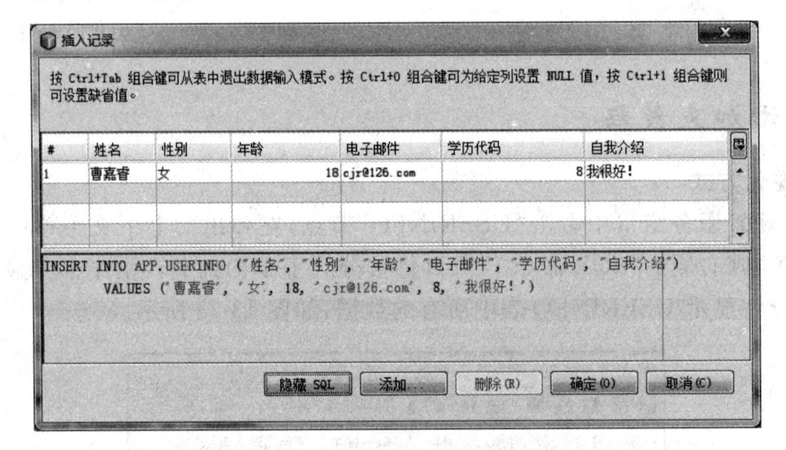

图 13-20　显示插入记录的 SQL 语句

图 13-21　SQL 命令窗口添加数据示意图

- INSERT 为插入关键字，INTO 子句指定接受新数据的表及字段，VALUES 子句指定其数据值。
- 如果向表中所有字段输入数据，则字段清单可以省略；如果向表中部分字段输入数据，则字段清单不可以省略。
- 如果不知道某字段的值，则可以使用 NULL 关键字将其值设为空。但是，如果表结构中该字段已设定为 NOT NULL，则不能使用空值输入。
- 对于数值型字段可以直接写值，字符型字段其值要加西文单引号，日期型字段其值要加西文单引号。

例如，在 USERINFO 表中添加一条记录的 SQL 语句如下：

```
INSERT INTO APP.USERINFO VALUES('曹嘉睿','女',18,'cjr@126.com',8,'我很好!');
```

3. SQL 脚本方式

SQL 脚本文件是 SQL 语句的集合，它的扩展名是. sql。下面介绍如何利用 SQL 脚本来实现添加表的数据。

假设 SQL 脚本文件存储于 D 盘根目录下，脚本文件名为 insert. sql。在 myJavaDB 数据库上执行该脚本文件操作步骤如下：

(1) 从 IDE 的主菜单中选择“文件”→“打开文件... (O)”命令，在打开的文件浏览器中导航到保存脚本文件 insert. sql 的位置，然后单击“打开”按钮，则该脚本文件将自动在 SQL 编辑器中打开，如图 13-22 所示。

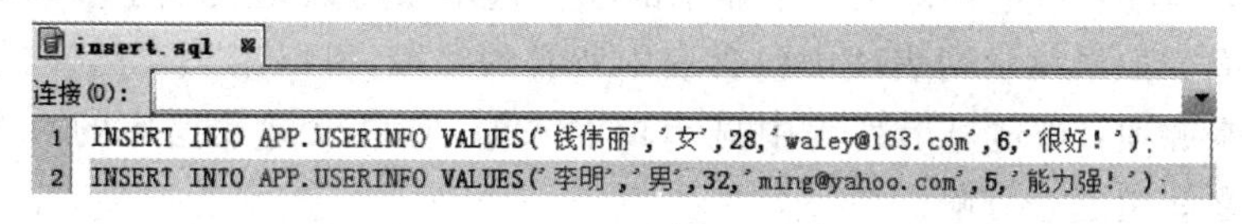

图 13-22　SQL 编辑器显示 SQL 脚本

(2) 从编辑器顶部工具栏中的“连接”下拉列表中选择要连接的数据库，此处为 myJavaDB 数据库，如图 13-23 所示。

```
insert.sql
连接(O): jdbc:derby://localhost:1527/myJavaDB [MYDB 上的 myDB]
1 INSERT INTO APP.USERINFO VALUES('钱伟丽','女',28,'waley@163.com',6,'很好!');
2 INSERT INTO APP.USERINFO VALUES('李明','男',32,'ming@yahoo.com',5,'能力强!');
```

图 13-23　SQL 编辑器连接数据库

(3) 单击 SQL 编辑器任务栏中的执行 SQL 命令图标“ ”，则该脚本将在选定的数据库上执行。如果在“输出-insert. sql 执行”窗口中生成如下信息，则说明成功地执行了 SQL 脚本文件。

```
在 0.015 秒内成功执行,但 1 行受影响。
第 1 行,第 1 列
在 0.005 秒内成功执行,但 1 行受影响。
第 2 行,第 1 列
0.02 秒后执行完毕,出现 0 个错误。
```

13.4.6　查询表数据

NetBeans IDE 提供了 SQL 命令方式、可视化方式、SQL 脚本方式三种方式来查询表中的数据，可视化方式与 SQL 脚本方式可参阅上一节的内容，本节仅介绍 SQL 命令方式。

用 SQL 查询数据可以用 SELECT 命令实现，该命令可以查询数据库中的数据，并能够实现查询结果的排序、分组、统计等功能。SELECT 命令的语法格式如下：

```
SELECT [ALL|DISTINCT]<显示列表项>|*
FROM<数据来源项>
[WHERE<条件表达式>]
[ORDER BY<排序选项>[ASC|DESC]];
```

SELECT 语句的基本含义是：根据 WHERE 子句的条件表达式，从 FROM 子句指定的表或视图中找出满足条件的记录，再将显示列表项中显示项的值列出来。在这种固定模式中，可以不要 WHERE，但是必须有 SELECT 和 FROM。

- ALL|DISTINCT：表示两者任选其一。其中，ALL 表示查询出表中所有满足条件的记录，是默认选项，可省略不写。DISTINCT 表示去除输出结果中的重复记录。
- 显示列表项：指定查询结果中显示的项。这个项可以是表中字段，各项之间用逗号分隔。如果显示列表项中包含表中所有的字段，可以用“*”代替。
- 数据来源项：指定显示列表中显示项的来源，它可以是数据库的一个或多个表，各项之间用逗号分隔。
- WHERE <条件表达式>：指定查询条件。
- ORDER BY <排序选项>：表示显示结果时，可以按指定字段排序，各选项之间用逗号分隔。ASC 表示升序，DESC 表示降序，默认值为升序。

1. 单表查询

单表查询指从一个表中查询数据。在这种情形下，SELECT 命令的 FROM 子句中只有一个表，而且语句中涉及的字段可以省略表名。

【例 13-1】 查询 USERINFO 表中全部信息。

在 IDE 服务窗口中右击“USERINFO”节点，选择“执行命令…”命令，在“SQL 命令 1”窗口输入如下命令：

```
SELECT * FROM APP.USERINFO;
```

单击任务栏中的执行 SQL 命令图标，“SQL 命令 1”窗口即可显示信息查询结果，如图 13-24 所示。

#	姓名	性别	年龄	电子邮件	学历代码	自我介绍
1	曹嘉香	女	18	cjr@126.com	8	我很好!
2	李丽娜	女	19	lina@hotmail.com	7	我很棒!
3	钱伟丽	女	28	waley@163.com	6	很好!
4	李明	男	32	ming@yahoo.com	5	能力强!

图 13-24 查询结果

【例 13-2】 在 USERINFO 表中，查询年龄在 19～32 岁之间的用户的学历代码，并按降序排列。

```
SELECT APP.USERINFO."学历代码" FROM APP.USERINFO
WHERE APP.USERINFO."年龄" BETWEEN 19 AND 32
ORDER BY APP.USERINFO."学历代码" DESC
```

查询结果如图 13-25 所示。

2. 多表查询

相对于单表查询，多表查询是从多个数据表中查询数据。此时，FROM 子句包含多张数据表，表之间用“,”分隔，并且如果某个字段名在多个表中重复出现，则该字段前必须添加所属表名。

【例 13-3】 查询所有用户的姓名、学历名称信息。

```
SELECT APP.USERINFO."姓名",APP.DEGREE."学历名称" FROM APP.USERINFO,APP.DEGREE
WHERE APP.USERINFO."学历代码"=APP.DEGREE."学历代码"
```

查询结果如图 13-26 所示。

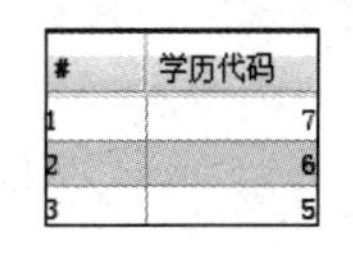

#	学历代码
1	7
2	6
3	5

图 13-25　查询结果

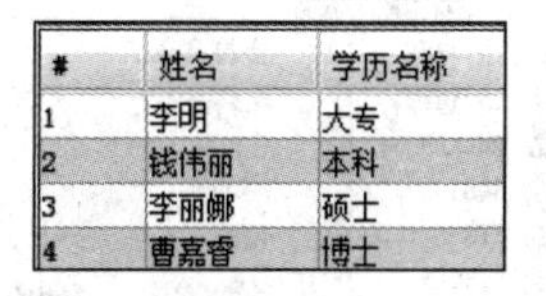

#	姓名	学历名称
1	李明	大专
2	钱伟丽	本科
3	李丽娜	硕士
4	曹嘉睿	博士

图 13-26　查询结果

13.4.7　修改表数据

SQL 用 UPDATE 语句修改表中的数据。UPDATE 语句的语法格式如下：

```
UPDATE <表名>SET <字段名>=<表达式>[,<字段名>=<表达式> ...] [WHERE <条件>]
```

- UPDATE 为更新关键字，表名为待更新表的名称。
- WHERE 子句指定被修改表的行，SET 子句指定更新的字段并赋予新值，字段之间用“,”分隔。

【例 13-4】 将 USERINFO 表中李明的电子邮件改为 lm@sina.com。

```
UPDATE APP.USERINFO SET APP.USERINFO."电子邮件"='lm@sina.com'
WHERE APP.USERINFO."姓名"='李明'
```

13.4.8　删除表数据

SQL 用 DELETE 语句删除表中的数据。DELETE 语句的语法格式如下：

```
DELETE FROM<表名>[WHERE <条件>]
```

- DELETE 为删除表数据关键字，FROM 子句指定目标表。
- WHERE 子句指定删除条件，若没有 WHERE 子句，则删除表中所有记录。

【例 13-5】 将 USERINFO 表中所有性别为“女”的记录删除。

```
DETELE FROM APP.USERINFO WHERE APP.STUDENTINFO."性别"='女'
```

13.4.9　抓取表结构

NetBeans IDE 可以把表结构进行备份，以便在同一个或其他数据库中快速创建表。

注意，这种方法只能复制表结构，而不能复制表中的数据。

(1) 在“服务”窗口中展开已连接数据库的节点 myJavaDB，再展开默认框架 APP 下的“表”节点 USERINFO，右击该表节点，在弹出上下文菜单中选择“抓取结构…”命令，则将打开“抓取表”对话框，如图 13-27 和图 13-28 所示。

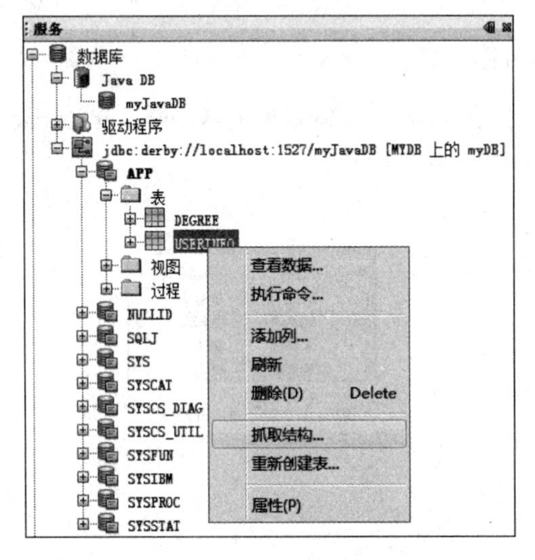

图 13-27 抓取表结构

图 13-28 “抓取表”对话框

(2) 在如图 13-28 所示的“抓取表”对话框中，在“文件名”文本域中输入文件名 USERINFO. grab，选择保存文件的位置，然后单击“保存”按钮，则将表结构存储于指定位置的文件中，本例保存在 C:\JavaExample\chapter13\DB 中。

(3) 启动并连接数据库 Test，展开数据库连接节点 APP 框架，右击“表”节点，则弹出上下文菜单，如图 13-29 所示。选择“重新创建表...”命令，则打开“重新创建表”对话框，如图 13-30 所示。

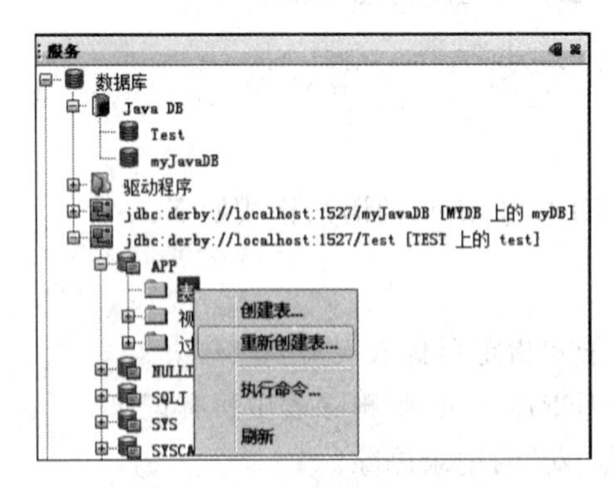

图 13-29 重新创建表菜单

图 13-30 “重新创建表”对话框

单击图 13-30 中的“打开”命令，则打开“命名表”对话框，如图 13-31 所示。单击“编辑表脚本(E)”命令就可以编辑 SQL 语句了，如图 13-32 所示。

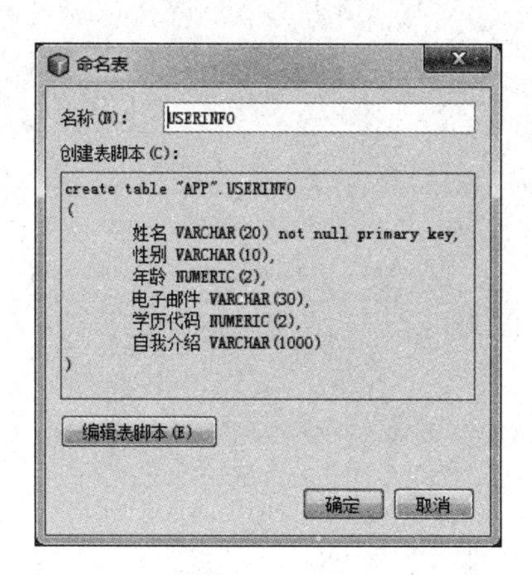

图 13-31　“命名表”对话框

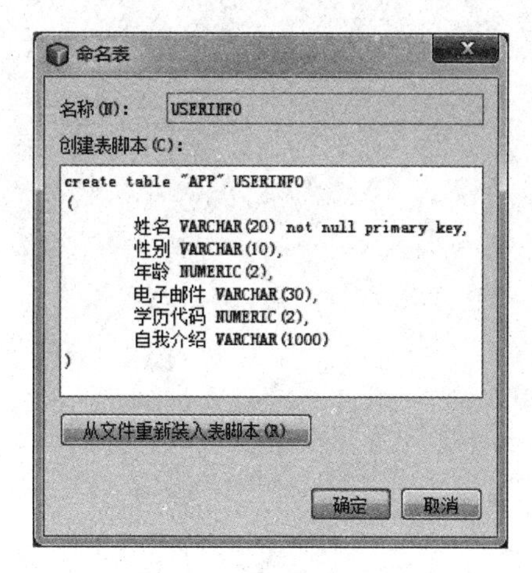

图 13-32　编辑表脚本对话框

13.5　小　　结

Java DB 是一个内嵌于 JDK 6.0 用 Java 开发的数据库管理系统，Java DB 本身没有操作界面，最好能够借助像 NetBeans IDE 这样的第三方工具对其进行操作和管理。本章通过实例介绍了在 NetBeans IDE 下如何启动、创建、连接 Java DB，以及如何执行 SQL 命令访问 Java DB。本章所讲解的内容是学习 Java 数据库程序设计的重要基础，读者应当予以重视。

课后习题

1. 根据表 13-2 所描述的 USERINFO 表结构，用 SQL 语句完成如下操作：

- 查询性别为“男”的用户的姓名、年龄，并按照年龄进行降序排列。
- 删除姓名为“钱伟丽”的用户的所有信息。

2. 根据表 13-2 所描述的 USERINFO 表、表 13-3 描述的 DEGREE 表，以及图 13-23 给出的记录集，用 SQL 语句完成如下操作：

- 将姓名为“李明”的用户的学历更改为硕士(不可直接修改 USERINFO 表中的“学历代码”)。
- 查询性别为“女”的所有用户的学历名称。
- 向 USERINFO 表中插入如下记录：姓名＝廉子键，性别＝女，年龄＝26，电子邮件＝candy@163.com，学历＝本科，自我介绍＝虽然我年轻，但我会很努力！

第14章 用 NetBeans 开发 JDBC 应用

CHAPTER

大多数复杂的 Java 应用都要求具有数据持久性，关系型数据库是保存数据的一种常见的选择。Java 提供了多种保存数据的方法——序列化对象、文件、注解(Annotation)、JDBC(Java Database Connectivity)。其中，最具代表性的是 JDBC 技术，它为开发人员提供了一种在 Java 程序中连接关系型数据的能力。JDBC API 为 Java 应用程序提供了一套访问一个或多个关系数据库的标准，任何支持该标准的数据库均可以被应用程序以一致的方式进行访问。Java SE 6.0 拥有一个内嵌的 100%用 Java 开发的数据库系统，支持 JDBC 4.0 的一系列新特性，使 Java 应用在对持久数据的访问上更为简洁、高效和可靠。

本章将讲解 JDBC 概念、JDBC 工作原理以及 JDBC 驱动程序的类型，然后通过实例介绍用 JDBC API 实现数据查询、更新、添加、删除的方法，最后将给出一个应用 Swing 技术、JDBC 技术和 Java DB 实现的 Java 桌面应用程序的综合示例。

14.1 JDBC 基本概念

JDBC 是面向对象的、基于 Java 的 API，用于完成数据库的访问，它由一组用 Java 语言编写的类与接口组成，旨在作为 Java 开发人员和数据库供应商可以遵循的标准。如图 14-1 所示为 JDBC 体系结构的概念图。

JDBC 是一个分层结构，在开发人员如何配置 JDBC，而不需要改变应用程序代码方面提供了很大的灵活性。这主要体现在以下几个方面：

(1) Java 应用程序通过 JDBC API 与数据库进行连接。也就是说，真正提供存取数据库功能的是 JDBC 驱动程序，客户机如果想要存取某一数据库中的数据，就必须要拥有对应于该数据库的驱动程序。

(2) JDBC API 由一组用 Java 编写的类和接口组成，提供了用于处理列表和关系数据的标准 API。通过调用 JDBC API 提供的类和接口中的方法，客户机能够以一致的方式连接不同类型的数据库，进而使用标准的

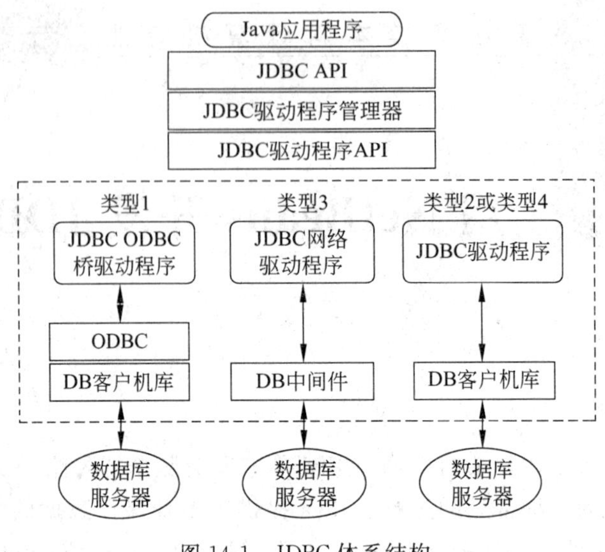

图 14-1 JDBC 体系结构

SQL 语言存取数据库中的数据，而不必再为每一种数据库系统编写不同的 Java 程序代码。

(3) JDBC 为数据库开发人员、数据库前台工具开发人员提供了一种标准的应用程序接口，使开发人员可以用纯 Java 语言编写完整的数据库应用程序。

综上所述，JDBC 是围绕以下两个关键概念建立的：

(1) 加载针对供应商的 JDBC 驱动程序，以允许 Java 应用程序连接到供应商的数据库并与之交互。

(2) 使用 JDBC API 编写 Java 代码。因为 JDBC API 是以与供应商无关的方式进行定义的，所以可编写出高度可移植的 Java 应用程序。

14.2 java.sql 包

java.sql 包是 JDK 提供的核心 JDBC API，它包含了访问数据库所必需的类、接口以及异常类。

(1) java.sql.DriverManager 类：该类用来处理 JDBC 驱动程序、注册驱动程序以及创建 JDBC 连接。

(2) java.sql.Driver 接口：该接口代表 JDBC 驱动程序，必须由每个驱动程序供应商实现。

(3) java.sql.Connection 接口：该接口代表数据库连接，并拥有创建 SQL 语句的方法以完成常规的 SQL 操作。SQL 语句始终在 Connection 的上下文环境内部执行，并为数据库事务处理提供提交和回滚方法。

(4) java.sql.Statement：该接口提供在给定数据库连接的上下文环境中执行 SQL 语句的方法，数据库查询的结果在 java.sql.ResultSet 对象中返回。它有以下两个重要的子接口：

① java.sql.PreparedStatement 子接口：该子接口允许执行预先解析语句，这将大大提高数据库操作的性能。DBMS 只预编译 SQL 语句一次，以后就可以执行多次，提高了 Java 应用程序的性能。

② java.sql.CallableStatement 子接口：该子接口允许执行存储过程。

(5) java.sql.ResultSet 接口：该接口含有并提供访问行的方法，这些行存在于执行语句(Statement)所返回的 SQL 查询中。

(6) java.sql.SQLException 接口：这是一个异常接口，提供对与数据库错误相关的所有信息的访问。

14.3　JDBC 工作原理

图 14-2 为 JDBC 工作原理的示意图。

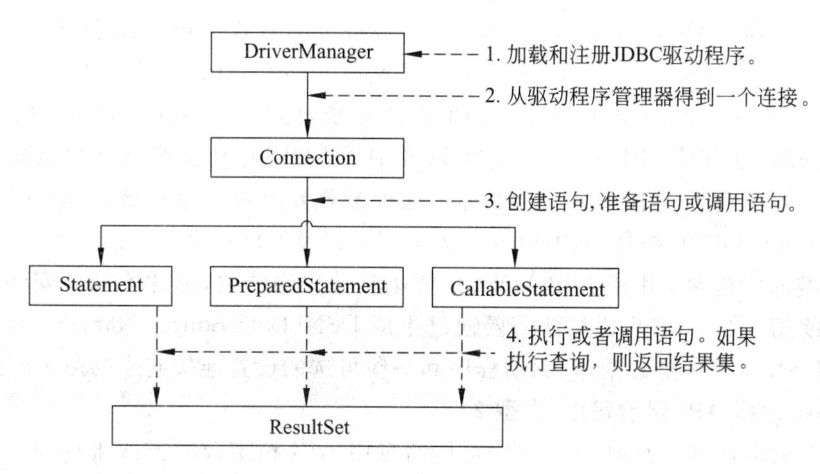

图 14-2　JDBC 工作原理示意图

从图 14-2 可以看出，基于 JDBC API 开发 Java 应用程序遵循相同的工作模式。也就是说，JDBC 体系结构以 Java 接口和类的集合为基础，它们使开发人员能够连接到数据源，创建和执行 SQL 语句，以及在数据库中检索和修改数据。图 14-2 从较高层次展示了访问数据库中 JDBC 对象的基本步骤。在得到 Connection 对象以后，通过它可以得到以下对象。

- Statement 对象：用于执行静态 SQL 语句。
- PreparedStatement 对象：用于执行预编译 SQL 语句。这些语句可以从程序变量中得到值，或者将结果返回给程序变量。
- CallableStatement 对象：用于执行数据库中存储的代码。
- SQLException 对象：当访问数据库出现错误时所产生的异常对象。

如果 Statement、PreparedStatement 或者 CallableStatement 对象执行一个查询以后返回了一个行集，则创建 ResultSet 对象。否则，将产生一个 SQLException 对象。

14.4 JDBC 驱动程序

数据库系统通常拥有可供客户机和数据库之间通信所使用的专用网络协议。每个JDBC 驱动程序都有与特定的数据库系统连接和相互作用所要求的代码，这些代码是数据库相关的，且数据库供应商通常提供这些 JDBC 驱动程序。对于 Java 程序员来说，可以通过 DriverManager 类与数据库系统进行通信，以完成请求数据操作并返回被请求的数据。只要在 Java 应用程序中指定某个数据库系统的驱动程序，就可以连接并存取指定的数据库系统。当需要连接不同种类的数据库系统时，只要修改程序代码中的 JDBC 驱动程序，而不需要对其他程序代码作任何改动。

JDBC 驱动程序有 4 种类型，不同类型的 JDBC 驱动程序有着不同的功能和使用方法，了解它们的功能有助于用户根据需要选择合适的 JDBC 驱动程序。

1. JDBC-ODBC 桥接驱动程序(类型 1)

JDBC-ODBC(Open Database Connectivity)桥接驱动程序由 Sun 公司与 Merant 公司联合开发，主要功能是把 JDBC API 调用转换成 ODBC API 调用，然后 ODBC API 调用针对供应商的 ODBC 驱动程序来访问数据库系统，即利用 JDBC-ODBC 桥通过 ODBC 来存取数据源。JDBC API 中的 Java 类，以及 JDBC-ODBC 桥都是在客户机应用程序处理中被调用的，ODBC 层执行另一个处理。这种配置要求每个运行该应用程序的客户机都要安装 JDBC-ODBC 桥接 API、ODBC 驱动程序以及本机语言的 API。

JDK 类库中包含了用于 JDBC-ODBC 桥接驱动程序的类，因此不需要安装任何附加包就可以使用。但是，客户机仍然需要通过生成 DSN(Data Source Name)来配置 ODBC 管理器。DSN 是一个把数据库、驱动程序和一些可选的设置连接起来的命名配置。

2. Java 本机 API 驱动程序(类型 2)

类型 2 驱动程序是使用 Java 代码与厂商专用 API 相结合的方式来提供数据访问的功能，它是把 JDBC API 调用转换成厂商专用 API 调用，由数据库处理相关请求并把结果通过 API 送回，然后再将结果转发到 JDBC 驱动程序，并将把结果转换成 JDBC 标准返回到 Java 应用程序。与类型 1 相似，部分 Java 代码、部分本机代码驱动程序以及厂商专用的本机语言 API，必须在运行该 Java 应用程序的客户机上安装。

3. 中间数据库访问服务器(类型 3)

类型 3 驱动程序使用一个中间数据库服务器，它能够把多个客户机连接到多个数据库服务器上。客户机通过一个中间服务器组件(例如一个监听程序)连接到数据库服务器，这个中间程序起到了连接多个数据库服务器的网关作用。客户机通过一个 JDBC 驱动程序向中间数据库服务器发送一个 JDBC 调用，它使用另一个驱动程序(例如类型 2)完成到数据源的请求。用来在客户机和中间数据库服务器之间通信的协议取决于这个中间件服务器厂商，但是中间件服务器可以使用不同的本机协议来连接不同的数据库。

4. 纯 Java 驱动程序(类型 4)

类型 4 的驱动程序是用 Java 编写的，与供应商 API 代码无关。类型 4 驱动程序使用厂商专用的网络协议，把 JDBC API 调用直接转换为针对 DBMS 的供应商网络协议，它们之间通过套接字直接与数据库建立连接。类型4驱动程序提供的性能要优于类型1和类型2驱动程序，也是在实际应用中最简单的驱动程序，原因是不需要安装其他的中间件。主要的数据库厂商都为它们的数据库提供了类型4的JDBC驱动程序。类型4驱动程序可以在任何Java应用程序或Applet中使用，而且可以下载到客户端，以避免在客户端手工安装其他DBMS软件。

14.5 基于JDBC API访问数据库

一般情况下，无论编写何种类型的Java应用程序，基于JDBC API访问何种类型的数据库系统，大致上都遵循以下几个步骤。

1. 加载JDBC驱动程序

在与某一种类型的数据库建立连接之前，必须首先加载与之相匹配的JDBC驱动程序，这是通过使用java.sql包中的下列方法来实现的：

```
Class.forName("DriverName");
```

DriverName是要加载的JDBC驱动程序名称，该名称可以根据数据库厂商提供的JDBC驱动程序的种类确定。由于本书采用的是Java DB数据库，所以加载内嵌模式的Java DB数据库驱动程序的方法如下：

```
Class.forName("org.apache.derby.jdbc.EmbeddedDriver");
```

2. 创建数据库连接

创建与指定数据库的连接，需要使用DriverManager类的getConnection()方法。该方法的语法如下：

```
Connection conn=DriverManager.getConnection(URL,user,password);
```

该方法返回一个Connection对象。这里的URL是一个字符串，代表了将要连接的数据源，即数据库的具体位置。该方法的执行过程如下：

(1) 首先解析JDBC URL，然后搜寻系统内所有已注册的JDBC驱动程序，直到找到符合JDBC URL设定的通信协议为止。

(2) 如果寻找到符合条件的JDBC驱动程序，则DriverManager类建立一个新的数据库连接；否则返回null，然后继续查询其他类型的驱动程序。

(3) 如果最后无法找到对应的JDBC驱动程序，则不能建立数据库连接，Java应用程序将抛出一个SQLException异常。

不同类型的JDBC驱动程序，其JDBC URL是不同的。JDBC URL提供了一种辨认不同种类数据库的方法，使指定种类的数据库驱动器能够识别它，并与之建立连接。标准的JDBC URL使用格式如下：

```
jdbc:<子协议>:<子名称>
```

JDBC URL由三部分组成，各个部分之间用冒号分隔。“子协议”是指数据库连接的方式，子名称根据子协议的改变而变化。

在实际的JDBC程序设计中，JDBC URL一般有两种语法格式。第一种JDBC URL语法格式如下：

```
jdbc:driver:database
```

这种形式的URL用来通过ODBC连接本地数据库，driver一般是ODBC。而ODBC已经提供了主机、端口等信息，所以这些信息通常可以省略。通过ODBC连接数据库的例子如下：

```
Class.forName("sun.jdbc.odbc.JdbcOdbcDriver");
Connection donn=DriverManager.getConnection("jdbc:odbc:DBName");
```

第二种JDBC URL语法格式如下：

```
jdbc:driver://host:port/database 或 jdbc:driver:@host:port:database
```

这种形式的URL用于连接网络数据库，因此必须提供主机、端口号、用户名及口令等所有信息。例如，网络服务器模式下连接Java DB时应使用如下形式：

```
Class.forName("org.apache.derby.jdbc.ClientDriver");
Connectioncon = DriverManager. getConnection ( " jdbc: derby://localhost: 1527/
DBName;create=true","username","password");
```

3. 执行SQL语句

在与某个数据库建立连接之后，该连接会话就可用于发送SQL语句。在发送SQL语句之前，必须创建一个Statement对象，该对象负责将SQL语句发送给数据库。如果SQL语句运行后产生结果集，Statement对象将把结果集返回给一个ResultSet对象。创建Statement对象可以使用Connection接口的createStatement()方法实现：

```
Statement stmt=conn.createStatement();
```

Statement对象创建以后，就可以使用该对象的executeQuery()方法执行数据库查询语句。executeQuery()方法返回一个ResultSet类的对象，它包含了SQL查询语句执行的结果集。例如下面的语句：

```
ResultSet rs=stmt.executeQuery("select * from student");
```

如果执行INSERT、UPDATE、DELETE命令，则必须使用executeUpdate()方法。例如下面的语句：

```
ResultSet rs=stmt.executeUpdate("delete * from student where ID='06999001' ");
```

4. 处理结果集

JDBC接收结果是通过ResultSet对象实现的。一个ResultSet对象包含了执行某个SQL语句后的所有行，而且还提供了对这些行的访问。在每个ResultSet对象内部就好像有一个指针，借助于指针的移动，就可以遍历ResultSet对象内的每一个数据项。因为一开始指针所指向的是第一条数据项之前，所以必须首先调用next()方法才能取出第一条记录，而第二次调用 next()方法时指针就会指向第二条记录，依次类推。

了解数据项的取得方法以后，还必须知道如何取出各字段的数据。通过 ResultSet 对象提供的 getXXX()方法，可以取得数据项内的每个字段的值(XXX 代表对应字段的数据类型)。假定 ResultSet 对象内包含两个字段，分别为整型与字符串类型，则可以使用 rs.getInt(1)与 rs.getString(2)方法来取得这两个字段的值(1、2 分别代表各字段的相对位置)。例如，下面的程序片段利用 while 循环输出 ResultSet 对象内所有数据项：

```
while (rs.next() ){
    System.out.println(rs.getInt(1));
    System.out.println(rs.getString(2));
}
```

5. 关闭数据库连接

在成功地取得执行结果之后，最后一个动作就是关闭 Connection、Statement、ResultSet 等对象。关闭各个对象的方法如下：

```
try {
    rs.close();
    stmt.close();
    conn.close();
}catch(SQL Exception e){
    e.printStackTrace();
}
```

14.6　用 NetBeans 开发 JDBC 应用

Java DB 提供了内嵌模式和网络服务器模式两种运行模式，本节将介绍在 NetBeans IDE 中开发基于这两种模式的 JDBC 应用程序的方法。

14.6.1　内嵌模式

在内嵌模式(Java DB Embedded)下，Java DB 数据库与应用程序共享同一个 JVM，即 Java DB 只处理与应用程序使用相同 JVM 的请求。此外，应用程序会在启动和关闭时自动启动或停止 Java DB 引擎，并且其他应用程序不可访问 Java DB 数据库。Java DB 包的 derby.jar 文件包含了数据库引擎和嵌入式 JDBC 驱动程序。

嵌入式模式的主要特点是不需要进行网络和服务器的设置，由于应用程序已经包含了 Java DB 引擎，程序员不会感知在使用一个数据库系统，所以这个特点非常适合桌面工具的使用。下面通过示例讲解在内嵌模式下如何创建一个 JDBC 应用程序。

【例 14-1】 创建一个 JDBC 应用程序，使用 JavaDB 的内嵌模式实现对数据库的连接，并通过增加、删除、修改命令实现对表中数据的操作。

(1) 启动 NetBeans IDE，创建一个 Java 标准项目，项目名称为 JavaDBEmbedded，项

目位置为 C:\JavaExample\chapter14\14-1，并设定主类名称为 Main。

(2) 启动并连接 myJavaDB，它的用户名为 myDB，密码为 NetBeans，默认框架为 APP。

(3) 该 JDBC 应用程序将在 myJavaDB 数据库中创建表 UINFO，并针对该表实现插入、删除、修改等操作。

```
01 package javadbembedded;
02 import java.sql.Statement;
03 import java.sql.Connection;
04 import java.sql.DriverManager;
05 import java.sql.ResultSet;
06 import java.sql.SQLException;
07 public class Main {
08 public static void main(String[] args){
09   try {
10     Connection conn=null;
11     int n=0;
12     String sqlInsert="";
13     try {
14       //加载驱动程序
15       Class.forName("org.apache.derby.jdbc.EmbeddedDriver");
16       System.out.println("Load the embedded driver");
17       //连接数据库 myJavaDB
18       conn=DriverManager.getConnection("jdbc:derby:myJavaDB;"+"create=
       True","myDB","NetBeans");
19       System.out.println("create and connect to myJavaDB");
20     }catch(Exception ex){
21       System.out.println("未能正常连接数据库");
22       System.out.println(ex.getMessage());
23     }
24     conn.setAutoCommit(false);
25     //创建表 USERINFO 并插入 1 条记录
26     Statement st=conn.createStatement();
27     String sqlCU="CREATE TABLE APP.UINFO"+"(姓名 VARCHAR(20) not null,"+"性
     别 VARCHAR(10),年龄 NUMERIC(2,0),"+"电子邮件 VARCHAR(20),学历代码 NUMERIC
     (2,0),"+"自我介绍 VARCHAR(20),PRIMARY KEY(姓名))";
28     st.executeUpdate(sqlCU);
29     sqlInsert="insert into APP.UINFO values('樊殊豪','男',19,"+"'mike@ 126.
     com',8,'我很优秀!')";
30     n=st.executeUpdate(sqlInsert);
31     if(n!=0){
32       System.out.println("Insert Sucess!");
33     }else {
34       System.out.println("Insert Failure!");
```

```
35      }
36      sqlInsert="insert into APP.UINFO values('宋思明','男',"+"40,'ming@ 126.
        com',6,'我也很优秀!')";
37      n=st.executeUpdate(sqlInsert);
38      if(n!=0){
39        System.out.println("Insert Sucess!");
40      }else {
41        System.out.println("Insert Failure!");
42      }
43      String sqlSelect="select * from APP.UINFO where "+"APP.UINFO.姓名='宋思明'";
44      ResultSet rs=st.executeQuery(sqlSelect);
45      while(rs.next()){
46        System.out.println("姓名: "+rs.getString(1));
47        System.out.println("性别: "+rs.getString(2));
48        System.out.println("年龄: "+rs.getInt(3));
49        System.out.println("电子邮件: "+rs.getString(4));
50        System.out.println("学历代码: "+rs.getInt(5));
51        System.out.println("自我介绍: "+rs.getString(6));
52      }
53      String sqlUpdate="update APP.UINFO set "+"APP.USERINFO.年龄=42 where
        APP.UINFO.姓名='宋思明'";
54      n=st.executeUpdate(sqlUpdate);
55      if(n!=0){
56        System.out.println("Update Sucess!");
57      }else {
58        System.out.println("Update Failure!");
59      }
60      String sqlDelete="delete from APP.UINFO "+"where APP.UINFO.姓名='樊殊豪'";
61      n=st.executeUpdate(sqlDelete);
62      if(n!=0){
63        System.out.println("Delete Sucess!");
64      }else {
65        System.out.println("Delete Failure!");
66      }
67      conn.commit();
68      st.close();
69      conn.close();
70      try {                   //关闭数据库
71        DriverManager.getConnection("jdbc:derby:myJavaDB;shutdown=true");
72        System.out.println("Database shut down sucess!");
73      }catch (SQLException se){
74        System.out.println("Database shut down normally");
75        System.out.println(se.getMessage());
76      }
```

```
77        System.out.println("SimpleApp finished");
78      }catch (Throwable e){
79        System.out.println("未能正常操作数据库");
80        System.out.println(e.getMessage());
81      }
82    }
83  }
```

【分析讨论】

① 第 13～23 句用于加载驱动程序并创建与 myJavaDB 数据库的连接。

② 第 26～28 句用于创建表 UINFO,第 29～42 句用于向表 UINFO 插入 2 条记录,第 43～52 句用于实现记录查询并输出查询结果,第 53～59 句用于实现数据更新,第 60～66 句用于实现数据删除。

③ 第 67 句通过 commint()命令实现事务的提交,将数据库对象的任何操作永久地保存在其中。第 68、69 句用于关闭 Statement 对象和数据库连接对象。

④ 本例采用了 Java DB 的内嵌模式实现,所以加载的 JDBC 驱动程序应为"org.apache.derby.jdbc.EmbeddedDriver"。

在运行程序之前,需要将 derby.jar 文件导入到 NetBeans IDE 中。在项目窗口右击"库"节点,在弹出的上下文菜单中选择"添加 JAR/文件夹..."命令,则弹出"添加 JAR/文件夹"对话框。选择绝对路径(A)中的值——C:\Program Files\Sun\JavaDB\lib 中的文件 derby.jar,如图 14-3 所示。单击"打开"按钮,则"项目"窗口将显示 derby.jar 文件,如图 14-4 所示。

执行 main 方法,程序运行结果如图 14-5 所示。

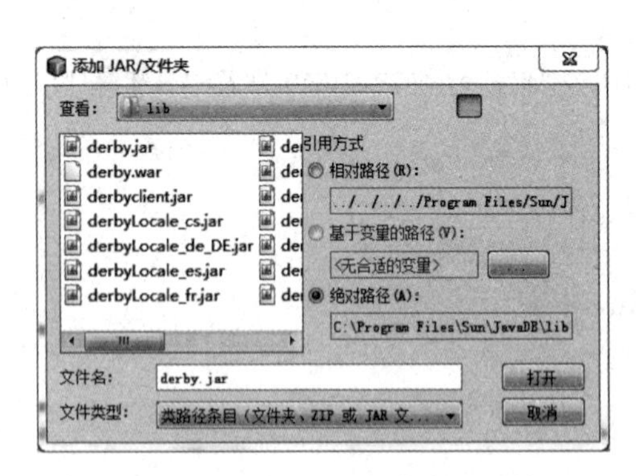

图 14-3 "添加 JAR/文件夹"对话框

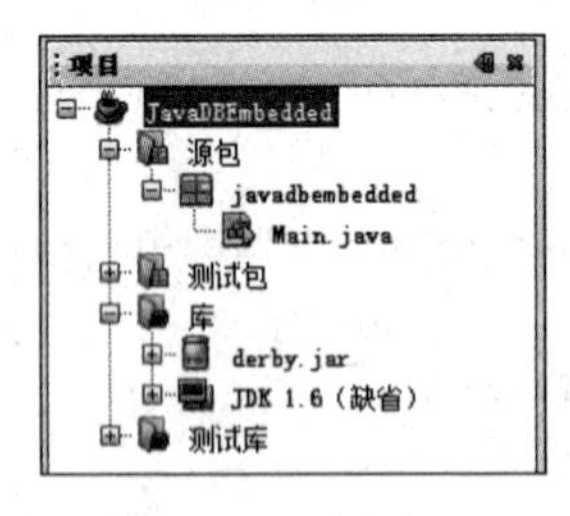

图 14-4 项目窗口

图 14-5 程序运行结果

【分析讨论】

使用嵌入模式的 Java DB 不需要管理和维护数据库,但是这种模式的 Java DB 本身不在一个独立的进程中,而是和应用程序一起在同一个 JVM 中运行。因此,Java DB 与 jar 文件一样变成了应用的一部分。也就是说,只有一个 JVM 能够启动数据库,两个在不同 JVM 实例里的应用程序不能访问同一个数据库。

14.6.2 网络服务器模式

在网络服务器模式(Java DB Network)下,Java DB 数据库独占一个 JVM,作为服务器上的一个独立进程运行,并且允许有多个应用程序访问同一个数据库,即 Java DB 会处理来自不同 JVM 的应用程序请求。

由于网络模式与内嵌模式之间的差异较小,因此网络模式下连接 Java DB 时只需简单地对内嵌模式做如下的修改即可。

- 驱动程序类:org. apache. derby. jdbc. ClientDriver。
- 连接数据库的协议:jdbc:derby://localhost:1527/。

一般地,Java DB 网络模式下客户端连接字符串的格式应为:

```
jdbc:derby://server[:port]/databaseName[;attributeKey=value]
```

具体的代码实现如下:

```
• Class.forName("org.apache.derby.jdbc.ClientDriver");
• conn= DriverManager.getConnection("jdbc:derby://localhost:1527/myJavaDB",
  "myDB","NetBeans");
```

14.7 Java DB 数据库的查询

与数据库建立连接后,可以使用 JDBC API 实现与数据库的交互。JDBC 与数据库中的表进行交互的主要方式是使用 SQL 语句。JDBC API 可以将标准的 SQL 语句发送给数据库,实现与数据库的交互。

14.7.1 顺序查询

一旦建立了数据库连接并执行了 SQL 语句,则 SQL 语句的执行结果将以一个 ResultSet 对象来表示。此时,可使用一个程序循环来检索 ResultSet(结果集)。ResultSet 类封装了 SQL 查询所得到的数据行或记录。通过 Statement 接口中的 executeQuery(String sqlSt)方法返回 java. sql. ResultSet 对象,sqlSt 为有效的 SQL 查询语句。例如,以下的代码片段:

```
String sqlSel="select * from APP.USERINFO where APP.USERINFO.姓名='宋思明'";
ResultSet rs=st.executeQuery(sqlSelect);
```

ResultSet 对象包含了执行 SQL 查询语句返回的结果集,可以把该结果集看作是一张二维表。要得到二维表中的任何一个字段,首先需要找到它所处的行,然后再找到所处的列,所以需要一个指向当前行记录的指针,并且执行操作前指针应指向第一行之前的位置。如果在 ResultSet 对象上调用 next()方法,则可将记录指针移到下一个位置。从这时开始,记录指针将一直保持有效,直至结束所有行的遍历或者关闭它为止。

如果使用默认的 ResultSet 对象,则拥有只向前移动的指针。通常,可以在循环中使用 next()方法处理结果集中的行。例如,以下的代码片段:

```
String sqlSel="select * from APP.USERINFO where APP.USERINFO.姓名='宋思明'";
ResultSet rs=st.executeQuery(sqlSelect);
while(rs.next()){
    //处理行记录,获得字段值并输出
}
```

如果移动到有效的行,则 next()方法返回 true;如果移出了末尾,则 next()方法返回 false。因此,可以使用 next()方法来控制 while 循环。当然,这是假设 ResultSet 对象是从默认状态开始,且记录指针设置在第一行之前的情形。也可以使用 isLast()或 isFirst()方法分别测试是否到达记录末尾或开头,使用 isBeforeFirst()或 isAfterLast()方法分别测试是位于紧接着第一行记录之前,还是已经超出了记录末尾。

在 ResultSet 接口中,提供了一系列方法在记录集中自由移动记录指针,以加强应用程序的灵活性和提高程序执行的效率,下面介绍一些常用的方法。

- void previous():将记录指针移动到当前行的前一行。
- void first():将记录指针移动到 ResultSet 的第一行。
- boolean isFirst():如果记录指针在 ResultSet 的第一行,则返回 true。
- boolean isLast():如果记录指针在 ResultSet 的最后一行,则返回 true。
- void beforeFirst():将记录指针移动到 ResultSet 的第一行之前。
- boolean isBeforeFirst():如果记录指针在 ResultSet 的第一行之前,则返回 true。
- void last():将记录指针移动到最后一行。
- void afterLast():将记录指针移动到最后一行之后。
- boolean isAfterLast():如果记录指针在 ResultSet 的最后一行之后,则返回 true。
- boolean absolute(int rows):将 ResultSet 指针按照整数参数给出的大小,移动到相对于 ResultSet 的起始或末尾的绝对位置。

SQL 数据类型与 Java 数据类型并不是完全匹配的,因此,在使用 Java 类型的应用程序与使用 SQL 类型的数据库之间,需要一种转换机制。当使用 ResultSet 接口中的 getXXX 方法获得记录集中列的值时,就需要将 SQL 类型转换为 Java 类型。下面给出了在 ReseltSet 接口中由 SQL 类型转换为 Java 类型的一些常用方法。

- boolean getBoolean(int ColIndex)/boolean getBoolean(String ColIndex):以 boolean 类型的形式返回整数索引/列名字符串参数标志的列值。
- String getString(int ColIndex)/String getString(String ColIndex):以 String 类型的形式返回整数索引/列名字符串参数标志的列值。
- String getDouble(int ColIndex)/String getDouble (String ColIndex):以 Double 类型的形式返回整数索引/列名字符串参数标志的列值。
- String getFloat(int ColIndex)/String getFloat (String ColIndex):以 Float 类型的形式返回整数索引/列名字符串参数标志的列值。
- String getLong(int ColIndex)/String getLong (String ColIndex):以 Long 类型

的形式返回整数索引/列名字符串参数标志的列值。

- String getInt(int ColIndex)/String getInt (String ColIndex)：以 Int 类型的形式返回整数索引/列名字符串参数标志的列值。
- String getShort(int ColIndex)/ String getShort (String ColIndex)：以 Short 类型的形式返回整数索引/列名字符串参数标志的列值。

【例 14-2】 创建一个 JDBC 应用程序，用于实现查询 USERINFO 表中年龄大于 18 岁且小于 39 岁的用户的姓名和及性别。

(1) 启动 NetBeans IDE，创建一个 Java 标准项目，名称为 BasicQuery，存储位置为 C:\JavaExample\chapter14\14-3，创建主类 basicquery. Main。

(2) 启动并连接 myJavaDB，用户名为 myDB，密码为 NetBeans，默认框架为 APP。

(3) 下面是 JDBC 应用程序的源代码。

```
01 package basicquery;
02 import java.sql.Statement;
03 import java.sql.Connection;
04 import java.sql.DriverManager;
05 import java.sql.ResultSet;
06 import java.sql.SQLException;
07 public class Main {
08   public static void main(String[] args){
09     try {
10       Connection conn=null;
11       try{
12         Class.forName("org.apache.derby.jdbc.ClientDriver");    //加载驱动程序
13           conn= DriverManager.getConnection("jdbc:derby://localhost:1527/
          myJavaDB","myDB","NetBeans");              //连接数据库 myJavaDB
14       }catch(Exception ex){
15         System.out.println("未能正常连接数据库");
16       }
17         conn.setAutoCommit(false);
18         Statement st=conn.createStatement();
19           String sqlSelect="select 姓名,性别 from APP.USERINFO where APP.
          USERINFO.年龄 between 19 and 39";
20         ResultSet rs=st.executeQuery(sqlSelect);
21         while(rs.next()){
22           System.out.println("姓名: "+rs.getString(1));
23           System.out.println("性别: "+rs.getString(2));
24         }
25         conn.commit();
26         st.close();
27         conn.close();
28         try {                                    //关闭数据库
29           DriverManager.getConnection("jdbc:derby:myJavaDB;shutdown=true");
```

```
30            }catch (SQLException se){
31              System.out.println("Database shut down normally");
32            }
33          }catch (Throwable e){
34            System.out.println("未能正常操作数据库");
35          }
36      }
37  }
```

执行 main 方法，结果如图 14-6 所示。

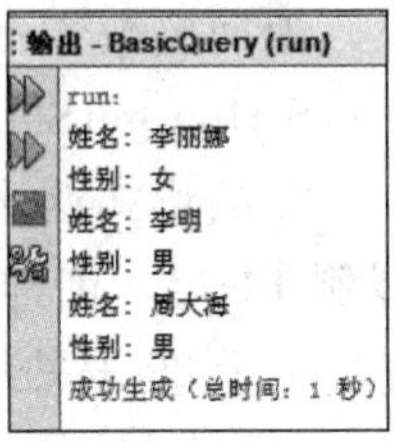

图 14-6　程序执行结果

14.7.2　随机查询

在默认情况下，Connection 对象的 createStatement()方法返回的是 Statement 对象实例，但它返回的仅是从头到尾进行迭代操作的记录集。如果要在记录集中实现滚动（使用 previous()方法向前读取，使用 next()方法向后读取）和更新操作，就要得到实现这种类型操作的 ResultSet 对象。这时可以采用下面的形式创建 Statement 对象实例：

```
Statement st=conn.createStatement(int type,int concurrency);
```

根据参数 type、concurrency 的取值情况，st 返回相应类型的结果集，其中 type 的取值决定滚动方式，可以取值为：

- ResultSet. TYPE_FORWORD_ONLY：默认值，记录指针只能由第一条记录向最后一条记录移动，即仅能向前移动。
- ResultSet. TYPE_SCROLL_INSENSITIVE：允许记录指针向前或向后移动，而且当其他 ResultSet 对象改变记录指针时，将影响记录指针的位置。
- ResultSet. TYPE_SCROLL_SENSITIVE：允许记录指针向前或向后移动，而且当其他 ResultSet 对象改变记录指针时，不影响记录指针的位置。

concurrency 的取值决定是否可以用结果集更新数据库，可以取值为：

- ResultSet. CONCUR_READ_ONLY：默认值，ResultSet 对象中的数据仅能读，不能修改。
- ResultSet. CONCUR_UPDATABLE：ResultSet 对象中的数据可以更新。

【例 14-3】 创建一个 JDBC 应用程序，实现如下功能：

- 将 USERINFO 表中的现有记录作为查询结果存储在 ResultSet 对象中，并将其输出。
- 将指针移动至第 4 条记录，并删除该条记录。
- 插入一条新记录。
- 将指针移动至第一条记录之前，将修改后的 USERINFO 表的记录输出。

(1) 启动 NetBeans IDE，创建一个 Java 标准项目，项目名称为 RandomQuery，存储位置为 C:\JavaExample\chapter14\14-5，创建主类 randomquery. Main。

(2) 启动并连接 myJavaDB，用户名为 myDB，密码为 NetBeans，默认框架为 APP。

（3）下面是 JDBC 应用程序的源代码。

```
01  package randomquery;
02  import java.sql.Statement;
03  import java.sql.Connection;
04  import java.sql.DriverManager;
05  import java.sql.ResultSet;
06  import java.sql.SQLException;
07  public class Main {
08    public static void main(String[] args){
09      try {
10        Connection conn=null;
11        try {
12          Class.forName("org.apache.derby.jdbc.ClientDriver"); //加载驱动程序
13          conn=DriverManager.getConnection("jdbc:derby://localhost:1527/myJavaDB",
            "myDB","NetBeans");                          //连接数据库 myJavaDB
14        }catch(Exception ex){
15          System.out.println("未能正常连接数据库");
16        }
17        conn.setAutoCommit(false);
18        Statement st=conn.createStatement(ResultSet.TYPE_SCROLL_SENSITIVE,
          ResultSet.CONCUR_UPDATABLE);
19        String sqlSelect="select * from APP.USERINFO";
20        ResultSet rs=st.executeQuery(sqlSelect);
21        System.out.println("修改前表中的记录");
22        while(rs.next()){                              //将记录指针移到下一个记录
23          System.out.println(rs.getString(1)+" "+rs.getString(2)+" "+rs.getString
            (3)+" "+rs.getString(4)+" "+rs.getString(5)+" "+rs.getString(6));
24        }
25        rs.absolute(4);                                //将记录指针移到第 4 个记录
26        rs.deleteRow();                                //删除该记录
27        rs.moveToInsertRow();                          //准备插入一条新记录
28        rs.updateString(1,"宋丹");
29        rs.updateString(2,"女");
30        rs.updateInt(3, 29);
31        rs.updateString(4,"sd@ 163.com");
32        rs.updateInt(5,7);
33        rs.updateString(6,"很用功!");
34        rs.insertRow();                                //把新记录插入到数据库
35        rs.close();
36        rs=st.executeQuery(sqlSelect);
37        rs.beforeFirst();                              //将指针移动到第一个记录前
38        System.out.println("修改后表中的记录");
39        while(rs.next()){                              //将记录指针移到下一个记录
40          System.out.println(rs.getString(1)+" "+rs.getString(2)+" "+rs.
            getString(3)+" "+rs.getString(4)+" "+rs.getString(5)+" "+rs.
```

```
                getString(6));
41            }
42            conn.commit();
43            rs.close();
44            st.close();
45            conn.close();
46        }catch (Throwable e){
47          System.out.println("未能正常操作数据库");
48        }
49    }
50 }
```

运行该项目，程序执行结果如图 14-7 所示。

图 14-7 程序执行结果

【分析讨论】

① 第 11～16 句用于加载 JDBC 驱动程序，连接数据库。

② 第 18 句用于创建 Statement 对象实例，设定为既可以实现滚动操作，又可以实现更新操作。

③ 第 19～24 句用于查询结果集获得并输出 USERINFO 表中修改前的记录。

④ 第 25 、26 句用于将记录指针移动到第 4 条记录的位置，并删除该记录；第 30～38 句用于实现插入一条新记录。

⑤ 第 27～41 句用于实现查询获得并输出 USERINFO 表中修改后的记录，第 42 句用于提交事务，第 43～48 句用于实现关闭数据库操作相关对象。

14.8 综合案例

本节给出一个综合案例。该案例综合运用 Swing 控件、Java DB 数据库、JDBC API 等知识实现一个具有用户注册功能的 JDBC 应用程序。

1. 程序功能及数据库信息

该程序对保存在 Java DB 数据库中的用户注册信息提供添加、修改和删除功能。Java DB 数据库实例名称为 myJavaDB，用户名为 myDB，密码为 netbeans。该数据库包含两个表——USERINFO 和 DEGREE。其中，USERINFO 用来描述用户的注册信息，DEGREE 用来描述学历信息。

2. 运行结果

(1) 程序运行的初始画面如图 14-8 所示。最初，姓名文本框将获得焦点，然后可以逐项填写用户注册信息。填写完成之后，单击“添加”按钮，则弹出“已成功增加数据!”对话框，如图 14-9 所示。

(2) 单击“确定”按钮，则数据将被添加至 USERINFO 表中，并显示于下方的 JTable 控件上，如图 14-10 所示。选中 JTable 某一行，该行数据将被显示在相应的控件中，以便修改。由于姓名字段为 USERINFO 表的主键，因此该字段值不允许被修改，即姓名文本框显示内容，但该控件处于不可编辑状态，如图 14-11 所示。

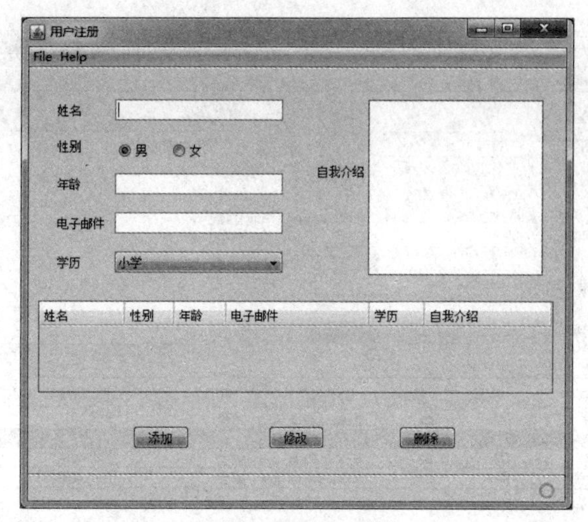

图 14-8　运行结果 1

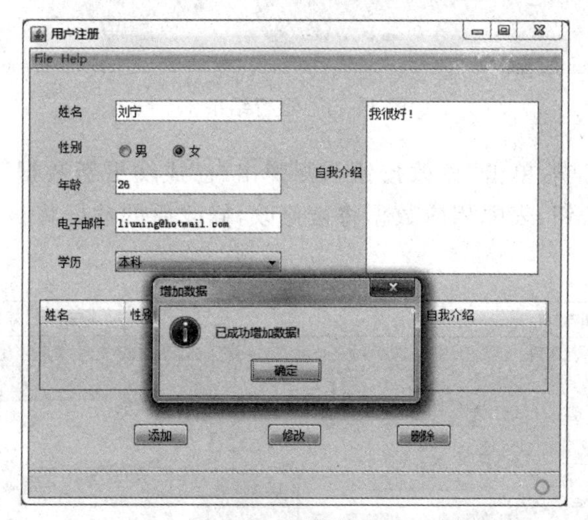

图 14-9　运行结果 2

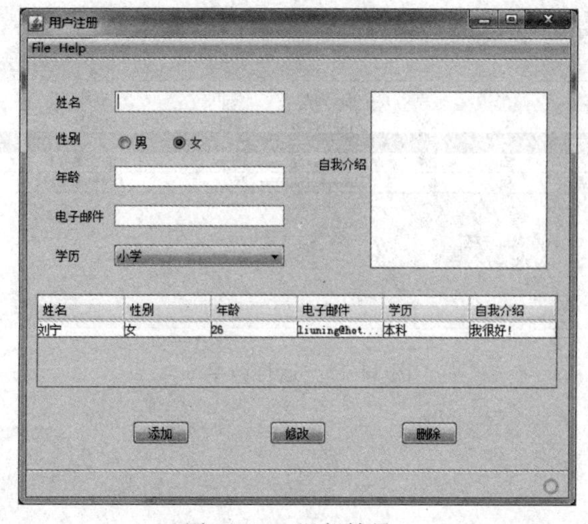

图 14-10　运行结果 3

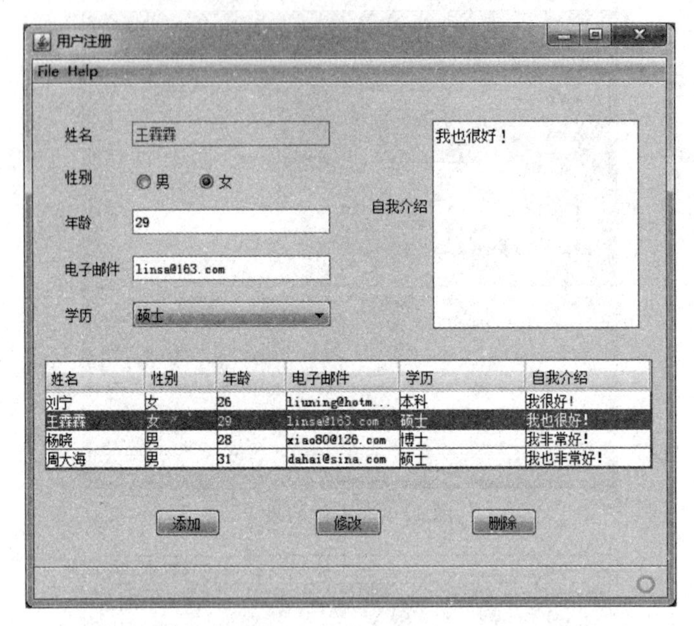

图 14-11　运行结果 4

(3) 数据修改完毕，单击“修改按钮”，则弹出“已成功更新数据”对话框，如图 14-12 所示。单击“确定”按钮，表中相应数据将被修改，修改后的数据将被显示于 JTable 控件中，如图 14-13 所示。

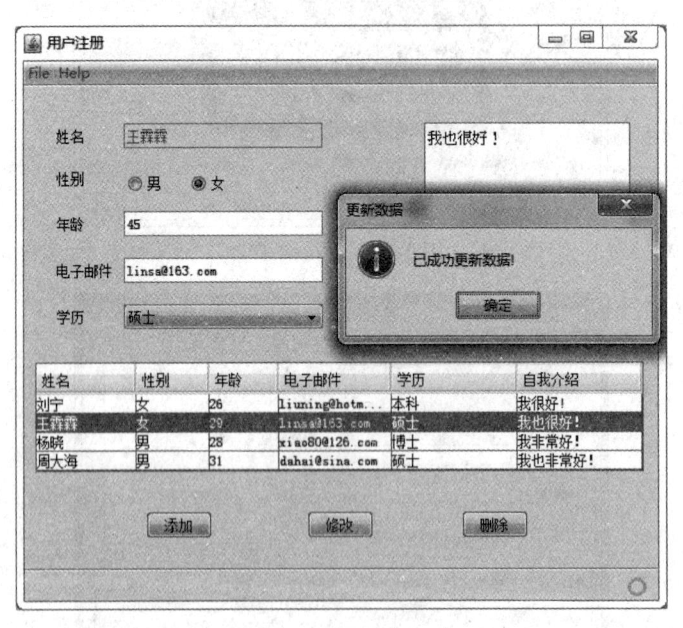

图 14-12　运行结果 5

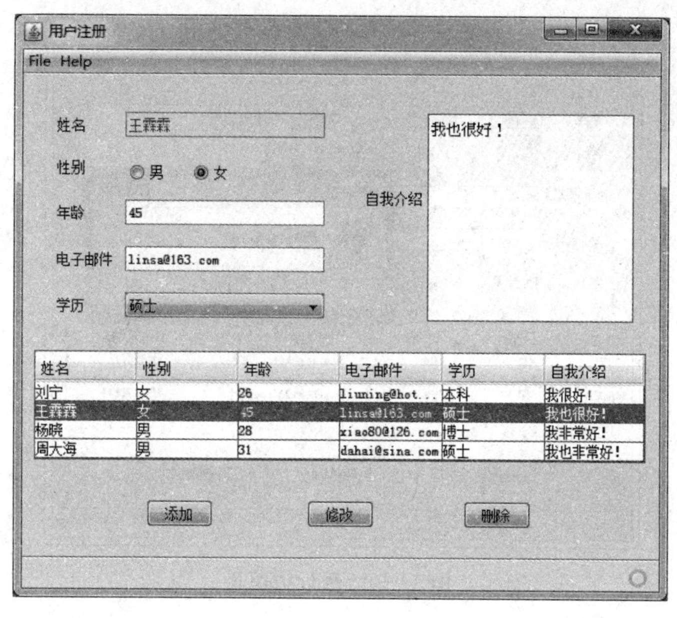

图 14-13　运行结果 6

(4) 选中 JTable 中的某行数据并单击“删除”按钮，则弹出“确定删除此行数据”对话框，如图 14-14 所示。单击“是(Y)”按钮，则弹出“已成功删除数据!”窗口，如图 14-15 所示。单击“确定”按钮，完成数据删除，被删除的数据将不会显示在 JTable 控件中，如图 14-16 所示。

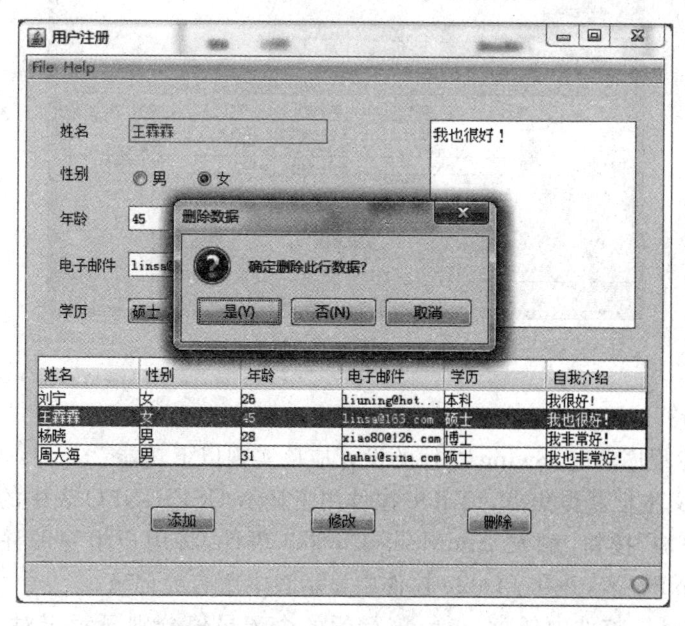

图 14-14　运行结果 7

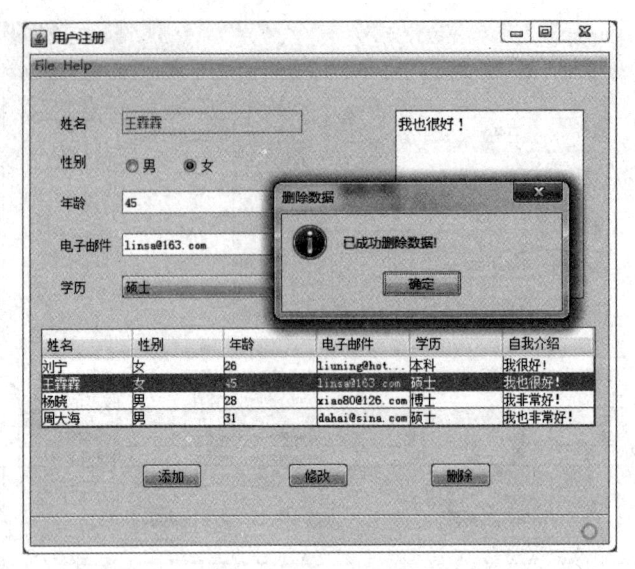

图 14-15 运行结果 8

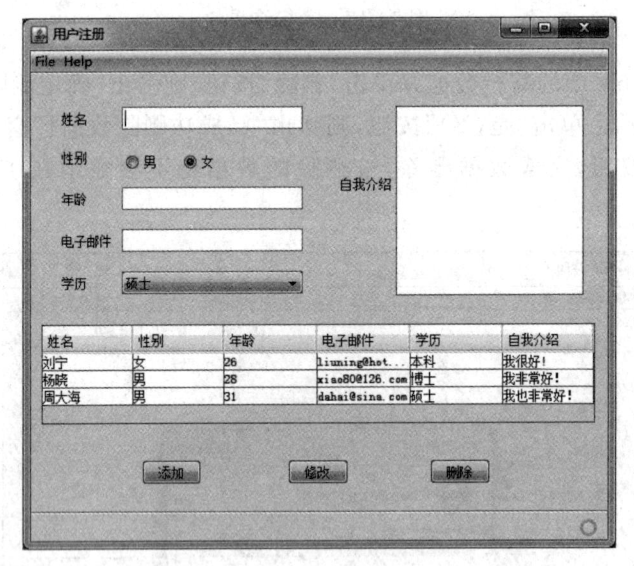

图 14-16 运行结果 9

3. 设计思路

为实现上述程序功能，Swing 控件的设计应该实现以下功能：

- "姓名"文本框获得焦点，JTable 控件用于显示 USERINFO 表中的记录。
- 单击"添加"按钮，触发 AddMouseClicked 事件，将用户填写的注册信息添加至 USERINFO 表，并在 JTable 控件中显示表中所有的记录。
- 单击 JTable 控件中任意一行，该行的各个记录值分别显示于对应的控件中，且"姓名"文本框不可编辑。
- 选中 JTable 控件中任意一行且单击"修改"按钮，将触发 UpdateMouseClicked 事件，更新用户信息至 USERINFO 表，并将修改后的结果显示在 JTable 控件中。

- 选中 JTable 控件中任意一行且单击"删除"按钮，将触发 DeleteMouseClicked 事件，将用户信息从 USERINFO 表中删除，JTable 控件将显示删除操作后 USERINFO 表中的所有记录。

表 14-1 显示的是该程序采用的 Swing 控件的相应属性。

表 14-1　控件相应属性表

控　件	属　性	属 性 值	Text 值	事件/方法
Label	变量名称	Label1	姓名	
	变量名称	Label2	性别	
	变量名称	Label3	年龄	
	变量名称	Label4	电子邮件	
	变量名称	Label5	学历	
	变量名称	Label6	自我介绍	
JTextFiled	变量名称	name		
	变量名称	age		
	变量名称	email		
JRadioButton	变量名称	male	男	
	变量名称	female	女	
JComboBox	变量名称	degree		
JTextArea	变量名称	introduce		
JTable	变量名称	UserTable		UserTableMouseClicked
JButton	变量名称	Add	添加	AddMouseClicked
	变量名称	Update	修改	UpdateMouseClicked
	变量名称	Delete	删除	DeleteMouseClicked

4. 实现过程

(1) 创建 Java 桌面应用程序。在 NetBeans IDE 中，选择"文件(F)"→"新建项目(W)..."，则弹出的"新建项目"对话框。在"类别(C)："栏中选择"Java"，在"项目(P)："栏中选择"Java 桌面应用程序"。单击"下一步"按钮，则弹出"免责声明"对话框。单击"下一步"按钮，则弹出"新建桌面应用程序"对话框，在其中填写项目名称、项目位置等信息，如图 14-17 所示。单击"完成"按钮，就完成了 Java 桌面应用程序的创建。

(2) 设计程序界面。在 IDE 的"项目"窗口中，展开节点 SwingDBExample→源包→swingdbexample，选择并双击文件 SwingDBExampleView. java，则在代码编辑器中打开该文件。此时的代码编辑器包含以下两个选项卡：

- 设计：该选项卡可以实现拖曳组件面板中的 Swing 控件至代码编辑器，完成程序

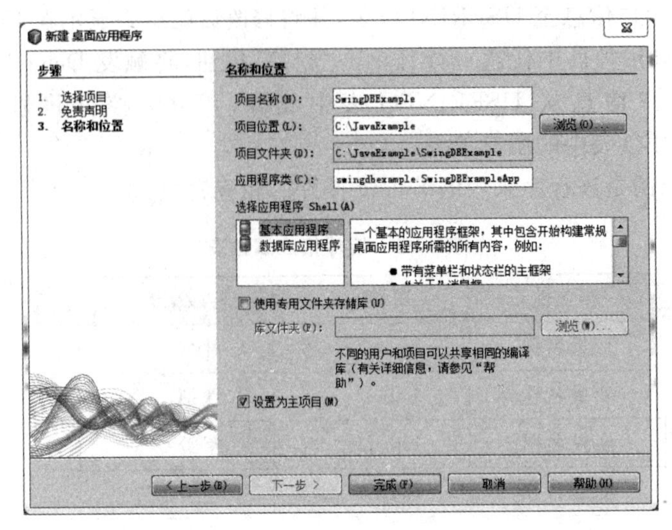

图 14-17　“新建桌面应用程序”对话框

界面的布局。

- 源：该选项卡包含了创建Java桌面应用程序由IDE自动生成的代码，以及拖曳组件面板中的Swing控件至代码编辑器自动生成的代码。此外，通过在该选项卡中添加事件或方法可实现事件监听与处理功能。

本例的程序界面布局如图14-18所示。

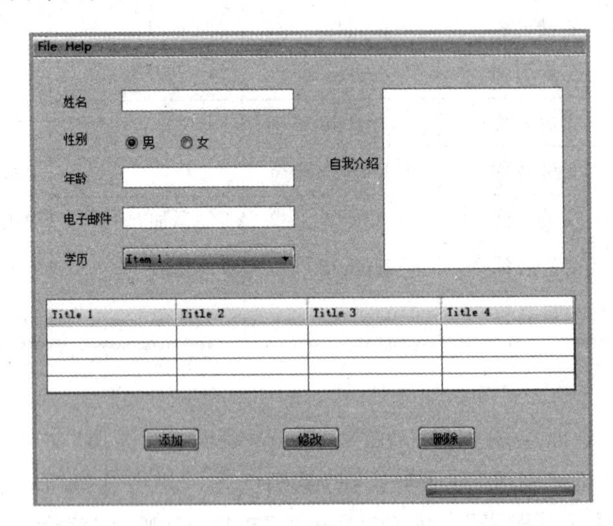

图 14-18　程序界面布局

(3) 在IDE的“服务”窗口，展开“数据库”节点，右击“Java DB”节点，在弹出的上下文菜单中选择“创建数据库(C...)”，则弹出“创建Java DB数据库”对话框。在其中填写数据库名称为myJavaDB，用户名为myDB，口令为netbeans。单击“确定”按钮，则完成数据库的创建工作。

(4) 创建表USERINFO和DEGREE，它们的表结构如表14-2、表14-3所示。

表 14-2　用户信息表(USERINFO)

字段名称	数据类型	描　　述
姓名	VARCHAR(20)	用户姓名,主键
性别	VARCHAR(10)	用户性别
年龄	NUMERIC(2,0)	用户年龄
电子邮件	VARCHAR(30)	用户电子邮件
学历代码	NUMERIC(2,0)	学历信息的编码,外键
自我介绍	VARCHAR(1000)	用户简短的介绍

表 14-3　学历表(DEGREE)

字段名称	数据类型	描　　述
学历代码	NUMERIC(2,0)	学历信息的编码,主键
学历名称	VARCHAR(10)	学历信息

DEGREE 表中的数据如图 14-19 所示。

学历代码	学历名称
1	小学
2	初中
3	中专
4	高中
5	大专
6	本科
7	研究生
8	博士

图 14-19　DEGREE 表中的数据

(5) 修改 Java 桌面应用程序的源代码,在 SwingDBExampleView.java 文件的"源"选项卡中进行代码的添加和完善工作。

```
01  package swingdbexample;
02  import javax.swing.JDialog;
03  import javax.swing.JFrame;
04  import javax.swing.table.DefaultTableModel;
05  import java.sql.Statement;
06  import java.sql.Connection;
07  import java.sql.DriverManager;
08  import java.sql.ResultSet;
09  import java.sql.ResultSetMetaData;
10  import java.sql.SQLException;
11  import java.util.Vector;
12  import javax.swing.JOptionPane;
13  //在源文件中添加类 ConDB,将数据库连接封装成类
14  private static class ConDB {
15    Connection conn=null;
16    Statement st=null;
17    public ConDB(){
18      try {
19        Class.forName("org.apache.derby.jdbc.ClientDriver");  // 加载驱动程序
20        conn=DriverManager.getConnection("jdbc:derby://localhost:1527/my-
          JavaDB","myDB","123");                    //创建并连接数据库 myJavaDB
21        conn.setAutoCommit(false);
```

```
22        st=conn.createStatement();
23      }catch(Exception ex){
24        System.out.println("未能正常连接数据库");
25      }
26    }
27  }
```

【分析讨论】

① 在 SwingDBExampleView 类中，创建类 ConDB 用于将数据库连接语句封装到该类中，由第 17～26 句实现。

② 第 19 句用于加载 JDBC 驱动程序，第 20 句用于实现连接数据库。

在 SwingDBExampleView 类中，创建 CloseDB 方法用于实现关闭 Statement 对象以及关闭数据库连接的功能。

```
01  //在源文件中添加方法 CloseDB,将关闭数据库连接封装成类
02  public void CloseDB(Connection conn,Statement st){
03    try {                    // 关闭数据库
04      if(st!=null){
05        st.close();
06      }
07      if(conn!=null){
08        conn.close();
09        conn=DriverManager.getConnection("jdbc:derby:myJavaDB;"+"shutdown=true");
10        System.out.println("Database shut down sucess!CloseDB");
11      }
12    }catch (SQLException se){
13      System.out.println("Database shut down normally CloseDB");
14      System.out.println(se.getMessage());
15    }
16  }
```

在 SwingDBExampleView 类中，将创建一个方法 tableInitialize()，用于实现初始化 JTable 控件。该方法从 USERINFO 表和 DEGREE 表中读取数据，分别显示在 JTable 控件和“学历”JComboBox 控件中。

```
01  //初始化 JTable,从表中读取数据并显示,需要在 SwingDBExampleView 构造方法中调用
02  private void tableInitialize(){
03    DefaultTableModel tableModel=(DefaultTableModel)UserTable.getModel();
04    try{
05      ResultSet rs=null;
06      int ColNum=0;
07      Vector tableData=new Vector();
08      Vector rowData;
09      ConDB condb=new ConDB();
10      //为 JComboBox 添加项
```

```
11       String sqlselDegree="select APP.学历名称 from APP.DEGREE";
12       rs=condb.st.executeQuery(sqlselDegree);
13       degree.removeAllItems();
14       while(rs.next()){
15         degree.addItem(rs.getString(1));
16       }
17       //为 JTable 添加数据
18       String sqlstr="select count( * ) from APP.USERINFO"; //取得记录数和字段数
19       rs=condb.st.executeQuery(sqlstr);
20       rs.next();
21       sqlstr="select * from APP.USERINFO";
22       rs=condb.st.executeQuery(sqlstr);
23       ResultSetMetaData rsmd=rs.getMetaData();
24       ColNum=rsmd.getColumnCount();                              //列数
25       Vector tableHead=new Vector(ColNum);
26       //获取关系表字段名称,并存入向量
27       for(int k=1;k< =ColNum;k++){
28         tableHead.addElement(rsmd.getColumnName(k));
29       }
30       //获取关系表字段值,并存入向量
31       String sqlSelect="select * from APP.USERINFO";
32       rs=condb.st.executeQuery(sqlSelect);
33       while(rs.next()){
34         rowData=new Vector(ColNum);
35         for(int i=1;i< =ColNum;i++){
36           if(i==5){
37             int degreeid=rs.getInt(5);
38             Class.forName("org.apache.derby.jdbc.ClientDriver");
39             Connection con=DriverManager.getConnection("jdbc:derby://localhost:
               1527/myJavaDB","myDB","NetBeans");
40             con.setAutoCommit(false);
41             Statement stid=con.createStatement();
42             String sqldegreeid="select APP.DEGREE.学历名称 from APP.DEGREE where
               APP.DEGREE.学历代码="+degreeid;
43             ResultSet rsid=stid.executeQuery(sqldegreeid);
44             rsid.next();
45             String degreename=rsid.getString(1);
46             rowData.addElement(degreename);
47           }else {
48             rowData.addElement(rs.getObject(i));
49           }
50         }
51         tableData.addElement(rowData);
52       }
```

```
53      //将表头、表内容添加至 JTable
54      tableModel.setDataVector(tableData, tableHead);
55      UserTable.setAutoCreateRowSorter(true);                    //刷新数据
56      condb.conn.commit();                                       //提交操作
57      rs.close();                                                //关闭结果集
58      CloseDB(condb.conn,condb.st);                              //关闭数据库
59    }catch(Exception e){
60      System.out.println("未能正常操作数据库");
61      System.out.println(e.getMessage());
62    }
63  }
```

【分析讨论】

① 第 11～16 句实现从 DEGREE 表中读取"学历名称"字段值，将其添加至 JComboBox 控件；第 18～55 句实现从 USERINFO 表中读取所有记录，并将其添加至 JTable 控件。第 56 句实现事务提交操作，第 58 句调用 CloseDB 方法关闭数据库。

② 在从 USERINFO 表中读取"学历代码"时，需要根据"学历代码"查询 DEGREE 表以获得相应的"学历名称"。

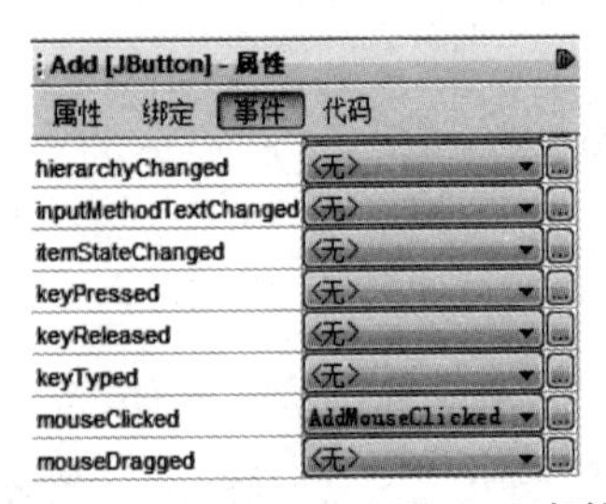

图 14-20　AddMouseClicked 事件

如果用户单击"添加"按钮，则将触发 AddMouseClicked 事件。在 NetBeans IDE 中创建该事件的方法如下：在代码编辑器"设计"选项卡中选择"添加"按钮，则"属性"窗口将显示该按钮的属性、绑定、事件、代码。选择属性窗口的"事件"按钮，找到 mouseClicked 事件，展开其下拉列表选择"AddMouseClicked"，如图 14-20 所示。

上述过程实现了通过 NetBeans IDE 将控件与其事件代码相关联。AddMouseClicked 事件用于实现连接数据库并将用户填写的注册信息添加至 USERINFO 表。最后，该事件调用 tableInitialze() 方法，从 USERINFO 表中读取数据，显示于 JTable 控件中。

```
01  //实现数据录入功能,数据成功录入后即可显示在 JTable 中
02  private void AddMouseClicked(java.awt.event.MouseEvent evt){
03    String sex=null;
04    ConDB condb=new ConDB();      //连接数据库
05    try {
06      if(male.isSelected()){
07        sex="男";
08      }
09      else{
10        sex="女";
11      }
12      String sqlsel="select APP.DEGREE.学历代码 from APP.DEGREE where APP.
        DEGREE.学历名称='"+degree.getSelectedItem().toString()+"'";
```

```
13      ResultSet rs=condb.st.executeQuery(sqlsel);
14      rs.next();
15      int degreeid=rs.getInt(1);
16      rs.close();
17      String sqlInsert="insert into APP.USERINFO values('"+name.getText()+"
        ','"+sex+"'," +Integer.parseInt(age.getText())+",'"+email.getText()+"
        '," +degreeid+",'"+introduce.getText()+"')";
18      int n=condb.st.executeUpdate(sqlInsert);
19      if(n!=0){
20        JOptionPane.showMessageDialog(null,"已成功增加数据!","增加数据",
          JOptionPane.INFORMATION_MESSAGE);
21    condb.conn.commit();          //提交操作
22    //清空控件值
23    name.setText("");
24    age.setText("");
25    email.setText("");
26    introduce.setText("");
27    tableInitialize();            //初始化表格 JTable,从关系表中读取最新数据并显示
28  }
29    catch(Exception ex){
30      System.out.println("未能正常操作数据库");
31      System.out.println(ex.getMessage());
32    }
33  }
```

【分析讨论】

① 第6～18句用于实现从各个控件中读取用户输入数据，并通过sqlInsert语句将其添加至USERINFO表。

② 第23～26句用于实现清空用户输入信息，以便用户再次输入。

③ 第27句调用tableInitialize()方法，从USERINFO表中读取所有记录并显示在JTable控件中，以便将用户刚刚添加的数据显示在JTable控件中。

用户选中JTable控件中任意一行时，将触发UserTableMouseClicked事件。该事件用于实现将选中数据行的数据分别显示在相应的控件中。该事件的创建过程参阅AddMouseClicked事件。

```
01  //实现在 JTable 中选中某行数据时,该数据显示在相应的控件中
02  private void UserTableMouseClicked(java.awt.event.MouseEvent evt){
03    try{
04      int SelIndex=UserTable.getSelectedRow();//被选中行的行号
05      DefaultTableModel tableModel=(DefaultTableModel)UserTable.getModel();
06      //获得姓名并显示
07      String names=tableModel.getValueAt(SelIndex,0).toString();
08      name.setText(names);
09      //将文本框置于不可用状态,避免用户修改,该字段对应关系表中的主键
```

```
10      name.setEnabled(false);
11      //获得性别并显示
12      String sexs=tableModel.getValueAt(SelIndex,1).toString();
13      if(sexs.equals("男")){
14        male.setSelected(true);
15      }else {
16        female.setSelected(true);
17      }
18      //获得年龄并显示
19      String ages=tableModel.getValueAt(SelIndex,2).toString();
20      age.setText(ages);
21      //获得电子邮件并显示
22      String emails=tableModel.getValueAt(SelIndex,3).toString();
23      email.setText(emails);
24      //获得学历并显示
25      String degrees=tableModel.getValueAt(SelIndex,4).toString();
26      ResultSet rs=null;
27      ConDB condb=new ConDB();
28      String sqlselDegree="select APP.DEGREE.学历代码"+"from APP.DEGREE where
        "+"APP.DEGREE.学历名称='"+degrees+"'";
29      rs=condb.st.executeQuery(sqlselDegree);
30      rs.next();
31      int index=rs.getInt(1);
32      degree.setSelectedIndex(index-1);
33      //获得自我介绍并显示
34      String introduces=tableModel.getValueAt(SelIndex,5).toString();
35      introduce.setText(introduces);
36    }catch(Exception ex){
37      System.out.println("未能正常操作数据库");
38      System.out.println(ex.getMessage());
39    }
40  }
```

【分析讨论】

① 首先获得被选中行的行号，然后通过行号与字段纵向索引位置唯一确定一个字段值，取得字段值后将该值显示在相应的控件中。

② 第 10 句用于实现将"姓名"文本框置于不可编辑状态，因为"姓名"文本框对应 USERINFO 表的主键，主键值不能进行更改。

选中 JTable 控件中任意一行数据，如果用户单击"修改"按钮，则将触发 UpdateMouseClicked 事件。该事件用于实现连接数据库，将用户修改的注册信息更新至 USERINFO 表，调用方法 tableInitialze()从 USERINFO 表中读取数据，显示于 JTable 控件中。

```
01  //实现数据修改功能，数据成功修改后即可显示在 JTable 中
```

```
02 private void UpdateMouseClicked(java.awt.event.MouseEvent evt){
03   try {
04     String names=name.getText().trim();
05     String sexs="";
06     if(male.isSelected()){
07       sexs="男";
08     }else {
09       sexs="女";
10     }
11     String ages=age.getText().trim();
12     String emails=email.getText().trim();
13     ConDB condb=new ConDB();
14     String sqlsel="select APP.DEGREE.学历代码 from APP.DEGREE "+"where APP.
       DEGREE.学历名称='"+degree.getSelectedItem().toString()+"'";
15     ResultSet rs=condb.st.executeQuery(sqlsel);
16     rs.next();
17     int degreeid=rs.getInt(1);
18     rs.close();
19     String introduces=introduce.getText().trim();
20     //连接数据库
21     ConDB condb=new ConDB();
22     String sqlUpdate="update APP.USERINFO set 性别='"+sexs+"',年龄="+ages
       +",电子邮件='"+emails+"',学历代码="+degreeid+",自我介绍='"+introduces
       +"' where APP.USERINFO.姓名='"+names+"' ";
23     int n=condb.st.executeUpdate(sqlUpdate);
24     if(n! =0){
25       JOptionPane.showMessageDialog(null,"已成功更新数据!","更新数据",
         JOptionPane.INFORMATION_MESSAGE);
26     }
27     condb.conn.commit();                    //提交操作
28     name.setText("");
29     name.setEnabled(true);
30     age.setText("");
31     email.setText("");
32     introduce.setText("");
33     name.requestFocus();                    //获得焦点
34     tableInitialize();
35   }catch(Exception ex){
36     System.out.println("未能正常操作数据库");
37     System.out.println(ex.getMessage());
38   }
39 }
```

【分析讨论】

① 第 3～23 句用于获得用户更改的注册信息，并通过 sqlUpdate 语句实现更新 USERINFO 表中的数据。

② 第 28～32 句用于清空用户输入信息，以便用户再次输入。第 33 句从“姓名”文本框获得焦点以便用户输入。第 34 句调用 tableInitialize()方法，从 USERINFO 表中读取所有记录并显示在 JTable 控件中，以便将用户刚刚添加的数据显示在 JTable 控件中。

选中 JTable 控件中任意一行后，如果用户单击“删除”按钮，则将触发 DeleteMouseClicked 事件。该事件用于实现连接数据库并将用户选中的数据从 USERINFO 表中删除，然后调用 tableInitialze()从 USERINFO 表中读取数据，并显示于 JTable 控件中。

```
01  //实现数据删除功能，数据成功删除后即可显示在 JTable 中
02  private void DeleteMouseClicked(java.awt.event.MouseEvent evt){
03    try{
04      DefaultTableModel tableModel=(DefaultTableModel)UserTable.getModel();
05      int SelIndex=UserTable.getSelectedRow();                    //被选中行的行号
06      String names=tableModel.getValueAt(SelIndex,0).toString();
                                                                    //获得姓名并显示
07      ConDB condb=new ConDB();
08      String sqlDelete="delete from APP.USERINFO where APP.USERINFO.姓名='"+names
        +"'";
09      int response=JOptionPane.showConfirmDialog(null,"确定删除此行数据?","删
        除数据",JOptionPane.YES_NO_CANCEL_OPTION);
10      if(response==0){
11        int n=condb.st.executeUpdate(sqlDelete);
12        if(n!=0){
13          JOptionPane.showMessageDialog(null,"已成功删除数据!","删除数据",
            JOptionPane.INFORMATION_MESSAGE);
14        }
15        tableModel.removeRow(SelIndex);
16        tableModel.fireTableDataChanged();
17      }
18      condb.conn.commit();                                        //提交操作
19      //清空控件值
20      name.setText("");
21      name.setEnabled(true);                                      //将其置为可用状态
22      age.setText("");
23      email.setText("");
24      introduce.setText("");
25      name.requestFocus();                                        //获得焦点
26      CloseDB(condb.conn,condb.st);                               //关闭数据库
27    }catch(Exception ex){
28      System.out.println("未能正常操作数据库");
29  }
```

【分析讨论】

① 第 5 句用于获得被选中行的行号，第 6 句用于通过行号与纵向的 0 位置索引值唯一确定被选中用户的姓名。

② 第 8～14 句用于实现从 USERINFO 表中删除该记录。

③ 第 15～16 句用于实现从 JTable 控件中删除该记录的显示。

④ 第 20～24 句用于实现清空用户输入信息，以便用户再次输入。

⑤ 第 25 句用于“姓名”文本框获得焦点。

⑥ 第 26 句用于调用 CloseDB 方法关闭数据库。

14.9 小 结

本章从分析 JDBC 体系结构出发，讨论了 JDBC 的基本概念与工作原理，对 4 种类型的 JDBC 驱动程序的特点和用途进行了分析。本章还介绍了用 JDBC API 连接通用数据库系统的一般步骤，详细介绍了在内嵌模式与网络服务器模式下如何用 NetBeans IDE 连接 Java DB 的方法和步骤，并通过实例讲解了在 NetBeans IDE 中如何用 JDBC API 开发 JDBC 应用程序的方法和过程。

课后习题

1. 参阅例 14-2，创建 Java 应用程序，实现查询 myJavaDB 数据库的 USERINFO 表中性别为“男”的用户姓名及年龄，并输出。

2. 参阅例 14-3，创建 Java 应用程序，实现下列功能：

- 将 USERINFO 表中现有记录作为查询结果存储在 ResultSet 对象中，并将其输出显示。
- 将记录指针移动至第 3 条记录，并删除该记录。
- 将记录指针移动至第 2 条记录，并插入一条新记录。
- 将记录指针移动至第一条记录之前，将修改后的 USERINFO 表记录输出。

课程设计

综合运用 Swing 控件与 JDBC API 的知识开发一个用于用户信息调查的 JDBC 应用程序，该程序能够实现对 Java DB 数据库中的表数据进行添加、修改、删除等操作。Java DB 数据库实例名称为 FirstJavaDB，用户名为 myDB，密码为 NetBeans。该数据库包含 3 个表——USERIV 表、DREAMCITY 表、LIKESINGER 表。USERIV 表描述用户的调查信息，DREAMCITY 描述城市信息，LIKESINGER 描述所喜欢的歌手的信息。

1. 程序界面布局

程序界面布局如图 14-21 所示。

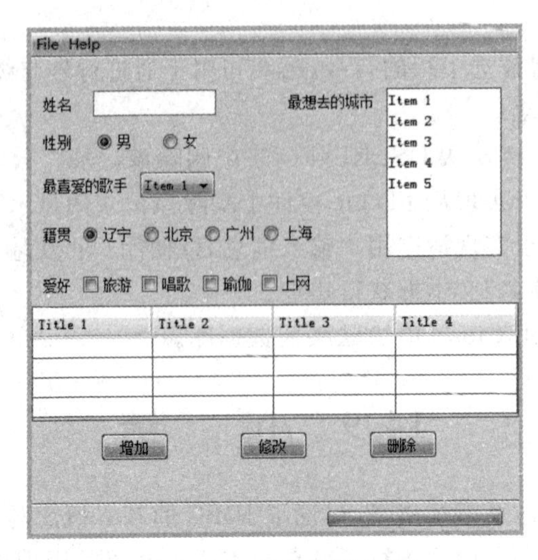

图 14-21 程序界面布局

2. 数据库表结构

数据库表结构分别如图 14-22、图 14-23、图 14-24 所示。

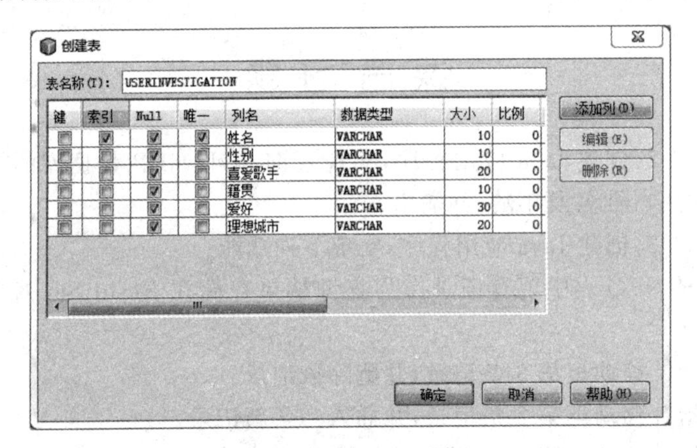

图 14-22 USERIV 表结构

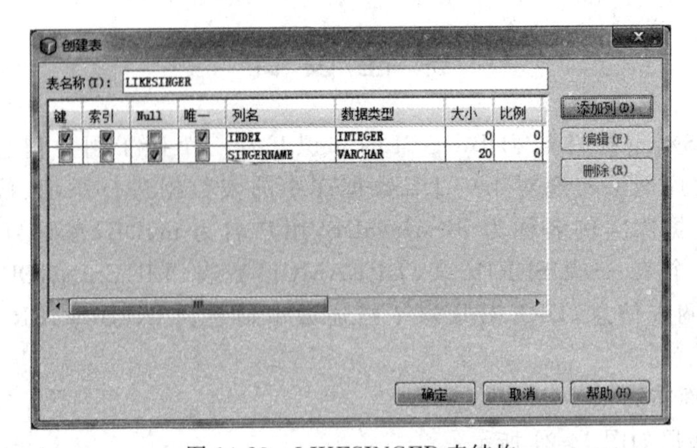

图 14-23 LIKESINGER 表结构

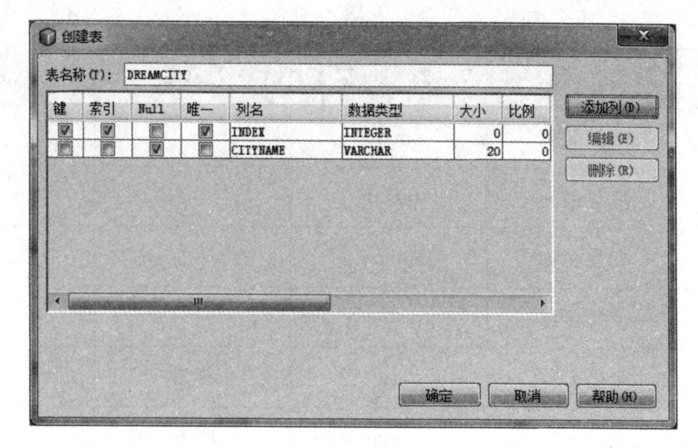

图 14-24　DREAMCITY 表结构

3. 设计思路

- “姓名”文本框将获得焦点，“最喜爱的歌手”下拉菜单项将从表 LIKESINGER 中读取，“最想去的城市”列表框项将从表 DREAMCITY 中读取。
- 填写调查信息后，单击“增加”按钮，实现数据插入功能，将数据录入表 USERIV 中，并且 JTable 控件将显示该表中所有数据，数据添加成功，则弹出“数据添加成功”对话框。
- 选中 JTable 中的某行记录后，将该记录数据显示在相应的控件中，并且“姓名”文本框处于不可编辑状态。
- 更改调查信息后，单击“修改”按钮，实现数据修改功能。更改表 USERIV 中数据，JTable 控件将显示更改后的数据，数据更改成功，则弹出“数据更改成功”对话框。
- 选中 JTable 中的某行记录后，单击“删除”按钮，则弹出“是否确定删除记录”对话框。单击“是”按钮，删除记录。删除成功，则弹出“数据删除成功”对话框，单击“否”或“取消”按钮，则取消删除操作。

该程序采用的 Swing 控件的属性及方法如表 14-4 所示。

表 14-4　Swing 控件属性及方法

控　件	属　性	属 性 值	Text 值	事件/方法
Label	变量名称	Label1	姓名	
	变量名称	Label2	性别	
	变量名称	Label3	最喜爱的歌手	
	变量名称	Label4	籍贯	
	变量名称	Label5	爱好	
	变量名称	Label6	理想城市	
JTextFiled	变量名称	name		

续表

控　件	属　性	属 性 值	Text 值	事件/方法
JRadioButton	变量名称	male	男	
	变量名称	female	女	
JComboBox	变量名称	singer		
JList	变量名称	dreamcity		
JCheckBox	变量名称	ly	旅游	
	变量名称	cg	唱歌	
	变量名称	yj	瑜伽	
	变量名称	sw	上网	
JTable	变量名称	UserTable		UserTableMouseClicked
JButton	变量名称	Add	添加	AddMouseClicked
	变量名称	Update	修改	UpdateMouseClicked
	变量名称	Delete	删除	DeleteMouseClicked

4. 运行结果

运行结果如图14-25～14-33所示。

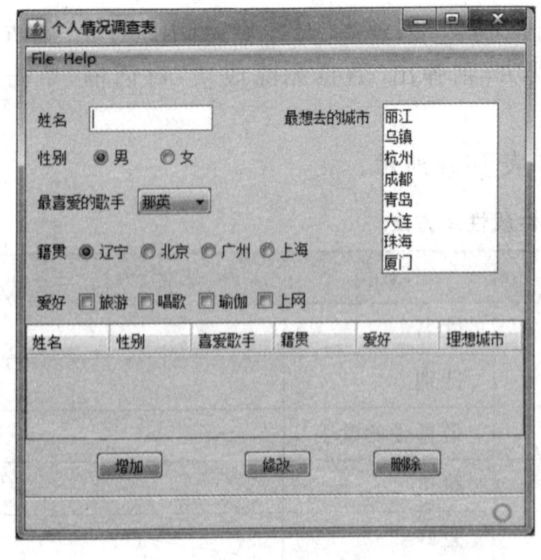

图14-25　运行结果1

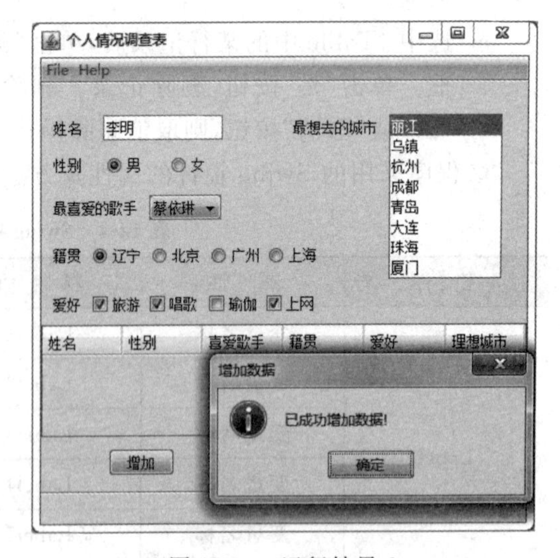

图14-26　运行结果2

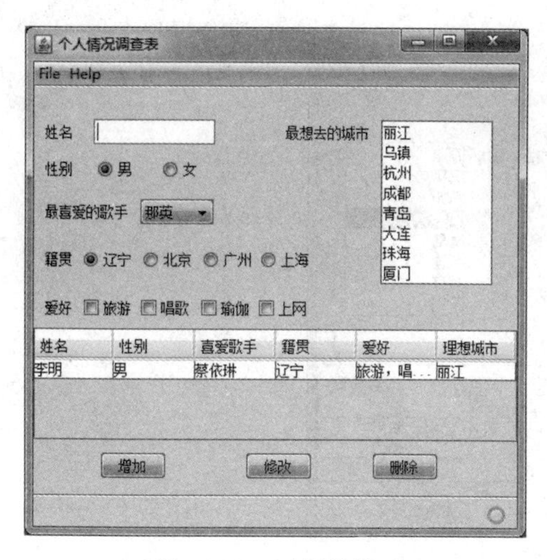

图 14-27　运行结果 3

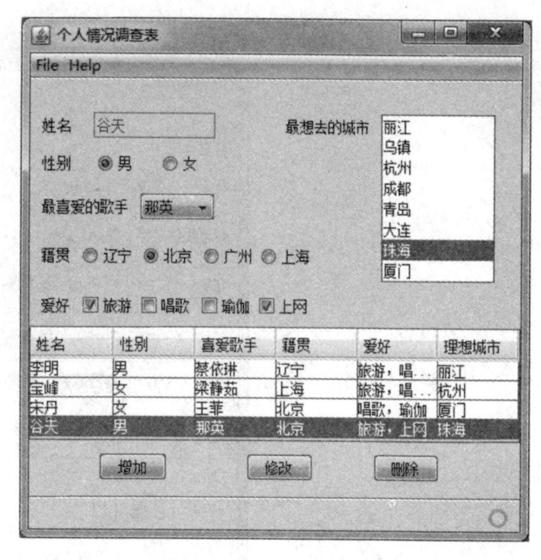

图 14-28　运行结果 4

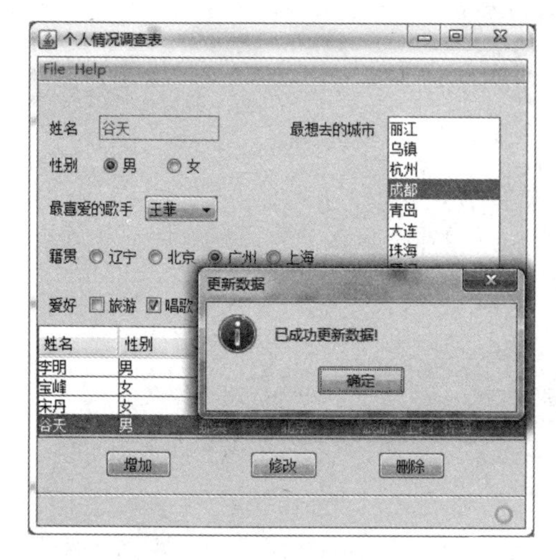

图 14-29　运行结果 5

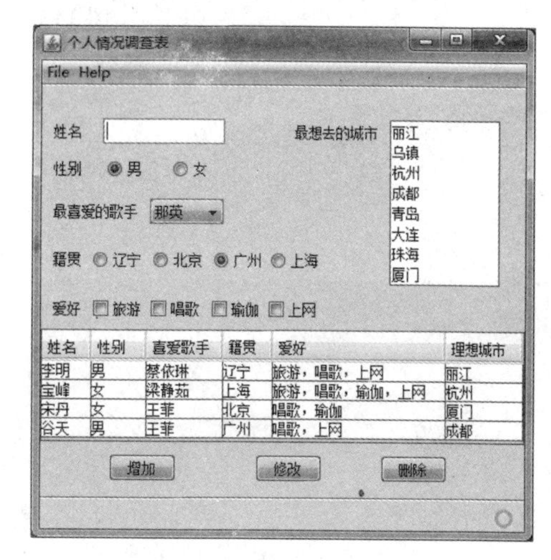

图 14-30　运行结果 6

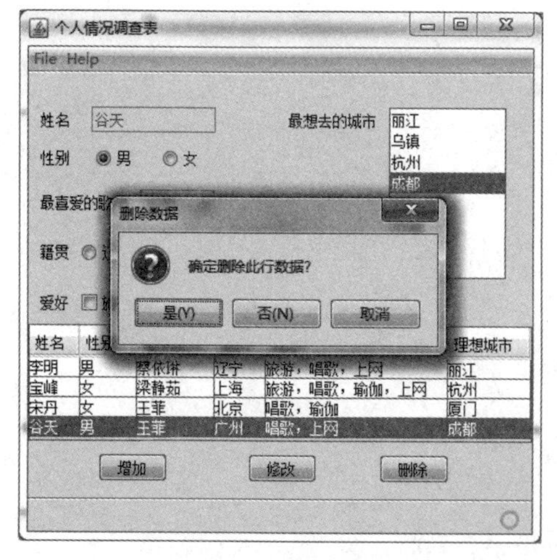

图 14-31　运行结果 7

图 14-32　运行结果 8

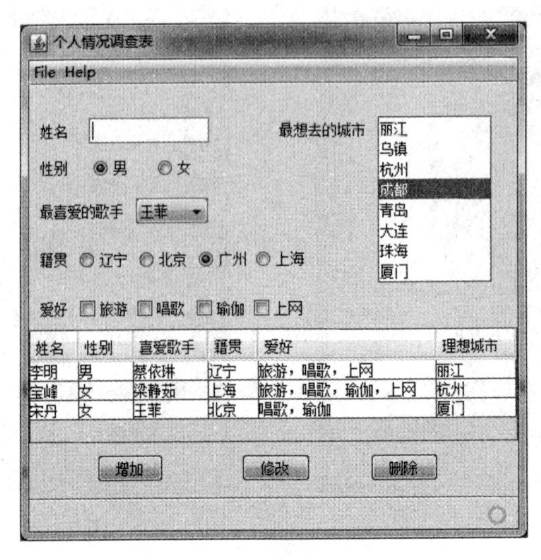
个人情况调查表
File Help
姓名
最想去的城市
丽江
乌镇
杭州
成都
青岛
大连
珠海
厦门
性别 男 女
最喜爱的歌手 王菲
籍贯 辽宁 北京 广州 上海
爱好 旅游 唱歌 瑜伽 上网
姓名 性别 喜爱歌手 籍贯 爱好 理想城市
李明 男 蔡依琳 辽宁 旅游，唱歌，上网 丽江
宝峰 女 梁静茹 上海 旅游，唱歌，瑜伽，上网 杭州
宋丹 女 王菲 北京 唱歌，瑜伽 厦门
增加
修改
删除

图 14-33　运行结果 9

第15章 Java网络编程

CHAPTER

Java作为一种适用于Internet开发的程序设计语言，也提供了丰富的网络功能，这些功能都封装在java.net包中。本章首先介绍网络通信的基础知识以及Java对网络通信的支持，然后介绍Java基于URL的Internet资源访问技术，以及基于底层Socket的有连接和无连接的网络通信方法。

15.1 网络相关知识

在用Java进行网络编程之前，要了解网络相关的知识，主要包括IP地址、端口、Internet协议、TCP/IP协议等，这些知识是进行网络编程的重要基础。

1. IP地址

互联网上连接了无数的服务器和计算机，但它们并不是处于杂乱无章的无序状态，而是每一个主机都有唯一的地址，作为该主机在互联网上的唯一标志，这个地址称为IP(Internet Protocol Address)地址。IP地址是一种在Internet上给主机编址的方式，也称为网际协议地址。IP地址由4个十进制数组成，每个数的取值范围是0～255，各数之间用一个点号"."分开，例如：202.103.8.46。

2. 端口

端口(port)是计算机I/O信息的接口。例如许多个人计算机有串口，它是加载在I/O设备上的一个物理接口。计算机连入通信网络或Internet也需要一个端口，这个端口不是物理端口，而是一个由16位数标识的逻辑端口，而且这个端口号是TCP/IP协议的一部分，通过这个端口信息可以进行I/O。端口号是一个16位的二进制数，其范围是0～65535。但实际上，计算机中的1～1024端口被保留为系统服务，在程序中不应让自己设计的服务占用这些端口。

协议是描述数据交换时必须遵循的规则和数据格式。网络协议规定了在网络上传输的数据类型，以及怎样解释这些数据类型和怎样请求传输这些数据。有许多用于在Internet中控制各种复杂服务的协议,其中较为常用的协议及其绑定的端口号如表15-1所示。

表15-1 常用的协议及端口号

协 议	端口号	含 义	协 议	端口号	含 义
FTP	21	文件传输协议	POP3	110	邮件协议
TELNET	23	终端协议	NNTP	119	网络新闻或Usenet
SMTP	25	简单邮件传输协议	IMAP	143	管理服务器邮件
HTTP	80	超文本传输协议	TALK	517	与其他用户交谈

3. TCP/UDP

Internet的通信协议是一种四层协议模型,从下至上分别为链路层(包括OSI七层模型中的物理层与数据链路层)、网络层、传输层和应用层。运行于计算机中的网络应用利用传输层协议——传输控制协议(Transmission Control Protocol, TCP)或用户数据报协议(User Datagram Protocol, UDP)进行通信。

TCP是一种基于连接的传输层协议,它为两个计算机之间提供了点到点的可靠数据流,保证从连接的一个端点发送的数据能够以正确的顺序到达连接的另一端。应用层的常用协议,例如HTTP、FTP等都是需要可靠通信通道的协议,数据在网络上的发送和接收顺序对于这些应用来说是至关重要的。

与TCP不同的是,UDP不是基于连接的,而是为应用层提供一种非常简单、高效的传输服务。UDP从一个应用程序向另一个应用程序发送独立的数据报,但并不保证这些数据报一定能到达另一方,并且这些数据报的传输次序无保障,后发送的数据报可能先到达目的地。因此,使用UDP时,任何必需的可靠性都必须由应用层自身提供。UDP适用于对通信可靠性要求低且对通信性能要求高的应用,例如域名系统DNS(Domain Name System)、路由信息协议RIP(Routing Information Protocol)、普通文件传送协议(Trivial File Transfer Protocol)等应用层协议都建立在UDP的基础上。

4. Java网络通信的支持机制

Java是针对网络环境的程序设计语言,提供了强有力的网络支持。Java程序在实现网络通信时位于应用层。Java的网络编程API隐藏了网络通信编程的一些烦琐细节,为用户提供了与平台无关的使用接口,使程序员不需关心传输层中TCP/UDP的实现细节就能够进行网络编程。Java提供了以下两个不同层次的网络支持机制。

- URL层次:支持使用URL(Uniform Resource Location)访问网络资源,这种方式适用于访问Internet尤其是WWW上的资源。Java提供了使用URL访问网络资源的类,使得用户不需要考虑URL中标识的各种协议的处理过程,就可以直接获得URL资源信息。
- Socket层次:Socket表示应用程序与网络之间的接口,例如TCP Socket,UDP Socket。Socket通信过程基于TCP/IP协议中的传输层接口Socket实现,它主要针对Client/Server模式的应用和实现某些特殊协议的应用。Java提供了对应

Socket 机制的一组类，支持流和数据报两种通信过程。在这种机制中，用户需要自己考虑通信双方约定的协议，虽然比较烦琐，但具有更大的灵活性和更广泛的适用领域。

java.net 包提供了支持网络通信的类——URL 类、URLConnection 类、Socket 类和 ServerSocket 类都使用 TCP 实现网络通信，DatagramPacket 类、DatagramSocket 类、MulticastSocket 类都使用 UDP 实现网络通信。Java 应用程序通过使用这些类，就能够使用 TCP/UDP 进行网络通信了。

15.2 基于 URL 的通信

URL 表示了 Internet 上一个资源的引用或地址，例如 HTTP、FTP 等协议均可通过 URL 访问指定的资源。Java 网络应用程序也是使用 URL 来定位要访问的 Internet 上的资源。URL 在 Java 中是由 java.net 包中的 URL 类来描述的。

15.2.1 URL 的基本概念

URL 是对 Internet 资源的一个引用，所以又称为 URL 地址。有了这个地址，Java 网络应用程序就能够在通信双方以某种方式建立起连接，从而完成相应的操作。一个完整的 URL 的语法如下：

```
<通信协议>://<主机名>:<端口号>/<文件名>
```

- 通信协议：是用户之间用于交换数据的协议，常用的有 HTTP，FTP，Gopher 等协议。
- 主机名：指示了该资源所在的计算机，它有两种表示方法，一种是直接使用 IP 地址，另一种是使用域名表示法。
- 端口号：用来指明该计算机上的某个特定服务，它的有效范围是 0～65535，许多常用服务都有默认的端口号，如 Web 服务的端口号为 80。文件名指明了该资源在目标计算机上的所在位置，也就是路径。

15.2.2 创建 URL 对象

在 java.net 包中定义的 URL 类是一个 URL 地址的抽象。该类为程序员提供了最简单的网络编程接口，只需使用一次方法调用即可下载由 URL 地址指定的网络资源的内容。利用 URL 对象下载资源之前必须创建一个 URL 类的实例，为此 URL 类提供了多种重载形式的构造方法：

```
public URL(String protocol,String host,int port,String file);
public URL(String protocol,String host,String file);
public URL(String spec);
public URL(URL context,String spec);
```

其中，参数 protocol、host、port、file 分别用于指定资源的协议（通常为 HTTP）、主机（IP

地址或域名)、端口号、文件名;参数 spec 指定一个完整的 URL 地址或一个相对 URL 地址;参数 context 用于以相对路径创建一个 URL 对象。上述构造方法都可能抛出 java.net.MalformedURLException 异常。

例如,下面的语句利用一个完整 URL 地址创建一个 URL 对象:

```
URL url=new URL("http://www.synu.edu.cn");
```

上面这个语句创建的 URL 对象表示一个绝对的 URL,一个绝对的 URL 包含要到达这个资源的全部信息。

利用一个已有的 URL 对象再加上一个相对 URL 地址也可以创建一个新的 URL 对象。例如以下代码创建一个 URL 对象 url 以后,又利用 url1 的相对 URL 地址创建两个新的 URL 对象 javase 和 javaee3:

```
URL url=new URL("http://java.sun.com");
URL javase=new URL(url,"javase");
URL javaee=new URL(url,"javaee");
```

15.2.3 解析 URL

URL 类提供了多个方法获取 URL 对象的状态,从而可以帮助程序员从一个字符串描述的 URL 地址中提取协议、主机、端口号、文件名等信息。

- getProtocol():获取该 URL 的协议名。
- getHost():获取该 URL 的主机名。
- getPort():获取该 URL 的端口号。如果没有设置端口,则返回-1。
- getFile():获取该 URL 的文件名。
- getRef():获取该 URL 文件的相对位置。

15.2.4 读取 URL 内容

创建一个 URL 对象以后,可以通过 URL 类的 openStream()方法获取一个绑定到该 URL 地址指定资源的输入流——java.io.InputStream 对象,通过读取该输入流即可访问整个资源的内容。openStream()方法的定义如下:

```
public final InputStream openStream() throws java.io.IOException
```

【例 15-1】 编写一个 Java Application,该程序用 URL 地址创建一个 URL 对象,并通过该对象获取一个输入流,然后从该输入流读取并显示 URL 地址标识的资源内容。

```
01 import java.net.*;
02 import java.io.*;
03 public class URLReader {
04   public static void main(String[] args){
05     try {
06       URL sohu=new URL("http://www.sohu.com/");
07       BufferedReader in=new BufferedReader(new InputStreamReader(sohu.
```

```
            openStream());
08          String inputLine;
09          while((inputLine=dis.readLine())!=null){
10             System.out.println(inputLine);
11          }
12          in.close();
13       }catch(MalformedURLException me){
14          System.out.println("MalformedURLException"+me);
15       }catch(IOException ioe){
16          System.out.println("IOException"+ioe);
17       }
18    }
19 }
```

【分析讨论】

① 程序中的第 5～10 句，直接将 URL 的内容读出并通过输出语句将页面的源代码输出显示出来。

② 当运行这个程序时，如果网络连接正常，就可以在命令行窗口中看到位于 http://www.sohu.com 下的 HTML 文件中的 HTML 标记和文字内容，如果网络连接有问题，则会看到相应的出错信息。

③ 上述程序并未考虑资源的数据格式，而是将资源以一种字符流的形式读出并显示在屏幕上，并没有考虑资源本身是一个 HTTP 文档还是一个 GIF 图片等。

15.2.5　基于 URLConnection 的读写

对于一个指定的 URL 数据的访问，除了使用 OpenStream()方法实现读操作以外，还可以通过 URLConnection 类提供的 openConnection()方法在应用程序与 URL 之间创建一个连接，从而实现对 URL 所表示资源的读、写操作。

URLConnection 类提供了进行连接设置和操作的方法，其中重要的是如下所示获取连接上的 I/O 流的方法，通过返回的 I/O 流就可以实现对 URL 数据的读写。

```
InputStream getInputStream();
OutputStream getOutputStream();
```

【例 15-2】 编写一个 Java Application，利用 URLConnection 类提供的方法，读取 URL 为 http://www.yahoo.com 的页面内容。

```
01 import java.net.*;
02 import java.io.*;
03 public class URLConnectionReader{
04    public static void main(String[]args){
05       try{
06          URL yahoo=new URL("http://www.yahoo.com");
07          URLConnection ya=yahoo.openConnection();
```

```
08          BufferedReader in=new BufferedReader(new InputStreamReader(ya.
            getInputStream());
09          String inputLine;
10          while((inputLine=dis.readLine())!=null){
11            System.out.println(inputLine);
12          }
13          dis.close();
14        }catch (MalformedURLException me){
15          System.out.println("MalformedURLException"+me);
16        }catch (IOException IOE ){
17          System.out.println("IOException"+IOE);
18        }
19      }
20    }
```

【分析讨论】

① 程序的输出结果与例 15-1 相同。

② 程序首先利用 URL 地址创建一个 URL 对象，并通过该 URL 对象创建一个 URLConnection 对象；然后从 URLConnection 对象获取一个输入流，从输入流中读取数据并加以处理；最后关闭输入流。

除读取 URL 资源内容外，URLConnection 类还提供了许多方法访问 URL 资源的属性，这些方法对于应用程序处理 HTTP 协议特别有用。例如调用 getContentLength()方法可以获得资源的内容长度，调用 getContentType()方法可以获得资源的内容类型，调用 getContentEncoding()方法可以获得资源的内容编码等。

URLConnection 类的另一常见用法是往 URL 中写数据。利用 URLConnection 向 URL 中写数据相当于在 HTML 中提交一个表单中的数据，Web 服务器端的脚本(例如 CGI 脚本程序)会读取并处理这些数据。在将数据写入 URLConnection 连接之前，必须调用 URLEncoder 类提供的类方法 encode()将数据转换为表单的 MIME 格式。

【例 15-3】 编写一个 Java Application，实现向 URL 为 http://java.sun.com/cgi-bin/backwards 的 CGI 脚本的写操作，将客户端 Java 程序的输入发送给服务器中名为 backwards 的 CGI 脚本。

```
01  import java.net.*;
02  import java.io.*;
03  public class ConnectionWriter{
04    public static void main(String[] args) throws Exception{
05      if (args.length !=1){
06        System.err.println("用法:WriteConnection <字符串>");
07        return;
08      }
09      //向 URL 连接写一个字符串
10      URL url=new URL("http://java.sun.com/cgi-bin/backwards");
```

```
11      URLConnection conn=url.openConnection();
12      conn.setDoOutput(true);
13      PrintWriter out=new PrintWriter(conn.getOutputStream());
14      out.println("string="+URLEncoder.encode(args[0],"UTF-8"));
15      out.close();
16      //从同一个 URL 连接中读取 CGI 脚本返回的数据
17      BufferedReader in=new BufferedReader(new InputStreamReader(conn.
        getInputStream()));
18      String inputLine;
19      while ((inputLine=in.readLine())!=null)
20        System.out.println(inputLine);
21        in.close();
22      }
23  }
```

【分析讨论】

① 程序首先通过 URL 对象创建的一个 URL 连接，并设置该 URL 连接的输出能力；然后从 URL 连接获取一个输出流，将数据转换为符合 W3C 要求的表单格式后向输出流写入数据；最后关闭输出流。

② 上述程序所执行的功能依赖于服务端的 CGI 脚本。该程序首先由用户在控制台输入一个字符串，然后应用程序向服务端提交字符串并将该数据命名为 string(这是服务端 CGI 脚本的约定)；服务端脚本将该字符串倒置后返回给应用程序，再由应用程序显示在控制台屏幕上。

15.2.6 InetAddress 类

在基于 TCP 的网络通信中，Java 应用程序需要直接使用 IP 地址或域名指定运行在 Internet 上的某一台主机。java.net 包中定义的 InetAddress 类是一个 IP 地址或域名的抽象。创建 InetAddress 类的一个实例时既可使用字符串表示的域名，也可使用字节数组表示的 IP 地址。InetAddress 类没有提供普通的构造方法，而是提供了用于获得 InetAddress 对象实例的静态方法。下面是 InetAddress 类定义的主要内容：

```
public final class InetAddress extends Object {
  //用主机名创建一个实例
  public static InetAddress getByName(String host) throws UnknownHostException;
  //用 IP 地址创建一个实例
  public static InetAddress getByteAddress(byte[]addr) throws UnknownHostException;
  //用主机名和 IP 地址创建一个实例
  public static InetAddress getByteAddress(String host, byte[] addr) throws
  UnknownHostException;
  //根据主机名返回该主机所有 IP 地址的实例数组
  public static InetAddress[]getAllByName(String host) throws UnknownHostException;
  //返回本地主机的一个实例
  public static InetAddress getLocalHost() throws UnknownHostException;
```

```
  //取出当前实例的主机名
  public String getHostName();
  //取出当前实例的 IP 地址
  public byte[]getAddress();
}
```

15.3 Socket 通信机制

URL 类和 URLConnection 类提供了 Internet 上资源的较高层次的访问机制。当需要编写像 Client/Server 等较低层次的网络通信程序时，就需要使用 Java 提供的基于 Socket 的通信机制。

15.3.1 概述

基于 TCP 通信的核心概念——Socket 最早起源于 BSD UNIX 操作系统，中文译为“套接字”，是网络通信的一种底层编程接口。在使用基于 TCP 协议的双向通信时，网络中的两个应用程序之间必须首先建立一个连接，这一连接的两个端点分别称为 Socket。由于 Socket 被绑定到某一固定的端口号上，故 TCP 可将数据传输给指定的应用程序。从应用编程的角度看，应用程序可将一个输入流或一个输出流绑定到某一个 Socket，读写这些 I/O 流即可实现基于 TCP 的通信。

Socket 通信机制有两种：基于 TCP 和基于 UDP 的通信方式。在基于 TCP 的通信方式中，通信双方在开始时必须进行一次连接过程，通过建立一条通信链路提供可靠的字节流服务。在基于 UDP 的通信方式中，通信双方就不存在一个连接过程，一次网络 I/O 以一个数据报形式进行，而且每次网络 I/O 可以和不同主机的不同进程同时进行。基于 UDP 的通信方式的开销较小，但所提供的数据传输服务不可靠，不能保证数据报一定到达目的地。

使用网络通信的应用程序普遍采用 C/S(Client/Server)模式，其中客户程序作为通信的发起者，向服务程序提出服务请求；服务程序则负责提供服务，服务程序经常在一个无限循环中等待客户程序的请求并执行相应的服务。在 Java 中，典型的客户程序既可以是一个 Java Application，也可以是一个 Applet；典型的服务程序既可能是一个 Java Application，也可能是一个 Java Servlet。

Java 同时支持 TCP 和 UDP 这两种通信方式，并且在这两种方式中都采用了 Socket 表示通信过程中的端点。在基于 TCP 的通信方式中，java. net 包中的 Socket 类和 ServerSocket 类分别表示连接的 Client 端和 Server 端；在基于 UDP 的通信方式中，DatagramSocket 类表示了发送和接收数据包的端点。当不同机器中的两个程序要进行网络通信时，无论是哪一种方式都需要知道远程主机的地址或主机名以及端口号，而且网络通信中的 Server 端必须运行程序等待连接或等待接收数据报。

15.3.2 基于TCP的通信

1. 客户端编程模式

基于Socket通信的客户端编程模式的基本流程如下：

(1) 客户程序通过指定主机名(或InetAddress的实例)和端口号构造一个Socket。

(2) 调用Socket类的getInputStream()和getOutputStream()方法分别打开与该Socket关联的输入流和输出流，依照服务程序约定的协议读取输入流或写入输出流。

(3) 依次关闭I/O流和Socket。

Socket类提供了多种重载的构造方法在客户程序中创建Socket类的实例，下面是常用的构造方法。

- Socket(String host, int port)：创建Socket连接到服务器(指定服务器的主机名和端口)。
- Socket(InetAddress addr, int port)：创建Socket连接到服务器(指定服务器的IP地址和端口)。
- Socket(String host, int port, InetAddress localAddr, int localPort)：创建Socket连接到服务器(指定服务器的主机名和端口)，同时将该Socket绑定到本地地址和端口(指定本地机的IP地址和端口)。
- Socket(InetAddress addr, int port, InetAddress localAddr, int localPort)：创建Socket连接到服务器(指定服务器的IP地址和端口)，同时将该Socket绑定到本地地址和端口(指定本地机的IP地址和端口)。

2. 服务器端编程模式

基于Socket通信的服务程序负责监听对外发布的端口号，该端口用于处理客户程序的连接请求。因而，基于Socket通信的服务器端编程模式的基本流程如下：

(1) 服务程序通过指定的监听端口创建一个ServerSocket实例，然后调用该实例的accept()方法。

(2) 调用accept()方法程序会发生阻塞，直至有一个客户程序发送连接请求到服务程序所监听的端口。当服务程序接收到连接请求后，将分配一个新端口号建立与客户程序的连接并返回该连接的一个Socket。

(3) 服务程序可以调用该Socket的getInputStream()和getOutputStream()方法获取与客户程序的连接相关联的输入流和输出流，并依照预先约定的协议读输入流或写输出流。

(4) 完成所有的通信后，服务程序依次关闭所有的输入流和输出流、已建立连接的Socket以及专用于监听的Socket。

与Socket类相类似，ServerSocket类也提供了多种重载的构造方法在程序中创建ServerSocket类的实例。

- ServerSocket(int port)：创建一个Server端的Socket，绑定到指定的端口上。
- ServerSocket(int port, int backlog)：创建一个Server端的Socket，绑定到指定的端口上，并指出连接请求队列的最大长度。

在 ServerSocket 类中最重要的方法当属 accept()，该方法建立并返回一个已与客户程序连接的 Socket 实例，其接口为：

```
Socket accept()
```

【例 15-4】 分别编写 Client 端和 Server 端应用程序，实现 Client 端和 Server 端的通信连接和即时通信。这两个程序是在本机上运行的两个独立进程，所以连接的主机地址都是 127.0.0.1，Client 端和 Server 端都从标准输入读取数据发送给对方，并将从对方接收到的数据在自己的标准输出上显示。

(1) Server 端程序

```
01  import java.net.*;
02  import java.io.*;
03  public class MyServer {
04    public static void main(String[]args){
05      try {
06        //建立 Server Socket 并等待连接请求
07        ServerSocket server=new ServerSocket(1580);
08        Socket socket=server.accept();
09        //建立连接,通过 Socket 获取连接上的 I/O 流
10        BufferedReader in=new BufferedReader(
                          new InputStreamReader(socket.getInputStream()));
11        PrintWriter out=new PrintWriter(socket.getOutputStream());
12        //创建标准输入流,从键盘接收数据
13        BufferedReader sin=new BufferedReader(new InputStreamReader(System.in));
14        /* 先读取 Client 发送的数据,然后从标准输入读取数据发送给 Client
15        当接收到 bye 时关闭连接 */
16        String s;
17        while (! (s=in.readLine()).equals("bye")){
18          System.out.println("# Received from Client:"+s);
19          out.println(sin.readLine());
20          out.flush();
21      }
22      System.out.println("The connecting is closing...");
23      //关闭连接
24      in.close();
25      out.close();
26      socket.close();
27      server.close();
28    }catch (Exception ex){
29      System.out.println("Error:"+ex);
30    }
31    }
32  }
```

(2) Client 端程序

```
01  import java.net.*;
02  import java.io.*;
03  public class MyClient {
04    public static void main(String[] args){
05      try {
06        Socket socket=new Socket("127.0.0.1",1580);        //发出连接请求
07        //连接建立,通过 Socket 获取连接上的 I/O 流
08        PrintWriter out=new PrintWriter(socket.getOutputStream());
09        BufferedReader in=new BufferedReader(
                              new InputStreamReader(socket.getInputStream()));
10        //创建标准输入流,从键盘接收数据
11         BufferedReader Sin=new BufferedReader(new InputStreamReader(System.in));
12        //从标准输入中读取一行,发送到 Server 端,当用户输入 bye 时结束连接
13         String s;
14         do {
15          s=Sin.readLine();
16          out.println(s);
17          out.flush();
18          if(!s.equals("bye")){
19            System.out.println("@Server response:"+in.readLine());
20          }
21           else {
22             System.out.println("The connection is closing...");
23           }
24         }while(!s.equals("bye"));
25        //关闭连接
26        out.close();
27        in.close();
28        socket.close();
29      }catch (Exception ex){
30        System.out.println("Error!"+ex);
31      }
32    }
33  }
```

【运行结果】

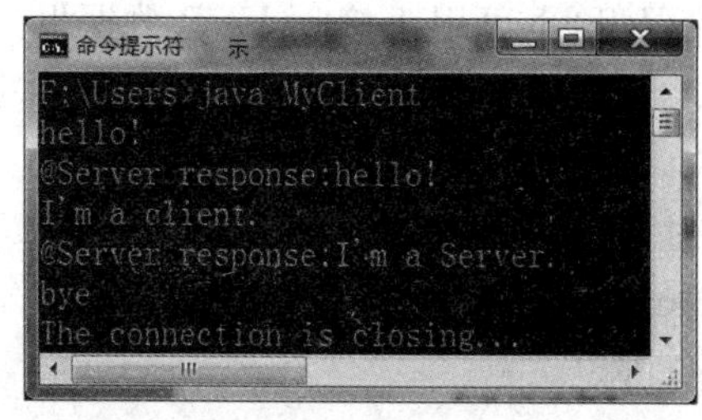

图 15-1　Client 端运行结果

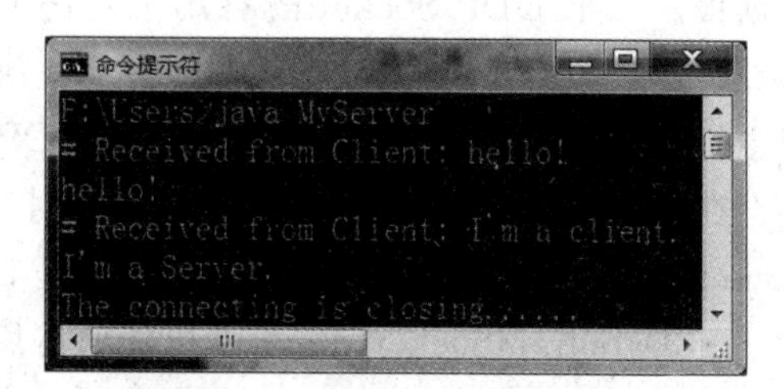

图 15-2　Server 端运行结果

【分析讨论】

① 第 6 句表明 Server 端程序也在本机，占用的端口为 1580。

② 程序首先接受输入，发送给 Server 端，然后等待 Server 端的应答。接收到 Server 端的应答后将应答信息显示出来。

③ 当发出 bye 信息时，连接断开。

15.3.3 基于 UDP 的通信

UDP 是传输层的无连接通信协议，数据报是一种在网络中独立传播的自身包含地址信息的消息。UDP 采用数据报进行通信。数据报是否可以到达目标，以什么次序到达目标，到达目标时内容是否依然正确等均是未经校验的。因而 UDP 是一种不可靠的点对点通信，适合对通信性能要求高，但对通信可靠性要求低的应用。

与基于 TCP 的通信类似，基于 UDP 的通信是将数据包从一个发送方传输给单个接收方。java. net 包为实现 UDP 通信提供了两个类：类 DatagramPacket 代表一个被传送的 UDP 数据报，这个类封装了被传送数据报的内容、源主机和端口号、目标主机和端口号等信息；DatagramSocket 类代表一个用于传送 UDP 数据包的 UDP Socket。

在基于 UDP 实现 Client/Server 通信程序时，无论在 Client 端还是在 Server 端，都要首先创建一个 DatagramSocket 对象，用来表示数据报通信的端点，通信程序通过该 Socket 接收或发送数据报，然后使用 DatagramPacket 对象封装数据报。

DatagramPacket 类即可描述客户程序发送的一个 UDP 数据报，也可描述服务程序接收的一个 UDP 数据包。下面是 DatagramPacket 类常用的几个构造方法。

- DatagramPacket(byte[] buf, int Length)：构造用来接收长度为 Length 的数据报，数据报将保存在数组 buf 中。
- DatagramPacket(byte[] buf, int offset, int Length)：构造用来接收长度为 Length 的数据报，并指定数据报在存储区 buf 中的偏移量。
- DatagramPacket(byte[] buf, int Length, InetAddress address, int port)：构造用于发送指定长度的数据报，该数据报将发送到指定主机的端口。其中，buf 是数据报中的数据，Length 是数据长度，address 是目的地址，port 是目的端口。
- DatagramPacket(byte[] buf, int offset, int Length, InetAddress address, int port)：与上一个构造方法不同的是，指出了数据报中的数据在缓存区 buf 中的偏移量 offset。

基于 TCP 的通信使用面向一种连接的 Socket，而 UDP Socket 则面向一个个独立的数据报。一个 UDP Socket 既可用于发送 UDP 数据报，也可用于接收 UDP 数据报。类 DatagramSocket 封装了一个 UDP Socket 绑定的本地主机地址与端口号，及其连接的远程主机地址与端口号，并且支持通过该 UDP Socket 发送和接收 UDP 数据报。

在创建一个 DatagramSocket 实例时，可通过不同形式的构造方法指定该 UDP Socket 绑定的主机地址与端口号。下面是 DatagramSocket 类常用的构造方法。

- DatagramSocket()：与本机任何可用的端口绑定。
- DatagramSocket(int port)：与指定的端口绑定。

• DatagramSocket(int port, InetAddress address)：与指定本地地址的端口绑定。

采用基于UDP的方式进行通信的过程主要分为以下三个步骤：

• 创建数据报Socket。
• 构造用于接收或发送的数据报，并调用所创建Socket的receive()方法进行数据报接收或调用send()方法发送数据报。
• 通信结束，关闭Socket。

【例15-5】 编写Client端和Server端的通信程序，利用基于UDP通信的方式，实现在Client端和Server端的连接和即时通信。

(1) Server端程序

```
01  import java.net.*;
02  import java.io.*;
03  public class UDPServer{
04    DatagramSocket socket=null;
05    BufferedReader in=null;
06    boolean moreQuotes=true;
07    public void serverWork() throws IOException {
08      socket=new DatagramSocket(3445);           //创建数据报Socket
09      in=new BufferedReader(new FileReader("paper.txt"));
10      while (moreQuotes){
11        //构造接收数据报并启动接收
12        byte[]buf=new byte[256];
13        DatagramPacket packet=new DatagramPacket(buf,buf.length);
14        socket.receive(packet);
15        //接收到Client端数据报,从文件中读取一行,作为响应数据报中的数据
16        String dString=null;
17        if((dString=in.readLine())==null){
18          in.close();
19          moreQuotes=false;
20          dString="No more sentences.Bye";
21        }
22        buf=dString.getBytes();
23        //从接收到的数据报中获取Client端的地址和端口,构造响应数据报并发送
24        InetAddress address=packet.getAddress();
25        int port=packet.getPort();
26        packet=new DatagramPacket(buf,buf.length,address,port);
27        socket.send(packet);
28      }
29      socket.close();                         //所有句子发送完毕,关闭Socket
30    }
31    public static void main(String[]args){
32      UDPServer server=new UDPServer();
33      try{
```

```
34          server.serverWork();
35        }catch (Exception ex){
36          System.out.println("Server Worked Error!");
37        }
38      }
39    }
```

【分析讨论】

① 基于UDP通信的Client端程序和Server端程序之间也必须首先订立一套服务合约，即一种基于UDP的应用层协议。例如，本例中的Server端程序并不关心UDP数据报的内容，只要Client端程序有一个送选的UDP数据报就算作一次请求。

② Server端的主机中有一个名为paper.txt的文本文件，该文件中保存了若干条英文句子。Server端程序每接收到一个Client端的请求就从该文件中读取一个句子发送给Client端。当该文件中所有的句子都发送完毕，Server端程序就会退出。

(2) Client端程序

```
01  import java.net.*;
02  import java.io.*;
03  public class UDPClient {
04    public static void main(String[] args){
05      try {
06        DatagramSocket socket=new DatagramSocket();     //创建数据报 Socket
07        //构造请求数据报并发送
08        byte[] buf=new byte[256];
09        InetAddress address=InetAddress.getByName("127.0.0.1");
10        DatagramPacket packet=new DatagramPacket(buf,buf.length,address,3445);
11        socket.send(packet);
12        //构造接收数据报并启动接收
13        packet=new DatagramPacket(buf,buf.length);
14        socket.receive(packet);
15        //收到 Server 端响应数据报，获取数据并显示
16        String received=new String(packet.getData());
17        System.out.println("The sentence send by the server:\n"+received);
18        socket.close();                                  //关闭 Socket
19      }catch(Exception e){
20        System.out.println("ERROR:"+e);
21      }
22    }
23  }
```

【分析讨论】

① 程序的执行结果是在Client端的命令行窗口中显示从Server返回的一个句子。

② Client端程序首先构造一个数据报作为请求发送给Server端，然后等待接受Server的响应。在接收到Server的响应数据报后，提取数据并显示，然后结束通信。

15.4 小　　结

JDK提供的java.net包为编写基于TCP或UDP通信的应用程序提供了强有力的支持，可以帮助程序员直接、方便地使用HTTP、FTP、FILE等协议，极大地简化了Java的网络编程难度。Java程序处理网络通信的主要优势在于完善的异常处理机制、内建的多线程机制，以及使用输入/输出流作为应用程序统一的I/O接口。Java网络编程主要分为URL和Socket两个层次，并通过强大的程序库用类和接口实现了网络的基本通信机制和协议。URL相关的类支持某些应用层标准协议（例如HTTP和FTP），非常适合访问Internet上的资源；支持Socket编程的Java类虽然没有封装任何高层应用协议，但可以用于开发基于自定义通信协议的网络应用。在基于Socket的通信中，可以根据应用的具体需要选择使用高可靠性的基于TCP的通信方式，或选择使用具有高传输效率但可靠性无保证的基于UDP通信方式。

课后习题

1. 下面的程序用于读取网址为http://www.synu.edu.cn网页的内容，请在划线处填上适当的语句，使程序能够正常运行。

```
01  import java.net.*;
02  import java.io.*;
03  public class URLConnectionTest{
04    public static void main(String[]args){
05      try{
06        long begintime=System.currentTimeMillis();
07        ________________________//建立一个URL对象
08        HttpURLConnection Urlcon=(HttpURLConnection)url.openConnection();
09        ______________________________//获取连接
10        ____________________//调用getInputStream方法建立InputStream对象is
11        BufferedReader buffer=new BufferedReader(new InputStreamReader(is));
12        ____________________//创建StringBuffer对象bs
13        String l=null;
14        while((l=buffer.readLine())!=null){
15          bs.append(l).append("\n");
16        }
17        System.out.println(___________);//输出bs对象的内容
18        System.out.println("总共执行时间为:"+(System.currentTimeMillis()-
          begintime)+"毫秒");
19      }catch(IOException e){
20        System.out.println(e);
21      }
22    }
```

```
23 }
```

2. 下面程序用于调用URL的方法获取相关的属性信息，请在划线处填上适当的语句，使程序能够正常运行。

```
01 import java.net.*;
02 import java.io.*;
03 public class ParseURL {
04   public static void main (String[]args) throws Exception{
05     URL Aurl=new URL("http://java.sun.com:80/docs/books/");
06     URL tuto=new URL(Aurl,"tutorial.intro.html#DOWNLOADING");
07     System.out.println("protocol="+______);    //获取URL的协议名
08     System.out.println("host ="+__________);   //获取该URL的主机名
09     System.out.println("filename="+________);  //获取该URL的文件名
10     System.out.println("port="+________);      //获取该URL的端口号
11     System.out.println("ref="+________);       //获取该URL文件的相对位置(引用)
12     System.out.println("query="+tuto.getQuery());
13     System.out.println("path="+tuto.getPath());
14     System.out.println("UserInfo="+tuto.getUserInfo());
15     System.out.println("Authority="+tuto.getAuthority());
16   }
17 }
```

3. 编写一个客户/服务器程序，服务器端的功能是计算圆的面积，客户端将圆的半径发送给服务器，服务器端计算得出的圆面积将发送给客户端，并在客户端显示。

参考文献

[1] 宋波. Java应用开发教程. 北京：电子工业出版社,2002

[2] 宋波,董晓梅. Java应用设计. 北京：人民邮电出版社,2002

[3] Cisco Systems，Cisco Networking Academy Program编著,李强,李栋栋(译). 思科网络技术学院教程：Java编程基础. 北京：人民邮电出版社,2004

[4] Gary J. Bronson著,张珑,刘雅文(译). Java编程原理——面向工程和科学人员. 北京：清华大学出版社,2004

[5] 朗波. Java语言程序设计. 北京：清华大学出版社,2005

[6] 宋波. Java Web应用与开发教程. 北京：清华大学出版社,2006

[7] 宋波,刘杰,杜庆东. UML面向对象技术与实践. 北京：科学出版社,2006

[8] Patrick Keegan，Ludovic Champenois等著,吴玉亮(译). NetBeans IDE中文版用户指南. 北京：机械工业出版社,2006

[9] W. Clay Richardson,Donald Avondolio等著,黄湘情,黄亚葵(译). Java高级编程(JDK 6版). 北京：人民邮电出版社,2007

[10] 刘斌,费冬冬,丁薇. NetBeans权威指南. 北京：电子工业出版社,2008

[11] Katherine Sierra，Bert Bates著,张思宇,宋宁哲(译). SCJP考试指南. 北京：电子工业出版社,2009

[12] 闫术卓. Java/Java EE软件工程师就业求职手册. 北京：人民邮电出版社,2009

普通高校本科计算机专业特色教材精选

计算机硬件

MCS 296 单片机及其应用系统设计　刘复华　ISBN 978-7-302-08224-8
基于 S3C44B0X 嵌入式 μcLinux 系统原理及应用　李岩　ISBN 978-7-302-09725-9
现代数字电路与逻辑设计　高广任　ISBN 978-7-302-11317-1
现代数字电路与逻辑设计题解及教学参考　高广任　ISBN 978-7-302-11708-7

计算机原理

汇编语言与接口技术(第 2 版)　王让定　ISBN 978-7-302-15990-2
汇编语言与接口技术习题汇编及精解　朱莹　ISBN 978-7-302-15991-9
基于 Quartus Ⅱ 的计算机核心设计　姜咏江　ISBN 978-7-302-14448-9
计算机操作系统(第 2 版)　彭民德　ISBN 978-7-302-15834-9
计算机维护与诊断实用教程　谭祖烈　ISBN 978-7-302-11163-4
计算机系统的体系结构　李学干　ISBN 978-7-302-11362-1
计算机选配与维修技术　闵东　ISBN 978-7-302-08107-4
计算机原理教程　姜咏江　ISBN 978-7-302-12314-9
计算机原理教程实验指导　姜咏江　ISBN 978-7-302-15937-7
计算机原理教程习题解答与教学参考　姜咏江　ISBN 978-7-302-13478-7
计算机综合实践指导　宋雨　ISBN 978-7-302-07859-3
实用 UNIX 教程　蒋砚军　ISBN 978-7-302-09825-6
微型计算机系统与接口　李继灿　ISBN 978-7-302-10282-3
微型计算机系统与接口教学指导书及习题详解　李继灿　ISBN 978-7-302-10559-6
微型计算机组织与接口技术　李保江　ISBN 978-7-302-10425-4
现代微型计算机与接口教程(第 2 版)　杨文显　ISBN 978-7-302-15492-1
智能技术　曹承志　ISBN 978-7-302-09412-8

软件工程

软件工程导论(第 4 版)　张海藩　ISBN 978-7-302-07321-5
软件工程导论学习辅导　张海藩　ISBN 978-7-302-09213-1
软件工程与软件开发工具　张虹　ISBN 978-7-302-09290-2

数据库

数据库原理及设计(第 2 版)　陶宏才　ISBN 978-7-302-15160-9

数理基础

离散数学　邓辉文　ISBN 978-7-302-13712-5
离散数学习题解答　邓辉文　ISBN 978-7-302-13711-2

算法与程序设计

C/C++ 语言程序设计　孟军　ISBN 978-7-302-09062-5
C++ 程序设计解析　朱金付　ISBN 978-7-302-16188-2
C 语言程序设计　马靖善　ISBN 978-7-302-11597-7
C 语言程序设计(C99 版)　陈良银　ISBN 978-7-302-13819-8
Java 语言程序设计(第 2 版)　吕凤翥　ISBN 978-7-302-232970
Java 语言程序设计题解与上机指导　吕凤翥　ISBN 978-7-302-
MFC Windows 应用程序设计(第 2 版)　任哲　ISBN 978-7-302-15549-2
MFC Windows 应用程序设计习题解答及上机实验(第 2 版)　任哲　ISBN 978-7-302-15737-3

Visual Basic. NET 程序设计　刘炳文　ISBN 978-7-302-16372-5

Visual Basic. NET 程序设计题解与上机实验　刘炳文

Windows 程序设计教程　杨祥金　ISBN 978-7-302-14340-6

编译设计与开发技术　斯传根　ISBN 978-7-302-07497-7

汇编语言程序设计　朱玉龙　ISBN 978-7-302-06811-2

数据结构(C ++ 版)　王红梅　ISBN 978-7-302-11258-7

数据结构(C ++ 版)教师用书　王红梅　ISBN 978-7-302-15128-9

数据结构(C ++ 版)学习辅导与实验指导　王红梅　ISBN 978-7-302-11502-1

数据结构(C 语言版)　秦玉平　ISBN 978-7-302-11598-4

算法设计与分析　王红梅　ISBN 978-7-302-12942-4

图形图像与多媒体技术

多媒体技术实用教程(第 2 版)　贺雪晨　ISBN 978-7-302-68546

多媒体技术实用教程(第 2 版)实验指导　贺雪晨　ISBN 978-7-302-169079

网络与通信

计算机网络　胡金初　ISBN 978-7-302-07906-4

计算机网络实用教程　王利　ISBN 978-7-302-14712-1

数据通信与网络技术　周昕　ISBN 978-7-302-07940-8

网络工程技术与实验教程　张新有　ISBN 978-7-302-11086-6

计算机网络管理技术　杨云江　ISBN 978-7-302-11567-0

TCP/IP 网络与协议　兰少华　ISBN 978-7-302-11840-4